信息安全系列丛书

Security Architecture for Wireless
Local Area Network

无线局域网安全
体系结构

马建峰　吴振强　著

高等教育出版社

内容提要

　　无线局域网(WLAN)具有传输速率高、灵活性好等特点,目前已经在大学校园、公共场所和企业等得到初步的应用,如无线城市、无线校园网等。本书对无线局域网的安全体系结构理论与技术进行了比较全面的研究,内容包括 WLAN 安全体系结构框架、安全接入协议、快速切换安全协议、Mesh 安全协议、认证密钥交换协议、WLAN 匿名协议、自适应安全策略、性能评估、安全构件组合方法及可信 WLAN 安全体系结构等。

　　本书的内容安排按技术的分类,由微观到宏观进行组织,并结合可信技术的发展趋势进行了可信体系结构的探索,适合网络工程、通信工程、计算机科学等学科相关专业高年级本科生、研究生和工程技术人员阅读。

图书在版编目(CIP)数据

　　无线局域网安全体系结构／马建峰,吴振强著. —北京:
高等教育出版社,2008.5
　　ISBN 978 - 7 - 04 - 023985 - 0

　　Ⅰ. 无… Ⅱ.①马…②吴… Ⅲ. 无线电通信－局部网络－
安全技术 Ⅳ. TN925

　　中国版本图书馆 CIP 数据核字(2008)第 057955 号

| 策划编辑 | 陈红英 | 责任编辑 | 陈红英 | 封面设计 | 刘晓翔 | 责任印制 | 韩 刚 |

出版发行	高等教育出版社		购书热线	010－58581118
社　　址	北京市西城区德外大街 4 号		免费咨询	800－810－0598
邮政编码	100120		网　　址	http://www.hep.edu.cn
总　　机	010－58581000			http://www.hep.com.cn
			网上订购	http://www.landraco.com
经　　销	蓝色畅想图书发行有限公司			http://www.landraco.com.cn
印　　刷	北京民族印刷厂		畅想教育	http://www.widedu.com

开　　本	787 × 1092　1/16		版　　次	2008 年 5 月第 1 版
印　　张	24.25		印　　次	2008 年 5 月第 1 次印刷
字　　数	480 000		定　　价	43.00 元

前言

　　无线局域网(WLAN)与蜂窝网相比,具有传输速率高、使用灵活等特性,目前已在大学校园、公共场所和企业等得到了初步应用。未来具有多跳功能的WLAN将会在一些特定的应用领域变得越来越普及,如无线城市、无线校园等。然而,无线传输介质的开放接入特性,使WLAN的安全性成为一个非常重要的技术问题。

　　本书是在西安电子科技大学计算机网络与信息安全教育部重点实验室多年研究成果的基础上,从安全体系结构框架、安全协议、安生管理与评估,可信体系结构等方面对WLAN安全体系与技术进行了深入研究。内容全面,系统性强,涉及WLAN安全体系结构研究的多个方面。若把WLAN安全接入协议、快速切换安全协议、Mesh安全协议、安全密钥交换协议、匿名协议等比作"点",则WLAN安全体系结构框架就是连接这些关键点的"线",WLAN安全体系结构的自适应策略、性能评估、安全构件组合方法就构成了WLAN安全体系结构的"面",可信WLAN终端安全体系结构和可信WLAN接入安全体系结构就构成了一个服务可信的"立体"WLAN空间。

　　书中每一章都是按照技术介绍、方案分析或证明、模型实现、研究展望、问题讨论的结构编写而成。这一编排思路,不仅有利于读者对WLAN安全体系结构的最新研究进展有一个比较全面的了解,同时,也有利于读者从技术的发展历程清晰地掌握技术的发展趋势;配合研究展望与问题讨论,可以帮助读者进一步梳理相关技术与各章研究内容之间的关系,培养读者从宏观角度理解和掌握技术具有一定的帮助作用。另外,这一思路也有利于研究生进行科研选题和科研训练。书中多处方案证明方法采用了目前国际上最新的研究成果和安全证明模型,对研究生掌握国际前沿的研究方法与研究工具具有一定的帮助作用。

　　在本书的编写过程中,得到了西安电子科技大学计算机网络与信息安全教育部重点实验室郭渊博、李兴华、张帆、曹春杰等博士,以及赖晓龙、张树琪、林克章、肖刚、杨会宇等硕士不同形式的帮助,在此表示感谢! 同时对高等教育出版社陈红英编辑给予的帮助致以衷心的感谢!

　　由于 WLAN 安全体系结构的内容涉及面广、技术较新,其中的许多技术还处在演化发展阶段,因此,书中许多研究成果、分析方法和模型实现等尚处于探讨阶段,本书中的不足之处在所难免,恳请广大读者和专家批评指正!

作者

2008 年 4 月 15 日于西安

目录

第1章　绪论 …………………………………………………………… 1

1.1　概述 ……………………………………………………………… 1

   1.1.1　基本网络结构 ……………………………………………… 3

   1.1.2　传输技术规范 ……………………………………………… 3

   1.1.3　IEEE 802.11 系列规范 …………………………………… 5

   1.1.4　应用现状 …………………………………………………… 11

   1.1.5　发展趋势 …………………………………………………… 12

1.2　WLAN 主要技术问题 ………………………………………… 13

   1.2.1　安全接入 …………………………………………………… 14

   1.2.2　路由与服务质量保障 ……………………………………… 14

   1.2.3　快速漫游切换 ……………………………………………… 15

   1.2.4　无线 Mesh 接入 …………………………………………… 15

   1.2.5　异构无线网络安全融合 …………………………………… 15

1.3　安全体系结构的发展趋势 ……………………………………… 16

问题讨论 ……………………………………………………………… 17

参考文献 ……………………………………………………………… 17

第2章　安全体系结构框架 …………………………………………… 19

2.1　WLAN 受到的攻击威胁 ……………………………………… 19

   2.1.1　逻辑攻击 …………………………………………………… 20

   2.1.2　物理攻击 …………………………………………………… 23

2.2　安全体系结构演化与设计方法 ………………………………… 25

   2.2.1　无线 Mesh 网络安全需求 ………………………………… 25

   2.2.2　IEEE 802.11 安全体系结构的演化 ……………………… 28

   2.2.3　安全体系结构设计方法 …………………………………… 31

2.3　基于管理的 WLAN 安全体系结构框架 ……………………… 31

   2.3.1　安全体系结构框架 ………………………………………… 32

   2.3.2　关键组件的逻辑实现 ……………………………………… 35

   2.3.3　分析 ………………………………………………………… 38

2.4　WLAN 终端集成安全接入认证体系结构 ················ 38

　　2.4.1　设计思想 ······················· 38

　　2.4.2　体系结构方案 ····················· 40

　　2.4.3　集成认证操作流程 ··················· 43

　　2.4.4　原型实现 ······················· 46

2.5　研究展望 ·························· 55

问题讨论 ···························· 56

参考文献 ···························· 56

第 3 章　接入安全协议 ······················ 58

3.1　WAPI 安全机制分析 ····················· 58

　　3.1.1　WAPI 标准 ······················ 58

　　3.1.2　WAPI 实施指南 ···················· 63

　　3.1.3　WAPI 标准与实施指南的 WAI 比较 ··········· 66

3.2　WAPI 认证机制分析与改进 ················· 67

　　3.2.1　通用可组合安全 ···················· 67

　　3.2.2　协议的改进 ······················ 68

　　3.2.3　改进的协议分析 ···················· 73

3.3　IEEE 802.11i 与 WAPI 兼容认证方案 ············ 74

　　3.3.1　兼容方案 ······················· 75

　　3.3.2　兼容性分析 ······················ 78

　　3.3.3　安全性分析 ······················ 78

　　3.3.4　改进方案 ······················· 80

3.4　WAPI-XG1 接入认证及快速切换协议 ············· 82

　　3.4.1　WAPI-XG1 简介 ···················· 82

　　3.4.2　认证协议 ······················· 84

　　3.4.3　单播密钥协商协议 ··················· 85

　　3.4.4　组播密钥通告过程 ··················· 86

　　3.4.5　安全性分析 ······················ 86

　　3.4.6　基于 WAPI-XG1 的改进认证与快速切换协议 ······ 88

3.5　自验证公钥的 WAPI 认证和密钥协商协议 ··········· 95

　　3.5.1　认证和密钥协商协议 ·················· 95

　　3.5.2　客户端自验证公钥证书的认证和密钥协商 ········ 97

　　3.5.3　协议的安全分析 ···················· 98

　　3.5.4　协议特点与性能分析 ·················· 99

3.6　研究展望 ·························· 100

问题讨论 ···························· 101

参考文献 ……………………………………………………… 101
第4章　快速切换安全协议 …………………………………… 103
4.1　IEEE 802.11r 快速切换草案 …………………………… 103
4.1.1　草案简介 ……………………………………… 103
4.1.2　快速切换协议 ………………………………… 104
4.1.3　快速切换流程 ………………………………… 107
4.1.4　安全问题 ……………………………………… 109
4.2　IEEE 802.11r 草案安全解决方案 ……………………… 110
4.2.1　基于 MIC 认证解决方案 ……………………… 110
4.2.2　基于 Hash 链表快速切换机制 ………………… 112
4.2.3　方案分析 ……………………………………… 118
4.3　基于位置快速切换安全方案 …………………………… 119
4.3.1　基于移动方向和 QoS 保障先应式邻居缓存机制 … 119
4.3.2　位置辅助主动扫频算法 ……………………… 124
4.3.3　基于位置快速安全切换方案 ………………… 132
4.4　研究展望 ………………………………………………… 134
问题讨论 ……………………………………………………… 134
参考文献 ……………………………………………………… 134
第5章　Mesh 安全协议 ……………………………………… 136
5.1　WLAN Mesh 草案 ……………………………………… 136
5.1.1　Snow-Mesh ……………………………………… 137
5.1.2　SEE-Mesh ……………………………………… 139
5.1.3　IEEE 802.11s …………………………………… 141
5.2　WLAN Mesh 认证技术 ………………………………… 142
5.2.1　集中认证 ……………………………………… 142
5.2.2　分布式认证 …………………………………… 143
5.2.3　预共享密钥认证 ……………………………… 144
5.2.4　四步 Mesh 握手 ……………………………… 144
5.2.5　EMSA 认证 …………………………………… 149
5.2.6　基于身份密码系统认证协议 ………………… 150
5.3　WLAN Mesh 快速切换与漫游接入认证协议 ………… 155
5.3.1　接入认证协议 ………………………………… 156
5.3.2　安全性分析 …………………………………… 164
5.3.3　性能分析 ……………………………………… 168
5.4　Mesh 接入认证系统设计与实现 ……………………… 170
5.4.1　技术基础 ……………………………………… 172

　　5.4.2　设计与实现 ·· 175
　5.6　研究展望 ·· 182
　问题讨论 ·· 182
　参考文献 ·· 183
第6章　认证的密钥交换协议 ·· 184
　6.1　IKEv2 ·· 184
　　6.1.1　IKEv2 简介 ··· 184
　　6.1.2　IKE 初始交换 ··· 186
　　6.1.3　CREATE_CHILD_SA 交换 ·································· 186
　　6.1.4　INFORMATIONAL 交换 ···································· 187
　　6.1.5　IKE_SA 的认证 ·· 188
　　6.1.6　EAP 方式 ··· 188
　　6.1.7　密钥材料的产生 ··· 189
　　6.1.8　IKEv2 分析 ··· 190
　6.2　WLAN 密钥交换协议 ·· 191
　　6.2.1　协议设计要求 ··· 191
　　6.2.2　无线密钥交换协议 ······································· 192
　　6.2.3　协议分析 ··· 194
　6.3　可证安全的密钥交换协议模型扩展 ····························· 195
　　6.3.1　Canetti-Krawczyk 模型 ··································· 195
　　6.3.2　CK 模型分析与扩展 ······································ 206
　6.4　研究展望 ·· 210
　问题讨论 ·· 210
　参考文献 ·· 211
第7章　匿名协议 ·· 213
　7.1　移动匿名概述 ·· 213
　7.2　WLAN 动态混淆匿名算法 ······································ 215
　　7.2.1　算法介绍 ··· 215
　　7.2.2　动态混淆匿名框架 ······································· 216
　　7.2.3　算法形式化描述 ··· 217
　　7.2.4　算法安全性分析 ··· 219
　　7.2.5　性能与仿真 ··· 221
　　7.2.6　算法比较 ··· 224
　7.3　基于 IPsec 的 WLAN 匿名连接协议 ···························· 225
　　7.3.1　匿名体系结构模型 ······································· 225
　　7.3.2　匿名连接协议 ··· 226

　　7.3.3　协议实现 ································· 230
　　7.3.4　协议分析 ································· 231
　7.4　基于联合熵的多属性匿名度量模型 ··············· 232
　　7.4.1　模型方案 ································· 233
　　7.4.2　模型分析 ································· 236
　7.5　研究展望 ······································· 238
　问题讨论 ··· 240
　参考文献 ··· 240

第8章　自适应性安全策略 ························· 243
　8.1　自适应安全策略概述 ························· 243
　　8.1.1　自适应安全概念 ····················· 244
　　8.1.2　自适应安全体系结构的演化 ··········· 246
　　8.1.3　动态安全策略框架 ··················· 248
　8.2　WLAN自适应安全策略框架 ··················· 254
　　8.2.1　需求分析 ··························· 254
　　8.2.2　自适应体系结构框架 ················· 255
　　8.2.3　基于策略的安全管理框架 ············· 255
　8.3　WLAN自适应安全通信系统模型与设计 ········· 259
　　8.3.1　系统模型 ··························· 259
　　8.3.2　基于证据理论的安全推理方法 ········· 262
　　8.3.3　基于层次分析法的自适应安全策略决策方法 ···· 265
　8.4　研究展望 ································· 272
　问题讨论 ····································· 273
　参考文献 ····································· 273

第9章　安全性能评估方法 ························· 275
　9.1　安全服务视图模型 ························· 275
　　9.1.1　服务分类 ························· 276
　　9.1.2　QoSS安全服务视图 ················· 278
　　9.1.3　安全服务视图描述 ················· 289
　9.2　基于熵权系数的WLAN安全威胁量化模型 ······· 295
　　9.2.1　风险参数描述 ····················· 296
　　9.2.2　安全风险评估模型 ················· 299
　　9.2.3　模型分析 ······················· 302
　9.3　研究展望 ································· 305
　问题讨论 ····································· 306
　参考文献 ····································· 306

第 10 章 安全构件组合方法 ……………………………………… 308
  10.1 组合安全概述 ………………………………………………… 308
    10.1.1 可证明安全 ……………………………………………… 308
    10.1.2 UC 模型 ………………………………………………… 309
  10.2 通用可组合的匿名身份认证 ……………………………… 312
    10.2.1 Merkle 树 ……………………………………………… 312
    10.2.2 认证方法 ………………………………………………… 313
    10.2.3 有签名理想函数辅助的真实协议 …………………… 318
    10.2.4 协议实现理想函数的安全性证明 …………………… 320
  10.3 研究展望 …………………………………………………… 325
  问题讨论 ………………………………………………………… 326
  参考文献 ………………………………………………………… 326
第 11 章 可信终端体系结构 …………………………………… 328
  11.1 可信计算技术 ……………………………………………… 328
    11.1.1 TCG 的可信定义 ……………………………………… 330
    11.1.2 TCG 体系结构规范框架 ……………………………… 330
    11.1.3 可信计算平台的基本特征 …………………………… 334
    11.1.4 TMP 硬件体系结构 …………………………………… 336
    11.1.5 TMP 软件体系结构 …………………………………… 338
    11.1.6 TPM 与 TMP 之间的关系 …………………………… 339
  11.2 基于可信计算的终端安全体系结构 …………………… 339
    11.2.1 基于安全内核的体系结构 …………………………… 340
    11.2.2 基于微内核的结构 …………………………………… 344
    11.2.3 基于虚拟机的结构 …………………………………… 346
    11.2.4 基于 LSM 机制的结构 ……………………………… 347
  11.3 研究展望 …………………………………………………… 351
  问题讨论 ………………………………………………………… 352
  参考文献 ………………………………………………………… 352
第 12 章 可信网络接入体系结构 ……………………………… 355
  12.1 可信平台到可信网络 ……………………………………… 355
    12.1.1 可信传输 ……………………………………………… 355
    12.1.2 身份认证 ……………………………………………… 356
    12.1.3 可信网络连接 ………………………………………… 357
  12.2 基于 TPM 可信体系结构框架 …………………………… 361
    12.2.1 可信计算模型 ………………………………………… 361
    12.2.2 移动终端可信体系结构 ……………………………… 361

12.2.3　可信网络体系结构 …………………………………………… 362

12.3　移动终端接入可信网络体系结构 ………………………………… 363

12.3.1　前提和假设 …………………………………………………… 363

12.3.2　接入实体 ……………………………………………………… 363

12.3.3　接入可信网络体系结构 ……………………………………… 364

12.3.4　分析 …………………………………………………………… 367

12.4　研究展望 …………………………………………………………… 368

问题讨论 …………………………………………………………………… 368

参考文献 …………………………………………………………………… 369

索引 ………………………………………………………………………… 370

第1章 绪论

计算技术与移动通信技术的结合,使得移动无所不在,任何人(Whoever)在任何时候(Whenever)和任何地方(Wherever)与任何人(Whomever)能够以任何形式(Whatever)通信的移动计算技术正在逐步成为可能。目前的短消息服务(SMS)已经普及,其中多媒体消息服务(MMS)、移动邮件服务(MMMS)、移动的即时通信服务(MIM)、移动定位服务(LBS)等业务已经成为移动运营商目前极力推荐的增值业务。可以预测,未来的移动办公、移动银行、移动电子商务等无线网络增值服务将会成为新的时尚,并为运营者带来更多的盈利和发展空间。

随着移动商务与移动电视等企业规范的相继出台,移动商务将是企业信息化的一个新亮点,并将在未来几年得到广泛应用。为了实现个性化的无线网络服务,由移动运营商控制的无线网络市场将会出面裂变,无线网络的主体将演化成由无线局域网、无线城域网和无线广域网组成的网络结构,尤其是 IEEE 802.11 将成为未来无线网络的主要接入形式。本章首先介绍了 WLAN 的概念及 IEEE 802.11 系列标准,总结了 WLAN 面临的主要问题及国内外研究现状,指出了 WLAN 安全体系结构的发展趋势。

1.1 概述

随着信息网络技术的快速发展,尤其是一些新型网络技术的不断出现,人们对信息的需求在内容和获取方式上也出现了变化,不再满足于使用固定终端或单个移动终端连接到互联网络上,而是希望运动子网络(如运动中的军队、航天中的飞行器、航行中的轮船、移动中的汽车和火车等运动主体上的网络)也能以一种相对稳定和可靠的形式,从 Internet 上运动地获取信息,出现了从无线互联网络向移动互联网的演化。尤其是互联网与电信网对 IP 技术的整合应用,使不同网络的业务相互趋同,互联网与电信网的融合进程开始加速,业务相互渗透、相互替代的趋势充分显现。在融合的广阔天地里,"移动 + 互联"应用承载着用户对于"随时随地获取任何信息"的沟通梦想,指引着信息通信产业的未来,是近年来最为活跃、最为前沿的融合领域。

未来的移动终端将是集成了多种无线接入方式,如支持 IEEE 802.11X、3G 和

GPRS 等技术的 PDA,在个性化的需求和高带宽的需求推动下,IEEE 802.11 已经成为 WLAN 中的主流无线接入技术,促使现有的无线网络技术都纷纷提出了与 IEEE 802.11 进行互联的技术方案。

目前讨论的无线网络主要是以手机为主的移动终端进行移动,基站一般是固定的,因此,只能称之为无线互联网(如图 1 - 1 所示)。无线互联网络的解决策略是应用透明式和移动感知式。

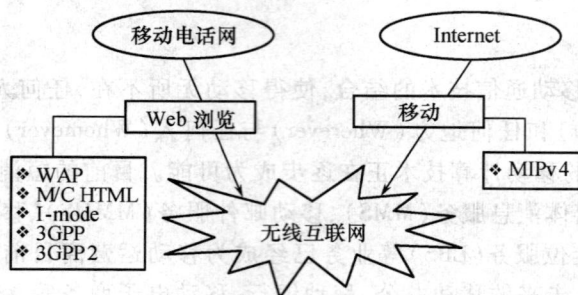

图 1 - 1 无线互联网

这里讨论的网络是终端和基站都可以移动,即广义上的移动互联网,如图1 - 2 所示。随着技术的发展和用户对高带宽、网络灵活性的需求,未来的无线网络将是由无线个域网(Wireless Personal Area Network,WPAN)、无线局域网(WLAN)、无线城域网(Wireless Metropolitan Area Network,WMAN)和无线广域网(Wireless Wide Area Network,WWAN)相互融合,根据不同无线网络的覆盖范围进行相互重叠,实现任何人在任何时候和任何地方与任何人能够进行任何形式通信的无线应用场景。

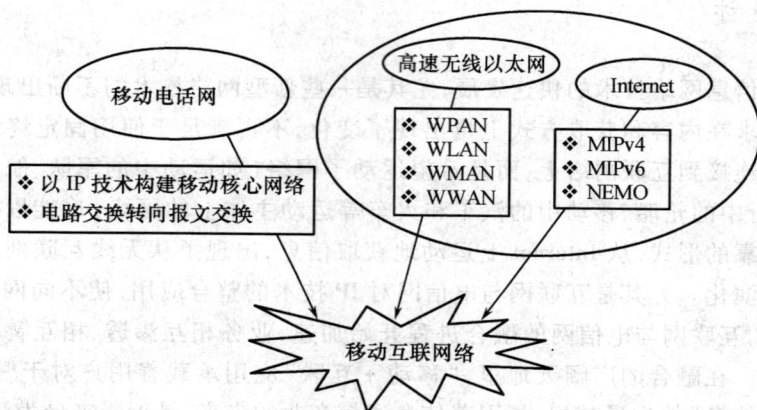

图 1 - 2 移动互联网

1.1.1　基本网络结构

无线网络体系结构可以分为无中心拓扑(或对等式)和有中心拓扑两类,如图1-3和图1-4所示。无中心拓扑结构要求网络中任意两个节点均可以直接通信,其优点是网络的抗毁性好,建网容易,费用较低。但是,当网络中用户数(节点数)过多时,信道竞争会成为限制网络性能的关键。有中心拓扑结构要求一个无线节点充当中心站,并控制所有节点对网络的访问。当网络业务量增大时,网络吞吐性能和网络时延性能不会急剧恶化。其弱点是抗毁性差,中心节点的故障可能导致整个网络瘫痪,且中心节点的引入也增加了网络建设成本。在实际应用中,无线网络常常与有线主干网络结合使用。这时,中心节点就充当无线网与有线主干网的转接器。

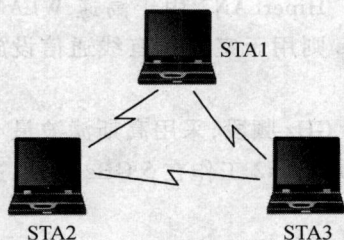

图1-3　无中心拓扑结构

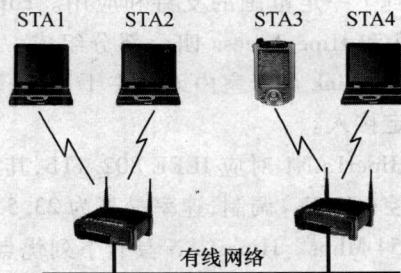

图1-4　有中心拓扑结构

1.1.2　传输技术规范

WLAN 是计算机网络与无线通信技术相结合的产物,其通过无线信道来接入网络,已成为宽带无线接入的主要途径之一。但长期以来,WLAN 的发展一直由不同厂商推动,因此标准出现了百舸争流、百花齐放的局面。

1. IEEE 802.11 系列

IEEE 802.11 系列 WLAN 标准是在 1991 年成立的 WLAN 标准工作组的基础上推出的。1996 年,美国朗讯(Lucent)率先发起成立无线以太网兼容性联盟(Wireless Ethernet Compatibility Alliance, WECA),创立了 WLAN 协议。1999 年,WECA 更名为无线兼容性(Wireless Fidelity, Wi-Fi)联盟。Wi-Fi 被视为 IEEE 802.11 的代名词,Wi-Fi 技术规范是由 IEEE 提出,经 Wi-Fi 联盟认证后,可确保不同无线产品的互连与互通。Wi-Fi 提出的业界 IEEE 802.11 系列规范,包括 IEEE 802.11.b、IEEE 802.11.a、IEEE 802.11g 和目前正在标准化的 IEEE 802.11n。IEEE 802.11 系列 WLAN 标准的性能参数比较见表 1-1。

表 1-1　IEEE 802.11 系列标准

类　　型	IEEE 802.11	IEEE 802.11a	IEEE 802.11b	IEEE 802.11g	IEEE 802.11n
频率/GHz	2.4	5	2.4	2.4/5	2.4
调制方式	PSK	OFDM	CCK	CCK/OFDM	OFDM
传输速率/Mbps	2	54	11	11/54	108~600
传输距离/m	100 可扩展	100	100	100	200
应用业务	数据	语音、数据、图像	数据、图像	语音、数据	视频、语音、图像

2. HiperLAN

欧洲电信标准化协会(ETSI)制订的宽带无线电接入网络标准 HiperLAN 在欧洲得到了一定范围的支持和应用。HiperLAN 包含由 HiperLAN1、HiperLAN2、HiperLink 和 HiperAccess 四个部分组成。HiperLAN1、HiperLAN2 用于高速 WLAN 接入;HiperLink 用于室内无线主干系统;HiperAccess 则用于室外对有线通信设施提供固定接入。

HiperLAN1 对应 IEEE 802.11b,其工作在 5.3 GHz 频段,采用高斯滤波最小频移键控(GMSK)调制,速率最高为 23.5 Mbps。HiperLAN2 工作在 5 GHz 频段,速率高达 54 Mbps。HiperLAN 具有下列优点:

① 为了实现 54 Mbps 高速数据传输,物理层采用 OFDM 调制,MAC 子层则采用一种动态时分复用的技术来保证最有效地利用无线资源。

② 为使系统同步,在数据编码方面采用了数据串行排序和多级前向纠错,每一级都能纠正一定比例的误码。

③ 数据通过移动终端和接入点之间事先建立的信令链接进行传输,面向链接的特点使得 HiperLAN2 可以很容易地实现 QoS 支持。每个链接可以被指定一个特定的 QoS,如带宽、时延、误码率等,还可以给每个链接预先指定一个优先级。

④ 自动进行频率分配。接入点监听周围的 HiperLAN2 无线信道,并自动选择空闲信道。这一功能消除了对频率规划的需求,使系统部署变得相对简便。

⑤ 为了加强无线接入的安全性,HiperLAN2 网络支持鉴权和加密。通过鉴权,使得只有合法的用户可以接入网络,而且只能接入通过鉴权的有效网络。

⑥ 其协议栈具有很大的灵活性,可以适应多种固定网络类型,既可作为交换式以太网的无线接入子网,也可作为第三代蜂窝网络的接入网,并且这种接入对于网络层以上的用户部分来说是完全透明的。当前在固定网络上的任何应用都可以在 HiperLAN2 网上运行。

3. 红外系统

红外局域网系统采用波长小于 1 μm 的红外线作为传输媒体,该频谱在电磁光谱里仅次于可见光,不受无线电管理部门的限制。红外信号要求视距传输,方向性强,对邻近区域的类似系统也不会产生干扰,并且窃听困难。由于红外线具有很高的背景噪声,受日光、环境照明等影响较大,一般要求发射功率较高。

4. 蓝牙技术

蓝牙是一种使用 2.45 GHz 无线频带的通用无线接口技术,提供不同设备间的双向短程通信。蓝牙的目标是最高数据传输速率达到 1 Mbps(有效传输速率为 721 Kbps)、传输距离达到 10 cm～10 m(增加发射功率可达 100 m)。在一个微微网络中,蓝牙可使每台设备同时与多达 7 台的其它设备进行通信,而且每台设备可以同时属于几个微微网络。蓝牙面向的是移动设备间的小范围连接,因而本质上说是一种代替线缆的技术,用来在较短距离内取代目前多种线缆连接方案,并且克服了红外技术的缺陷,可穿透墙壁等障碍,通过统一的短距离无线链路,在各种数字设备之间实现灵活、安全、低成本、小功耗的话音和数据通信。相对 IEEE 802.11 和 HiperLAN,蓝牙的作用不是为了竞争,而是相互补充。

5. HomeRF

HomeRF 最初是为家庭网络设计,旨在降低语音数据成本。HomeRF 工作在 2.4 GHz 频段,采用数字跳频扩频技术,速率为 50 跳/s,并有 75 个带宽为 1 MHz 跳频信道。调制方式为 2FSK 和 4FSK。数据的传输速率在 2FSK 方式下为 1 Mbps,在 4FSK 方式下为 2 Mbps。在新版 HomeRF 2.x 中,采用了 WBFH(Wide Band Frequency Hopping)技术把跳频带宽增加到了 3 MHz 和 5 MHz,跳频速率也增加到 75 跳/s,数据传输速率达到了 10 Mbps。在速率更快、技术更先进的 IEEE 802.11 和 HiperLAN 技术冲击下,HomeRF 的标准化工作已经中止。

由于 IEEE 802.11 标准已经成为业界事实上的 WLAN 标准,因此本书主要以 IEEE 802.11 系列进行研究,后续章节除非特殊说明,一般所提的无线局域网或 WLAN 是指 IEEE 802.11 网络。

1.1.3　IEEE 802.11 系列规范

目前主要的 WLAN 产品是依据 IEEE 在 1997 年所制定的 IEEE 802.11 的无线网络标准协议。从技术面来看,IEEE 802.11 标准的目的是制定一个真正属于短距离无线通信的技术规范,内容包括基本规格、传输特性、加密机制等,是针对 OSI 网络体系结构中的物理层(Physical Layer,PHY)与数据链路层(Data Link Layer,DLL)中的介质访问控制(Media Access Control,MAC)规范定义[1]的。另一方面,从无线频段看,无线网络设备是利用 2.4 GHz 的频段来进行无线电波信号传输,从而达到数据交换的目的。

常用的 IEEE 802.11 系列标准按英文字母排列,由于 IEEE 802.11l 中的字母 "l" 容易与数字"1"和字母"i"混淆,而 IEEE 802.11X 代表所有的 IEEE 802.11 系列,故未使用这两个编号。系列标准及相关工作组情况介绍如下。

1. IEEE 802.11

IEEE 802.11 是 1997 年最初制定的一个 WLAN 标准,定义了 PHY 层与 MAC

层的协议规范,主要用于解决办公室局域网和校园网中用户与用户终端的无线接入,业务主要限于数据存取,传输速率约为 2 Mbps,工作在 2.4 GHz 频段。由于它在速率和传输距离上都不能满足人们的需要,因此 IEEE 小组又相继推出了 IEEE 802.11b 和 IEEE 802.11a 两个标准。

2. IEEE 802.11a

IEEE 802.11a 是 1999 年对 IEEE 802.11 标准进行扩充后的 PHY 层规范。IEEE 802.11a 有别于 IEEE 802.11b 的单载波技术,采用 OFDM 信息编码方式,工作在 5 GHz 频段,物理层速率可达 54 Mbps,传输层可达 25 Mbps。可提供 25 Mbps 的无线 ATM 接口、10 Mbps 的以太网无线帧结构接口以及 TDD/TDMA 的空中接口;支持语音、数据、图像业务;一个扇区可接入多个用户,每个用户可带多个用户终端。标准体现在 IEEE Std. IEEE 802.11a—1999 中。

3. IEEE 802.11b

IEEE 802.11b 即 Wi-Fi,是 2.4 GHz 下更高速率的 PHY 层标准,2.4 GHz 的 ISM 频段为世界上绝大多数国家通用,因此 IEEE 802.11b 得到了最为广泛的应用。它的最大数据传输速率为 11 Mbps,无需直线传播。在动态速率转换时,如果射频情况变差,可将数据传输速率降低为 5.5 Mbps、2 Mbps 和 1 Mbps。支持的范围在室外为 300 m,在办公环境最长为 100 m。IEEE 802.11b 使用与以太网类似的连接协议和数据包确认来提供可靠的数据传送和网络带宽的有效使用。IEEE 802.11b 标准是 1999 年 9 月制定的,兼容于 IEEE 802.11 直接序列扩频技术,使用补充编码键控(Complementary Code Keying, CCK)技术,规范体现在 IEEE Std. IEEE 802.11b—1999 中。2001 年任务组对 IEEE 802.11b 标准中 MIB 定义的缺陷进行了修正,内容体现在 IEEE Std. IEEE 802.11b-cor1 2001 之中。

4. IEEE 802.11c

IEEE 802.11c 是在介质访问控制/逻辑链路控制(MAC/LLC)层面上进行扩展,旨在制订无线桥接操作标准,但后来将标准追加到已有的 IEEE 802.1 中,成为 ISO/IEC 10038 (IEEE 802.1D)标准。

5. IEEE 802.11d

2001 年制订的 IEEE 802.11d 标准是在 1999 年公布的 IEEE 802.11a 和 IEEE 802.11b 标准基础上,对介质访问控制/逻辑链路控制(MAC/LLC)子层上进行扩展,解决 IEEE 802.11b 标准在部分国家不能使用 2.4 GHz 频段的问题,实现了 IEEE 802.11 标准内的漫游功能。

6. IEEE 802.11e

IEEE 802.11e 是为满足服务质量(Quality of Service, QoS)方面的要求,于 2004 年 7 月制订的 WLAN 标准。是对 IEEE 802.11 的 MAC 层进行增强以改善和管理 QoS、提供业务分类、增强安全性和认证机制等,但在 2001 年将 TGe PARs 中的安全性部分转移到了 TGi PARs。在一些语音、视频传输中,QoS 是非常重要的指标。IEEE 802.11e 的分布式控制模式可提供稳定合理的服务质量,而集中控制模式可灵活支持多种服务质量策略,实现影音实时传输,保证多媒体的顺畅应用,WiFi 联盟将此模式称为 WMM(Wi-Fi Multimedia)。

7. IEEE 802.11f

IEEE 802.11f 的目标是保证多厂商 AP 之间的互操作性。IEEE 802.11f 定义了无线网络使用者漫游于不同厂商的无线接入点(AP)之间的互操作性(Interoperability)规范,确保用户端在不同接入点间的漫游,使用户端能平滑、透明地在不同的无线子网络中切换。这种漫游不中断服务的机制称为 IAPP(Inter Access Point Protocol)协议。

8. IEEE 802.11g

IEEE 802.11g 是 2001 年 11 月制定的,兼有 IEEE 802.11a/b 的优点,最大传输速率高达 54 Mbps。由于 IEEE 802.11b 是 WLAN 标准演化的基石,许多系统都需要与 IEEE 802.11b 后向兼容。IEEE 802.11a 是一个非全球性的标准,与 IEEE 802.11b 后向不兼容,但采用的 OFDM 技术支持数据流高达 54 Mbps,提供几倍于 IEEE 802.11b 的高速信道。为了协调 IEEE 802.11a 与 IEEE 802.11b 的兼容性问题,提出的 IEEE 802.11g 是利用双频技术桥接 IEEE 802.11a 和 IEEE 802.11b,IEEE 802.11g 工作在 2.4 GHz 和 5 GHz 两个频段,与 IEEE 802.11b 后向兼容。

9. IEEE 802.11h

IEEE 802.11h 是为了与欧洲的 HiperLAN2 进行协调的修订标准。由于美国和欧洲在 5 GHz 频段上的规划与应用存在差异,IEEE 802.11h 标准制订的目的是为了减少对同处于 5 GHz 频段的电磁干扰。IEEE 802.11h 涉及两种技术,一种是动态频率选择(DFS),即接入点不停地扫描信道上的电磁信号,接入点和相关的基站随时改变频率,最大限度地减少干扰,均匀分配 WLAN 流量;另一种技术是传输功率控制(TPC),使总传输功率或干扰减少 3 dB。

10. IEEE 802.11i

2004 年 7 月制定的 IEEE 802.11i 是 WLAN 的重要标准,它是一个接入与传输的安全机制,扩展了 IEEE 802.11 的 MAC 层,强化了安全与认证机制。由于在 IEEE 802.11i 标准未确定之前,Wi-Fi 联盟已经先行提出了比 WEP(Wired Equivalent Privacy)有更高安全性的 WPA(Wi-Fi Protected Access)方案,因此 IEEE 802.11i 也被称为 WPA2。IEEE 802.11i 适用于目前的 WLAN 系列网络,采取 EAP(Extensible Authentication Protocol)为核心的用户认证机制,可以通过服务器审核接入用户的检验数据是否合法,降低非法接入网络的机会。在 ISO 框架内,IEEE 802.11i 与中国的 WAPI(WLAN Authentication and Privacy Infrastructure)标准形成对峙。

11. IEEE 802.11j

IEEE 802.11j 标准是日本提出的 IEEE 802.11 标准的修正版,目的是为了适用日本 4.9 GHz~5 GHz 的频段。由于日本从 4.9 GHz 开始规定的功率与其它地区不相同,如 5.15 GHz~5.25 GHz 频段,欧洲允许的发射功率为 200 mW,而日本仅允许 160 mW。IEEE 802.11j 标准所提供的通用方式可支持新的频率、不同宽度的射频通道以及无线操作环境。IEEE 802.11j 为日本的 4.9 GHz 和 5 GHz 频段添加信道选择功能,以符合日本的无线电运营条例。

12. IEEE 802.11k

IEEE 802.11k 为 WLAN 进行信道选择、漫游服务和传输功率控制等方面提供标准。IEEE 802.11k 提供无线资源管理,让频段、通道、载波等更灵活地、动态地调整与调度,使有限的频段在整体应用效益上获得提升。如在一个遵守 IEEE 802.11k 规范的网络中,如果具有最强信号的接入点以最大容量加载,而某个无线设备连接到一个利用率较低的接入点时,即使信号可能比较弱,但是总体吞吐量也是比较大的,这是因为此时网络资源得到了更加有效的利用。提供负载均衡功能的 IEEE 802.11k 着眼于两个关键性的 WLAN 组成要素,即接入点和客户端,其目的在于使 OSI 协议栈的物理层和数据链路层的测量数据能用于上一层。IEEE 802.11k 的最大特点是能通过无线电资源测量功能更好地进行业务量分配,为更高层提供无线电和网络测量接口。

13. IEEE 802.11m

IEEE 802.11m 主要是对 IEEE 802.11 标准规范进行维护、修正与改进,并为其提供解释文件。IEEE 802.11m 开始提出于 1999 年,是由 IEEE 802.11 工作组的成员工作组 M 提出的。IEEE 802.11m 中的 m 表示 Maintenance,目标是维护 IEEE 802.11—1999 和 IEEE 802.11—2003 修正版标准。

14. IEEE 802.11n

IEEE 802.11n 标准的目的是提升传输速度。IEEE 802.11n 任务组由高吞吐量研究小组发展而来,并计划将 WLAN 的传输速率从 IEEE 802.11a 和 IEEE 802.11g 的 54 Mbps 增加到 108 Mbps,最高速率在 320 Mbps 以上,是继 IEEE 802.11b、IEEE 802.11a 和 IEEE 802.11g 之后的另一个重要标准。IEEE 802.11n 标准为双频工作模式,包含 2.4 GHz 和 5 GHz 两个工作频段,保障了 IEEE 802.11n 与以往系列标准的兼容。一些 4G 的关键技术,如正交频分多路复用(OFDM)、多输入多输出(MIMO)、智能天线和软件无线电等技术,开始应用到 WLAN 中,提升 WLAN 的性能。IEEE 802.11a 和 IEEE 802.11g 是采用 OFDM 调制技术,提高了传输速率,增加了网络吞吐量。IEEE 802.11n 是采用 MIMO 与 OFDM 相结合的技术,使传输速率成倍提高。另外,IEEE 802.11n 采用的天线技术及传输技术将使得 WLAN 的传输距离大大增加,可以达到几 km,并且能够保证 100 Mbps 以上的传输速率。IEEE 802.11n 标准全面改进了 IEEE 802.11 标准,不仅涉及物理层规范,同时也采用新的高性能无线传输技术提升媒体访问控制层的性能,优化数据帧结构,提高网络的吞吐量性能。

15. IEEE 802.11o

IEEE 802.11o 是针对 VOWLAN(Voice over WLAN)应用而制订的操作规范，目的是实现更快速的无线跨区切换，以及规定读取语音(Voice)比数据(Data)有更高的传输优先权等，此工作组的规范草案正在制订之中。

16. IEEE 802.11p

IEEE 80211p 是针对汽车通信的特殊环境而推出的标准。IEEE 80211p 利用分配给汽车的 5.9 GHz 频段进行通信，在 300 m 距离内达到 6 Mbps 的传输速率。IEEE 802.11p 用于收费站交费、汽车安全业务、通过汽车的电子商务等方面。从技术上看，IEEE 802.11p 对 IEEE 802.11 针对汽车的特殊环境进行了多项改进，例如，先进的热点间切换，支持移动环境，增强了安全性，加强了身份认证，等等。IEEE 802.11p 将作为 DSRC(专用短程通信)或者面向汽车的通信基础设施，提供汽车之间或者是汽车与路边基础设施网络之间的通信规范。

17. IEEE 802.11q

IEEE 802.11q 是针对 IEEE 802.11 支持 VLAN(Virtual LAN，虚拟局域网)技术而制订的标准规范，该标准目前正在制订之中。

18. IEEE 802.11r

IEEE 802.11r 标准着眼于减少漫游认证时所需的时间，这将有助于支持语音等实时应用。使用 IEEE 802.11 进行语音通信时，移动用户必须能从一个接入点迅速断开连接，并重新连接到另一个接入点。这个切换过程中的延迟时间不应超过 50 ms，这是人耳能感觉到的时间间隔。但目前 IEEE 802.11 网络在漫游时的平均延迟高达 200 ms，这直接导致传输过程中的时断时续现象，造成连接丢失和语音质量下降，因此对使用 IEEE 802.11 无线语音通信来说，更快的切换是非常关键的。IEEE 802.11r 改善了移动客户端设备在接入点之间运动时的切换过程，该协议允许无线客户端在实现切换之前就建立起与新接入点之间的安全连接且具备QoS 状态，将连接损失和通话中断降到最小。对无线用户来说，IEEE 802.11r 协议将会成为一个重要的里程碑，它刺激语音、数据和视频的融合，给移动设备带来改善的功能、性能和应用，这必将加速它 IEEE 802.11 技术的推广与应用。

19. IEEE 802.11s

IEEE 802.11s 是针对具有自主配置(Self-configuring)、自主修复(Self-healing)功能的无线 Mesh 网络标准，用于移动接入点连接为主干通信网和网状网的通信规范。该标准工作组于 2004 年初建立，目标是使移动接入点能成为无线数据路由器，将流量转发给邻近的接入点并进行一系列的多跳传输。这种网状网络具有较高的可靠性，可以自动绕过故障节点，并且可以自行调节，以实现流量负载平衡和性能优化。

20. IEEE 802.11t

IEEE 802.11t 任务组的宗旨是建立 IEEE 802.11 无线性能评价操作规范。通

过制订无线电广播链路特征评估和衡量标准的一致性方法,实现无线网络性能的
评价标准。无线网络用户都希望所有的产品均具备承载关键业务应用及数据所需
要的性能和稳定性。然而,对于业界来说,IEEE 802.11 协议的复杂性往往会使此
类测试变得异常困难,IEEE 802.11 设备及系统的性能和稳定性测试一直是一项巨
大的挑战。此外,无线设备所具有的移动特性和无所不在的无线电射频干扰,进一
步增加了测试的难度。通过建立 IEEE 802.11t 任务组,规范各种应用下的普通数
据、延迟时间敏感型数据和流媒体等三种测试数据。

21. IEEE 802.11u

IEEE 802.11u 的目标是制订 IEEE 802.11 网络与其它网络的交互性规范。由
于未来的无线网络将是 WLAN、WMAN、WWAN 等异构网络相互融合,实现不同网
络之间的信息交流与传递,于是未来将会有更多的无线网络协议与 IEEE 802.11
网络互联。IEEE 802.11u 工作组正在致力于开发简化异构网络的交换与漫游
规范。

22. IEEE 802.11v

IEEE 802.11v 是无线网络管理规范。该任务组将在 IEEE 802.11k 任务组工
作成果的基础上,致力于增强由 Wi-Fi 网络提供的服务,IEEE 802.11v 规范主要面
对的是无线网络运营商。

23. IEEE 802.11w

IEEE 802.11w 的任务是通过制订保护管理帧框架,以提升无线网络的安全
性。由于其它无线网络任务组在扩展管理框架的同时,包含了像无线源数据、基于
位置的标识符以及快速传播的信息等敏感信息,这就要求无线网络上的安全不仅
需要考虑数据信息体系结构,还需要考虑管理信息体系结构。IEEE 802.11w 将面
临两大主要挑战,首先,管理消息流的机密性,IEEE 802.11w 假定客户端和访问点
之间交换了动态的关键内容。这就要求在发送关键内容前对每一个管理框架都必
须进行保护,这与公开网络接入端的 SSID 信息和客户端身份信息相矛盾。其次,
未来与非 IEEE 802.11w 类无线网络设备保持兼容也是一个大的挑战,因为其限制
了 IEEE 802.11w 可以提供的保护,除非所有的硬件都被升级成为可以支持 IEEE
802.11w 的功能。

24. IEEE 802.11y

IEEE 802.11y 是 IEEE 802.11 标准系列中基于竞争协议(Contention Based
Protocol,CBP)的规范,2005 年 7 月,FCC 开放了以前用于定点卫星通信业务的频
段 3.65 GHz ~ 3.7 GHz 给公共用户,IEEE 802.11y 任务组将利用这一频段对 IEEE
802.11 标准进行扩充,IEEE 802.11y 利用冲突避免机制,对新的无线电频率进行
利用。目前的 IEEE 802.11y 仍处于草案建议阶段。

25. IEEE 802.11z

IEEE 802.11z 是由 Intel 公司等发起组建的一个临时任务组,其工作主要集中

在对现有的 IEEE 802.11—1999 标准进行修正,通过扩展直接链路建立(Direct Link Setup,DLS)技术,以提高无线网络的速率和安全性,该工作正在等待 IEEE 802.11 工作组的认可。

1.1.4　应用现状

IEEE 802.11 最初只是作为一种无线接入协议,而问世后可谓是异军突起。目前,Wi-Fi 技术已被认为是无线宽带发展的新方向。

在美国,像 Nextel、Cingular 这样的移动运营商正在商业楼宇中部署 Wi-Fi 网络,Bellsouth、Verizon 等固定运营商也不甘落后。Verizon 已经在纽约启动了 150 个热点地区的 Wi-Fi 网络,并在纽约部署 1000 多个 Wi-Fi 网络。2005 年底,由 Intel、IBM 和 AT&T 合作组建的 Cometa 网络公司,计划在美国 50 个大城市建设 2 万个热点 Wi-Fi 网络。利用 IEEE 802.11g 将传输速率提升到 54 Mbps,美国 Vivato 公司推出的一款新型交换机能把目前 Wi-Fi 无线网络 100 m 的通信半径扩大到 6.5 km,同时用户接纳数量也大幅度增加。

在欧洲引领 Wi-Fi 的运营商是英国电信和瑞士电信。这些没有受 3G 牌照拖累的企业期望投资 Wi-Fi 网络,花少得多的钱在移动数据市场挤占一定的份额。德国的 T-mobile 公司已与 1400 多家星巴克咖啡店联合建设 Wi-Fi 网络,并计划在全球 2000 多个社区提供 Wi-Fi 接入服务。

中国香港开通了免费无线上网,香港无线城市计划之一的"香港政府 Wi-Fi 通"首批 35 个 Wi-Fi 热点已经投入使用,采用 IEEE 802.11b/g 技术。预计到 2009 年香港的 Wi-Fi 热点将增至 8000 个,香港将成为全球领先的无线城市。中国网通作为国内最早涉足 Wi-Fi 领域的运营商,已在 WLAN 布点 1000 多个,大多数都集中在商务客人经常出入的热点地区,如机场、商务酒店、会展中心等,其"无限伴旅"的 WLAN 接入服务已在北京、上海、广州、深圳等城市展开。随着 Wi-Fi 热潮在全球兴起,中国电信充分利用其有线资源,将 WLAN 与 ADSL 捆绑,迅速夺取了国内最大的市场份额。中国电信名为"天翼通"的 Wi-Fi 无线宽带接入业务已在上海和广东等地铺开,目标直指普通消费者。2005 年世界电信日宣布进军 Wi-Fi 市场的中国移动,第一期动用 18 亿元在全国 32 个城市推广 WLAN 业务,与 GPRS 进行捆绑。2006 年 5 月 17 日,中国移动宣布已在全国近 700 个机场、酒店等热点地区实现了 WLAN 覆盖。另外,联通也正在推进 CDMA 1X 与 WLAN 捆绑。

当人们广泛期待的 3G 时代并未如期而至,而 WLAN 的高速发展成了电信业发展的一大亮点。基于 IEEE 802.11 技术的 WLAN 已经成为目前宽带无线网络接入的主流技术,尤其是随着 IEEE 802.11 系列规范的相继出台,未来的 IEEE 802.11 将会重现 IEEE 802.3 的辉煌历史,未来的无线网络终端接入技术将会进入 IEEE 802.11 系列技术的时代。

1.1.5　发展趋势

下一代无线网络将是由三个部分组成,即无线接入网、核心网和骨干网。各种移动网和无线网都采用 IP 技术,成为互联网的无线接入网,移动和无线终端由此便可通过无线方式进行互联网的接入,享受各种互联网信息服务,并能在互联网平台上进行通信。根据 2006 年中国下一代互联网示范工程产业化及应用试验专项规划,重点进行 WWAN 和 WLAN 的互通融合技术和业务示范,研究未来 WLAN 中各种通信系统的互通、融合技术及其网络构架,建设基于移动 IPv6 的 WWAN 和WLAN 融合网络,开展业务试验和应用示范。

3G 系统旨在提供一个全覆盖、高质量保证的通信网络,可以提供语音和数据业务,数据传输速率最高为 2 Mbps。从目前业务角度来看,传输速率最高为 2 Mbps显然无法满足用户对高速传输速率的需求。另外,由于 3G 系统所使用的频率为2 GHz 频段,这是非常珍贵和短缺的频率资源,运营商为了获得 3G 牌照需要花费很多资金购买。同时 3G 网络的单基站覆盖范围为 1.5 ~ 8 km,要达到全网覆盖,需要布置大量的网络设备,运营费用非常昂贵。

WiMAX 移动通信系统主要定位于分组数据的业务传输,其峰值数据的速率可达到 75 Mbps,比 3G 系统高得多,但其主要应用于固定、便携或低速移动的用户提供接入,在网络建设初期和中期阶段并不支持高速移动下的无缝漫游。而 3G 移动通信系统具有支持快速漫游以及提供全网覆盖的通话业务功能优点。

WLAN 作为 WiMAX 网络的有利补充,满足局部热点地区提供较高数据传输,为解决该问题提供了一种新的途径。最新的 IEEE 802.11s 草案引入了 Mesh 机制,Mesh 网络除具有自身的优越性外,还是一种很有优势的混合组网体制。

3G、WiMAX 和 WLAN 网络的性能比较见表 1 - 2。如果在组网中将三种网络技术结合起来,WLAN 重点实现局部热点地区的宽带无线接入,WiMAX 重点实现宽带无线化,满足热点地区调整数据业务的需求,而 3G 重点实现移动通信的无缝漫游要求,则可以实现三种无线技术的优势互补。

WLAN Mesh 网络中的 MAP 可以直接与终端用户相连,也可以作为传统WLAN 的 AP 接入点,将位于同一个区域的多个 WLAN 通过无线 Mesh 网络方式连接起来,一方面可以实现各个传统 WLAN 之间的互通;另一方面可以实现无线宽带接入。这样,WLAN 满足局部热点地区提供较高数据传输的要求,WiMAX 把不同的热点地区串接起来,实现更广范围的高速数据接入,主要解决"最后一公里"的通信需求,而 3G 网络定位于移动用户的语音通信和全网范围内的低速数据无线通信,达到三大技术的优势互补,多种无线接入方式并存融合,形成一个层次化的宽带无线接入网络,为不同的人群、不同的需求提供更有效率的服务,如图 1 - 5所示。

表 1 – 2　3G、WiMAX 和 WLAN 网络的性能比较

网络类型 项　　目	3G	WiMAX	WLAN
标准	3GPP、3GPP2	IEEE 802.16d/e	IEEE 802.11a/b/g/n
频段	2 GHz 需许可证	2 ~ 11 GHz 部分不需许可证	2.4 GHz 和 5 GHz 免许可证
速率/Mbps	最高 2	最高 75	11/54/108/320
覆盖/km	宏蜂窝(<8)	宏蜂窝(<54)	0.300
建网成本	高	中等	低
业务	语音业务和带宽要求很低的移动数据业务	带宽要求高的固定和移动数据业务用户	带宽要求高的固定和移动数据业务用户

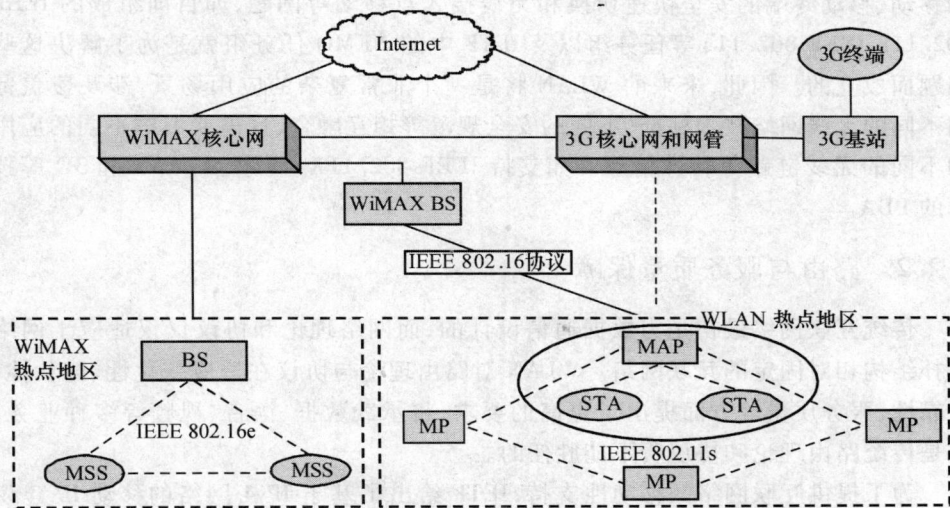

图 1 – 5　WLAN/WiMAX/3G 融合网络结构图

　　WLAN、WiMAX 和 3G 网络技术的融合印证了三者不是简单的竞争关系,而是和睦相处的伙伴。WLAN 技术与移动网络的完全融合将是 4G 移动通信技术的关键所在。

1.2　WLAN 主要技术问题

　　WLAN 是在移动数据网和传统的互联网基础上发展而来的,它结合了移动网和固定互联网的优势,实现了两网的交互。WLAN 业务具有传统互联网无法比拟的优势,但要实现移动状态下可靠的数据通信,需要解决一系列复杂的技术

难题[2]。

1.2.1 安全接入

IEEE 802.11 标准自公布之日起,安全问题一直是被关注的焦点问题。IEEE 802.11 标准采用基于 RC4 的 WEP 安全机制,为网络业务流提供安全保障,但其加密和认证机制都存在安全漏洞。IEEE 802.11i 是 2004 年 6 月批准的 WLAN 标准,其目的是解决 IEEE 802.11 标准中存在的安全问题。IEEE 802.11i 应用 TKIP 加密算法和基于 AES 高级加密标准的 CCMP 协议。其中 TKIP 仍然采用 RC4 作为其加密算法,可以向后兼容 IEEE 802.11a/b/g 等硬件设备。中国宽带无线 IP 标准工作组制订了 WLAN 国家标准 GB15629.11,定义了 WLAN 认证与保密基础结构 WAPI[3-4],大大减少了 WLAN 中的安全隐患。

现有的 WLAN 安全规范只考虑了单个节点移动的情况,没有考虑到移动子网的移动、移动终端的安全快速切换和无线接入点移动等问题,如目前组成的 IEEE 802.11r、IEEE 802.11s 等任务组以及 IETF 中的 NEMO 任务组就是为了解决这些问题而成立的。因此,未来的 WLAN 将是一个非常复杂的应用场景,涉及覆盖范围不同的无线网络技术标准、不同的安全规范等相互融合,且需要考虑不同的应用和不同的无线链路等特殊情形。如支持 IEEE 802.11X、蓝牙、WiMAX 和 3G 等技术的 PDA。

1.2.2 路由与服务质量保障

传统互联网络最初是为数据通信设计的,而网络理论和协议仅仅适应于网络拓扑结构相对固定的互联网络。WLAN 对路由理论与协议在适应变化性、健壮性、可靠性、服务质量等方面提出了更高的要求,将承载数据、语音、视频等多种业务,这是传统路由理论和协议所不能胜任的。

为了提供互联网络的移动性支持,IETF 给出了基于 IPv4 网络的移动 IP 建议 RFC 3344,为了克服移动 IPv4 在地址资源、安全性和路由效率等方面的缺陷,IETF 又基于 IPv6 协议设计了移动 IPv6,并相继提出了一系列的草案和标准。这两个版本的移动 IP 协议都是采用代理和隧道技术,通过设置 IP 终端当前位置地址与家乡地址的绑定条目来提供移动时收发 IP 分组的功能,是一个比较典型的面向终端运动的解决方案,显然不适应整个网络动态变化的需求。对运动子网中的各个主机分别通过移动 IP 建立路由,忽视了运动主体是一个相对稳定的集合,不但因分发大量的位置管理消息和为每个终端分别建立独立无线链路造成了资源的浪费,而且在某些通信安全和电磁兼容要求比较苛刻的场合也根本不允许这样做。移动 IP 仅仅是对传统互联网络的扩展,网络拓扑环境也是相对稳定的,不会影响目前广泛使用的 RIP、OSPF、BGP 等路由协议,但 WLAN 实质是动态变化的网络,由于子网或终端集合动态地改变网络连接地址,势必要对上述路由理论与协议进行重大变革,这是现有移动 IP 不能做到的。此外,Ad hoc 是在没有无线基础设施的环境中支持单机移动,也不能满足动态变化网络的路由需要。

1.2.3 快速漫游切换

漫游切换是指移动终端设备在漫游时必须能快速地切断与一台接入点的连接,然后连接到另一台接入点上。目前的 IEEE 802.11 移动终端在完成切换前,不能了解新接入点是否具有必要的 QoS 资源,在切换前无法确认切换是否能带来令人满意的应用性能。因此,具有 QoS 保障机制的快速切换对 IEEE 802.11 的多媒体应用是一项关键性技术。

目前的 WLAN 在切换时终端可以留在当前的信道上,使用当前的接入点与其它候选接入点通信。这种作法将大大减少向终端传输数据流时带来的中断,但却使终端无法了解与其它接入点进行无线通信能力的信息。终端还可以切换到另一台接入点的信道上,这样使终端可以了解与其它接入点进行无线通信的质量,但是会造成与当前的接入点通信的中断。目前正在制订的规范 IEEE 802.11r 主要着眼于减少漫游认证所需的时间,以支持 WLAN 的移动语音、移动电视等实时应用。

1.2.4 无线 Mesh 接入

随着组网范围的扩大,WLAN 对每个接入点的有线连接要求使其在某些缺乏有线基础设施的环境中遇到了诸多挑战。为了满足不断增长的 WLAN 覆盖的要求,目前提出了一种全新的增强型体系结构的解决方案——无线 Mesh 网(Wireless Mesh Network,WMN),也称为无线网状网。WMN 重新对 WLAN 技术进行了界定,结合了无线和有线解决方案的最佳性能特点,引入了"对等网状拓扑"的概念,可实现接入点之间的无线通信。这个概念解决了无线接入点必须要与有线网络相联的必要条件,对以太网无法架设组网或野外组网非常有利。

WMN 是移动 Ad Hoc 网络的一种特殊形态,它的早期研究均源于移动 Ad Hoc 网络的研究与开发。它是一种高容量、高速率的分布式网络,不同于传统的无线网络,可以看成是一种 WLAN 和 Ad Hoc 网络的融合,且发挥了两者的优势,作为一种可以解决"最后一公里"瓶颈问题的新型网络结构。WMN 被写入了 IEEE 802.16 的无线城域网标准中。2004 年 1 月,IEEE 802.11 工作组专门成立了网状网研究组,同年 3 月又成立了网状网任务组,标志着 WMN 技术正式迈上了标准化道路。另外,其它标准如 IEEE 802.15.3a、IEEE 802.15.4 和专用短程通信也开始探索如何通过 Mesh 嵌入式设备来改进其现有技术,IEEE 802.16 已经将 Mesh 技术纳入其 MAC 层协议标准中。

1.2.5 异构无线网络安全融合

随着移动通信技术的发展,网络正逐步向移动互联网方向发展,将移动蜂窝

网、自组网、WLAN、无线城域网等无线网络与有线互联网连接起来,为用户提供
"永远在线"、尽可能高速的数据速率以及动态的网络接入。然而这同时也带来一
些安全问题,如漫游用户的机密性、接入控制和移动实体鉴权等问题。融合多种网
络可满足用户长时间连接和尽可能获得较高数据传输速率的需要,但融合后的网
络也将各种网络的安全缺陷带进融合网络中。这不但给融合网络的运行带进各种
原有的安全问题,而且增加了一些新的安全问题。

　　现阶段,对于无线网络融合的研究主要集中在任意两种网络的融合,主要的研
究方向是蜂窝网络与 WLAN 及蜂窝网与 Ad Hoc 的融合。其中,蜂窝网络和 WLAN
作为比较成熟的网络是目前网络融合中比较常用的方式,而蜂窝网络与 Ad Hoc 的
融合由于 Ad Hoc 的自组织和自维护性能受到了广泛的关注。

　　WLAN 由于能提供较高的数据传输速率被用来与蜂窝网进行融合,作为蜂窝
网在热点地区的高速数据传输网,为用户提供高速数据服务。它通常作为蜂窝网
的末端子网或可独立工作的网络,因此只需考虑网间的鉴权、切换等问题。蜂窝网
络和 WLAN 相融合的主要系统是 GPRS 与 WLAN 的融合以及 UMTS 与 WLAN 的
融合。目前融合方案的重点主要放在路由、切换等方面,实现安全的主要方法是在
网络边缘设置网关。

1.3　安全体系结构的发展趋势

　　由于 IEEE 802.11 技术发展经历了 IEEE 802.11a/b/g/n 等系列标准规范,且
不同阶段的安全机制又各不相同。为了解决目前 Internet 的信任危机问题,业界倡
导了一系列的安全理念,如思科的自防御网络[5]、微软的应用安全框架[6]、赛门铁
克的主动安全基础架构[7]、Charles Kolodgy 提出的统一威胁管理[8] 等,这些安全方
法集中体现在整体、立体、多层次和主动防御的思想,强调了安全管理的重要性,认
为应在不同层次上加强网络安全管理,特别是各种网络设备和计算资源安全属性
的管理。表明安全业界的竞争趋势已经从产品的竞争演变为安全体系结构的
竞争。

　　造成安全现状的技术因素有:

　　(1) 终端设备的软/硬件体系结构相对简单,导致资源可以无序利用,如执行
代码可被修改,恶意程序可被植入。

　　(2) 安全防护体系不尽合理。从构成信息系统的服务器、网络、终端三个层面
分析,现有的保护手段逐层递减,仅重点对服务器和网络设备进行保护,忽略了对
数量庞大的终端保护。造成用户对安全缺乏信任的原因是安全需求发生了变化,
用户需求已从单项系统安全转向整体系统安全。具体体现在:① 需求的整合。用
户已从发现问题再修补的产品叠加型防御向以风险控制和风险管理为核心的主动
防御过渡;安全产品从孤立的产品防护向分布式协调管理过渡。② 技术的整合。

安全防御技术将由传统的防火墙、防病毒和入侵检测转向统一的入侵防御,出现了IPS(Intrusion Prevention Systems)[9]、CVE(Common Vulnerabilities & Exposures)[10]、UTM(Unified Threat Management)[11]等基础技术。

因此,在技术方面,安全体系结构的研究重点是平衡移动通信与互联网之间的矛盾,互联网是基于自由哲学理念发展而来的,是分布式的处理,没有中心统一控制。互联网的本质是互通性和自由性,而移动通信是基于管理与约束的理念发展而来,属于集中式处理,由中心统一控制。移动通信的实质是管理与控制。安全不仅要解决自由与管理之间的矛盾,还要解决资源共享与信息安全之间的矛盾。因此安全需要寻找一个合理的平衡点,在保持自由的基础上实现一定程度的可管理性。WLAN 安全体系结构的目标是努力构建一种弹性、高效、安全、普适性的移动安全基础设施。

另一方面,安全也要改变思维方式,从终端开始防范攻击。如果网络具备了对消息发送方地址过滤功能和攻击源的追踪机制,则可以有效地降低网络攻击与攻击蔓延现象。防范终端攻击方面的研究有 TCG(Trusted Computing Group)的 TPM(Trusted Platform Module)[12]硬件平台,以及 IBM、Intel 和 DoCoMo 推出的 TMP(Trusted Mobile Platform)[13]平台。TMP 从应用层面定义了可信移动终端的硬件体系结构、软件体系结构和协议规范。TPM 和 TMP 平台的出现,为从终端入手解决信息系统安全问题提供了新思路。

问题讨论

1. WLAN 传输技术规范有哪些? IEEE 802.11 系列规范有何优势?
2. 试比较 IEEE 802.11 系列技术规范的不同特点。
3. 试分析 WLAN 存在的安全问题。
4. 请谈谈 WLAN 未来的发展趋势。

参考文献

[1]   IEEE. IEEE Standard for Wireless LAN Medium Access Control (MAC) and Physical Layer (PHY) Specifications[S]. ISO/IEC 8802 – 11:1999(E), 1999.

[2]   吴振强. WLAN 安全体系结构及关键技术[D]. 西安:西安电子科技大学计算机学院,2007.

[3]   中华人民共和国国家标准. GB 15629.11—2003(WLAN 媒体访问控制和物理层规范)[S].北京:中国标准出版社,2003.

[4]   中华人民共和国国家标准. GB 15629.1102—2003(WLAN 媒体访问控制和物理层规范:2.4 GHz 频段较高速物理层扩展规范)实施指南[S].北京:中国标准出版社,2004.

[5]   Cisco Systems Incorporated. Cisco Network Admission Control Framework [EB/OL]. [2008 –

03 – 10]. http://www. cisco. com/en/US/netsol/ns466/networking_solutions _package. html.

[6]　Microsoft Corporation. 安全风险管理框架[EB/OL]. （2004 – 03 – 08）. http://www. microsoft. com/china/ technet/security/guidance/secmod134. mspx.

[7]　Symantec Corporation. The Symantec Security Management System[EB/OL]. [2008 – 03 – 01]. http://www. symantec. com/press/2003/ n030512. html.

[8]　Kolodgy C. Worldwide Threat Management Security Appliances [EB/OL]. （2004 – 09 – 01）. http://www. mcs. mu/docs/IDC% 20Worldwide% 20Threat% 20 Management % 20Security% 20Appliances% 20-Forecast. pdf.

[9]　NSS Group Ltd. Intrusion Prevention Systems (IPS) [EB/OL]. （2004 – 01 – 01）. http:// www. nss. co. uk/WhitePapers/intrusion_prevention_systems. htm.

[10]　MITRECorporation. Common Vulnerabilities and Exposures (CVE) [EB/OL]. [2008 – 04 – 01]. http://www. cve. mitre. org/

[11]　JuniperNetworks, Incorporated. SSG Family UTM Feature Validation Report[EB/OL]. （2006 – 09 – 01）. http://www. juniper. net/solutions/literature/white_ papers/utm_validation_ report. pdf

[12]　TrustedComputing Group. TPM Main Specifications-Part 1 Design Principles. V1. 2[EB/OL]. （2007 – 07 – 09）. https://www. trustedcomputing-group. org/specs/TPM/

[13]　IBM, Intel, NTT. Trusted Mobile Platform Protocol Specification Document, Revision1. 00 [EB/OL]. （2004 – 04 – 05）. http://www. trusted-mobile. org/

第 2 章　安全体系结构框架

WLAN 安全体系结构面临着安全性、终端设备与无线网络的异构性等系列矛盾,尤其是无线 Mesh 网络引出新的安全需求、WLAN 与其它网络融合的安全体系结构要求等,迫切需要对 WLAN 安全体系结构进行深入研究,以满足未来 WLAN 发展的安全需要。本章在对现有的 WLAN 安全体系结构进行分析的基础上,对 WLAN 安全体系结构进行了探索性研究。研究分两个方面,一是从 WLAN 安全管理的角度,给出了一种基于管理的 WLAN 安全体系结构。该体系结构是由三层管理体系构成,分别是移动终端安全平台、集成化的 WLAN 接入管理平台和 WLAN 安全管理平台。该结构从接入点的角度,基于安全中间件的思想,给出了 WLAN 异构性安全与差异性安全的解决方案;另一方面是从移动终端的角度,给出了自适应的终端集成安全认证体系结构方案,并通过软件系统的实现,验证了集成安全方案的可行性。

2.1　WLAN 受到的攻击威胁

IEEE 802.11WLAN 的接入速率已经接近或超过有线网络的接入速率,如何让 WLAN 的安全性也接近或达到有线网络的安全等级已成为人们关注的重要问题。由于 IEEE 802.11 具有基础设施和 Ad Hoc 两种工作模式,在有基础设施的情况下,无线移动终端(Wireless STAtion, STA)直接与无线网络接入点(Access Point, AP)进行信息交换,从而实现与有线网络进行通信的目标,这是目前无线网络的主要工作方式。其中 STA 与 AP 进行连接时要经历探测、认证和关联三个阶段[1],其过程如图 2 - 1 所示。在探测阶段,STA 可以被动地接收 AP 的广播消息,并自动地加入到 AP 子网络之中,也可以主动请求加入 AP 子网络;第二阶段是认证阶段,即 STA 按某种认证机制接受 AP 的认证过程,当认证成功后,STA 发送关联请求给 AP,AP 接受关联后将该 STA 记录到 AP 的无线设备关联表中。通常情况下,AP 可以同时与多个 STA 建立关联关系,而 STA 在同一时刻只能与一个 AP 建立关联关系。

无线网络除了要抵抗有线网络的传统攻击外,还要阻止无线网络的特殊攻击,这主要是因为无线网络具有以下三个方面特点。

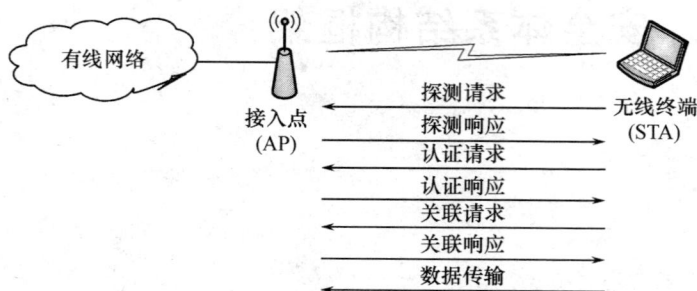

图 2 - 1　WLAN 的 STA 与 AP 连接建立过程

1. 无线网络物理层信号传播的特殊性

由于无线网络能让攻击者在无线电波覆盖的范围内进行通信内容的监听,如果使用者未对传送的信息进行适当的加密,则入侵者很容易窃取所有的通信内容,且 IEEE 802.11 系统实际的无线覆盖范围可能是 IEEE 802.11b 标准的两倍,这样在无线传播范围内监听和攻击更容易实施。另外,有线网络可以将服务器固定在某一个房间或限定在一个区域内,而无线网络电磁波信号具有不可控特性,从而导致无线网络将面临更大的风险,如易受到窃听和中间人攻击等。

2. 无线网络协议的设计缺陷

如 IEEE 802.11 标准中制定的 WEP 标准是希望通过这种机密技术让使用者获得更好的信息安全性,但是由于某些设计及实现上的缺陷使得 WEP 所获得的效果并不能百分之百地保证信息内容的机密性,同时在设计协议时,没有考虑密钥管理的问题,因此在 WLAN 漫游的情况下,密钥修改及发送是一个难题。

3. 无线设备的安全管理存在漏洞

所有无线网络设备出厂时都有一些预设的默认值,包括管理 IP 和管理密码等。许多管理者与使用者在没有及时更改这些系统默认设定值的情况下进行无线网络接入,就可能给攻击者提供方便,使攻击者很容易地获得设备的管理权限。

无线网络的特殊性,导致了无线网络的攻击方式,主要有窃听攻击、战争驾驶攻击、协议设计缺陷攻击、设备安全管理漏洞攻击、假冒 AP 攻击、缓冲区溢出攻击、共享密钥存储攻击、拒绝服务式攻击与中间人攻击等。这些攻击可以分为逻辑攻击与物理攻击两大类。

2.1.1　逻辑攻击

1. WEP 攻击

有线对等保密协议(Wired Equivalent Privacy,WEP)[2] 是一个基于对称加密算法 RC4 的安全保密协议,其目标是希望无线网络的安全等级达到有线网络的安全等级。然而,由于 WEP 协议的共享密钥是 40 位或 104 位,初始向量(Initialization

Vector,IV)是 24 位,完整性保护值(Integrity Check Value,ICV)的生成算法采用 CRC32。分析研究表明,WEP 存在许多安全漏洞,如 WEP 的密钥结构使 IV 的空间 仅为 2^{24},从而使 IV 冲突成为严重问题,导致多种攻击的出现;RC4 的密钥长度较 短,易受到穷举型攻击;将明文和密钥流进行异或的方式产生密文,且认证过程中 密文和明文都暴露在无线链路上,导致攻击者通过被动窃听攻击手段捕获密文和 明文,将密文和明文进行异或即可恢复出密钥流。这些漏洞的存在,使得攻击者利 用互联网上公开的 WEPCrack[3] 和 AirSnort[4] 工具可以很容易地破解 WEP 加密的 消息。

WEP 协议的静态密钥管理方式欠合理性。如一个服务集内的所有用户都共 享同一个密钥,所以,一个用户丢失钥匙将使整个网络不安全;IEEE 802.11b 的密 钥管理是手工维护,扩展能力差。

2. MAC 地址欺骗

在 IEEE 802.11 中并没有规定 MAC 地址过滤机制,但许多厂商提供了该项功 能以获得附加的安全。地址过滤可以限制只有注册了 MAC 的工作站才能连接到 AP 上,这就要求在 AP 的非易失性存储器中建立 MAC 地址控制列表,或者是 AP 通过连接到 RADIUS 服务器来查询 MAC 地址控制列表,对 MAC 地址不在表中的 工作站不允许访问网络资源。如果需要在多个 AP 中使用 MAC 地址控制列表,一 般使用 RADIUS 服务器来进行 MAC 地址管理。

由于用户可以重新配置无线网卡的 MAC 地址,并且攻击者通过 Ethereal[5] 和 Kisment[6] 工具可以很容易地获得合法用户的 MAC 地址,从而导致非授权用户在 监听到一个合法用户的 MAC 地址后,通过改变其 MAC 地址来获得资源访问权限, 因此地址过滤功能并不能真正阻止非授权用户通过地址欺骗的方式访问无线网络 资源。

3. 拒绝服务攻击

拒绝服务(Denial of Service attacks,DoS)攻击在有线网络和无线网络中都是一 个非常严重的攻击方式,其攻击目的是使网络中提供的服务丧失可用性。在 WLAN 中,攻击者可以通过多种方式实施 DoS 攻击,如利用频率干扰方式阻止 WLAN 的接入,或者通过发送大量的消息以耗尽网络带宽,或者利用安全机制,使 AP 和 STA 疲于应付数据的安全性验证,以降低用户的接入速率等,或者通过向 AP 发送大量无效的关联消息,导致 AP 因消息量过载而瘫痪,不能提供正常的无线接 入服务,影响其它合法 STA 与 AP 间建立关联关系。尽管研究人员探索着引入一 些新的技术来解决 DoS 攻击,如消息入口控制(Admission Controller,AC)和全局监 控(Global Monitor,GM)等,其中 AC 和 GM 技术是在 AP 处于重负载的情况下,通 过给 STA 分配特定的临时带宽进行使用,将一些数据包转移到其它的邻近 AP,联 合检测是否发生了 DoS 攻击。但是根据网络对抗的原理,攻击者也可以不断地分 析 AP 使用的认证机制,通过一定的攻击方式,强迫 AP 拒绝合法 STA 的初始连接请求。目前的现状是抗 DoS 攻击的工具非常少,而可利用的 DoS 攻击工具却非常多,攻击者可以利用一系列的攻击工具对 WLAN 实施 DoS 攻击,这导致 WLAN 下的 DoS 攻击非常严峻。

4. 中间人攻击

中间人攻击在有线网络和无线网络中都是一个非常典型的攻击方式,攻击者在合法的 STA 与 AP 的通信过程中进行消息截取,对 AP 和 STA 双方进行欺骗。对 AP 而言,攻击者假冒合法的 STA,而对合法的 STA 而言,攻击者则假冒可信的 AP。通过使用类似于 IEEE 802.1X 这样的双向认证机制,或者采用智能型的无线入侵检测系统,可以阻止在 AP 和 STA 之间发生中间人攻击。中间人攻击过程如图 2－2所示。

图 2－2　中间人攻击过程

5. WLAN 拓扑设置不合理引起的攻击

由于 WLAN 是有线网络的延伸,有线网络的安全性将严重依赖于 WLAN 的安全性,因此 WLAN 存在的安全威胁将直接导致有线 LAN 也面临同样的安全威胁。一个正确架设的 WLAN 应该放置在有线网络中防火墙的 DMZ(Demilitarized Zone)区域,或者放置在带有访问控制功能的交换机上(如 VLAN),以实现 WLAN 与有线 LAN 的隔离。由于对 WLAN 子网进行访问控制可以降低有线 LAN 受到的安全威胁,因此,一个设计良好的 WLAN 拓扑结构在 WLAN 安全中起非常重要的作用。

6. AP 默认配置导致的攻击

如果 AP 在出厂时对安全参数进行设置或强制使用的话,会增加普通用户的使用难度。因此,目前多数 AP 产品在出厂时默认的安全配置是最低配置或根本就没有安全配置,如许多 AP 的默认安全设置是弱密码,或者安全设置为空,这一点可以从 AP 产品的包装盒上就可以看出。只强调具有更高的数据率,但却没有安全方面的承诺,安全方面是靠网络安全管理员根据其组织结构的安全策略对 AP 进行相应的安全配置。如 AP 中 DHCP 协议的默认值是 ON,这样无线移动终端用户可以方便地自动接入无线网络;SNMP 协议参数的默认值也是不安全的。所有这些都要求网络安全管理员必须负责对其进行修改默认配置,以保障 AP 安全效益的最大化。

另一方面,通过对多个 AP 设置不同的服务集标识符(Service Set Identifier,SSID),并要求无线终端提供正确的 SSID 才能访问 AP,这样就可以允许不同群组的用户接入,并对资源访问的权限进行区别限制。因此通常认为 SSID 是一个简单的口令,从而可以提供一定的安全保障,但如果配置 AP 向外广播其 SSID,那么安全程度将会下降。通常情况下,如果用户自己配置客户端系统,将导致很多人都知道该 AP 的 SSID,从而很容易共享给非法用户。尤其是目前有的 AP 厂家支持任意SSID 方式,即只要无线终端在任何一个 AP 范围内,移动终端都会自动连接到 AP,从而跳过了 SSID 的安全功能。

2.1.2 物理攻击

1. 伪装 AP 攻击

IEEE 802.11b 的安全机制是 AP 完成了对 STA 的身份确认后,对 STA 授予一定的权限,允许其访问 WLAN。由于 AP 只对 STA 进行认证,而 STA 从不对 AP 进行认证,这种单向认证机制导致了攻击者能绕过网络中心管理员的监管,架设一个伪装的 AP,并对伪装 AP 的安全功能进行禁用,从而构成了 WLAN 的新的安全威胁[7]。目前解决伪装 AP 的措施是在 STA 和 AP 之间进行双向认证,以确保通信双方的合法性,如 IEEE 802.1X 就是一个双向认证机制。另外,网络安全管理员也可以借助无线分析工具对无线网络进行信号搜索与网络审计操作,以防止假冒 AP 的出现。

2. AP 安装位置不当引发攻击

AP 安装的物理位置不当可能会引发另一种物理攻击,这已经成为无线网络安全中的又一个重要问题。当攻击者具备将 AP 配置切换到出厂默认的不安全状态的能力时,攻击者将会很容易地根据需要对 AP 的安全进行重新复位,从而可以绕过有线网络的防火墙等安全机制,借助无线网络直接接入到有线网络,进而发动一系列攻击。这就要求网络安全管理员必须仔细选择安装 AP 的物理位置。

3. AP 信号覆盖范围攻击

WLAN 与有线/固定 LAN 的主要不同点是 WLAN 依赖于射频(Radio Frequency,RF)信号作为传输介质,这种通过 AP 广播的射频信号能传播到 AP 所在的房间、大楼等物理位置的周边区域,并允许用户在房间或楼房之外的区域接入到无线网络之中。这样攻击者可以借助功率大、灵敏度高的无线接收设备和嗅探工具对WLAN 进行探测,并通过驾车或在商务中心区域(Central Business District,CBD)漫步的方式对正在进行的无线通信活动进行窃听。RF 信号的无边界性,导致在大楼之外的攻击者也可以通过接收到的 RF 信号发动对 WLAN 攻击,这种类型的攻击称之为战争驾驶(War Driving)[8],如战争驾驶攻击工具 NetStumbler[9]可以从互联网上公开获取。

战争驾驶是无线网络迷们拿着移动电脑四处漫游,搜寻不安全的无线 AP,并加以侦测与利用,如借助精密的天线等工具来获取无线信号,并利用全球定位系统(Global Positioning System,GPS)接收器来获取无线 AP 的精确坐标,并绘制无线网络分布图。开战标记(Warchalking)源自于安全术语战争驾驶和战争拨号(War Dialing)。在经济大萧条时期,为了方便英国伦敦地区的无线网络迷们进行交流,信息工程师 Matt Jones 于 2002 年夏天发起了开战标记活动,此活动促成了网络日志的产生。开战标记是无线网络迷们用粉笔在建筑物或人行道上作记号,指出哪里有 Wi-Fi 接入点 AP,从而使得其他人可以利用该记号来找到该 AP,并享受免费无线网络接入服务。Matt Jones 最初在网络日志中记录了三个开战标记,其中两个背靠背的半圆表示一个开环节点,一个整圆表示一个闭环节点的存在,内部标有"W"的圆就表示是一个有线对等保密(WEP)节点。

目前,在无线网络技术团体内部存在大量关于战争驾驶和开战标记活动的合法性的质疑与争论。对企业而言,如果企业中存在着易受战争驾驶攻击的 AP,那企业内部数据极有可能暴露在这些战争驾驶团体的侦测范围内。这就要求企业的网络安全管理员能利用特殊的工具对企业 AP 的信号传播范围进行检测,如可以通过降低无线信号的发射功率来调整信号的传播范围,也可以通过智能天线,控制 AP 发射信号的方向与区域,确保无线信号不会传播到大楼之外,从而将 AP 发射的无线信号限制在特定的区域内,保障了 WLAN 的安全覆盖。

当然,一些开放的公共区域应该允许 WLAN 自由接入,这种 WLAN 区域称之为"热点(Hot spots)",但这些热点地区在作无线 WLAN 部署时要考虑前面提到的可能的 WLAN 攻击方式,尤其重要的是要意识到对热点区域的攻击可能危及到相连的有线 LAN 的安全。要在热点地区阻止物理接入 AP 是非常困难的,因此要求对热点地区 AP 的控制和监控必须做到最小化,通常采用的是对用户接入公共网络的移动性、灵活性要求与网络安全基础设施之间的矛盾进行折衷处理。通常在网络主干部分实现高安全等级,而在分支接入部分实施相对较低的安全级别。

WLAN 的安全威胁除了受到可能的攻击外,WLAN 出现的一些新的特点也会对 WLAN 造成安全威胁。这些新特点如下:

(1)WLAN 的复杂性不断增加。因为涉及过多的第三方无线数据网络,虽然增加了保证特定组织交换数据的完整性和机密性,但是无线设备是无线应用新出现的接口,而新兴的移动设备的安全能力却极其有限。

(2)新病毒的威胁。由于各种各样不成熟的无线设备、操作系统、应用程序、网络技术以及用户规模的扩大,增加了遭受病毒和恶意代码攻击的危险。

(3)口令是攻击弱点。为了方便用户的使用,访问的初始化代码和口令会被设置为激活状态,这样任何接触的人都可以使用它,并以此进行未授权的应用和数据访问。

(4)WAP 的缺陷。WAP 不提供端到端的安全,在 WAP 网关处不对数据提供保护,从而易于引起机密信息的暴露,进而引发安全威胁。

(5)潜在网关威胁。一个配备有 WLAN、GSM/GPRS 接口的设备,由于 WLAN 技术的连通性,可能会使接近的非法者通过 WLAN 设备建立连接,并以 GSM/GPRS

接口处的设备为"网关"进入受保护的区域。

（6）射频扫描装置。由于用来传输数据集的公共无线频段的加密算法缺乏，从而增加了射频扫描装置对数据的捕捉和对信息的破解。

（7）基于定位的服务。用户行踪总是处于监视之中，引起了个人隐私问题。

（8）不成熟的安全控制。无线网络存在用户及设备的认证不足，即只认设备不认人的现象，而且还缺乏内容安全、数据存储安全以及 Mesh 网络安全方面的规范等。

2.2　安全体系结构演化与设计方法

无线局域网由通过 AP 直接接入转向 Mesh 混合多跳接入，导致相应的安全需求和安全防护体系结构都要做出相应的变化。下面从安全需求和无线局域网安全防护体系的演化两个方面进行讨论，给出无线局域网安全体系结构的设计框架。

2.2.1　无线 Mesh 网络安全需求

随着移动通信技术的不断发展，通过无线方式为用户提供语音接入获得了巨大的成功，下一步无线网络发展的目标是为用户提供更高的速率以便支持各种宽带业务的接入，特别是 Internet 的接入。基于 IEEE 802.15 的无线个域网技术、基于 IEEE 802.11 的 WLAN 技术、基于 IEEE 802.16 的固定宽带无线接入技术和基于 IEEE 802.20 的移动宽带无线接入技术就是这一发展过程中几个典型的例子。通过在城市公共环境（如商场、咖啡厅、车站等）内大规模安装 WLAN 接入点（AP），可以很方便地为用户提供 Internet 浏览、E-mail、移动办公等业务。固定宽带无线接入技术则是将城市分为多个小区，每个小区设置一个基站，各用户可以通过安装在建筑物顶上的用户站实现宽带业务的接入。

但是，上述几种技术在展开大规模商用时都遇到了同一个问题，即系统的覆盖能力有限。无线个域网和 WLAN 受限于其发射功率，其覆盖范围分别为小于 10 m 和小于 100 m；而固定宽带无线接入技术中，基站和用户站之间一般采用视距传输或准视距传输，由于树木、建筑物等障碍物的遮挡，许多客户端无法与基站进行有效的通信。为了增强网络的覆盖能力，一种常用的方法是增加 AP 或基站的数目，但这也同时增加了公众网的建设成本。于是一种新的组网技术——无线 Mesh 网应运而生。

无线 Mesh 网络是由移动结点和固定结点通过无线链路而形成的多跳的 Ad hoc 网络。同传统的无线网络相比，无线 Mesh 网络具有更强的自适应性、可靠性与扩张性。在 IEEE 802.11s WLAN Mesh[10] 网络中，根据不同的通信功能将出现的所有网络节点分为四类：

① Mesh Point（MP）　指在 Mesh 网络中使用 IEEE 802.11 MAC 和 PHY 协议

进行无线通信,并且支持 Mesh 功能的节点。该类节点支持自动拓扑、路由的自动发现、数据包的转发等功能。

② Mesh AP(MAP) 指支持访问接入点(AP)功能的 MP。

③ 具有 Portal 口的 MP/MAP(MPP) 指连接 WLAN Mesh 和其它类型的网络并转发通信的 MP/MAP 节点。这类节点具有 Portal 功能,通过这类节点,Mesh 内部的节点可以与外部网络进行通信。

④ 简单客户端(STA) 指 IEEE 802.11 传统 WLAN 中的客户端。

根据节点的功能可以将无线 Mesh 网络(Wireless Mesh Network,WMN)分为骨干 WMN、客户端 WMN 和混合 WMN 三种结构。

骨干 WMN 的结构如图 2-3 所示,其中点线和划线分别表示的是无线链路和有线链路。这种 WMN 由 Mesh 路由器与连接到其上的客户端构成一个基础结构,为传统客户端提供骨干网,并使 WMN 通过 Mesh 路由器的网关/网桥功能与现有的无线网络的融合成为可能。有以太网接口的传统客户端可以通过以太网链路与 Mesh 路由器连接;对于那些与 Mesh 路由器使用相同无线电技术的传统客户端,它们可以直接与 Mesh 路由器通信。如果使用不同的无线电技术,客户端必须通过与具有以太网连接的基站——Mesh 路由器进行通信。骨干 WMN 是最常用的类型。例如社区和邻居网络就可以用这种类型:Mesh 路由器放在社区的房顶上,作为房间里和路上的用户的访问点。一般来说,路由器上使用两种无线电技术,分别对应骨干通信和用户通信。Mesh 骨干通信可以通过使用包括定向天线在内的远距离通信技术。

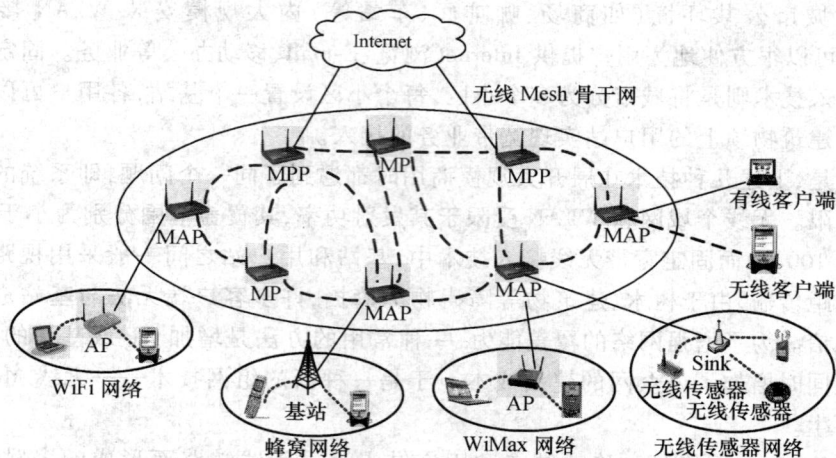

图 2-3 骨干 WMN

客户端 WMN 提供了客户端设备之间的对等网络。在这种架构类型下,客户端节点构成了实际的网络以完成路由和配置功能,同时为客户端提供终端接入与路由转发应用。因此,在这种网络中不需要 Mesh 路由器。客户端 WMN 如图 2－4 所示,在客户端 WMN 中,发向网内节点的数据包通过多个节点转发到目的地。客户端 WMN 通常使用一种无线电技术的设备。与骨干 WMN 相比,客户端 WMN 增加了对终端用户设备的要求,如客户端 WMN 中的终端用户设备必须有路由和自配置等功能。

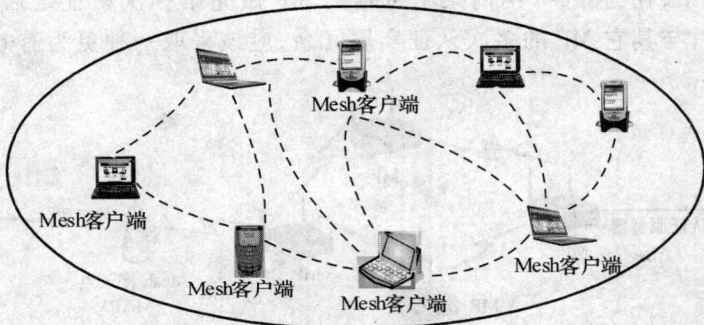

图 2－4　客户端 WMN

混合 WMN 结构是骨干 WMN 和客户端 WMN 技术的结合,如图 2－5 所示。Mesh 客户端在与其它 Mesh 客户端进行直接 Mesh 通信的同时,可以通过 Mesh 路由器访问网络。而骨干 WMN 提供了与其它网络(如 Internet、Wi-Fi、WiMAX、蜂窝网、传感器网络等)的互联;客户端的路由能力在 WMN 中提供了更好的连通性和更大的覆盖范围。从目前的技术发展趋势看,骨干 WMN 架构将是最有应用前景的方案。

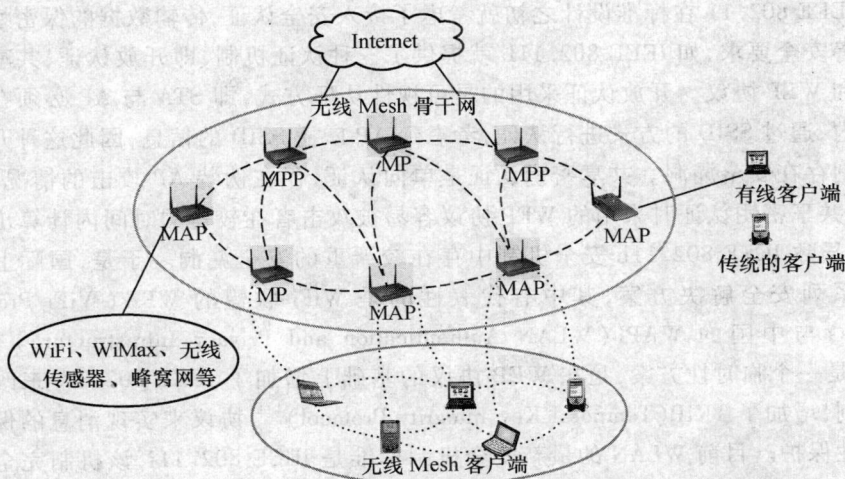

图 2－5　混合 WMN

从 WMN 网络的安全保障机制分析,IEEE 802.11i 安全标准无法适用无线 Mesh 网络中 MP/MPP 之间的安全认证。Mesh 网络的安全认证需求如图 2-6 所示,MP/MPP 之间是对等关系,而 IEEE 802.11i 定义在申请者和认证者之间,且 IEEE 802.11i 是一次单向认证,即 AP 认证 STA 即可,而不需要 STA 认证 AP,但是在 IEEE 802.11s 中需要 MP 之间的双向认证。此外,当一个 STA 接入到 Mesh 网络的过程中,在与 Mesh 网内某个可信的 MP 做完第一次认证之后,该 STA 已是可信实体,与其它 MP 的多次认证实属冗余,应该采取一种更为有效的机制。

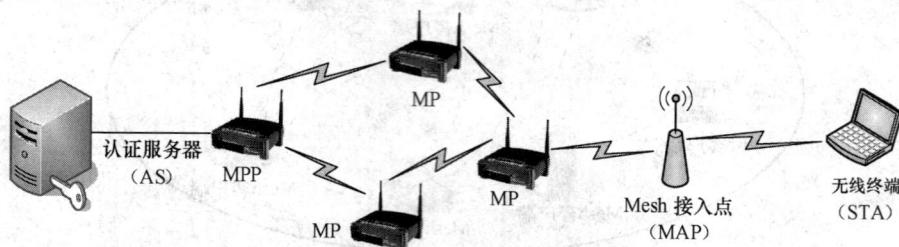

图 2-6 Mesh 网络的安全认证需求

由于 IEEE 802.11 技术的多样性与不同应用场景的安全需求差异,扩充 IEEE 802.11i 安全接入体系结构,建立一个比较完善、融合不同应用场景和不同移动终端设备、统一的安全技术体系结构已经变得非常必要。如目前的 IEEE 802.11 工作组已经成立 IEEE 802.11r 和 IEEE 802.11w 两个任务组,以制订与安全相关的技术标准。

2.2.2 IEEE 802.11 安全体系结构的演化

IEEE 802.11 在标准设计之初就考虑了接入安全认证,传输数据的保密性和完整性等安全要求,如 IEEE 802.11b 就提供了三种认证机制,即开放认证、共享密钥认证和 WEP 协议。开放认证采用的是可视性认证方式,即 STA 与 AP 必须在可视范围内,通过 SSID 的方式进行认证,考虑到 AP 广播 SSID 的信息,因此这种开放认证机制存在安全漏洞。共享密钥认证是单向认证,存在伪装 AP 攻击的情况发生,同时,共享密钥认证时采用的 WEP 协议容易被攻击者在较短的时间内计算出加密密钥,导致 IEEE 802.11b 安全机制中存在较严重的安全漏洞。于是,国际上提出了一系列安全解决方案,其中有代表性的是 WiFi 联盟的 WPA(WiFi Protected Access)与中国的 WAPI(WLAN Authentication and Privacy Infrastructure)方案。WPA 是一个临时性方案,是在 WEP 协议的基础上增加了 IEEE 802.1X 来改进认证机制,增加了 TKIP(Temporal Key Integrity Protocol)[11] 协议来实现消息的保密与完整性保护。目前 WLAN 的最新安全机制标准是 IEEE 802.11i,该机制完全摆脱了 WEP 的修补性安全思路,采用 AES(Advanced Encryption Standard)加密算法实现消息保密。IEEE 802.11 系列安全体系的演化过程如图 2-7 所示。

```
┌─────────────────────┐
│  IEEE 802.11b WEP   │
└─────────────────────┘
        │
   ┌────┴─────────────────┐
   │                      │
┌─────────────┐   ┌───────────────┐    认证用 IEEE 802.1X
│ 中国的 WAPI  │   │  WiFi 的 WPA  │{   保密与完整性用 TKIP
└─────────────┘   └───────────────┘
                         │
                 ┌───────────────────┐
                 │ WiFi 的 IEEE 802.11i │
                 └───────────────────┘
```

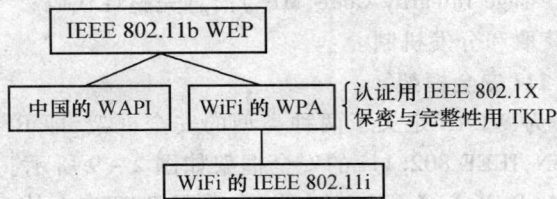

图 2 – 7　IEEE 802.11 系列安全体系的演化过程

1. WPA 安全框架

由于 WLAN 市场对提高 WLAN 安全的需求十分紧迫,IEEE 802.11i 的进展并不能满足这一需要。在这种情况下,Wi-Fi 联盟制定了 WPA(Wi-Fi Protected Access)标准。这一标准采用了 IEEE 802.11i 的草案,保证了与未来出现的协议的前向兼容。WPA 与 IEEE 802.11i 的关系如图 2 – 8 所示。

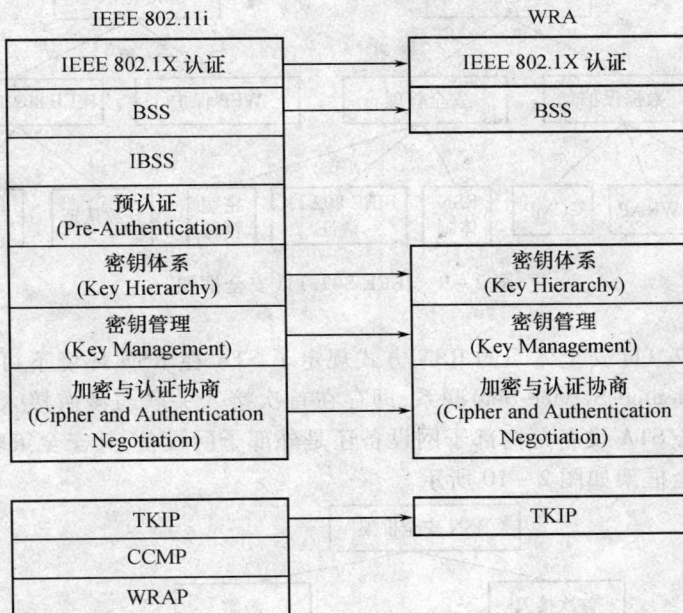

```
        IEEE 802.11i                                WRA
┌─────────────────────────┐            ┌─────────────────────────┐
│    IEEE 802.1X 认证      │ ────────→  │    IEEE 802.1X 认证      │
├─────────────────────────┤            ├─────────────────────────┤
│          BSS            │ ────────→  │          BSS            │
├─────────────────────────┤            └─────────────────────────┘
│          IBSS           │
├─────────────────────────┤
│         预认证           │
│  (Pre-Authentication)   │
├─────────────────────────┤            ┌─────────────────────────┐
│        密钥体系          │ ────────→  │        密钥体系          │
│    (Key Hierarchy)      │            │    (Key Hierarchy)      │
├─────────────────────────┤            ├─────────────────────────┤
│        密钥管理          │ ────────→  │        密钥管理          │
│   (Key Management)      │            │   (Key Management)      │
├─────────────────────────┤            ├─────────────────────────┤
│     加密与认证协商        │            │     加密与认证协商        │
│ (Cipher and Authentication) │         │ (Cipher and Authentication) │
│      Negotiation)       │            │      Negotiation)       │
└─────────────────────────┘            └─────────────────────────┘

┌─────────────────────────┐            ┌─────────────────────────┐
│          TKIP           │ ────────→  │          TKIP           │
├─────────────────────────┤            └─────────────────────────┘
│          CCMP           │
├─────────────────────────┤
│          WRAP           │
└─────────────────────────┘
```

图 2 – 8　WPA 与 IEEE 802.11i 的关系

WPA 采用了 IEEE 802.1X 和 TKIP 来实现 WLAN 的访问控制、密钥管理及数据加密。IEEE 802.1X 是一种基于端口的访问控制标准,用户必须通过了认证并获得授权之后才能通过端口使用网络资源。TKIP 虽然与 WEP 同样都是基于 RC4 的加密算法,但却引入了 4 个新算法:

- 扩展的 48 位初始化向量(IV)和 IV 顺序规则(IV Sequencing Rules);
- 每包密钥构建机制(Per-packet Key Construction);

- Michael(Message Integrity Code, MIC)消息完整性代码;
- 密钥重新获取和分发机制。

2. IEEE 802.11i 安全框架

IEEE 802.11i 为 WLAN 定义了两种类型的安全框架,即 RSN(Robust Security Network)和 Pre-RSN,IEEE 802.11i 的安全框架如图 2 - 9 所示。RSN 是指 STA 和 AP 等都支持 RSNA(RSN Association)功能时,采用 RSN 安全体系结构进行安全保障;否则,就可以采用 Pre-RSN 机制,实现前向兼容性。RSN 和 Pre-RSN 两种安全机制的主要差异是四步握手机制,若认证与关联过程中没有包含四步握手过程,则就认为终端采用的是 Pre-RSN 机制。

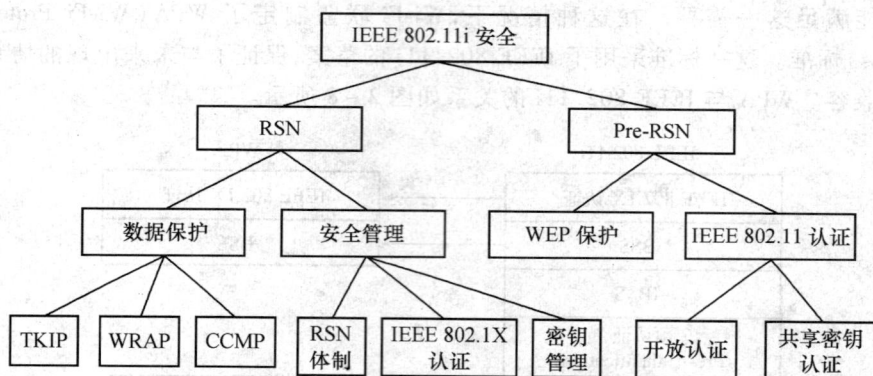

图 2 - 9   IEEE 802.11i 安全框架

IEEE 802.11i 安全体系的 RSN 方式规定了 STA 在 RSN 环境下可以与一个或两个 ESS(Extented Service Set)联系,即存在首次接入关联与漫游接入关联。在漫游时并不关心 STA 设备是内部子网设备还是外部子网设备,其安全策略是相同的。RSN 下的安全框架如图 2 - 10 所示。

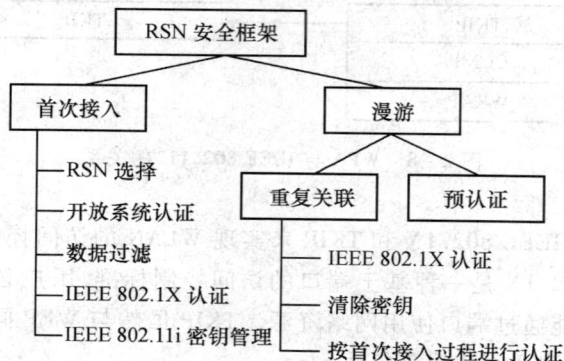

图 2 - 10   RSN 安全框架

2.2.3 安全体系结构设计方法

安全体系结构是由安全技术及其配置所构成的安全性集中解决方案。安全体系结构研究分为三个层次,即安全体系结构的规划和设计、安全关键技术、安全操作与技术支持等,同时也需考虑未来可能的技术发展趋势对安全体系结构的影响等,如基于 P2P 的安全体系结构、基于 TPM(Trusted Platform Module)的安全体系结构、基于构件的组合安全体系结构、自适应安全体系结构(自愈、自学习、弹性)等。此外,还需研究安全体系结构的评价体系与设计方法,为体系结构的设计与实现提供参考依据。

WLAN 相关的研究内容及内容之间的关系如图 2-11 所示,其中,三角形反映的是 WLAN 安全体系结构的抽象程度,由下往上反映的是抽象程度由低向高的变化过程。

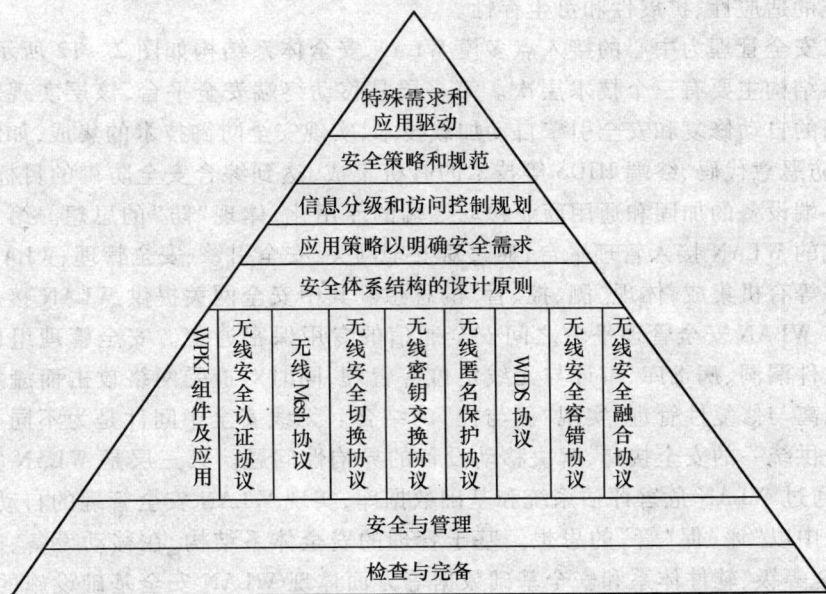

图 2-11　WLAN 安全体系结构的层次关系

2.3　基于管理的 WLAN 安全体系结构框架

WLAN 的异构性和安全性是 WLAN 面临的两个难题,本节从 WLAN 的安全需求出发,提出一个 WLAN 抽象层面的安全体系结构,通过安全引擎和移动安全中间件技术,解决移动终端的异构性与安全性的难题,给出 WLAN 环境下终端安全的自修复框架。该安全体系结构适用于移动电子商务、移动电子政务、移动银行和移动警务等系统的安全保障服务,可以构建一个具有移动基础设施特色、以安全管理为中心、抗 WLAN 攻击的安全技术体系。该体系结合风险管理技术,集成多种不同的安全技术和安全层次,实现 WLAN 环境下的有效防护,实现安全管理的自动化与智能化。

2.3.1　安全体系结构框架

信息安全实践表明,安全不是一个单纯的技术问题,而是一个复杂的系统工程问题。人们在实践中逐渐认识到科学的管理是解决信息安全问题的关键。信息安全的内涵也由最初的信息保密性发展到信息的完整性、可用性、可控性和不可否认性,进而又发展为"攻(攻击)、防(防范)、测(检测)、控(控制)、管(管理)、评(评估)"等多方面的基础理论和实现技术。基于这一理论,本节提出了一个具有移动安全基础设施特色、以 WLAN 安全管理为中心的安全体系结构,以提高 WLAN 安全设施的适应性、扩展性和可生存性。

以安全管理为中心的接入点多模 WLAN 安全体系结构如图 2 - 12 所示,该安全体系结构主要有三个技术层次。第一层是移动终端安全平台,该层实现移动终端漏洞的自动修复和安全引擎自动加载技术,实现安全防御技术的集成,如终端防火墙、防恶意代码、终端 HIDS 等技术的有机集成,达到综合安全防御的目标;实现移动终端设备的加固和通用商业移动终端的专用化,体现"防"的思想。第二层是集成化的 WLAN 接入管理平台,通过对安全网关、安全引擎、安全管理、WLAN 安全中间件等有机集成,体现"测、控、管"的思想。其中安全网关提供 WLAN 接入管理平台与 WLAN 安全管理平台之间安全通信的专用保密通道。安全管理组件实现终端软件漏洞、病毒库、审计与无线定位等管理,同时对遭受网络攻击而瘫痪的节点的隔离与修复性管理,实现"测与控"的结合。无线安全中间件是为不同类型的终端提供统一的安全接口,解决移动设备的异构性问题。第三层是 WLAN 安全管理层,通过 WLAN 危害评估系统和基础数据库,实现 WLAN 安全管理的自动化,体现安全中以"评"促"管"的思想。基于管理的安全体系结构,在移动设备、通信链路、安全等级、软件体系和安全基础数据等方面体现 WLAN 安全基础设施的思想,通过不断加强安全基础数据库建设,提高 WLAN 遭受攻击时系统的安全性、有效性和实用性。

以安全管理为中心的接入点多模安全体系结构是一个由三级安全构成的防护体系,为了提高无线网络的可生存性,应考虑每个终端兼有自组织联网和无线接入点的组网模式。安全体系结构框架中将安全态势风险评估系统扩充为无线网络管理后台,主要是考虑对终端的内部认证和信息收集,以实现全局终端的管理,建设统一"无线城市"的数据交换中心。系统将使用"软总线 + 软构件"的方法,为无线网络提供统一的软件接口,一种扩充的终端多模自适应安全体系组件框架如图 2 - 13 所示。

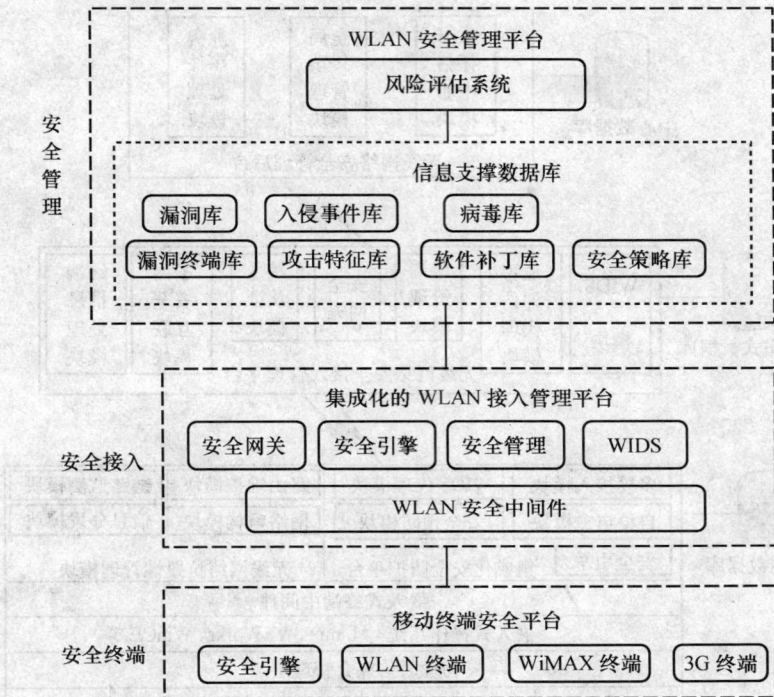

图 2-12　接入点多模 WLAN 安全体系结构

　　为了实现以安全管理为中心的 WLAN 安全体系结构,图 2-14 给出了 WLAN 安全体系结构下不同组件的协议结构图。从图 2-14 可以看出,选择支持"推"结构的移动终端,在进行安全接入时,当通过 MAC 层的安全认证后,自动将安全引擎加载到移动终端之中,为高安全需求的通信提供安全保障。同时该结构也为移动终端的选型和安全防护技术的升级提供了很好的扩展性,实现了应用与设备分离,符合瘦客户终端的发展需求,为移动运营商提供增值业务服务提供了较好的适应性。在安全接入级,考虑到不同移动终端设备的 MAC 层安全机制不同,采用中间件可以屏蔽其不同,提供不同移动设备的统一安全接口,配合安全引擎的高级安全认证体制,实现多种安全认证技术的强认证体系。WIDS 组件是为了实现无线IDS、终端防火墙、终端防病毒等相结合的主动安全防护技术,通过智能性的关联分析器,抽取攻击特征,报告安全管理组件,这体现了入侵防御系统(IPS)的技术思想。安全管理组件是集成不同的 WLAN 安全管理而设计的,涉及漏洞管理、病毒管理、恶意代码管理、系统审计、无线定位、统一的安全策略管理和攻击管理(隔离与恢复)等。安全网关是为了防止移动终端直接与 WLAN 安全管理平台通信而设计的安全隔离技术,通过采用不同的安全算法和安全强度,实现技术隔离效果,如移动终端与安全接入平台间采用 192 位的 ECDSA 算法,而安全接入平台与安全管

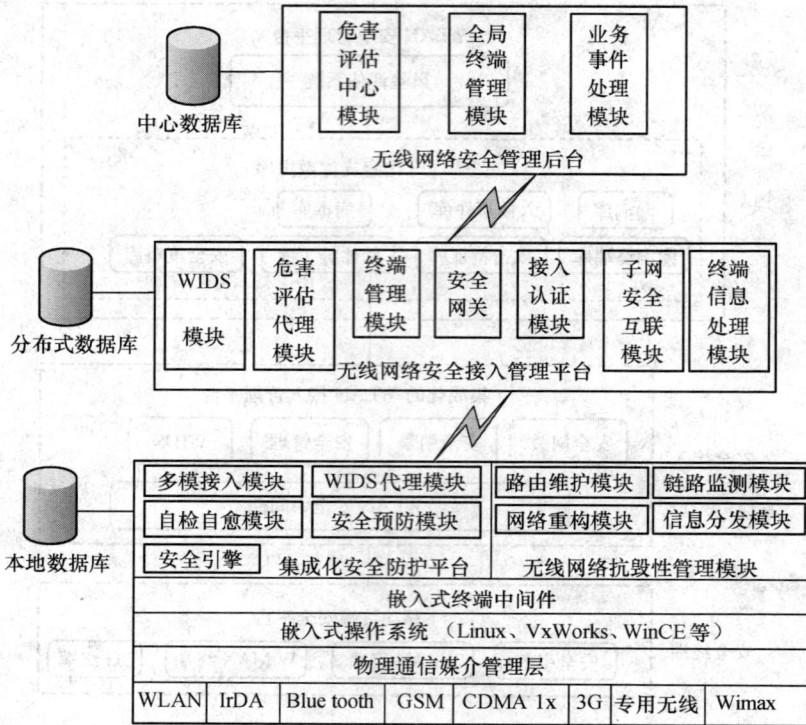

图 2-13　以安全管理为中心的终端多模自适应安全体系组件框架

理平台可以采用 224 位的 ECDSA 算法。将基础数据库放置到后端,可以为不同区域的移动用户提供数据共享,这有助于实现一点采样、多点联动的协同安全防御技术。

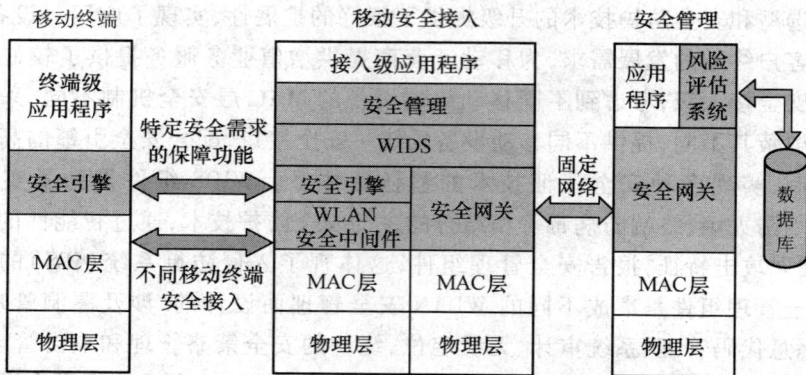

图 2-14　WLAN 安全体系结构的协议结构

2.3.2 关键组件的逻辑实现

1. 安全引擎

安全引擎可以采用 Java 虚拟机技术实现,目前支持 Java 的移动终端已成为一个功能类似的个人计算机。Java MIDP2.0 支持"推"(Push)体系架构,定义了在移动设备上发现、安装、更新和删除应用程序的 MIDlet 套件,且 MIDP2.0 支持端到端的安全模型,可以对传输的数据进行加密。MIDP2.0 通过安全域来确保未授权的 MIDlet 套件无法访问受权限控制的数据、应用程序以及其它网络和设备资源,该机制可以确保通用的移动终端设备通过自动加载专用的安全引擎而构成适合于 WLAN 专用的安全产品。另外,Java 虚拟机 KVM 支持标准的网络协议(如 TCP/IP、UDP、HTTP、HTTPS 等),J2ME 平台借助 Web Services 技术,具有远程访问 SOAP/XML 的 Web Services 和解析 XML 数据的能力,支持同步访问方式和异步的消息机制。支持安全引擎的移动终端结构如图 2－15 所示。

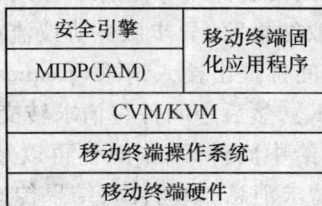

图 2－15 支持安全引擎的移动终端结构

从图 2－15 可以看出,系统底层是移动终端硬件,其上是移动终端操作系统,不同移动终端产品选用的操作系统可能不同。操作系统提供了固化的本地应用程序和 Java 虚拟机 CVM 或 KVM。KVM 之上是 MIDP 和 Java 程序管理器 JAM。移动应用系统专用的安全引擎就是在 Java 程序管理器上运行,安全引擎与移动设备固化的应用程序不能互相访问,保证了移动终端设备中固化的应用程序漏洞不会对安全引擎构成威胁。

2. 安全中间件

WLAN 安全中间件是采用 XML 和移动代理技术实现的。XML 简化了网络中的数据交换和表示,使代码、数据和表示可以分离,适合作为数据交换的标准格式,有助于更精确地定义安全内容,方便跨越多种平台。WLAN 安全中间件定义了两类代理,即用户代理和应用代理。通过 XML 设计无线交互协议,规范移动终端和应用进程的交互过程,平衡移动终端的差异和应用程序安全接入的问题。基于移动代理的 WLAN 安全中间件的结构如图 2－16 所示。

考虑到 WLAN 传输质量相对较差,为了提高 WLAN 安全中间件的工作效率,防止攻击者实施 DDoS 攻击,需要设计新的通信协议来改进移动终端的连接方式,

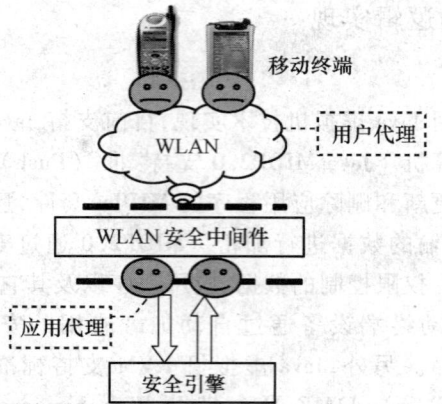

图 2 – 16　移动代理的 WLAN 安全中间件结构

通过异步应用模式可以缓解网络资源与存储的矛盾,节省移动设备中的电池资源。这种新的"提交 – 断开 – 获取结果"的异步服务协议流程如图 2 – 17 所示。异步服务协议首先由用户代理向中间件提出接入请求(Request),中间件在收到请求后快速对移动终端进行应答(ACK),然后中间件将请求转交给安全引擎进行安全处理,当安全引擎将处理结果返回给中间件后,中间件再以短消息(SMS)的方式通知移动终端,于是移动再次发起请求消息,中间件将结果传递给移动终端。

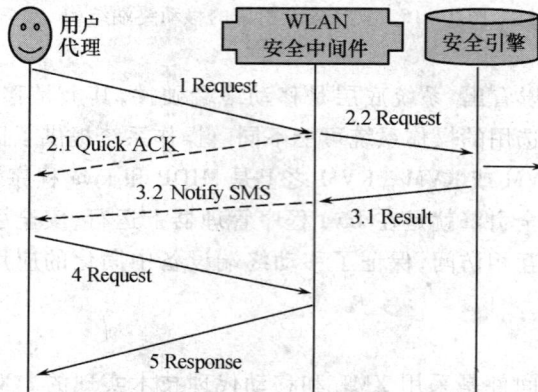

图 2 – 17　异步服务协议流程

考虑到无线网络的带宽限制和网络的异构性,对通过移动中间件的数据需要进行相应的传输控制管理,如数据压缩、格式转换等。WLAN 中间件传输控制管理的逻辑结构如图 2 – 18 所示。

3. 终端自动安全修复

WLAN 存在大量的异构终端。为了保证异构终端的安全漏洞得到及时修补,

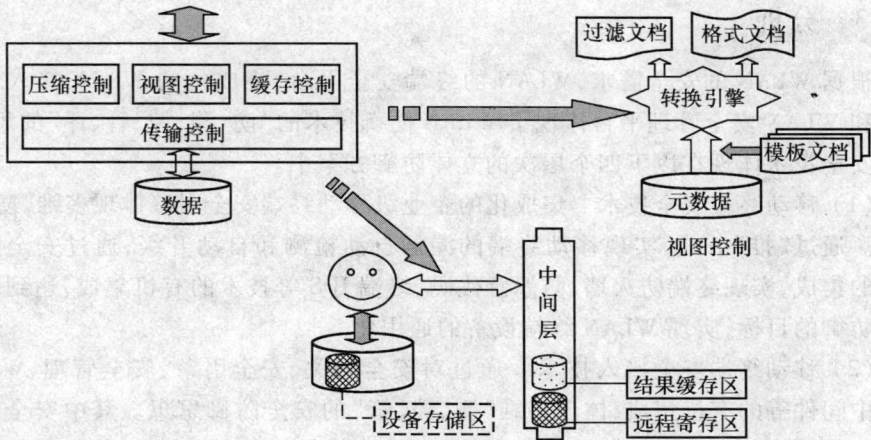

图 2 - 18   WLAN 中间件传输控制管理逻辑结构

系统的病毒库和攻击特征库得到及时更新,在 WLAN 安全体系结构下设计了一个终端自动修复流程。该流程是在移动终端开机请求接入 WLAN 时,当通过移动终端与接入平台的双向认证后,移动终端向接入平台报告当前状态库更新版本,然后由接入平台判断是否需要对移动终端实施自动修复操作。若不需要,则完成正常接入流程;若需要修复,则将移动终端转入隔离区域,由接入平台下推自动修复组件对终端实施修复操作,具体的操作流程如图 2 - 19 所示。

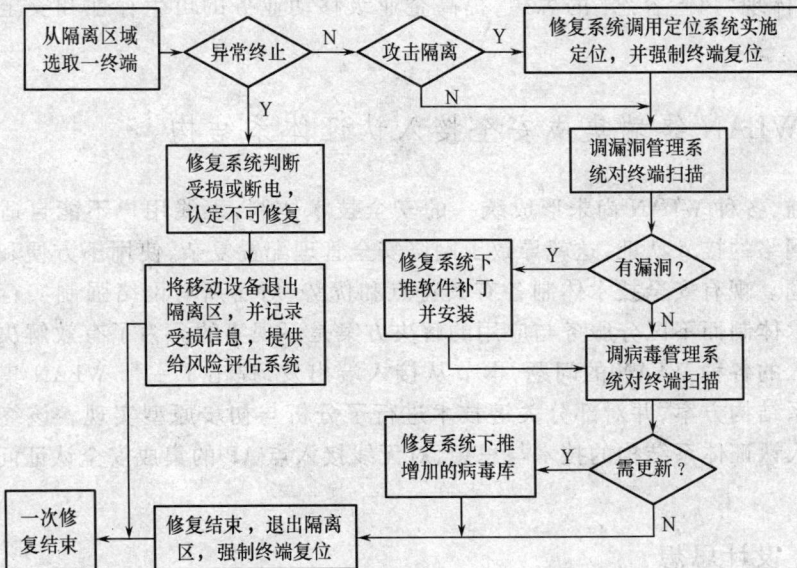

图 2 - 19   自动修复移动终端的操作流程

2.3.3   分析

根据 WLAN 的安全需求,WLAN 的终端安全平台、集成化的 WLAN 接入管理平台和 WLAN 安全管理平台体现了 WLAN 防御技术的"防、测、控、管、评"的思想。这些安全技术体现在以下四个层次的立体防御方案中。

(1) 移动终端安全技术   集成化的企业级移动终端安全引擎体现多维"防"的思想。通过"推"方式,实现移动终端的漏洞自动检测和自动升级;通过安全防御技术的集成,实现终端防火墙、防恶意代码、终端 IDS 等技术的有机集成,达到综合安全防御的目标,实现 WLAN 终端设备的通用化。

(2) 移动终端安全接入技术   通过对安全网关、安全引擎、安全管理、WIDS、安全中间件等的有机集成,体现多维"测、控、管"的安全防御思想。其中安全引擎解决了移动终端的通用性与专用性问题,安全中间件为移动终端提供统一的安全接入接口,解决了移动终端的异构性问题。

(3) WLAN 安全管理技术   通过 WLAN 危害评估系统和相关数据库,实现 WLAN 安全管理的动态化、常态化和自动化,体现安全中以"评"促"管"的思想,实现移动设备、通信链路、安全等级、软件体系和安全基础数据等内容上的移动安全基础设施思想,体现了安全资料库建设的常态化,提高系统抗攻击的有效性和实用性。

(4) 入侵容忍的体系结构技术   在入侵事件可能被漏检的情况下,通过危害评估与可接受的风险范围,在一定程度上实现容忍 WLAN 攻击事件存在的可生存性体系,体现"风险容忍"的思想,提高企业级移动业务的可生存性和安全系统的可用性。

2.4   WLAN 终端集成安全接入认证体系结构

目前,各种 WLAN 尚未形成统一的安全技术体制,无线用户不能自适应地实现各种网络的接入认证,这就导致了网络安全管理配置复杂,使用不方便和重复投资等问题。现有安全技术体制各有其特点和优势,对于所有网络强制实行统一的安全技术体制而不区分服务与应用的解决方案是不现实的。为了有效解决用户自适应接入的各种 WLAN 的问题,本节从接入端出发,提出了一个 WLAN 集成安全接入体系结构方案,并对部分关键技术进行了分析与初步原型实现。该终端集成安全接入认证体系结构的技术与思想,对无线接入点 AP 的集成安全认证问题同样适用。

2.4.1   设计思想

现有的 WLAN 安全体系在结构上无法实现对链路级接入控制的兼容与互通,

而这种接入级的差异则造成了客户终端在异构网络中的接入不可行性。即使用户的硬件具有多模的能力,但对于采用不同认证机制的异构网络的接入问题仍无能为力。因此,为了解决在异构网络环境下的接入控制,需要设计一种 WLAN 集成安全认证体系结构。该体系结构应该是集成多种认证方案的集成性认证平台,以实现 WLAN 的接入认证。

在 TCP/IP 协议栈的基础上,将 WLAN 的集成认证体系结构方案定位于数据链路层来解决,无需对现有的 WLAN 接入技术加以变动,保持了其独立性。WLAN 的集成认证体系结构方案的应用场景是在客户端系统安全的增强,具体体现在客户端高层软件的实现,这些对于已经建成的 WLAN 基础设施而言是透明的。WLAN 集成认证体系结构在客户端系统和 TCP/IP 协议栈中所处的位置分别见图 2-20 和图 2-21。

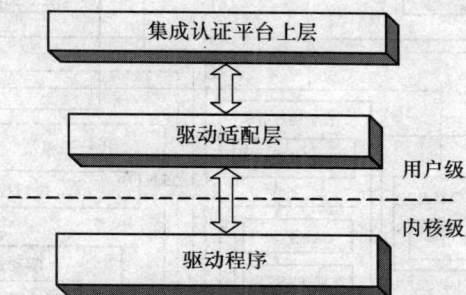

图 2-20 集成认证体系结构在客户端系统中的位置

图 2-21 集成认证体系结构在 TCP/IP 协议栈的位置

集成认证体系结构在数据链路层的实现是基于对该层数据的采集和分析,并没有修改链路层数据的封装格式,因此对于其上的各层而言是透明的,具备较强的通用性,可以适用于现有的 WLAN 环境,并从网络的安全接入角度进行了完善,对目前已经投入使用的 WLAN 产品的异构网络安全接入问题是一个较好地进行了全面考虑的综合性实现方案。

2.4.2 体系结构方案

WLAN 集成安全接入系统体系结构如图 2－22 所示,由安全接入子系统、认证协议扩展子系统、管理子系统、外部安全支撑子系统、执行子系统五部分组成。

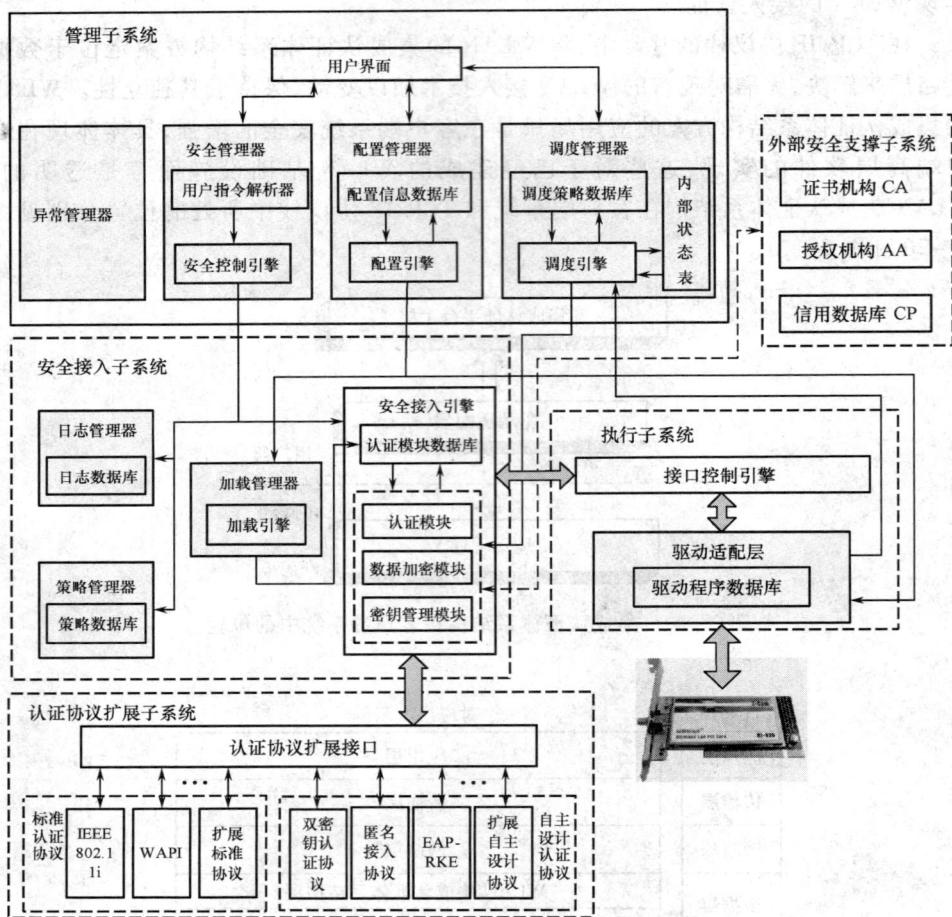

图 2－22 WLAN 集成安全接入体系结构

1. 安全接入子系统

安全接入子系统参与完成整个集成认证过程,通过接受管理子系统的指令,并发送指令给认证协议扩展子系统,从而调用正确的认证模块,再经与执行子系统的交互,完成接入认证过程。安全接入子系统是整个集成安全体系结构的核心内容,包括:

(1) 认证模块数据库 包含了所有已加载的认证模块,接受调度管理器的指令,从数据库中选择一个已加载的认证模块激活。该模块数据库设计为具有一定的独立性,这种独立性也对新认证方案的加入提供了可行性支持。数据库中的模块支持某种认证协议与否,决定了能否使用这种认证方法接入。

(2) 认证模块 其中包含了认证模块数据库中已激活的认证方案。它与外部支撑子系统进行信息交互,完成基于证书的认证和认证过程。认证模块是整个集成认证体系结构的核心,每一个认证模块对应一种网络认证方法。

(3) 数据加密模块 完成数据流的加解密工作。例如,对称密钥系统加/解密、非对称密钥系统加/解密、Hash 散列运算等。该模块功能的实现依赖于每一种认证方法的特定要求。一般而言,此模块是各认证方法所需加解密功能的合集,因此将其设计为具有一定的独立性以便扩充。

(4) 密钥管理模块 完成了客户端与接入端的密钥协商工作。整个系统通过密钥管理模块同接入端协商出主密钥、会话密钥等。同数据加密模块一样,该模块功能的实现也是依赖于每一种认证方法的特定要求。一般而言,此模块是各认证方法所需加解密功能的合集,因此将其也设计为具有一定的独立性以便扩充。

(5) 加载管理器 接受配置管理器的指令,加载指定认证模块,并将它们存放在认证模块数据库中,使多个认证模块处于待机状态,等待调度管理的激活。另外,在系统添加新的认证模块时,加载管理器也对新的认证模块进行加载初始化,为体系结构的可扩充性提供了支持。

(6) 策略管理器 接受安全管理器所编译的用户安全指令,设置网络安全认证策略。例如,设置链路认证方式为开放式链路认证或共享密钥认证。另外,策略管理器也能向用户反馈当前可用的网络认证策略,以便于用户选择。

(7) 日志管理器 处理安全体系结构中安全功能组件的日志,为以后的分析问题和决策提供依据,如记录认证的过程中可能出现的问题等。

2. 认证扩展子系统

认证协议扩展系统是建立在 WLAN 集成系统体系结构下的一个用来保证系统可扩展性的子系统,通过认证协议扩展系统可以将新的安全协议纳入到无线集成认证平台中。这使得平台具有很好的灵活性,能够根据需要配置系统的功能。认证协议扩展子系统是基于插件思想进行设计的,这样设计出来的系统具有高度的灵活性和可配置性。

集成认证平台将认证模块视为系统的插件对待,而认证模块则通过通用的接口模块与系统的其它部分进行信息交互。这样,系统的认证功能从逻辑上而言就具备了扩展性,当有新的认证方法要集成到系统中时,只要求按照接口规范编写认证模块,将自身作为一个插件加入到集成平台中。

认证协议扩展系统由两个部分组成:扩展协议接口规范和安全认证协议集合。

(1) 扩展协议接口规范 包括安全模块加载接口规范和模块间信息通信要求。此类接口主要为 WLAN 集成安全接入系统提供集成规范,使得新的协议可以按照此规范进行集成,并快速纳入到系统中。

（2）安全认证协议集合　该集合由两部分组成：一个是标准安全协议集合，该集合主要是符合协议接口规范的标准安全协议，如 WEP、IEEE 802.11i、WAPI 等；另一个是自主设计安全协议集合，该集合是针对特定的军用和民用应用场合设计的安全认证协议的集合，这些自主设计的协议具有很强的针对性，因此具有很好的性能和效率。同时，这些协议能够实现标准协议所不能完成的特殊应用需求。

3. 管理子系统

管理子系统由用户界面、安全管理器、调度管理器、配置管理器和异常管理器五部分构成。用户通过对用户界面的可视化操作，完成参数配置等工作。这种管理功能的提取，使得管理子系统与安全子系统功能分离，便于模块化实现，也体现了本方案提出的体系结构的灵活性。用户可以通过用户界面操纵控制系统的安全管理器、调度管理器、配置管理器和异常管理器，按照自己的方式灵活地配置系统的功能和系统的安全性能。

（1）用户界面　为用户提供平台的可视化操作，通过用户界面可以配置、管理认证平台。该用户界面的使用便于用户进行系统管理配置。

（2）安全管理器　包括用户指令解析器和安全控制引擎。该模块用来实现对系统的安全策略的设置以及完成对用户输入的命令行指令的解析。

（3）调度管理器　根据网络的类型，完成实现对系统中的安全认证插件的调度。该模块内集成了调度策略，当进行系统调度时可根据该策略进行具体的认证插件选取。

（4）配置管理器　主要实现系统的配置文件解析和配置文件修改的功能，并且通过对配置文件的解析，实现了系统的各种功能配置。

（5）异常管理器　该模块实现对系统中的出错问题的处理，保证系统最大限度的健壮性。

4. 外部安全支撑子系统

集成安全认证体系结构要完成集成认证系统的安全目标与安全功能，就需要外部安全支撑子系统。这些支撑子系统是 WPKI（Wireless Public Key Infrastructure）系统的一部分，包括：

（1）证书颁发机构（Certification Authority，CA）　CA 的作用是在网络空间中确保用户身份的真实性，是独立于安全体系结构之外的被公认的安全可信机构。

（2）授权机构（Authorization Authority，AA）　AA 的作用是对合法用户授予使用系统资源的权力。

（3）信用数据库（Credential Pository，CP）　信用数据库的作用是存放证明用户真实性使用资源的权力等相关信息。

5. 执行子系统

执行子系统在集成认证体系结构中处于最低层次，是集成认证体系结构与外部特定网络硬件之间的接口层，主要完成安全子系统与底层硬件之间的数据交互，由接口控制引擎和驱动适配层构成。其各自功能如下：

（1）驱动适配层　包含所有支持的驱动程序。用户可以通过配置管理器选择合适的底层驱动程序。该层的实现取决于用户的需求及当前的软件环境，因此，该层设计为具有很强的独立性以便于扩充。

（2）接口控制引擎　主要完成对底层驱动程序的封装，为所有支持的底层驱动程序提供统一的接口。该模块的实现取决于驱动适配层的实现情况，因此，该模块同样设计为具有很强的独立性。

2.4.3　集成认证操作流程

集成认证体系结构的位置处于数据链路层，对底层硬件上交的认证数据进行处理，对移动用户是完全透明的，用户只需要提供用户名、密码等基本信息，因此能够更好地完成无线网络认证接入操作，其认证数据处理流程如图 2－23 所示。

1. 网络识别处理

在集成认证体系结构实施中，由于要达到集成接入的目的，因此实现对不同认证类型的网络自动识别，以便自适应接入，是整个体系结构的主要部分。集成接入体系结构的网络识别过程流程如下：

网络识别模块是在系统启动时启动的，它通过驱动适配层从网卡上获取当前网络数据。这种数据主要是链路层数据，如信标帧、认证帧、关联帧等。网络识别模块根据收集到的网络数据，依据信标帧中的信息元素以及关联后是否有链路安全认证帧，如 EAPOL 帧、针对 WAPI 的认证协议分组，判断当前网络类型。若为可识别网络，则生成识别消息通知调度模块；若为不可识别网络，则出于保证安全的目的不尝试接入，识别模块这时直接报告错误后记录日志，等待用户在应用层给出处理方法。

网络识别模块需要驱动适配层提供一个统一的接口，便于从网络适配器上获取各种需要的链路层数据，同时也需要和协议调度模块之间存在一个通信接口，使得识别结果能够及时地传递给调度模块。

系统完成对网络类型的自动识别后，将识别结果交给调度管理器，开始认证模块调度操作。

2. 模块调度

认证模块的调度是集成认证体系结构所独有的管理模块。调度管理器根据网络识别的结果来激活具体的认证模块进行安全认证。调度管理器存在一个内部状态表（IST）以及调度策略数据库（SPD），其中内部状态表用来记录当前是否启用了具体的认证模块以及启用了哪个认证模块，该认证模块完成接入的情况等信息。调度策略数据库主要完成调度策略的存储，数据库以当前的内部状态、网络识别信息为入口进行调度策略的选取。每个 SPD 入口有一组已识别的网络信息和内部状态定义，类似于 IPSec 中的"选择子"概念。模块调度流程如图 2－24 所示。

```
┌─────────────────┐
│ 执行子系统从底层硬件获取 │
│ 网络基本信息,加载所有用 │
│ 户选择模块           │
└─────────────────┘
         │
         ▼
    ◇ 模块加载成功? ◇ ──N──► ┌─────────┐
         │                │ 认证插件初始 │
         │Y               │ 化失败等   │
         ▼                └─────────┘
┌─────────────────┐
│ 调度管理器解析网络信   │
│ 息,识别网络类型      │
└─────────────────┘
         │
         ▼
    ◇ 识别成功? ◇ ──N──► ┌─────────┐
         │              │ 不支持的网络 │
         │Y             │ 类型     │
         ▼              └─────────┘
┌─────────────────┐
│ 调度管理器激活相     │
│ 应认证模块         │
└─────────────────┘
         │
         ▼
┌─────────────────┐
│ 安全子系统按照管理子系统 │
│ 的指令进行认证与密钥协商 │
└─────────────────┘
         │
         ▼
    ◇ 认证成功? ◇ ──N──► ┌─────────┐
         │              │ 密码错误、证 │
         │Y             │ 书错误等   │
         ▼              └─────────┘
┌─────────┐                ┌─────────┐
│ 记录日志  │                │ 记录日志  │
└─────────┘                └─────────┘
         │                        │
         ▼                        ▼
┌─────────────────┐        ╭─────────╮
│ 安全接入引擎进行数   │        │ 系统退出  │
│ 据加解密操作       │        ╰─────────╯
└─────────────────┘
         │
         ▼
╭─────────────────╮
│ 访问网络资源       │
╰─────────────────╯
```

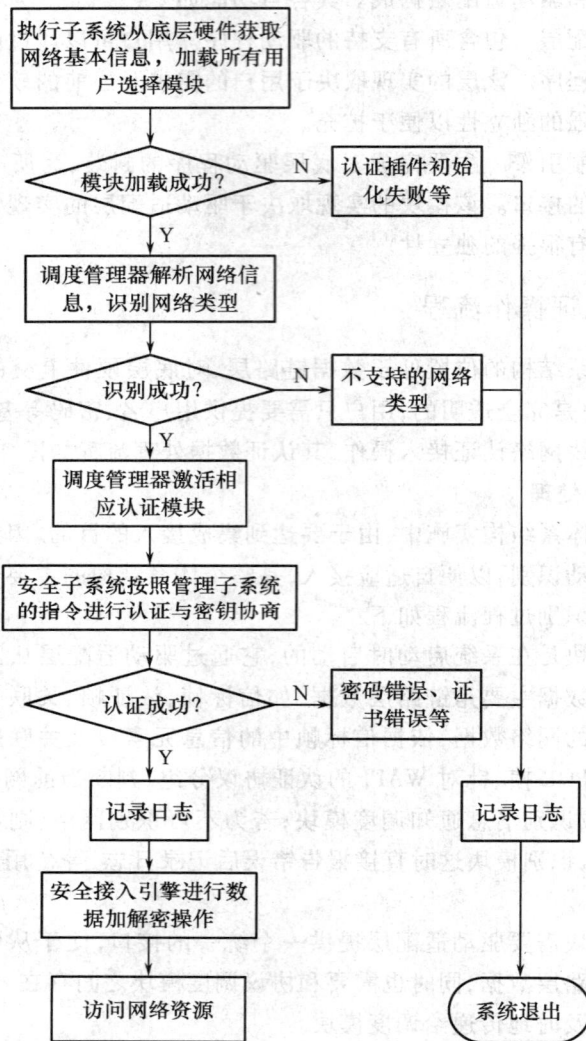

图 2 - 23 认证数据处理流程

当系统初始化后,管理子系统中的配置管理器首先解析执行子系统中的驱动适配层上交的数据,将结果反馈到用户界面,供用户选择,并将用户选择结果存入配置管理器中的配置信息数据库。

配置管理器依据配置信息数据库的信息控制安全子系统中的加载管理器,通过加载引擎,加载所有用户选择的认证模块,并将成功加载的认证模块存放在安全接入引擎中的认证模块数据库中。

如果加载失败,则管理子系统中的异常管理器向用户报警,反馈例如模块加载失败等错误,并记录日志,然后系统退出。

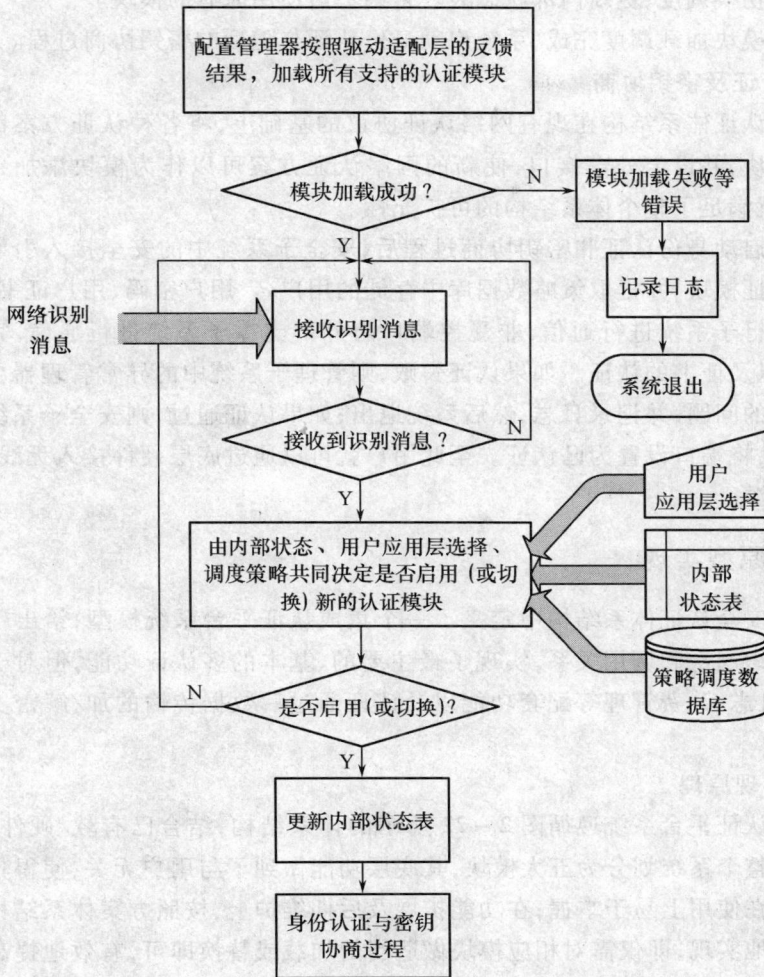

图 2 - 24 模块调度流程

如果加载成功,调度管理器根据当前的识别出来的网络信息、内部状态以及调度策略综合考虑,实现具体的认证模块调度。当调度管理器根据网络信息正常地识别出网络类型后,自行选择可以用来进行网络接入认证的认证模块,并将这些认证模块加载,最终完成对网络的接入。同时调度管理器根据内部的状态信息和网络识别消息检索调度选择策略来决定模块调度策略。而协议的调度策略尽量和用户进行交互,即对协议的调度要求与应用层协议进行交互。这意味着要接收用户的选择确认信息,只有实际用户才掌握与期望的网络有关的信息。若用户选择自动则完全由一个内部算法完成模块的调度选择功能。

若内部状态记录的当前已经激活的认证模块需要被新的认证模块取代,则进行协议的切换调度,更新内部状态表。否则仍然使用原有的模块。

至此模块加载调度完成,系统启动身份认证与随后的密钥协商过程。

3. 认证及密钥协商

集成认证体系结构在现有网络认证协议的基础上,将各种认证方案都作为本系统的模块,并设定外部接口,使新的网络认证方案可以作为模块添加到本系统中,这样就满足了整个体系结构的可扩充性。

系统启动身份认证和密钥协商过程后,安全子系统中的安全接入引擎运行已激活的认证模块,并提取策略数据库中存储的用户名、用户密码、用户证书等信息,通过与执行子系统进行通信,非受控端口与外部支撑子系统进行通信,完成用户名、密码以及证书的认证。如果认证失败,则管理子系统中的异常管理器会反馈用户所出现的问题,并记录日志,然后系统退出;如果认证通过,则安全子系统控制执行子系统,将端口设置为已认证。至此用户就可以通过底层硬件接入无线网络,访问网络资源。

2.4.4　原型实现

集成安全认证体系结构中定义了一个集成认证平台系统模型,给出了该平台系统的组织层次和调用关系,实现了最主要的、基本的多认证功能,但对于异常处理、系统日志、计费管理等配套功能以及认证通过后数据传输的加/解密实现则未加说明。

1. 实现原理

集成认证平台系统遵循图 2－22 所示的体系结构,结合已有软/硬件资源,在实现上将整个系统划分为五大模块,其底层功能做到了与用户无关,使得集成认证平台系统在使用上易于掌握;在功能扩展及后期维护上,按照方案体系结构的设计要求便捷地实现,即仅需对相应模块做适当的加载或替换即可,有效地提高了该平台系统的适应能力及生命周期。下面主要按模块来说明集成平台系统的功能组成及相互间的调用关系,见图 2－25 所示。

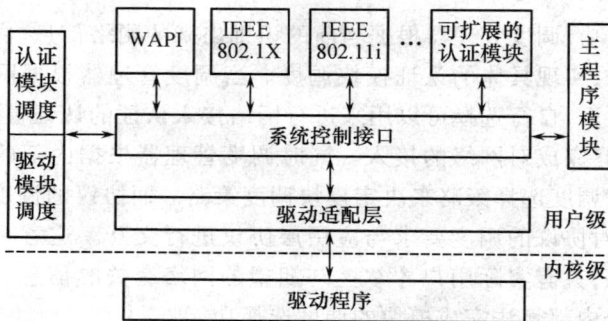

图 2－25　集成认证平台系统结构模型

图 2 – 25 中的双向箭头表示数据在模块中的流动方向,在下方虚线之上的部分,即所有用户级的内容均属于集成认证平台系统。系统内各模块功能详细说明如下。

(1) 主程序模块 集成平台主程序模块是整个软件系统的基础和主干,结构上属于管理子系统。其完成基本的系统功能,为可扩展的认证模块插件提供插入接口,通过统一插件接口接受插件提供的服务并提供给用户。该模块相当于一个具备通用性的总线结构,能够保证在有新的认证模块加入时,可以准确加载并正确地初始化该模块,但对于某一特定接入网络的认证模块的激活工作是交由认证模块中的调度模块来完成的。集成平台主程序模块的主要功能可归结为:认证模块插件的探测、认证模块插件的加载、配置文件的解析、资源的分配和释放及认证模块插件功能调用等。

(2) 调度模块 调度模块由认证调度模块和驱动调度模块两部分组成,结构上仍然属于管理子系统。

① 驱动调度模块的功能 根据用户环境参数的设置,在底层的网卡驱动模块组中选择合适的驱动模块。而对于每一个认证插件,其所能支持的驱动程序的种类取决于其内部定义,具体实现不一而足,这样就允许通过重新编译的方式使已有认证插件模块具有对新驱动程序的支持能力。

② 认证调度模块的功能 根据用户配置文件的内容,实现平台认证插件模块的自适应调度。具体而言就是使认证平台具有两种能力:随着认证环境的变化,由用户配置文件预先设置的内容而自动选择与之相适应的认证模块;当配置文件无法提供有效信息时,由调度模块根据网络数据差异自主判断网络类型,必要时通过人机交互获取接入信息,以使认证申请者获得接入不同的异构网络的机会。

(3) 系统控制接口 独立的主程序模块和认证插件模块能够互相结合在一起工作,必须有一套规则和协议保证不同来源的程序能够协调运作。实现这些规则和协议的部分称为插件系统的插入接口,该接口层在结构上属于管理子系统和安全子系统的结合部分。这是一个逻辑上的接口,在主程序和插件中各完成一部分,它完成插件的插入、调用、中止插件的服务。主程序与插件以及插件和插件之间的交互是插件系统中最重要的部分。

在认证平台中,主程序需要和各个认证平台之间进行信息的交互,这些信息的交互是通过一系列的接口来实现的。接口从功能上主要分为:① 系统注册类接口,完成认证模块的注册、注销;② 初始化接口,实现各模块的加载和资源的分配;③ 通信接口,完成各个模块之间信息的交互;④ 功能接口,实现系统功能的启用。

在设计接口模块时,主要考虑其扩展功能,使得该模块不仅能够将现有的功能模块有效地加载到平台中并实现正常运行,而且通过接口模块提供的接口能够方便地将新的功能模块加载到系统中,以便于实现认证模块的扩展。

接口模块对于系统来说处于核心地位,所有的数据流都是经过接口来传递的,因此接口的设计关系到系统的可扩展性和系统运行的效率。新的认证协议模块要按照接口的规范来编写,这样才能保证新的协议模块能够在系统中正常运行。

(4) 可扩展的认证模块

系统的认证功能由各个认证模块提供服务,是整个集成系统的核心,这中间主要包括 IEEE 802.11i 模块、WAPI 模块和 IEEE 802.1X 模块。这些模块均以插件的形式在系统启动时加载。

认证模块在结构上归属于安全子系统,其扩展性是通过动态共享库技术实现的:各个认证模块均被设计为独立的动态链接库,并且利用软插件的体系结构将其集成到平台中。集成认证平台将认证模块视为系统的插件对待,而认证模块则通过通用的接口模块与系统其它部分进行信息交互。这样,系统的认证功能从逻辑上而言就具备了扩展性,当有新的认证方法要集成到系统中时,只要求按照接口规范编写认证模块,将自身作为一个插件加入到集成平台中。软插件的体系结构如图 2 - 26 所示。

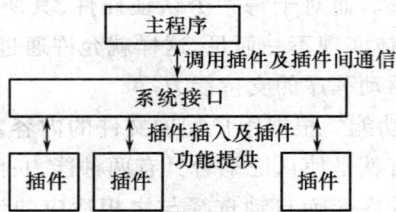

图 2 - 26　软插件的体系结构

集成认证平台中,认证模块集成和加载流程如图 2 - 27 所示,该过程可以保证新的认证模块能够方便地加入到系统中并且正常的运行。其中,为了满足扩展性的需求,将主程序中负责调度各个插件的工作提取出来作为一个单独的认证模块调度模块。

(5) 支持扩展的驱动适配模块

该模块主要功能是根据认证协议的需要,对不同的驱动程序提交的数据按照该协议所要求格式重新进行封装,目的是使每一种协议都能通过该模块按照自身的需求获取数据。同样,对认证协议发出的数据,该层将数据重新封装为指定驱动对应的数据。该模块属于执行子系统,模块功能主要通过数据和接口的封装来实现。该模块的主要特点在于统一了所有经过该层的数据格式,便于上层应用以及驱动层对数据的操作,有利于跨平台运行,也满足了低耦合、高内聚的原则。

接口适配模块结构如图 2 - 28 所示。上层认证插件模块可有多个,针对每一种不同的协议插件(如 IEEE 802.11i)都有一个与之对应的驱动操作集(xxx_driver

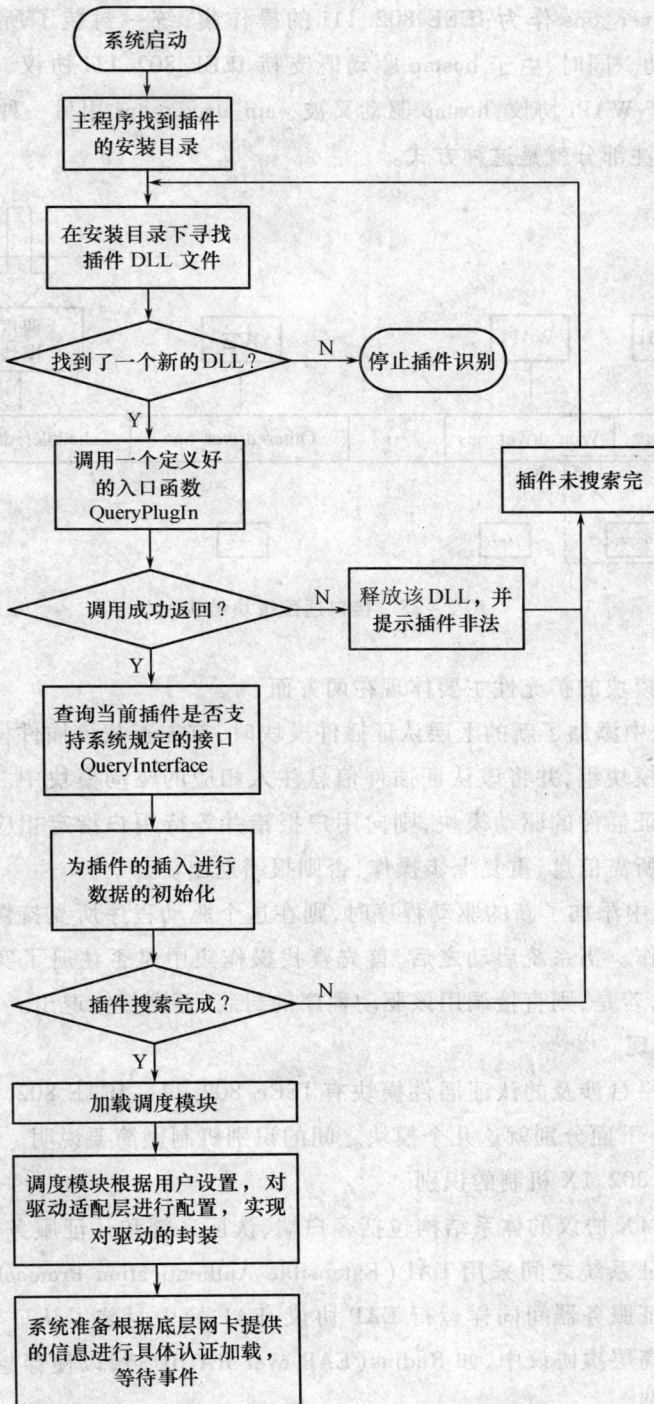

图 2-27 认证模块集成和加载流程

_ops)，wpa_driver_ops 作为 IEEE 802.11i 的操作集，统一封装了所有支持 IEEE 802.11i 的驱动。同时，由于 hostap 驱动既支持 IEEE 802.11i 协议，又支持 WAPI 协议，所以对于 WAPI 协议，hostap 驱动又被 wapi_driver_ops 用另一种格式所封装，图中虚线框标注部分就是这种方式。

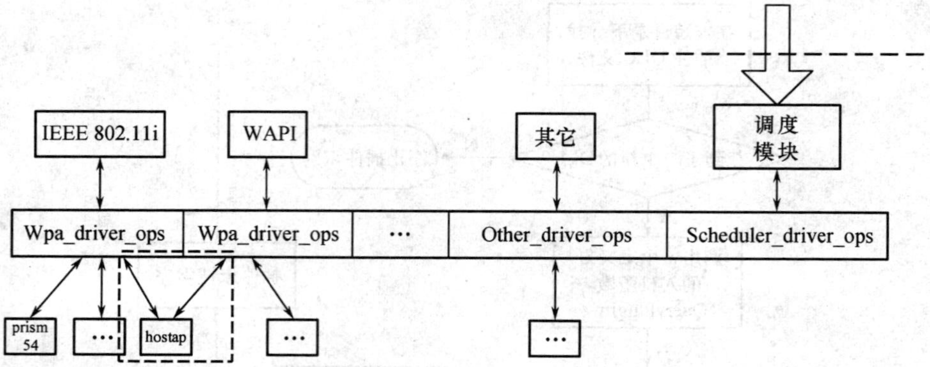

图 2-28　接口适配模块结构

接口适配模块的扩充性主要体现在两方面：

① 当系统中添加了新的上层认证插件模块时，首先查找该插件模块内部定义所支持的驱动模块组，并将该认证插件信息注入相应的驱动模块中。如果当前不存在支持该认证插件的驱动模块，则向用户报错并等待用户指定相应驱动程序路径。如果获得所需信息，重复上步操作，否则报错退出。

② 当系统中添加了新的驱动程序时，则在这个驱动程序所支持协议的操作集中注册一个操作。当系统启动之后，首先查找操作集中是否注册了实际环境所要求的驱动程序，若是，则直接调用该驱动程序的封装，否则报错退出。

2. 功能实现

集成认证平台涉及的认证插件模块有 IEEE 802.11b、IEEE 802.11i、WAPI 和 IEEE 802.1X。下面分别就这几个模块之间的识别机制做简要说明。

（1）IEEE 802.1X 机制的识别

IEEE 802.1X 协议的体系结构包括客户端、认证系统和认证服务器三个部分。在客户端和认证系统之间采用 EAP（Extensible Authentication Protocol）协议传输；认证系统与认证服务器间同样运行 EAP 协议，EAP 帧中封装了认证数据，将该协议承载在其它高层次协议中，如 Radius（EAP over RADIUS），以便穿越复杂的网络到达认证服务器。

EAP 消息封装在 IEEE 802.1X 消息中，称为 EAPOL，其帧格式如图 2-29

所示。

Destination Address	Source Address	PAE Ethernet Type	Protocol Version	Type	Length	Data

Code	Identifier	Length	Data

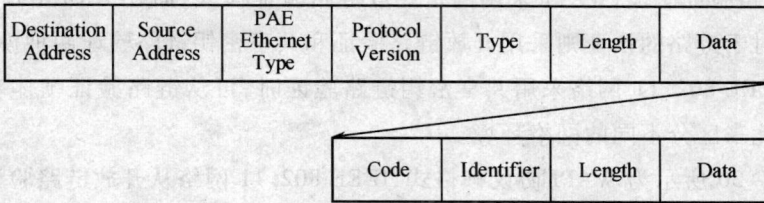

图 2 - 29　EAPOL 帧格式

在图 2 - 29 中,Data 域之前的部分称为 EAPOL 头,端口实体的以太类型(PAE Ethenet Type)占据 2 个字节,固定为十六进制数 0x888E,以表明是 EAPOL 方式。集成认证平台通过检查数据帧的头部类型信息就可判断当前网络是否采用了 IEEE 802.1X 机制。

(2) IEEE 802.11i 网络与 IEEE 802.11b 网络的识别

IEEE 802.11i 使用了 IEEE 802.1X 认证和密钥管理的方式,并在 IEEE 802.1X 的基础上增加了四步握手密钥分发过程。在数据加密方面,定义了 TKIP 和 CCMP 两种加密机制;在帧格式上,与 IEEE 802.11b 的帧格式基本相同,只有在能力信息字段不同,并增加了 RSN 信息元素。

如果一个终端设备想要接入 IEEE IEEE 802.11i 网络,那么它首先要经过扫描、链路认证和关联三个步骤。这个过程对于 IEEE 802.11 系列的网络也是一样的。而在 IEEE 802.11i 网络中,以上的基本过程完成后用户并不能开始数据的交互,IEEE 802.11i 网络在关联接入之后增加了一个上层的身份认证。IEEE 802.11 网络中使用安全关联(RSNA)的概念来描述安全操作。在一个准备使用 RSNA 的网络中,STA(AP)要在它的信标帧或探询响应帧中包含一个 RSN 信息元素。当要接入的目标 AP 表明了它支持 RSNA 时,STA 的 SME 初始化一个关联,并将一个 RSN 信息元素插入到它的关联请求中。平台系统从信标帧或者探询响应帧中提取该 RSN 信息,这样就可以实现对 IEEE 802.11i 网络的识别。

(3) WAPI 网络与 IEEE 802.11b 网络的识别

在一个 WAPI 网络中,除认证数据外,系统中 AP 与 STA 之间的网络协议数据的交换都是通过一个或多个功能等同于前面 IEEE 802.1X 所描述的受控端口来实现的,受控端口状态由系统认证控制参数确定。

除上述安全相关部分外,WAPI 与 IEEE 802.11 在其它方面都是兼容互通的,其中最主要的就是两者在各种类型帧结构上的基本一致,这就对两种不同的无线网络环境下的统一接入通信提供了最基本的支持。

在链路验证阶段,WAPI 采用的是开放链路验证模式;而在 IEEE 802.11 网络环境中,对于链路的认证则采用开放链路验证和共享密钥链路验证两种模式。

当 IEEE 802.11 网络采用共享密钥链路验证时,可从链路验证帧体获取相关信息,以此来区分不同的网络环境。

图 2-30 所示为 WAPI 协议帧格式,IEEE 802.11 网络从开放链路验证到关联过程结束,其与 WAPI 的验证过程都是一致的,而遵循 WAPI 协议的设备随后会发出认证协议分组的管理帧,该认证协议分组帧提供了网络环境的区分信息——WAPI 的认证协议分组类型号 0X88B4。

2 B	2 B	2 B	2 B	2 B	0~65 535 B
认证协议类型号 0X88B4	版本号	认证分组类型	保留	数据长度	数据

图 2-30   WAPI 协议帧格式

3. 技术实现

集成认证平台系统整体工作流程如图 2-31 所示。

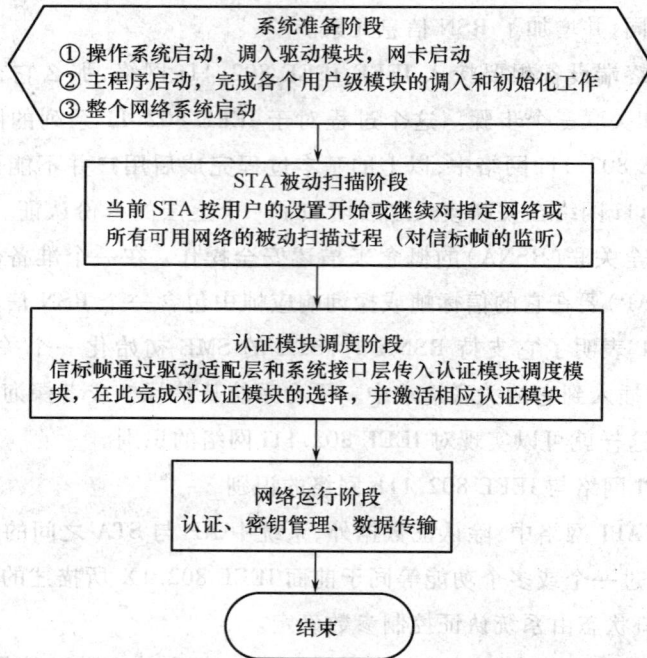

图 2-31   集成认证平台系统整体工作流程

基于上述功能,系统的总体流程说明如下[12]:

(1) 系统准备阶段

① 操作系统启动,调入相应的网卡驱动模块,自动完成网卡的初始化并设置网卡工作在 HostAP 模式,上述步骤完成后网卡启动。

② 主程序启动,完成各个认证模块、系统接口模块、驱动适配模块、调度模块的加载并完成各模块的初始化工作。系统准备阶段完成后,系统的各个模块都已成功加载,主程序模块、相应的驱动模块、驱动适配模块、系统接口模块都处于活动状态,但此时认证模块还未被激活。

(2) STA 被动扫描阶段　在系统准备阶段完成后,系统将执行被动扫描功能,完成对指定的或所有可用 AP 的扫描。需要指明的是,链路验证帧总是由 STA 首先发出的,也就是说,链路验证算法总是由 STA 选取,AP 只是接受一种链路验证方式而已。这样,就只能设置 STA 采用开放链路验证。否则,因为这里的 STA 所面对的环境是未知且需要由集成认证平台来发现的,当需要接入的是 IEEE 802.11i 或 WAPI 网络时,可能会因为 AP 不支持共享链路验证导致链路验证无法进行,从而导致接入失败。

(3) 认证模块调度阶段

① 当 STA 接收到指定(或可用)的 AP 发出的信标帧后,通过驱动适配接口和系统接口传递到认证调度模块。

② 调度模块通过验证接收的信标帧是否含有 RSNIE,从而判断当前扫描到的网络是否为 IEEE 802.11i 网络,若是,则激活 IEEE 802.11i 认证模块(包括 IEEE 802.1X 认证,密钥管理及数据安全)。

③ 否则,继续接收后续帧直至完成 STA 与 AP 间的关联,根据关联成功之后收到的第一帧是否为 WAPI 认证激活帧(判断依据为 WAPI 协议数据的以太类型字段 0x88B4)来判别当前网络是否为 WAPI,若是则激活 WAPI 认证模块。

④ 否则,判断该帧是否为 EAPol 帧(判断依据为 IEEE 802.1X 协议数据以太类型字段 0x888E),若是则当前网络启用了 IEEE 802.1X 认证,调度模块激活 IEEE 802.1X 认证模块。

⑤ 否则,当前网络是 IEEE 802.11b 网络,认证模块调度部分结束。

(4) 网络运行阶段　当系统调度模块完成某个认证模块的激活之后,整个系统正常运行。此时数据流向是由被激活的认证模块经系统接口、驱动适配到达硬件;反过程是由硬件通过驱动接口、系统接口送到相应的认证模块。

(5) 认证结束　在此主要完成系统清理工作,包括各模块的卸载和相应资源的释放。

集成安全接入认证系统的执行过程分四步进行,分别是开始扫描存在的可接入网络、选择安全接入模式、接入成功和选择接入网络进行参数配置。具体的演示界面如图 2-32 到图 2-35 所示。

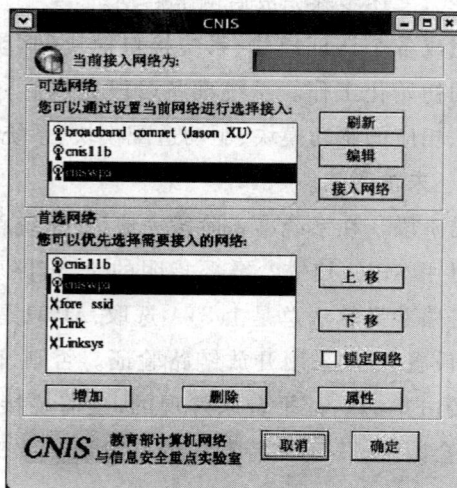

图 2-32   扫描可接入的网络

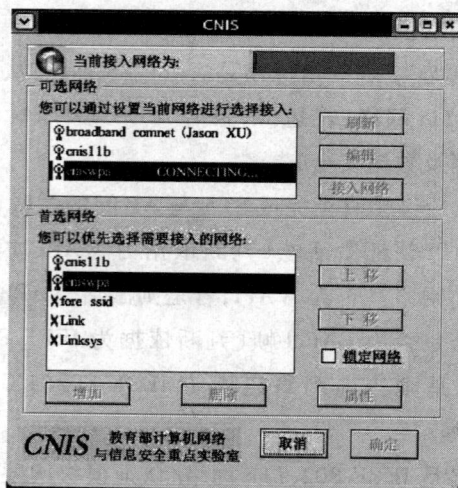

图 2-33   选择安全接入模式

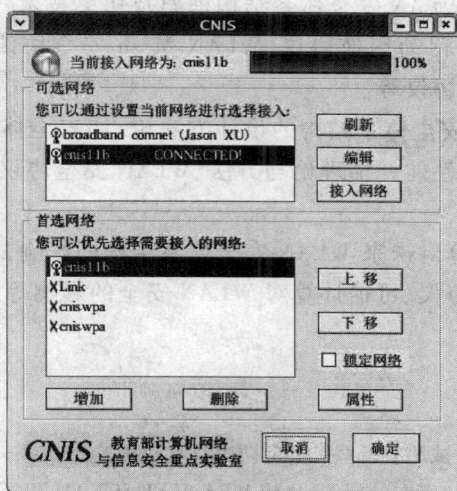

图 2-34 接入成功

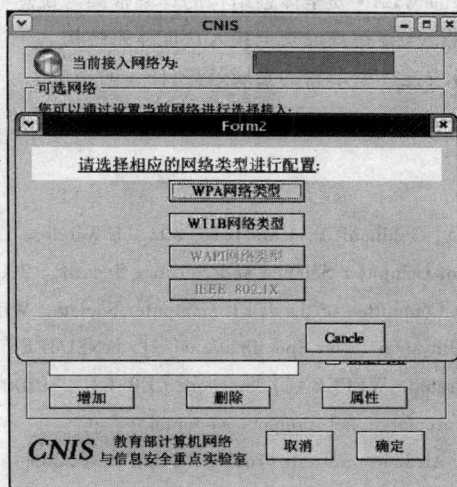

图 2-35 参数配置

2.5 研究展望

由于现有的安全体系结构只是从 WLAN 安全接入的角度进行研究与设计,缺乏对 WLAN 安全体系结构的整体框架设计和相应的技术体系研究,因此未来的 WLAN 安全体系结构应重点从以下三个方面进行研究:

（1）研究通用的 WLAN 安全体系结构框架及相关技术，如 WLAN 安全分级方法与协议、快速安全的移动切换协议、WLAN Mesh 安全协议、高效的密钥管理协议、WLAN 的隐私保护协议等。

（2）研究 WLAN 安全体系结构的设计方法论，如安全体系结构的策略管理与设计、安全体系结构的性能评估理论与方法、WLAN 安全协议与安全模块的安全组合理论与方法等。

（3）研究可信计算对未来 WLAN 安全体系结构的影响，如基于 TPM 模块下的可信体系结构与相应协议、可信计算对 WLAN 安全的影响等。

问 题 讨 论

1. WLAN 面临的安全威胁有哪些？如何防范这些攻击？
2. 分析 WEP 安全协议存在的漏洞，比较 WPA、IEEE 802.11i 和 WAPI 的改进点。
3. 试比较 WAPI 与 IEEE 802.11i 安全框架的不同点。
4. 谈谈未来 WLAN 安全体系结构应该重点从哪几个方面进行改进。
5. 给出实现基于管理的 WLAN 安全体系结构的详细框架与设想。
6. 请谈谈如何完善 WLAN 终端集成安全接入认证体系结构。
7. 请谈谈未来 WLAN 安全体系结构的发展趋势，并说明理由。

参 考 文 献

[1]　Ahmed M，Naamany A，Shidhani A，et al. IEEE 802.11 Wireless LAN Security Overview[J]. International Journal of Computer Science and Network Security，2006，6(5B):138-156.

[2]　LAN/MAN Standards Committee of the IEEE Computer Society. Wireless LAN Medium Access Control (MAC) and Physical Layer Specifications[S]. ANSI/IEEE Std IEEE 802.11，1999.

[3]　SourceForge，Incorporated. WEPCRACK Software [EB/OL]. (2004-10-06)[2008-03-12]. http://www.sourceforge.net/projects/wepcrack.

[4]　Wireless LAN Tool. AirSnort Software Tools[EB/OL]. (2005-01-09) http://airsnort.shmoo.com.

[5]　Ethereal，Incorporated. Ethereal Software Tools[EB/OL]. [2008-03-12]. http://www.ethereal.com.

[6]　KISMET Spectrum-Tools Software. KISMET Software Tools[EB/OL]. (2007-10-02). http://www.kismetwireless.net.

[7]　Chen J C，Jiang M C，Liu Y W. Wireless LAN Security and IEEE 802.11i[J]. IEEE Wireless Communications，February 2005:27-36.

[8]　War driving website. WarLinux-0.5 Driving Tools[EB/OL]. (2002-09-17). http://www.wardriving.com.

[9]　Network Stumbler Webset. NetStumbler Software Tools[EB/OL]. (2004-04-21). http://

www. netstumbler. com/downloads.

[10] Abraham S. IEEE 802. 11 TGs Simple Efficient Extensible Mesh (SEE – Mesh) Proposal[EB/ OL]. IEEE 802. 11 – 05/0562r2, (2005 – 11 – 01). http://www. 802wirelessworld. com/ index. jsp.

[11] Walker J. IEEE 802. 11 Security Series Part II: The Temporal Key Integrity Protocol (TKIP) [EB/OL]. (2002 – 040 – 3). Intel Corp. http://www. intel. com/cd/ids/ developer/ asmona/eng/technologies/security/topics/19181. htm.

[12] 段宁. 基于 IEEE 802. 11b 网卡的安全协议集成接入技术研究[D]. 西安:西安电子科技大 学计算机学院,2006.

第3章 接入安全协议

为了防止非授权用户对信息资源的访问,保密和认证是非常重要的安全技术。认证协议的作用是确保只有获得授权的用户才能接入系统,访问系统资源。但设计一个符合安全目标的安全协议是非常困难的,且协议的执行通常都要消耗一定的计算资源和通信资源。因此,接入安全认证协议对于计算资源和带宽资源相对受限的无线网络环境来说就尤其重要。本章重点对中国的 WAPI 安全协议进行了分析与改进,给出了 WAPI 和 IEEE 802.11i 的兼容方案,并给出了自验证公钥的 WAPI 认证和密钥协商协议。

3.1 WAPI 安全机制分析

为了解决 WLAN 中的安全问题,2003 年中国推出了自己的 WLAN 国家标准 GB 15629.11[1,2]。其安全机制 WAPI(WLAN Authentication and Privacy Infrastructure)由 WAI(WLAN Authentication Infrastructure)和 WPI(WLAN Privacy Infrastructure)两个模块组成,分别实现对用户身份的认证和对传输数据加密的功能。

3.1.1 WAPI 标准

WAI 中定义了三个实体:

(1)认证器实体(Authenticator Entity,AE)   为认证请求者实体在接入服务之前提供认证操作的实体。该实体驻留在 AP 中。

(2)认证请求者实体(Authentication Supplicant Entity,ASUE)   需通过认证服务实体进行认证的实体。该实体驻留在 STA 中。

(3)认证服务实体(Authentication Service Entity,ASE)   为认证器实体和认证请求者实体提供相互认证的实体。该实体驻留在 ASU 中。

WAI 同 IEEE 802.11i 一样采用基于端口的认证方式。AP 与 STA 均提供两种访问 LAN 的逻辑通道,定义为两类端口,即受控端口与非受控端口。

AP 提供 STA 连接到认证服务单元(ASU)的端口(即非受控端口),确保只有认证成功的 STA 才能使用 AP 提供的数据端口(即受控端口)访问网络;STA 提供通过 AP 连接到认证服务单元(ASU)的端口(即非受控端口),确保只有通过已认证成功的 AP 才能使用 STA 提供的数据端口(即受控端口)收发数据。

认证服务单元(Authentication Service Unit, ASU)是基于公钥密码技术的 WAI 认证基础结构中最为重要的组成部分,其基本功能是实现对用户证书的管理和用户身份的认证等。

ASU 作为可信任和具有权威性的第三方,保证公钥体系中证书的合法性。ASU 为每个用户颁发公钥数字证书,并为使用该证书的用户提供公钥合法性的证明。ASU 的数字签名确保证书不被伪造或篡改。ASU 负责管理所有参与网上信息交换的各方所需的数字证书(包括产生、颁发、吊销、更新等),是实现电子信息安全交换的核心。

在 WLAN 中,基于 ASU 的 WAI 逻辑拓扑结构如图 3-1 所示。

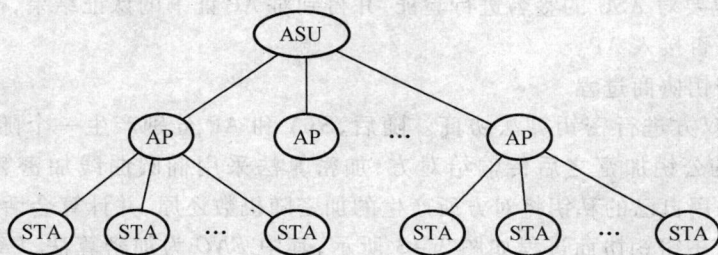

图 3-1 基于 ASU 的 WAI 逻辑拓扑结构

WAI 采用公钥证书进行认证和密钥协商。目标在于实现 STA 与 AP 间的双向认证,对于采用"假"AP 的攻击方式具有很强的抵御能力。WAI 的交互过程如图 3-2 所示,主要由证书认证和密钥协商两部分组成。

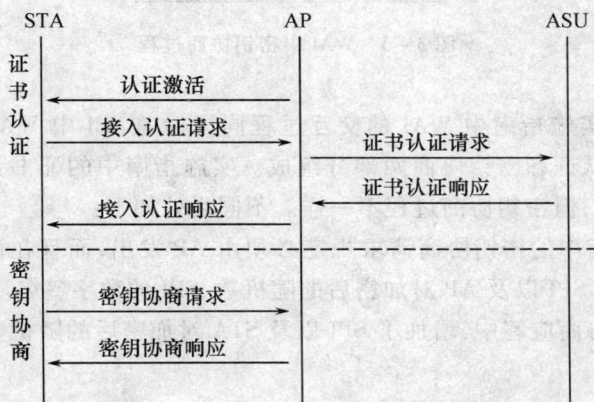

图 3-2 WAI 的交互过程

（1）证书认证过程

① AP 向 STA 发送认证激活请求。

② 在接入认证请求中，STA 将自己的证书和接入请求时间提交给 AP。

③ 在证书认证请求中，AP 将 STA 的证书、STA 接入请求时间和自己的证书以及它对这三个部分的签名发给 ASU。

④ 当 ASU 收到 AP 发送来的证书认证请求之后，首先验证 AP 的签名和证书。当认证成功之后，进一步验证 STA 的证书。之后，ASU 对 STA 和 AP 证书的认证结果用自己的私钥进行签名，并将这个签名连同证书验证结果发回给 AP。

⑤ AP 对收到的证书认证响应进行验证，并得到对 STA 证书的认证结果，根据这一结果来决定是否允许该 STA 接入。同时，AP 需要将 ASU 的验证结果转发给 STA，STA 也要对 ASU 的签名进行验证，并得到对 AP 证书的认证结果，根据这一结果来决定是否接入 AP。

（2）密钥协商过程

首先，双方进行密钥算法协商。随后，STA 和 AP 分别产生一个随机数 r_1 和 r_2，用对方的公钥加密之后传输给对方，加密算法采用椭圆曲线加密算法 ECES。通信双方采用自己的私钥将对方所产生的加密随机数还原，并计算会话密钥 $K = r_1 \oplus r_2$。WAI 中密钥协商过程如图 3 - 3 所示，其中 ENC 为加密算法，PK_{AP} 和 PK_{STA} 分别为 AP 和 STA 的公钥。

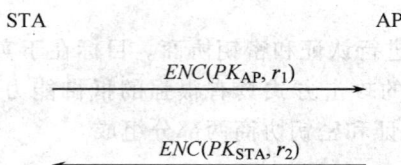

STA   AP

$ENC(PK_{AP}, r_1)$

$ENC(PK_{STA}, r_2)$

图 3 - 3　WAI 中密钥协商过程

在结构上，实施指南中 WAI 的交互过程同国标 WAPI 中 WAI 的交互过程一样，都是由证书认证和密钥协商两部分组成。实施指南中的证书认证过程与原国标中的完全一样，但密钥协商过程不一样。不同之处如下：

① 实施指南中的密钥协商请求规定必须由 AP 发出，而且在协商请求中增加了安全参数索引 SPI 以及 AP 对加密后的随机数、SPI 的数字签名。

② 在密钥协商应答中，增加了 SPI 以及 STA 对加密后的随机数、SPI 计算出的一个消息认证码。

③ 密钥产生方式不一样。STA 和 AP 首先将 r_1 与 r_2 按位异或运算得到长度为 16 个八位位组的单播主密钥 $k = r_1 \oplus r_2$，然后利用 KD-HMAC-SHA256 算法对其进行扩展，生成 48 个八位位组的单播会话密钥（前 16 个八位位组为单播加密密钥 k_d，中间 16 个八位位组为单播完整性校验密钥，最后 16 个八位位组为消息认证密

钥 k_a)。

具体的协议交互过程如图 3-4 所示。

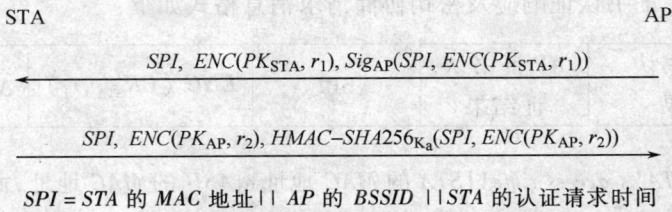

STA   AP

$$SPI, ENC(PK_{STA}, r_1), Sig_{AP}(SPI, ENC(PK_{STA}, r_1))$$

$$SPI, ENC(PK_{AP}, r_2), HMAC\text{-}SHA256_{K_a}(SPI, ENC(PK_{AP}, r_2))$$

$SPI = STA$ 的 MAC 地址 $\| AP$ 的 $BSSID \| STA$ 的认证请求时间

图 3-4 实施指南中 WAI 的密钥协商协议

WAPI 的接入也可抽象为链路级和服务级关联两个层次。在链路级关联阶段，IEEE 802.11b 与 WAPI 的接入过程是一致的，即都经过：扫描→开放系统认证→关联。在 WAPI 网络的服务级关联阶段，WAI(WLAN Authentication Infrastructure) 和 WPI(WLAN Privacy Infrastructure) 过程分别实现 STA 的接入认证和密钥协商。WAPI 接入过程相关流程如图 3-5 所示。图中 $Cert_{STA}$、$Cert_{AP}$ 分别表示 STA 和 AP 的证书。Sig_{xxx} 表示 AP 或者 STA 用自身的私钥对消息的签名。$E(k, m)$ 表示用密钥 k 对消息 m 进行加密。$HMAC(m)$ 表示对消息 m 的消息认证码。P_{kAP}, P_{kSTA} 分别表示 AP 和 STA 的公钥。

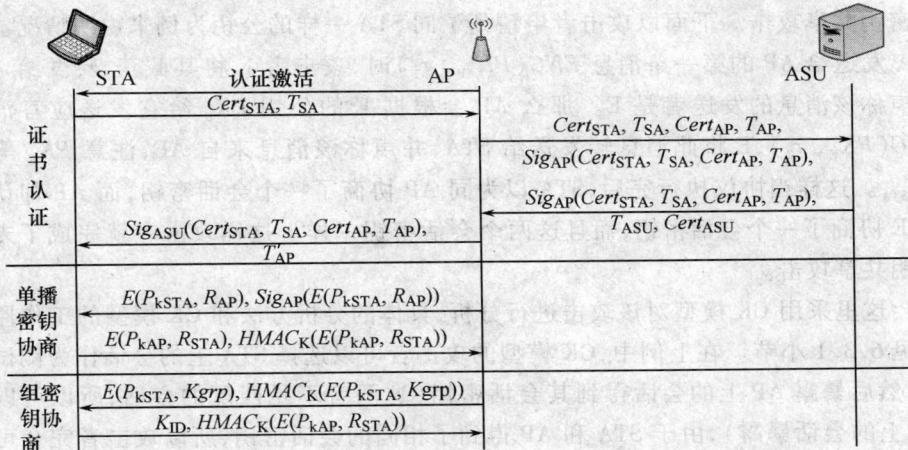

图 3-5 WAPI 接入过程

文献[3-7]对 WAPI 进行了系列的研究，通常是在保持 WAI 框架下将 STA 和 AP 之间的密钥协商调整为 STA 与 ASU 之间的密钥协商。在保持证书认证过程不变的前提下，将密钥协商请求调整为由 ASU 发出（由于实施方案规定密钥协商请求必须由 AP 发出），而该密钥协商请求中的 AP 签名也相应地变为 ASU 的签名。

然后 STA 向 ASU 发送密钥协商应答消息,其中对 r_2 也调整为用 ASU 的公钥加密。同时,证书认证响应和密钥协商请求都由 ASU 发出,所以可以将这两条消息合并为一条消息。证书认证响应及密钥协商请求消息格式如下:

STA 证书认证结果	AP 证书认证结果	SPI	$ENC\,(PK_{STA},r_1)$	ASU 的签名

其中,$SPI = STA's\ access\ time \| \| STA$ 的 MAC 地址$\| \| ASU$ 的 MAC 地址,而密钥协商应答消息格式为:

SPI	$ENC\,(PK_{ASU},\ r_2)$	$HMAC\text{-}SHA256_{k_a}(SPI,PK_{AP}(r_2))$

其中:$SPI = STA's\ access\ time \| \| STA$ 的 MAC 地址$\| \| ASU$ 的 MAC 地址。

国标中 WAI 存在的安全缺陷有:

① 密钥协商协议不能够抵抗未知密钥共享攻击　在大部分实际环境中,当一个实体向证书权威 CA 申请公钥证书时,CA 没有责任检查该实体是否拥有与其公钥相对应的私钥,所以攻击者 E 能够向 CA 申请到一个证书,该证书的公钥同 AP 或者是 STA 的公钥一样。另外,在证书验证过程中,ASU 只是检查证书的真实性和有效性,所以 E 也可以通过证书验证。这样 E 就可以在密钥协商过程中发起未知密钥共享攻击。下面以攻击者申请到了同 STA 一样的公钥为例来说明情况。在 STA 发送给 AP 的第一条消息 $ENC(PK_{AP},r_1)$ 时,攻击者 E 将其截获,转发给 AP,并声称该消息的发送者是 E。那么 AP 会根据 E 的公钥 PK_E 给它发送应答消息 $ENC(PK_E,r_2)$,E 将此消息转发送给 STA,并声称该消息来自 AP,注意 PK_E 等于 PK_{STA}。这样当协议执行完后,STA 以为同 AP 协商了一个会话密钥,而 AP 却认为同 E 协商了一个会话密钥,而且这两个会话密钥一样。这样攻击者就完成了未知密钥共享攻击。

这里采用 CK 模型对该攻击进行分析,具体的分析方法和 CK 模型的工作原理参见 6.3.1 小节。在上例中,CK 模型的攻击者可以选择 STA 上的会话作为测试会话,然后暴露 AP 上的会话得到其会话密钥(这两者不是匹配的会话,所以可以将 AP 上的会话暴露),由于 STA 和 AP 得到了相同的会话密钥,所以攻击者完全可以得到测试会话的会话密钥。根据 CK 模型下会话密钥的定义,该协议不是 SK-seucre的(SK 安全的具体内容见 6.3.1 小节)。

② 密钥协商协议不能够抵抗密钥泄露伪装攻击(Key-compromise Impersonation)。首先,我们假定 STA 的私钥泄露,并且在 STA 和 AP 完成匹配的会话后,攻击者选择 STA 上的会话作为测试会话。攻击者可以首先攻陷另外一个移动客户 STA′,并假冒该客户给 AP 发送消息 $ENC(PK_{AP},r_1)$。我们将 STA′和 AP 之间会话的会话标识符记为 SID′。在 AP 收到 STA′的密钥协商请求后,选择另外一个

随机数 r_3，给 STA′发送密钥协商应答消息 $ENC(PK_{STA'}, r_3)$，并计算 SID′的会话密钥 $K' = r_1 \oplus r_3$。攻击者可以将此会话暴露得到 K'（此会话不是测试会话的匹配会话）。同时，解密 $ENC(PK_{STA'}, r_3)$ 得到 r_3，这样攻击者就可以计算 $r_1 = K' \oplus r_3$。在以上分析中，由于 r_1 只是 AP 的一个临时状态，所以我们假定它不作为 AP 的一个会话状态存在（如果它作为 AP 的一个会话状态存在的话，攻击者可以直接暴露 AP 上的 SID′会话得到 r_1）。攻击者也可以解密 $ENC(PK_{STA}, r_2)$ 得到 r_2，这样一来攻击者就可以得到 STA 和 AP 协商的会话密钥 $K = r_1 \oplus r_2$ 了，那么就能够对 STA 假冒成 AP 了。由会话密钥的定义可知，该协议自然也不是 SK-secure。

③ 没有实现显式的身份认证功能，可能导致误收费　从 WAI 的执行过程可以看出，没有实现 AP 对 STA 的显式的身份认证。一个攻击者只要知道一个合法用户的证书，就可以顺利地通过证书认证而接入网络。而 WAI 的密钥协商过程是隐式的密钥认证，所以攻击者也可完成密钥协商协议而不被发现。因此，WAI 没有实现显式身份认证功能，如果网络是计时收费的话，就可能导致误收费。同时攻击者一旦接入网络就有可能发动许多的攻击，对网络安全造成严重的威胁。

3.1.2 WAPI 实施指南

在证书验证过程，证书认证请求和证书认证响应中分别有 AP 和 ASU 的签名，而这两个签名中都含有 STA 的接入请求时间。该接入请求时间类似于 STA 发出的挑战，所以 STA 能够验证 ASU 的身份。而 ASU 验证了 AP 的身份。同时 STA 信任 ASU，所以 STA 可以间接地对 AP 进行身份认证。因此在证书认证结束后，STA 可以对 AP 的身份进行认证，也就是将 AP 的身份和其 MAC 地址进行了绑定。在密钥协商过程中，STA 只接受 AP 发出的密钥协商请求。

将实施指南中 WAI 的密钥协商请求记为 π。下面将证明 π 是不提供 PFS 的 SK-secure（也就是说，该协议是 SK-secure 的，但不提供 PFS 安全属性）。

1. 加密游戏的设计

假定 (G, ENC, DEC) 分别是一个 CCA2 安全的公钥加密方案中的密钥生成算法、加密算法和解密算法；K 为安全参数，STA 和 AP 已经调用了算法 $G(K)$ 来分别得到了公私钥对。

为了证明 π 是一个 SK-secure 的密钥协商协议，这里设计一个游戏。该游戏将实施指南中的密钥协商协议和 ENC 的 CCA2 安全性结合起来。证明如果协议 π 不是 SK-secure 的，攻击者便赢得该游戏，那么加密方案不是 CCA2 安全的。其中游戏的参与方为 G 和 B。G 可实现解密 Oracle 的功能；B 是协议 π 中的攻击者，他利用从协议攻击中获得的能力来参与游戏的执行。G 拥有公私钥对 PK_{STA} 和 SK_{STA}（通过密钥生成算法 G 来获得）。B 知道 PK_{STA}，但不知道 SK_{STA}。

游戏过程如下：

阶段 0：G 向 B 提供挑战密文 $c^* = ENC(PK_{STA}, r_1)$，其中 $r_1 \xleftarrow{R} \{0,1\}^K$。

阶段 1:B 向 G 发送三元组(c, r, t),G 用 HMAC-SHA256$_{k_a'}(t)$作为应答,其中 $k_a' = last($KD-HMAC-SHA256$(k'))$,$k' = r \oplus r'$,$r' = DEC(SK_{STA}, c)$。($last($)表示取最后的 16 个 8 位位组)。B 可以多次地重复该过程,其中每一个三元组都由 B 适应性地选择。(也就是说,根据 G 对以前三元组的应答,B 来选择下一个三元组,但保持每一个三元组中的 r 不变。)

阶段 2:B 发送一个测试串 $t^* = ($SPI$||PK_{AP}(r_i))$ 给 G。G 选择一个比特 b $\xleftarrow{R}$ $\{0,1\}$。如果 $b = 0$,那么 G 就给 B 发送应答 HMAC-SHA256$_{k_a''}(t^*)$,其中 $k_a'' = last($KD-HMAC-SHA256$(k''))$,$k'' = r_1 \oplus r$,r_1 是阶段 0 中的被加密的随机数。如果 $b = 1$,G 返回一个随机串 s^*,其长度和 HMAC-SHA256$_{k_a''}(t^*)$一样。

阶段 3:与阶段 1 相同。

阶段 4:B 输出一个比特 b',作为对 b 的猜测。

当且仅当 $b = b'$ 时,B 赢得了游戏。

说明:阶段 0 中的挑战密文 c^* 是协议 π 中 AP 发送给 STA 第一条消息中的密文;阶段 1 中 B 随意地挑选测试密文 c、随机数 r 以及字符串 t,交给 G 处理,需要注意的是:B 不能同时选择 c^* 和 t^* 作为输入;而为了降低攻击难度,攻击者可以保持每次选择的三元组中的 r 不变。

2. 协议分析

根据会话密钥定义,为了证明 π 是 SK-secure 的,需要证明 π 满足两个条件。第一,STA 和 AP 完成了匹配的会话并得到相同的会话密钥。第二,攻击者不能以不可忽略的优势来区分会话密钥 k_d 和一个随机数。

引理 3 - 1   如果采用的加密方案 ECES 是 CCA2 安全,那么在协议 π 结束的时候,STA 和 AP 将会完成匹配的会话并得到相同的会话密钥。

证明:由于采用椭圆曲线数字签名算法 ECDSA 能够抵抗由适应性选择消息攻击所造成的存在性伪造(Existential Forgery),而且密钥协商请求消息中的 SPI 保证了该消息的新鲜性,并将该消息同协议的通信双方绑定起来。所以攻击者不能伪造或者修改 AP 发送的密钥协商请求。

攻击者不能伪造密钥协商应答消息。这里用反证法来对此进行证明。假设攻击者 B 在 π 的执行过程中能以不可忽略的概率来伪造一条密钥协商应答消息: $SPI, ENC(PK_{AP}, r_2),$ HMAC-SHA256$_{k_a}(SPI, ENC(PK_{AP}, r_2))$。B 就可以利用此能力来参与游戏的执行,在上述加密游戏中选择 r_2 作为向 G 发送三元组中的随机数 r_i,而 c 和 t 可以由攻击者随意选择。那么在阶段 2 中就能以不可忽略的概率计算出 HMAC-SHA256$_{k_a''}(t^*)$(因该值与伪造消息中的消息认证码的值一样)。这样一来,它自然能够以不可忽略的优势来区分 HMAC-SHA256$_{k_a''}(t^*)$ 和 s^*,从而能够以不可忽略的优势来猜对 b。那么攻击者就赢得了上面的游戏,加密方案就不是 CCA2 安全的。这与前提假设相矛盾,因此攻击者在 π 的执行过程中不能以不可忽略的概率来伪造密钥协商应答消息。

所以，在协议 π 结束的时候，STA 和 AP 完成了匹配的会话并得到相同的会话密钥。

引理 3 - 2 如果所采用的加密方案 ECES 是 CCA2 安全的，那么攻击者在协议 π 的执行过程中不能够以不可忽略的优势来区分会话密钥 k_d 和一个随机数。

证明： 假设攻击者 B 在协议 π 的执行过程中能够以不可忽略的优势来区分会话密钥 k_d 和一个随机数，而 $k_d = first(\text{KD-HMAC-SHA256}(k))$，所以攻击者只可能有两种方法得到 k_d：① 攻击者得到 k。② 能同 STA 或 AP 建立一个新的会话（该会话不是测试会话或者是测试会话的匹配会话），使其密钥为 k_d。在这种情况下，攻击者便可将该会话攻陷，得到 k_d。下面证明这两种方法都是不可行的。

对于第一种方法，也就是说攻击者在知道 $ENC(PK_{STA}, r_1)$ 和 $ENC(PK_{AP}, r_2)$ 的情况下，能以一个不可忽略的优势来区分 $k = r_1 \oplus r_2$ 和一个随机数。那么，攻击者就能以不可忽略的优势来区分 $k'' = r_1 \oplus r$ 和随机数，因为 k'' 中的 r 是攻击者自己选定的，所以他区分 k'' 和随机数的难度要小于区分 k 和随机数的难度。假设攻击者区分 k 和随机数的优势为 η_1，区分 k'' 和随机数的优势 η_2，那么 $\eta_2 \geqslant \eta_1$。而 $k''_a = last(\text{KD-HMAC-SHA256}(k''))$，从而能以不可忽略的概率得到 k''_a。进而，能以不可忽略的概率计算出 $\text{HMAC-SHA256}_{k''_a}(t^*)$，那么攻击者便能以不可忽略的优势来区分开 $\text{HMAC-SHA256}_{k''_a}(t^*)$ 和 s^*。这样攻击者便赢得上面的游戏了，那么加密方案就不是 CCA2 安全的。而这与前提假设相矛盾，所以攻击者在协议 π 的执行过程中不能够以不可忽略的概率得到 k。

对于第二种方法，攻击者有两种攻击策略。① 在 STA 和 AP 完成匹配会话的情况下同 STA 或者 AP 建立一个新的会话。但该会话的会话密钥将不会是 k_d，这是因为加密的随机数是由 STA 或者 AP 随机选择的，攻击者控制不了。② 在 STA 和 AP 进行密钥协商的过程中，对该协商进行攻击，使 STA 和 AP 在没有完成匹配会话的情况下得到相同的密钥。但从引理 3 - 1 可知，如果加密方案 ECES 是 CCA2 安全的，该攻击是不可能成功的。所以第二种方法也是不可行的。

综上所述，攻击者既不能够得到主密钥 k，也不能够同 STA 或者 AP 建立一个新的会话，使其会话密钥为 k_d，所以攻击者在协议 π 的执行过程中不能够以不可忽略的优势来区分会话密钥 k_d 和一个随机数。

定理 3 - 1 如果所采用的加密方案 ECES 是 CCA2 安全，那么 π 是不具有 PFS 的 SK-scure。

证明： 根据引理 3 - 1 和引理 3 - 2 可知，在协议 π 结束时，STA 和 AP 得到了相同的会话密钥，且攻击者不能以不可忽略的优势来区分会话密钥和一个随机数。根据会话密钥的定义可知，协议 π 是 SK-secure 的。另外，如果 STA 和 AP 的长期私钥丢失的话，攻击者就可得到他们交换过的随机数，那么便可计算出以前协商过的所有会话密钥，所以该协议是不能提供 PFS 的。

由于 π 是 SK-secure 的，因此实施指南中的密钥协商协议可以抵抗未知密钥共享攻击和密钥泄露伪装攻击。

3.1.3   WAPI 标准与实施指南的 WAI 比较

国标 WAPI 中的 WAI 存在一些安全缺陷,而实施指南中的 WAI 在 CK 模型下是安全的。下面分析实施指南中的 WAI 是如何防止 WAPI 中所存在的安全缺陷的。

1. 实施指南中 WAI 的密钥协商协议可抵抗未知密钥共享攻击

在实施指南中,即使攻击者 B 申请到和 STA 或 AP 一样的公钥,并通过证书认证,未知密钥共享攻击也不能成功。这是因为实施指南规定密钥协商请求只能由 AP 发送,所以 STA 只接受 AP 发送的密钥协商请求。因此 B 只可能对 AP 发起未知密钥共享攻击(即 AP 认为和 B 协商了一个会话密钥,但实际上是与 STA 协商了一个会话密钥),也即 B 只可能转发 AP 发送给他的密钥协商请求给 STA。但在 AP 发送给 B 的密钥协商请求中包含对 SPI(SPI = B 的 MAC 地址‖AP 的 BSSID‖认证请求时间)的签名,所以 STA 不会接受 B 转发过来的该请求消息。因此实施指南中 WAI 的密钥协商协议能抵抗未知密钥共享攻击。

从上面的分析可知,实施指南中的密钥协商协议之所以能够抵抗未知密钥共享攻击,其根本原因是:① 实施指南规定密钥协商请求只能够由 AP 发送;② AP 的签名中包含有安全参数索引 SPI,而 SPI 中包含消息接收方的 MAC 地址。

2. 实施指南中 WAI 的密钥协商协议能够抵抗密钥泄露伪装攻击

密钥泄露伪装攻击有两种攻击方式,第一种是 AP 的私钥泄露,攻击者对 AP 假冒成 STA。第二种是 STA 的私钥泄露,攻击者对 STA 假冒成 AP。下面分别加以讨论。

假如 AP 的私钥泄露,攻击者能解密 $ENC(PK_{AP}, r_2)$ 而得到 r_2。但攻击者不能得到 r_1。这是因为攻击者如果要得到 r_1 只可能有两种方法:① 直接攻击加密算法 ECES;② 假冒别的实体同 STA 建立另外一个会话,向其发送 $ENC(PK_{STA}, r_1)$,然后将该会话暴露,通过计算得到 r_1。但这两种方法都是不可行的。对于第一种方法,如果加密算法 ECES 是 CCA2 安全的,则攻击者不可能以不可忽略的概率从 $ENC(PK_{STA}, r_1)$ 得到 r_1。对于第二种方法,由于实施指南规定密钥协商请求只能够由 AP 发出,而且攻击者不能伪造 AP 的签名,所以攻击者只能够转发 AP 的消息,而不能够假冒别的实体给 STA 发送消息。所以攻击者不能够得到 r_1,那么他仍然不能够得到主密钥 k,根据引理 3 - 2 的证明可知,攻击者不能够得到会话密钥 k_d。

假如 STA 的私钥泄露,则攻击者能够解密 $ENC(PK_{STA}, r_1)$ 得到 r_1。为了得到 r_2,攻击者只可能有两种方法:① 直接攻击加密算法 ECES 得到 r_2;② 假冒另外一个移动客户 STA′同 AP 建立一个会话,在密钥协商应答中向 AP 发送 $ENC(PK_{AP}, r_2)$,然后将 AP 中该会话暴露计算得到 r_2。从上面的分析中可知,如果加密算法 ECES 是 CCA2 安全的,第一种方法是不可行的。对于第二种方法,由于 r_2 和主密

钥 k 都是作为 AP 的临时状态存在,所以我们假定它们都不作为会话的状态存在。这样 AP 内部的会话状态仅仅是会话密钥 k_d,消息完整性校验密钥和消息认证码密钥 k_a。攻击者从这些密钥中得不到 r_2 的任何消息,因为这三个密钥是主密钥的 hash 函数。所以攻击者不能得到 r_2,那么他仍然不能得到主密钥 k,根据引理 3 – 2 的证明可知,攻击者不能得到会话密钥 k_d。

由于实施指南中的密钥协商协议能抵抗密钥泄露伪装攻击,其根本原因是:① 实施指南规定密钥协商请求只能由 AP 发出;② 实施指南中的会话密钥是通过 hash 函数生成的。

3. 实施指南中 WAI 实现了 STA 和 AP 双向的身份认证

实施指南中的密钥协商对于 AP 来说是一个显式的密钥认证,所以在协议结束时 AP 能对 STA 的身份进行认证。另外在证书验证阶段,STA 已经实现了对 AP 的间接的身份认证。所以实施指南中的 WAI 可以实现 AP 和 STA 双向的身份认证。

3.2 WAPI 认证机制分析与改进

由于国标 WAPI 存在安全缺陷,WPAI 实施指南改进后也只达到了 SK-secure。下面从通用可组合安全的角度进行分析,对 WAPI 实施指南中 WAI 的密钥协商过程进行优化,提出了具有 UC-secure 等级的安全方案。

3.2.1 通用可组合安全

并发组合是现实网络环境中的实际情况。在孤立模型中证明安全的协议在并发组合情况下不一定是安全的。所以,在孤立模型中证明一个协议安全还是不够的。而"通用可组合的安全"[8-10] 理论就是用来描述和分析并发组合情况下密码协议的安全性的,它能够确保许多的协议实例在并发执行时以及同任意的协议组合时的安全。该理论中的安全定义最重要的性质是它能够确保协议在任意的和不可预测的多方环境(如 Internet)中运行时的安全。这对于密码协议来说是非常有实际意义的。通用可组合的安全定义要比其它的安全定义要更严格些。有关 UC 安全(UC-secure)的模型知识参见 10.1.2 小节。

对于密钥交换协议来说,UC-secure 比 SK-secure 要更健壮些。但一个 SK-secure 的密钥交换协议能够通过添加应答属性(ACK)被转化为 UC-secure。

定理 3 – 2 π 是一个具有应答属性的密钥交换协议,并且是 SK-secure 的,那么它就是 UC-secure 的。

对于一个密钥交换协议 π 来说,如果在第一个参与者输出会话密钥之前,在已知会话密钥和公共信息的情况下,双方的内部状态是可模拟的,那么它就具有应答属性了。下面是应答属性的一个形式化的定义。

定义 3 – 1 F 是一个理想的功能模块,π 是在 F 混合模型(F-hybrid)中一个

SK-secure 的密钥交换协议。对于一个算法 I，如果对于任意的环境机 Z 和攻击者 A，我们都有 $HYB_{\pi,A,Z}^{F} \approx HYB_{\pi,A,Z,1}^{F}$，那么 I 就是 π 的一个内部状态仿真器。如果对于 π 存在一个好的内部状态仿真器，那么它就具有应答属性。

在上面定义中 $HYB_{\pi,A,Z}^{F}$ 表示环境机 Z 在 F-hybrid 中同攻击者 A 和协议 π 的参与实体的交互后的输出，而 $HYB_{\pi,A,Z,1}^{F}$ 表示 Z 在 F-hybrid 中同攻击者 A，以及引入算法 I 后协议 π 的参与实体的交互之后的输出。

3.2.2 协议的改进

由于 WAPI 存在着安全缺陷，而 2004 年颁布的实施指南中单播密钥协商的安全性相对于国标中方案的安全性有一定的提高，达到了 SK-secure，但仍然没有达到 UC-secure。而 WLAN 是一个复杂的网络环境，其中存在着大量分布式并发执行的协议，如果一个协议未达到 UC-secure，就可能在并发执行或者是在同别的协议组合时出现安全问题，所以实施指南中单播密钥协商协议没有达到足够的安全强度。

国标中 WAI 之所以没有安全地实现身份认证和密钥协商目的的根本原因是其中密钥协商部分不是足够的安全，而且身份认证没有同密钥协商有机结合起来。针对以上的分析，下面提出对原方案改进的目标和方法：

（1）尽可能在不改变 WAI 协议交互的情况下来改进协议，以达到原协议只需要做较小的改动就可以实现安全转化的目的。

（2）将密钥协商协议改造为一个 SK-secure 的协议，这样它就能够提供未知密钥共享、丢失信息、密钥泄漏伪装、已知密钥安全等安全属性。

（3）考虑到 WLAN 是一个复杂的网络环境，存在着大量并发执行的协议和不可预测性，在 SK-secure 的协议的基础上添加一条消息。该消息提供应答属性，使得密钥交换协议达到 UC-secure。

（4）将实体认证和密钥协商有机地结合起来，达到安全的双向认证和密钥协商的目的。

（5）只有用户完成了证书认证和密钥协商之后，才被允许接入网络。

（6）改进后协议的效率损失不应太大。

根据上面的分析，我们对原协议改进的的思路是：在不改变国标中 WAI 的框架下仅对其密钥协商部分进行改进，而其证书认证过程保持不变，如图 3-6 所示，在第二条消息中添加一个消息认证码来使协议达到 SK-secure，然后在此基础上添加一条 STA 发送给 AP 的应答消息，使协议达到 UC-secure；STA 即使通过了证书认证也不允许其它接入网络，只有完成了密钥协商后才被允许接入网络。

为了简化描述，我们在传送的消息中将 STA 和 AP 的身份省略了，而每条消息中都添加了一个会话标识符 s。其具体协商过程如下：

（1）STA 选择一个随机数 r_0，用 AP 的公钥 PK_{AP} 进行加密后，连同会话标识符

STA　　　　　　　　　　　　　　　　　　　　　　　AP

$s, ENC(PK_{AP}, r_0)$

$s, ENC(PK_{STA}, r_1), MAC_{k_a}("0", STA, AP, s)$

$s, MAC_{k_a}("1", STA, AP, s)$

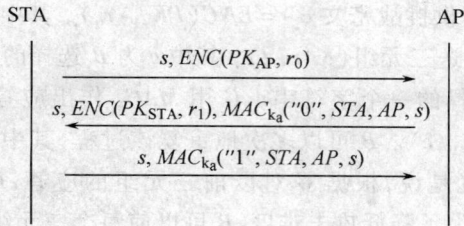

图 3 – 6　改进的 WAI 密钥协商协议交互过程

一并发送给 AP。

（2）AP 在接收到第一条消息后对 $ENC(PK_{AP}, r_0)$ 解密，得到 r_0，然后也选择一个随机数 r_1，用 STA 的公钥 PK_{STA} 加密后发送给 STA，并计算一个消息认证码。该消息认证码的计算过程如下：

AP 首先计算 $k = r_0 \oplus r_1$，然后计算 $K_a = f_k(0)$，$K_d = f_k(1)$，$MAC_{k_a}("0", STA, AP, s)$。其中 K_a 用作数据完整性校验，K_d 是会话密钥，为以后的消息传送提供加密保护。AP 在得到 K_a 和 K_d 后，擦除其内部的中间状态，如 k、r_0 和 r_1 等，只保留状态 (STA, AP, K_d, K_a, s)。

（3）STA 在收到 $ENC(PK_{STA}, r_1)$ 之后，对其进行解密得到 r_1，其同样计算 K、K_a 和 K_d，然后校验 AP 发送过来的消息认证码。如果校验成功，则输出会话密钥 K_d，并计算 $MAC_{k_a}("1", STA, AP, s)$，将其连同会话标识符一同发送给 AP，并决定接入网络。STA 在输出 K_d 前也将中间状态擦除，只保留状态 (STA, AP, K_d, K_a, s)。

（4）AP 在收到 STA 发送的消息认证码后对其进行验证，如果正确，则输出会话密钥 K_d，并允许 STA 访问网络，否则就拒绝 STA 对网络的访问。

下面是对改进的密钥交换协议进行分析。我们将整个协议记为 π'，而将前两条消息完成的协议记为 π。首先证明 π 是不提供 PFS 的 SK-secure（也就是说，该协议是 SK-secure 的，但不提供 PFS 安全属性）；然后证明 π' 是 UC-secure 的。

假定 (G, ENC, DEC) 分别是一个 CCA2 安全的公钥加密方案中的密钥生成算法、加密算法和解密算法；STA 和 AP 已经调用了算法 G 来分别得到其公、私钥对。另外假定 $\{f_k\}_{k \in \{0,1\}^k}$ 是一个伪随机函数。

为了证明 π 是一个 SK-secure 的密钥协商协议，这里设计一个游戏。它将改进的密钥协商协议和 CCA2 攻击结合起来。证明如果协议 π 不是 SK-secure 的，那么攻击者就能够赢得该游戏，即加密方案不是 CCA2 安全的。

加密游戏

游戏的参与方为 G 和 B。G 拥有公/私钥对 PK_{AP} 和 SK_{AP}（通过密钥生成算法 G 来获得）。B 知道 PK_{AP} 但不知道 SK_{AP}。

游戏过程如下：

阶段 0：G 向 B 提供挑战密文 $c^* = ENC(PK_{AP}, r_0)$，其中 $r_0 \xleftarrow{R} \{0,1\}^K$。

阶段 1：B 向 G 发送三元组 (c, r, t)，其中 c 为 B 选择的一密文，r 为 B 选择的一个随机数，t 为 B 选择的一个字符串。G 用 $MAC_{k'_a}$ 作出应答，其中 $k'_a = f_{k'}(0)$，$k' = r_b \oplus r'$，$r' = DEC(SK_{AP}, c)$。B 可以多次地重复该过程，其中每一个三元组都由它适应性的选择。（也就是说，根据 G 对以前三元组的应答，B 来选择下一个三元组）。需要注意的是，为了降低攻击难度，B 可以使每个三元组中的 r 保持不变。

阶段 2：B 发送一个测试串 $t^* = ("0", STA, AP, s)$ 给 G。G 选择一个比特 b $\xleftarrow{R} \{0,1\}$。如果 $b = 0$，那么它就给 B 发送应答 $MAC_{k''_a}(t^*)$，其中 $k''_a = f_{k''}(0)$，$k'' = r_0 \oplus r_b$，r_0 是阶段 0 中的被加密的随机数。如果 $b = 1$，G 返回一个随机串 s^*，其长度与 $MAC_{k''_a}(t^*)$ 相同。

阶段 3：与阶段 1 相同。

阶段 4：B 输出一个比特 b'，作为对 b 的猜测。

当且仅当 $b = b'$ 时，B 赢得了游戏。

对该游戏需要进行如下两点说明。

（1）G 能够实现解密 Oracle 的功能。B 是协议 π 中的攻击者，它利用从协议攻击中获得的能力来参与游戏的执行。

（2）阶段 0 中的挑战密文 c^* 是协议 π 中 STA 发送给 AP 第一条消息中的密文。阶段 1 中 B 随意地挑选测试文 c、随机数 r 以及字符串 t，交给 G 处理。需要注意的是：B 不能同时选择 c^* 和 $t^* = ("0", STA, AP, s)$ 作为输入。而为了降低攻击难度，攻击者可以保持每次选择的三元组中的 r 不变。

根据 SK-secure 的定义，为了证明 π 是 SK-secure 的，则需要证明它满足两个条件：第一，在 STA 和 AP 完成了匹配的会话情况下，他们将得到相同的会话密钥。具体来说，就是攻击者在协议的执行过程中不能伪造一个 AP 发送给 STA 的消息认证码，否则就会导致这两者完不成匹配的会话，得不到相同的会话密钥。第二，攻击者不能以不可忽略的优势来区分会话密钥 k_d 和一个随机数。下面分别证明 π 能够满足这两个条件。

引理 3-3　如果加密方案是 CCA2 安全的，攻击者在 π 的执行过程中不能以不可忽略的概率来伪造消息认证码，在协议结束时 STA 和 AP 能完成匹配的会话，并得到相同的会话密钥。

证明：假定攻击者 B 在协议 π 的执行过程中能以不可忽略的概率来伪造一个消息认证码，也就是说，攻击者可选择一个随机数（假定为 r_3），并伪造一个密钥应答消息中可以通过 AP 验证的一个消息认证码。那么在阶段 1 中，攻击者也可选择随机数 r_3 作为三元组中的 r。这样一来攻击者便可区分 $MAC_{k'_a}(t^*)$ 和随机数 s^* 了，因为 $MAC_{k'_a}(t^*)$ 与应答消息中伪造的消息认证码完全相同。那么攻击者便赢得了上面的游戏，加密方案便不是 CCA2 安全的了，而这与前提假设相矛盾。所以

攻击者在 π 的执行过程中不能以不可忽略的概率来伪造消息认证码。同时消息认证码将该消息同 STA 和 AP 的身份绑定起来,而会话标识符确保了消息的新鲜性。因此在协议结束的时候,STA 和 AP 可完成匹配的会话,并可得到相同的会话密钥。

引理 3-4　　如果加密方案是 CCA2 安全的,$\{f_k\}_{k \in \{0,1\}^k}$ 是伪随机函数,攻击者在协议 π 的执行过程中不能以不可忽略的优势来区分会话密钥 k_d 和一个随机数。

证明:假设攻击者 B 在协议 π 的执行过程中能以不可忽略的优势来区分会话密钥 k_d 和一个随机数。而在 CK 模型中,攻击者不允许对 test-session 及其匹配的会话进行攻击(包括实体攻陷、会话状态暴露、会话密钥查询)。所以攻击者不能直接得到会话密钥 k_d。而 $k_d = f_k(1)$,因此攻击者只有用两种方法来得到 k_d:① 以不可忽略的概率得到 k;② 同 STA 或 AP 建立一个新的会话(非测试会话或其匹配的会话),使该会话的会话密钥也为 k_d,这样的话攻击者不需要得到 k 而只需要简单地查询具有相同会话密钥的那个会话就可以得到 k_d 了。

对于第一种方法,也就是说攻击者在只知道 $ENC(PK_{AP}, r_0)$ 和 $ENC(PK_{STA}, r_1)$ 的情况下,能以一个不可忽略的优势来区分 $k = r_0 \oplus r_1$ 和一个随机数。那么攻击者便能以不可忽略的优势来区分 $k'' = r_0 \oplus r_b$ 和随机数,因为 k'' 中的 r_b 是攻击者自己选定的,所以它区分 k'' 和随机数的难度要小于区分 k 和随机数的难度。假设攻击者区分 k 和随机数的优势为 η_1,那么他区分 k'' 和随机数的优势 $\eta_2 \geqslant \eta_1$,而 $k''_a = f_{k''}(0)$,从而能以不可忽略的概率得到 k''_a。进而能以不可忽略的概率计算出 $MAC_{k''_a}(t^*)$,那么攻击者便能以不可忽略的优势来区分开 $MAC_{k''_a}(t^*)$ 和 s^*。这样的话攻击者便可以赢得上面的游戏,那么加密方案便不是 CCA2 安全的。而这与前提假设相矛盾,所以攻击者不能以不可忽略的概率得到 k,因此该方法不可行。

对于第二种方法,攻击者可采取两种方法。① STA 或者 AP 完成匹配的会话后,攻击者与 AP 或者 STA 建立一个新的会话。但该会话的会话密钥将不会是 k_d,因为加密的随机数由 STA 或 AP 随机地选择。② 在 STA 和 AP 进行密钥协商的时候,B 对协商过程进行干涉,使 STA 和 AP 在没有完成匹配会话的情况下得到相同的会话密钥。但由引理 3-1 可知,消息认证码能够确保 STA 和 AP 完成匹配的会话。因此该方法也是不可行的。

由以上的分析可知,攻击者既不能够得到主密钥 k,也不能与 STA 或 AP 建立一个新的会话,使得该会话的会话密钥同测试会话的会话密钥一样。因此攻击者不能以不可忽略的优势来区分会话密钥 k_d 和随机值。

定理 3-3　　如果所采用的加密方案是 CCA2 安全,$\{f_k\}_{k \in \{0,1\}^k}$ 是伪随机函数,那么 π 是不具有 PFS 的 SK-scure。

证明:根据引理 3-1 和引理 3-2 可知,在协议 π 结束时,STA 和 AP 得到了相同的会话密钥,且攻击者不能以不可忽略的优势来区分会话密钥和一个随机数。那么由会话密钥的安全定义可知,协议 π 是 SK-secure 的。另外,如果 STA 和 AP 的长期私钥丢失的话,攻击者就可以得到他们交换过的随机数,那么就能够计算出以前协商过的所有会话密钥,所以该协议是不能够提供 PFS 的。根据 10.1.2 小节中的定义可知,改进的协议是不提供 PFS 的 SK-secure。

从定理 3 – 3 可知,只要选择的加密方案是 CCA2 安全的,f 是一个伪随机函数,改进的密钥协商协议就是 SK-secure 的。如果一个协议是 SK-secure 的,那么它就可保证能提供基本上所有应该具备的安全属性。所以 π 能提供未知密钥共享、丢失信息、密钥泄漏伪装、已知密钥安全等安全属性,而这些安全属性都是密钥交换协议应该具备的。

同时从设计的游戏中可以看出,在协议的执行中,AP 内部应该有一个独立的模块来实现游戏中 G 的功能,也就是说该模块能够实现解密功能且仅向会话提供 k_d 和 k_a,而中间状态,如 k、r_0、r_1 都在使用完后立即擦除,不作为会话的状态存在。否则,协议就存在安全隐患。一个具体的例子是:攻击者可以控制另外一个客户端 STA' 发送 $ENC(PK_{AP}, r_0)$ 给 AP,那么 AP 解密 r_0 并返回给会话。由于该会话不是 test-session,那么攻击者可以对此会话发动会话状态暴露攻击来得到 r_0,这样攻击者就可以假冒 AP 来与 STA 完成密钥协商,协议就是不安全的了。所以 AP 在使用完 k、r_0、r_1 后应立即将其擦除。同样,对于 STA 来说,k、r_0、r_1 在使用完后也应该立即擦除,不允许它们作为会话的状态而存在。

结论:改进的协议是 UC-secure。

WLAN 是一个复杂的网络环境,其中存在着大量并发执行的协议和不可预测性。所以密钥交换协议仅达到 SK-secure 还是不够的,应该达到 UC-secure。从上面的分析可知,π 是 SK-secure 的,根据定理 3 – 2,只需要证明添加的第 3 条消息能够提供应答属性,便可证明 π' 是 UC-secure 的。

引理 3 – 5   如果所采用的加密方案是 CCA2 安全的,$\{f_k\}_{k \in \{0,1\}^k}$ 是伪随机函数,那么密钥交换协议 π' 具有 ACK 属性。

证明:为了证明 π' 具有 ACK 属性,我们构造一个内部状态仿真器 I,在 π' 中,第一个输出会话密钥的实体是 STA,在输出会话密钥 k_d 之前它的内部状态是 (k_d, k_a, s, STA, AP)。同时,AP 的内部状态也是完全一样的(其中间的内部状态如 k、r_0、r_1 都已经被擦除了)。从会话密钥 k_d 和一些公开信息中 I 可以得到 STA 和 AP 被模拟的状态 lSTA = lAP = (k_d, r_l, s, STA, AP),其中 r_l 是一个随机数,和 k_a 具有相同的长度(I 不能够从 k_d 和从开信息中计算出 k_a 来)。STA 和 AP 的内部状态分别由 lSTA 和 lAP 来取代。那么在协议中最后一条消息中的消息认证码为 $MAC_{r_l}("1", STA, AP, s)$,而不是 $MAC_{k_a}("1", STA, AP, s)$。下面证明 I 是一个好的内部状态仿真器。

利用反证法证明。假设 F 是一个理想的功能模块,它能够安全地实现密钥交换。A 是一个攻击者。如果 I 不是一个好的内部状态仿真器,那么环境机 Z 就能以不可忽略的优势来区分它是与 π' 以及攻击者 A 的交互还是与理想处理后的协议(用 I 取代了 STA 和 AP 内部状态后的协议)以及攻击者 A 的交互。而改造后的协议与 π' 唯一不同之处是用随机数 r_l 取代了 k_a。因此如果 I 不是一个好的内部状态仿真器,那么 Z 就能以一个不可忽略的优势来区分 r_l 和 k_a。而从引理 3 - 3 可知,攻击者不能区分 k_d 和随机数,那么他肯定也不能区分 k 和随机数。也就是说,攻击者在不能区分 k 和随机数的情况下,却能以不可忽略的优势来区分 k_a 和随机数。而 $k_a = f_k(0)$,那么攻击者是以不可忽略的概率攻破了 f,这与 $\{f_k\}_{k \in \{0,1\}^k}$ 是伪随机函数的假设相矛盾。所以 Z 不能以不可忽略的优势来区分是与 π' 和 A 的交互还是与理想处理后的协议和 A 的交互,也即 $\mathrm{HYB}^{\mathrm{F}}_{\pi',\mathrm{A},\mathrm{Z}} \approx \mathrm{HYB}^{\mathrm{F}}_{\pi',\mathrm{A},\mathrm{Z},1}$。所以对 π' 来说 I 是一个好的内部状态仿真器。根据定义 3 - 1 可知,π' 具有 ACK 属性。

结合定理 3 - 3 和引理 3 - 5,根据定理 3 - 2,可以得到定理 3 - 4。

定理 3 - 4 如果协议所采用的加密方案是 CCA2 安全的,$\{f_k\}_{k \in \{0,1\}^k}$ 是伪随机函数。那么改进的密钥交换协议是 UC-secure 的。

3.2.3 改进的协议分析

改进的方案与国标中的 WAI 相比,具有以下特点:

(1) 保持了国标中 WAI 的框架。

改进方案中证书认证过程与国标中 WAI 中的完全一样,只对密钥协商部分进行了修改,而且其密钥协商思想并没改变,都是 STA 和 AP 各自产生随机数,用对方的公钥加密传送给对方。所以原方案不需要做大的改动就可以达到安全了。

(2) 密钥协商协议不仅是 SK-secure 的,而且是 UC-secure 的。

改进的密钥协商协议首先是 SK-secure 的,所以能提供未知密钥共享、丢失信息、密钥泄漏伪装、已知密钥安全等安全属性;进而是 UC-secure 的,UC-secure 保证了协议能够在复杂的 WLAN 中并发执行以及同别的协议组合时的安全。

(3) 密钥协商和实体认证有机地结合了起来,达到了 STA 和 AP 双向认证和密钥协商的目的。

改进的协议并未对证书认证部分进行修改。该部分已经实现了 ASU 对 STA 和 AP 拥有证书合法性的检验。而密钥协商过程又安全地实现了 STA 和 AP 双向显式的密钥认证,也就是说只有拥有与经过合法检验过的证书相对应私钥的实体才能够计算出 K_a 和 K_d,并计算出对应的消息认证码。假冒的 STA 和 AP 由于不能计算出正确的消息认证码而不能完成协议的执行,AP 就可以拒绝 STA 对网络的访问或者是 STA 决定不接入 AP。这样就达到了密钥协商和实体认证有机结合的目的,从而能防止原 WAI 方案中可能出现的攻击:一个合法的实体通过了证书认证,但攻击者却在密钥协商过程中取代该合法实体来完成密钥协商,从而能完成协议的执行。所以改进的方案安全地实现了 STA 和 AP 双向认证和密钥协商的目的。

(4) 改进方案减少了误收费及攻击者对网络造成安全威胁的可能性。

在改进的 WAI 的协议中,STA 只有通过了证书认证和密钥协商之后才能被允许接入网络。这样就可以避免国标中 WAI 中存在的一个弊端:一些攻击者利用合法用户的证书来通过证书认证而接入网络,从而导致误收费以及对网络造成安全威胁的问题。

（5）改进的方案相对于国标中 WAI 效率损失不大。

改进的方案相对于国标中 WAI 增加了一条消息的传输，STA 和 AP 各增加三次消息认证码的计算，而消息认证码运算相对于公钥计算来说其消耗的计算资源是很少的，所以改进的方案相对于原方案来说效率损失不大。

改进的方案与 WAPI 实施指南中的 WAI 相比，具有以下优点：

（1）改进的方案达到了 UC-secure。实施指南中的单播密钥协商仅达到了 SK-secure，未达到 UC-secure，而该安全强度对保证密钥协商协议在 WLAN 这个复杂的网络环境中安全运行是十分有必要的。

（2）改进方案的计算量比实施指南中单播密钥协商协议的计算量要小。相对于 WAPI 实施指南中的方案，改进的方案增加了一条消息的传输，但接入点 AP 不需要进行签名运算、客户端 STA 不需要做对签名的验证运算，而这两种运算都是公钥计算，需要的运算量大。所以改进方案的计算量比实施指南中单播密钥协商的计算量要小。

表 3-1 给出了国标中密钥协商、实施指南的单播密钥协商及改进的密钥协商协议在安全性以及协议执行效率方面的一个比较。从表中可以看出，在综合考虑了安全性及协议执行效率的情况下，改进方案具有明显的优势。

表 3-1 方案比较

	安全性	消息条数	公钥加密次数	数字签名次数
国家标准	不安全	2	2	0
实施指南	SK-secure	2	2	1
改进方案	UC-secure	3	2	0

从上面的分析可以看出，改进的方案达到了我们预期的目标。

3.3 IEEE 802.11i 与 WAPI 兼容认证方案

IEEE 802.11i 与中国 WLAN 安全标准 WAPI 不相兼容，由此引发的一系列问题成为 WLAN 领域关注的焦点。我们在分析了两者的差别后，提出了一个兼容方案。该方案首先在保持 WAPI 特点的前提下对其进行修改，然后将修改后的 WAPI 纳入到 IEEE 802.11i 框架下。由于该方案最大限度地保持了 WAPI 体系及协议不变，同时兼顾 IEEE 802.11i 的认证框架，因此具有很强兼容性。同时，分析表明该方案是安全的。另外，针对 WAPI 中使用时戳这一缺陷，我们对兼容方案进行了改进，用 STA 和 AP 发送的随机数代替时戳。分析表明改进后方案的安全性并没有遭到破坏。

在 IEEE 802.11i 的认证结束后,AP 与 STA 进行四条消息的交互。通过该过程,STA 和 AP 可以相互确认对方的存在性及新鲜性,并且可以同步会话密钥,并将 PMK 绑定到 STA 的 MAC 地址上。四步握手之后,STA 和 AP 会产生四个 128 位的密钥。其中一对密钥用来进行加密和保护数据的完整性,另外一对用来保护两个设备间初始握手的安全性。这四个密钥被合称为 PTK (Pairwise Transient Keys)。

3.3.1 兼容方案

以 WAPI 实施方案中的 WAI 为基础来设计兼容方案,经过分析发现,WAPI 实施方案有以下重要的特征:

(1) WAI 分为证书认证和密钥协商两部分;

(2) STA 与网络实现了双向认证;

(3) 身份凭证为公钥数字证书;

(4) AP 与 ASU 之间没有安全关联。

兼容方案设计思路:尽量保持 WAPI 特点及所用协议不变,在认证结构做到同 IEEE 802.11i 兼容。首先分析 IEEE 802.11i 与 WAPI 的相同点及差别,在此基础上进行兼容方案的设计。两种协议的相同点如下:

(1) IEEE 802.11i 和 WAPI 都是由 STA,AP 及 AS 三部分组成;

(2) 两者都是基于端口的认证方式。

这两个共同点使得兼容方案的设计有了一定的基础。

两种协议的差别如下:

(1) 密钥协商方面:IEEE 802.11i 的认证和密钥协商是在 STA 和 AS 之间进行的,而 STA 和 AP 之间的四步握手实现了密钥的层次化,能够更好地保护 PTK 中的数据加密密钥,从而克服 WEP 中的安全缺陷。而 WAPI 的密钥协商是在 STA 和 AP 之间进行的,并没有实现密钥的层次化。

(2) 基础设施方面:IEEE 802.11i 中 AP 和 AS 一般都存在安全通道 RADIUS,所以 AP 和 AS 之间可以运行 EAP over RADIUS 协议。而 WAPI 则没有该安全通道。

基于以上分析,这里分两步来进行兼容方案的设计。

(1) 对 WAPI 进行修改,具体来说,就是将 WAPI 中 STA 与 AP 之间的密钥协商调整为 STA 与 ASU 之间的密钥协商。

(2) 在尽量保持 WAPI 实施方案不变的前提下,将其纳入到 IEEE 802.11i 框架内。

1. WAPI 的修改

(1) 在保持 WAI 框架下将 STA 和 AP 之间的密钥协商调整为 STA 与 ASU 之间的密钥协商。保持证书认证过程不变,将密钥协商请求调整为由 ASU 发出(由于实施方案规定密钥协商请求必须由 AP 发出),而该密钥协商请求中的 AP 签名也相应地变为 ASU 的签名。然后 STA 向 ASU 发送密钥协商应答消息,其中对 r_2

也调整为用 ASU 的公钥加密。

　　由于证书认证响应和密钥协商请求都由 ASU 发出,所以可以将这两条消息合并为一条消息:证书认证响应及密钥协商请求消息,其消息格式如下:

STA 证书认证结果	AP 证书认证结果	SPI　$ENC(PK_{STA}, r_1)$	ASU 的签名

其中,$SPI = STA's\ access\ time\ ||\ STA$ 的 MAC 地址 $||\ ASU$ 的 MAC 地址,而密钥协商应答消息则修改为:

SPI	$ENC(PK_{ASU}, r_2)$	$HMAC\text{-}SHA256_{k_a}(SPI, PK_{AP}(r_2))$

其中,$SPI = STA's\ access\ time\ ||\ STA$ 的 MAC 地址 $||\ ASU$ 的 MAC 地址。合并后的 WAPI 实施方案中 WAI 的交互过程如图 3 - 7 所示。

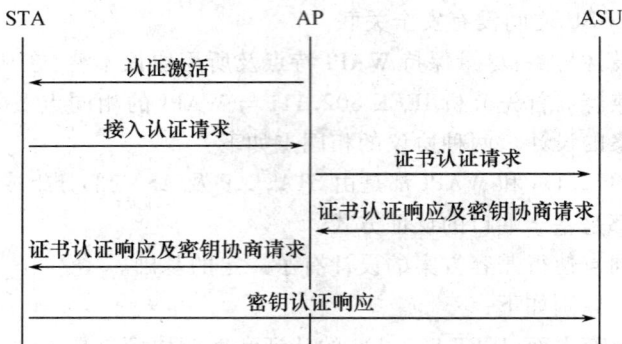

图 3 - 7　合并后的 WAI

2. WAPI 融入 IEEE 802.11i 体系

　　在保持 IEEE 802.11i 框架不变的前提下,将调整后的 WAI 纳入到 IEEE 802.1X/EAP 的框架内。需要注意的是:对于 AP 与 ASU 之间的通信,IEEE 802.11i 并没有规定自己的协议,所以可以定义自己的封装协议。但 IEEE 802.1X 大部分采用 RADIUS,而在 WAPI 框架下,AP 和 ASU 之间没有安全关联,其消息传输的安全性不能得到保证。因此在调整后的 WAI 中,一定要保证 AP 和 ASU 之间消息的安全性。调整的具体方法如下:

　　(1) 添加一条 STA 发送给 AP 的 EAP 消息:EAPOL-Start。

　　(2) AP 向 STA 发送一条新的 EAP 消息:EAP-Req/Certificate,请求 STA 发送自己的证书和接入请求时间,该消息的内容同认证激活消息一样。由于目前的 EAP 消息中并没有该消息类型,就需要在 EAP 消息中增加一个新的类型:EAP-Req/Certificate。

　　(3) STA 向 AP 发送 EAP 消息:EAP-Resp/Certificate,发送自己的证书和接入请求时间,该消息的内容同接入认证请求内容一样。需要注意的是,该 EAP 消息中的类型（type）要和 EAP-Req/Certificate 中的保持一致。

（4）AP 计算对 STA 的证书，自己的证书以及 STA 的访问请求时间的一个签名，并将该签名和自己的证书添加到 EAP-Resp/Certificate 中。该消息的内容同 AP 发送给 ASU 的证书认证请求消息一样。

（5）对于证书认证响应、密钥协商请求消息以及密钥协商应答消息，将作为 EAP 的一个实施方案来处理，所以可以定义自己的消息封装格式，格式与 EAP-TLS 和 EAP-MD5 相同。因此也需要在 EAP 消息的类型（type）中添加一个新的类型：EAP-WAPI。在密钥协商请求及应答中都需要将 type 域置为该值。

密钥协商协议得到的会话密钥作为 STA 和 ASU 共享的 MK，而 STA 和 AP 共享的密钥 PMK 则可以通过下面的公式得到：

$$PMK = prf(MK, \ STA\text{-}MAC\text{-}address || AP\text{-}MAC\text{-}address)$$

其中，prf 为一个伪随机生成函数。

（6）在 IEEE 802.1X/EAP 中，在 EAP 认证之后认证服务器会发送一个 EAP-Success/Failure 消息给 STA，所以需要添加一条 ASU 发送的该消息。同时，ASU 还需要给 AP 发送 PMK，用在其后 AP 同 STA 的四步握手中。将这两条消息合并成一条消息：EAP-Success 及密钥传输消息。在该消息中添加一个 ASU 的签名来保证其安全性。其消息内容如下：

EAP Success	$ENC(PK_{AP}, \ PMK)$	STA's access time	AP	ASU 的签名

修改后的兼容方案如图 3-8 所示。

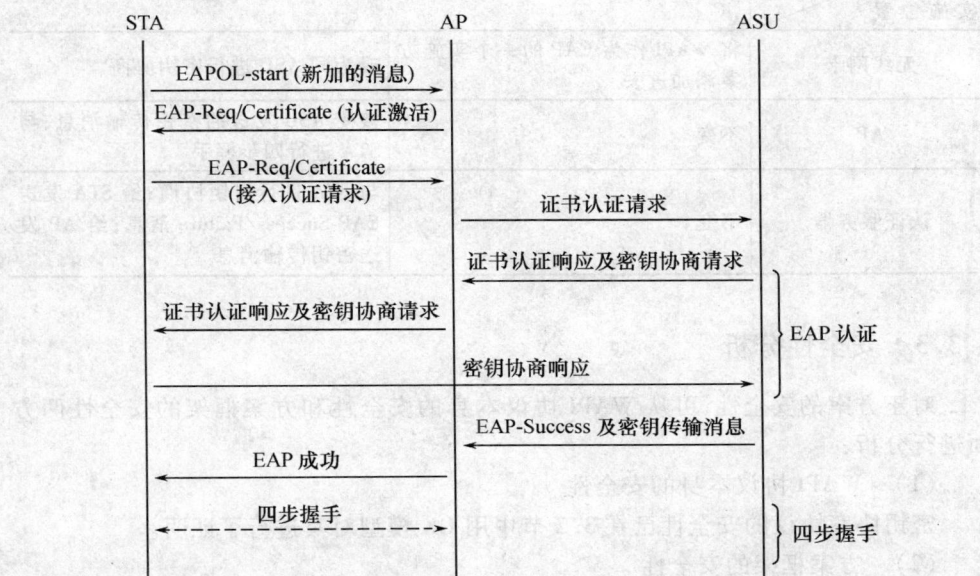

图 3-8　兼容 IEEE 802.1X/EAP 的 WAPI 方案

3.3.2   兼容性分析

在上述的修改中,可直接让 AP 在初始阶段发送 EAP-Req/Certificate 消息,而不是发送 EAP-Req/Identity 消息。这样做有两个好处:① 尽可能地保持 WAPI 消息不变,减少对 WAPI 的修改;② 提高了协议执行的效率。因为如果 AP 首先发送 EAP-Req/Identity 消息的话,其后还需要请求 STA 发送自己证书和访问请求时间,因此认证延迟就会变大。

兼容方案保持了 WAPI 的基本特征:WAI 分为证书认证和密钥协商两部分;身份凭证为公钥数字证书;STA 与网络双向认证;AP 与 ASU 之间没有安全关联。同时,证书认证及密钥协商过程基本上保持不变。这样尽可能减少了 WAPI 所做的改动。对于国内厂商生产的无线网卡,只需要根据修改后的 WAI 做很小的调整(同 ASU 进行密钥协商,另外添加四步握手协议)。而对于基础设施方面,ASU 需要做比较大的改动,除了保留原来的证书认证功能外,还需要添加密钥协商功能以及给 STA 发送 EAP-Success/Failure 消息和给 AP 发送密钥传输消息。对于 AP,则需要添加其与 STA 的四步握手协议。

兼容方案中,对于国外厂商生产的 IEEE 802.1X 无线网卡,仅需将修改后的 WAI 作为其中的一个 EAP 实施方案纳入其中,其它的不需要改动。

在兼容方案中,IEEE 802.11i 及 WAPI 的改动见表 3 – 2。

表 3 – 2   兼容方案下 IEEE 802.11i 及 WAPI 所做的改动

实施位置 ＼ 安全规范	IEEE 802.11i	WAPI
无线网卡	将 WAPI 作为 EAP 的一个实施方案添加进去	改为同 ASU 进行密钥协商
AP	不变	接受 ASU 发送的密钥传输消息;与 STA 进行四步握手
认证服务器	不变	与 STA 进行密钥协商;给 STA 发送 EAP-Success/Failure 消息;给 AP 发送密钥传输消息

3.3.3   安全性分析

对于方案的安全性,可从 WAPI 协议本身的安全性和方案框架的安全性两方面进行分析:

(1)   WAPI 协议本身的安全性

密钥协商协议的安全性已在 3.2 节中用 CK 模型对其进行了证明。

(2)   方案框架的安全性

在框架上兼容方案和 IEEE 802.11i 唯一的区别是在兼容方案中 AP 和 ASU 之

间没有 IEEE 802.1X 中存在的 RADIUS 安全关联。所以只要保证 AP 和 ASU 之间消息传输的安全性,兼容方案在框架上便与 IEEE 802.11i 具有相同的安全性。具体来说,就是要保证证书认证请求消息、EAP-Success 及密钥传输消息的安全性。

由于在证书认证请求中有 AP 的数字签名,而且签名中包含 STA 的接入请求时间,所以攻击者既不能伪造或修改消息,也不能重放该消息,其安全性得到保证。

对于 EAP-Success 及密钥传输消息的安全性可以用 CK 模型证明。

定理 3-5 如果 WAPI 所采用的公钥加密方案是 CCA2 安全的,签名算法能抗选择消息攻击,那么该密钥传输协议在 CK 模型下是安全的。

证明:首先证明该协议在认证链路模型 AM 下是安全的。根据 CK 模型中的安全定义,为了证明该密钥传输协议在认证链路模型下是安全的,则必须证明 WAPI 满足两个条件:① 在 AP 和 ASU 完成匹配会话下他们会得到相同的会话密钥;② 攻击者不能以不可忽略的概率得到会话密钥。

在认证链路模型 AM 下,攻击者只有被动攻击能力,不能篡改 ASU 发送给 AP 的消息,所以在会话结束时,AP 和 ASU 会得到相同的会话密钥 PMK。

为了得到 PMK,攻击者只有两种方法:① 攻击加密算法,从 $ENC(PK_{AP}, PMK)$ 中得到 PMK。② 与 AP 建立一个新的会话,该会话的会话密钥也是 PMK,这样攻击者就可以将新的会话攻破,得到 PMK。但这两种方法都是不可行的。对于第一种方法,如果攻击者能从 $ENC(PK_{AP}, PMK)$ 中得到 PMK 的话,这就与公钥加密方案是 CCA2 安全这一前提假设相矛盾,所以该方法不可行。而对于第二种方法,由于在 WAPI 中,每个 AP 只连接一个 ASU,它只接受该 ASU 发送的密钥传输消息,而不会接受别的实体发送的该消息,所以攻击者不可能在 ASU 与 AP 进行密钥协商的同时再与 AP 建立一个新的会话,因此该方法也是不可行的。否则,攻击者可以攻陷另外一个实体,控制该实体与 AP 建立一个新的会话,并发送 $ENC(PK_{AP}, PMK)$ 消息,这样新会话的会话密钥也是 PMK,攻击者可以将 AP 上新的会话攻陷,得到 PMK。

在 AP 和 ASU 完成密钥传输后,两者会得到相同的会话密钥,而且攻击者不能以不可忽略的概率得到会话密钥,因此在认证链路模型下,该密钥传输协议是安全的。

下面证明该协议在非认证链路模型 UM 下也是安全的。在该密钥传输协议中,ASU 的签名是一个认证器(Authenticator),只要该认证器是安全的,它就能够保证协议在非认证链路模型下和在认证链路模型下具有相同的安全性。文献[11]已经证明了只要签名算法能够抵抗选择消息攻击,则符合其格式的签名算法就是一个安全的认证器。在文献[11]中,签名算法包括三个部分:发送的消息、对方的身份以及对方发送的挑战(Challenge)。在该密钥传输协议中,STA's access time 充当了挑战的角色;同时该签名还包括 AP 的身份及所发送的消息 EAP-Success,$ENC(PK_{AP}, PMK)$,所以该签名是个安全的认证器。因此在非认证链路模型下,该密钥传输协议具有和认证链路模型同样的安全性。也即该协议在 CK 模型下是安全的。

由于证书认证请求消息、EAP-Success 及密钥传输消息的安全性得到了保证，因此该方案保持了 IEEE 802.11i 框架的安全性。

由于 WAPI 本身是安全的，而且兼容方案在框架上具有和 IEEE 802.11i 同样的安全性，所以兼容方案的安全性得到了保证。

以上分析可知，本方案在尽可能保持 WAPI 框架及协议不变的前提下，做到了和 IEEE 802.11i 的兼容，其安全性也得到了保证，达到了方案的设计目的。

3.3.4　改进方案

WAPI 中使用时戳，即 STA 的访问请求时间（STA's access time），不是一种好的方法。因为在分布式系统中，完全的时间同步是很难做到的。即使利用时间窗口（Time Window）也很难控制，因为如果窗口时间太小，则由于比较难做到时间精确同步而容易出错；如果窗口时间太大，则会导致攻击。所以尽量避免使用时戳的认证方式。因此，我们对兼容方案进行改进：用随机数来取代 WAPI 中的时戳，同时保证改进后协议的安全性。

1. 密钥协商过程的改进

在 STA 发送的 EAP-Resp/Certifacte（接入认证请求）中发送一个随机数 r_{STA} 来代替接入请求时间。在 STA 与 ASU 之间的密钥协商过程中都用该随机数来代替接入请求时间，这样安全参数索引就变为 SPI = r_{STA}||STA-MAC-address||ASU-MAC-address。修改之后的密钥协商协议只需用新的安全参数索引代替原来的安全参数索引即可，其它的不需要作改动。

r_{STA} 代替 STA 的接入请求时间后，并不影响密钥交换协议的安全性。因为 r_{STA} 作为 STA 对 ASU 的挑战，其作用同时戳一样，可以保证密钥协商请求的新鲜性以及对 ASU 的身份认证。协议的安全性证明基本保持不变。修改之后的 EAP-Resp/ID（接入认证请求）的消息格式如下：

STA 的证书	r_{STA}

2. 协议框架的改进

将 r_{STA} 代替了原来的访问请求时间之后，AP 与 ASU 之间消息的新鲜性不能得到保证，所以两者之间的信任关系和消息传输的真实性得不到确保。因此必须重建这两者之间的信任关系。具体方法如下：

（1）AP 在证书认证请求中发送自己的随机数 r_{AP}，同时在签名中包含对该随机数的签名。

（2）在 ASU 发送给 AP 的证书认证响应消息、密钥协商请求消息、EAP-Success

及密钥传输消息中需要包含 ASU 对 r_{AP} 的签名。

修改之后的证书认证请求消息格式如下：

STA 证书	AP 证书	r_{STA}	r_{AP}	AP 的签名

修改之后的证书认证响应、密钥协商请求消息的格式下：

STA 证书 认证结果	AP 证书 认证结果	SPI	ENC (PK_{STA} , r_1)	r_{AP}	ASU 的签名

其中, SPI = r_{STA} || *STA-MAC-address* || *ASU-MAC-address*。

修改之后的 EAP-Success 及密钥传输消息的格式为：

EAP Success	$ENC(PK_{AP}, PMK)$	r_{AP}	AP	ASU 签名

这里, AP 发送随机数 r_{AP} 有两个目的：① 作为挑战,可以对 ASU 的身份进行认证；② 防止攻击者对 EAP-Success 及密钥传输消息的重放攻击,保证消息的新鲜性。

AP 发送该随机数很有必要,我们可以用下面的攻击来证明其重要性。STA 在其与 ASU 共享的 MK 过期后不小心将其泄露,这样非法的移动站 STA′ 就可以利用此消息加入网络。具体的过程如下：STA′ 重放 STA 的 EAP-Resp/Certificate（接入认证请求）,然后对 AP 重放 ASU 以前发送的 EAP-Success 及密钥传输消息。这样的话,即使 STA′ 不能完成和 ASU 的密钥协商,但 AP 收到了 EAP-Success 及密钥传输消息。这样 STA′ 与 AP 之间的共享主密钥仍然是他们之间的共享主密钥 PMK,而 STA′ 可以利用泄露的 MK 通过公式 1 得到 PMK,那么他就可以完成和 AP 的四步握手了,从而加入网络中。导致该攻击的根本原因是 AP 不能验证 EAP-Success 及密钥传输消息的新鲜性。所以 AP 在证书认证请求消息中一定要发送自己的随机数 r_{AP},以防止攻击者重放 EAP-Success 及密钥传输消息。

上述修改只实现了 AP 对 ASU 的身份认证,并没有实现 ASU 对 AP 的身份认证。为了减少方案的复杂性,同时尽量减少对原方案的改动,可利用 EAP-Success 及密钥传输消息来实现对 AP 隐式的身份认证。而具体的显式的身份认证推迟到 STA 与 AP 的四步握手来实现。由定理 3－5 可知,该密钥传输协议是安全的,所以只有合法的 AP 才能利用自己的私钥解密得到 PMK,然后完成与 STA 的四步握手。这样就实现了 STA 对 AP 间接的身份认证。

这里不考虑 STA 和 AP 都是假冒,而且合谋攻击的情况（这样的话,就根本不需要协议的交互）,因为假冒的 AP 必须通过有线的方式连接到 ASU,而这种情况很容易被发现。

综上所述,在用 r_{STA} 代替了 STA's access time 之后,STA 和 ASU 之间密钥协商

协议仍然是安全的,STA 和 ASU 可以实现相互的身份认证;AP 在证书认证请求中发送自己的随机数 r_{AP} 之后,保证了方案框架的安全性,同时实现了 AP 和 ASU 双向的身份认证(ASU 对 AP 是隐式的身份认证)。这样新的方案就实现了 STA、AP和 ASU 相互的身份认证。

以上分析表明,对兼容方案的改进克服了 WAPI 中使用时戳的缺陷,同时还保证了方案的安全性。

3.4　WAPI-XG1 接入认证及快速切换协议

考虑到不同的 WLAN 安全机制的并存,中国宽带无线 IP 标准工作组于 2006年 7 月 31 日颁布了新的 WLAN 国家安全标准 WAPI-XG1[12]。但是 WAPI-XG1 对快速切换过程中安全关联的建立并没有有效的解决方案,并且基于预共享密钥的认证协议不能保证前向保密性,易遭受字典攻击。本节在 WAPI-XG1 基础上提出了一种新的接入认证协议和一种支持快速切换的安全关联建立协议。新的认证协议不需要改变 WAPI-XG1 的认证框架,并且把基于证书和共享密钥两种认证模式统一到同一个认证协议中。移动客户端 STA 在接入认证阶段除了与接入点 AP 建立会话密钥外,还与认证服务器 ASU 建立用于快速切换的密钥。当客户端发生切换时,仅需与目的接入点运行新的快速切换安全关联建立协议,不需重新认证和预认证。

3.4.1　WAPI-XG1 简介

中国在 WLAN 领域的第一个国家标准 GB 15629.11—2003 于 2003 年 11 月 1日正式实施,其中的安全解决方案称为 WLAN 认证和保密基础设施(WAPI)。2004 年 3 月,中国 IT 标准化技术委员会的国家宽带无线 IP 标准工作组(BWIPS)发布了 WAPI 的实施方案,对原国家标准 WAPI 的一些安全缺陷进行了修正。考虑到不同 WLAN 安全解决方案(如 IEEE 802.11i)的并存,WAPI 工作组在实施方案的基础上提出了新的 WLAN 安全解决方案,并于 2006 年 7 月 31 日由中国宽带无线 IP 标准工作组公布为新的国家标准 GB 15629.11—2003/XG1—2006(WAPI-XG1)。新的安全方案由三个部分组成:① 基于证书的认证阶段,完成接入设备和接入点之间的双向身份认证,并生成两者之间的主密钥(Base Key,BK);② 单播密钥协商阶段,利用 BK 在 STA 和 AP 之间协商会话密钥;③ 一个可选的群组密钥通告阶段,通告 AP 用于群组通信的群组密钥。并且 WAPI-XG1 支持 STA 和 AP 之间基于预共享密钥(Pre-Shared Key,PSK)的认证方式,当采取这种认证方式时,PSK直接作为 BK 进行单播密钥协商。

WAPI-XG1 具有很强的安全性和灵活性。在认证阶段,采用公钥证书和签名现身份认证,采用 Diffie-Hellman 交换实现密钥协商。基于签名的 DH 交换是非常成熟并且经过形式化证明的认证及密钥协商技术;在单播密钥协商阶段,PSK 可直接作为 BK 进行基于预共享密钥的身份认证和密钥协商。PSK 是 WLAN 中非常广泛的一种认证方式,成本低,实现简单,这给 WLAN 的部署带来了极大的灵活性。另外,IEEE 802.11i 和 WAPI-XG1 具有相同的安全认证框架,在 EAP 框架下可以实现两种认证方式之间的切换。

快速切换中安全关联是 WLAN 中一个非常重要的问题,也是迫切需要解决的问题。IEEE 802.11r[13] 是 IEEE 802.11 系列标准之一,致力于 WLAN 中的快速切换问题。但是 WAPI-XG1 快速切换的安全关联部分没有有效的解决方案,因此我们在 WAPI-XG1 基础上提出了一种快速切换中的安全关联建立方案,旨在解决 WAPI 系列标准下的 WLAN 中的快速切换问题。此外,WAPI-XG1 中的基于 PSK 的认证模式不能保证前向保密性,这会导致攻击者可以破译之前和之后所有的消息;并且当口令作为 PSK 时,离线字典攻击的威胁也比较大。因此我们在 WAPI-XG1 基础上提出了一种改进的接入认证方案,可以有效地解决问题,同时可以保证其与其它方案的兼容性。

在基本业务集(Basic Service Set,BSS)中,当 STA 关联或重新关联至 AP 时,必须进行相互身份认证(借助认证服务器 ASU)。若认证成功,则 AP 允许 STA 接入,否则解除其链路验证。WAPI-XG1 主要涉及认证及密钥协商协议,包含基于证书的认证和密钥管理以及基于预共享密钥的认证和密钥管理两种类型,通过证书认证、单播密钥协商和组播密钥通告三个过程来实现。整个认证及密钥协商过程如图 3-9 所示。

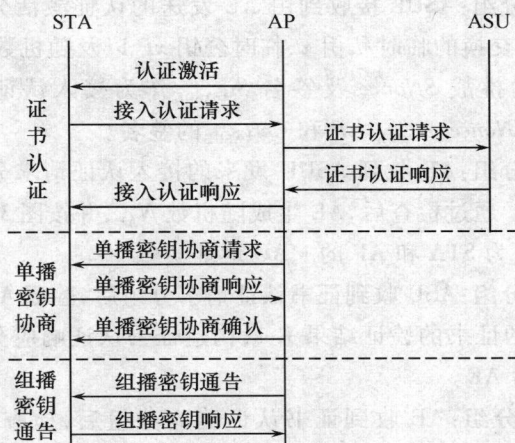

图 3-9　WAPI-XG1 认证及密钥协商过程

三个子过程成功完成后,双方均打开受控端口,允许通信数据利用协商或通告的单播或组播密钥进行保护传输。

3.4.2　认证协议

WAPI-XG1 接入认证协议通过 ASU 完成 STA 与 AP 的双向身份认证,如图 3 –
10 所示。

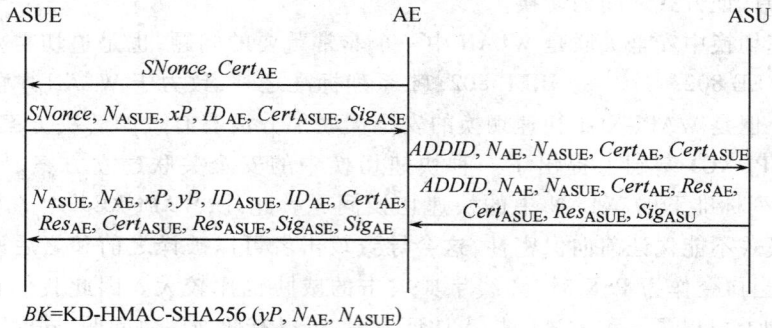

图 3 – 10　WAPI-XG1 接入认证协议

认证激活分组:当 STA 关联或重新关联至 AP/STA,ASUE(驻留在 STA 中)和
AE(驻留在 AP 中)选择采用证书认证与密钥管理方法,或 AE 的本地策略要求重
新进行证书认证过程,或 AE 收到 ASUE 的预认证开始分组时,AE 向 ASUE 发送挑
战 $SNonce$ 和自己的证书 $Cert_{AE}$ 作为认证激活分组来激活 ASUE 进行双向证书
认证。

接入认证请求分组:ASUE 接收到由 AE 发送的认证激活分组后,产生用于椭
圆曲线 DH(ECDH)交换的临时私钥 x、临时公钥 xP 以及随机数 N_{ASUE},连同自己的
证书 $Cert_{ASUE}$、AE 的挑战 $SNonce$ 及签名 Sig_{ASUE} 作为接入认证请求分组。其中,
Sig_{ASUE} 是 ASUE 对 $SNonce$、N_{ASUE}、xP 和 $Cert_{ASUE}$ 的签名。

证书认证请求分组:AE 收到 ASUE 发来的接入认证请求分组后,检查 $SNonce$
和 Sig_{ASUE} 的有效性。通过检查后,AE 生成随机数 N_{AE},并按图 3 – 10 构造证书认证
分组。其中,$ADDID$ 为 STA 和 AP 的 MAC 地址。

证书认证响应分组:ASU 收到证书认证请求分组后,验证 AE 和 ASUE 的证书,
根据 AE 和 ASUE 的证书的验证结果 Res,构造证书认证响应分组,并且附加相应
的签名 Sig_{ASU} 发送给 AE。

接入认证响应分组:AE 收到证书认证响应分组后,检查随机数 N_{AE} 和签名
Sig_{ASU} 的有效性,验证通过后生成用于 ECDH 交换的临时私钥 y 和临时公钥 yP,使
用自己的临时私钥 y 和 ASUE 的临时公钥 xP 进行 ECDH 计算,得到密钥种子 xyP,
利用密钥导出算法 KD-HMACSHA256 对其进行扩展,生成基密钥然后设定接入结
果为成功。

ASUE 收到接入认证响应分组后,验证随机数 N_{ASUE},签名 Sig_{ASUE} 及 Sig_{ASUE} 和证

书验证结果 Res 的有效性,验证通过后,使用自己的临时私钥 x 和 AE 的临时公钥 yP 进行 $ECDH$ 计算,得到密钥种子 xyP,利用密钥导出算法 KD-HMAC-SHA256 对其进行扩展,生成基密钥。至此 AE 与 ASUE 建立了基密钥的安全关联。

3.4.3　单播密钥协商协议

该协议在证书认证协议的基础上,不仅协商出 AP 与 STA 会话时单播数据的保护密钥,而且还要协商出会话过程所使用的组播密钥的保护密钥以及认证密钥,如图 3 – 11 所示。

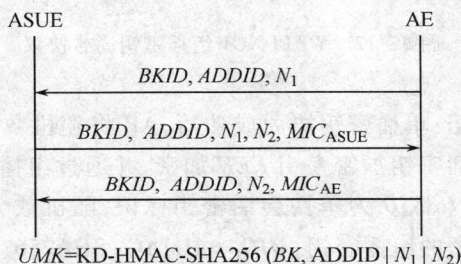

$$UMK = \text{KD-HMAC-SHA256}(BK, ADDID \mid N_1 \mid N_2)$$

图 3 – 11　WAPI-XG1 单播密钥协商协议

单播密钥协商请求分组:建立有效的基密钥安全关联后,AE 向 ASUE 发送单播密钥协商请求分组开始与 ASUE 进行单播密钥协商。该分组中包括基密钥标识 $BKID$,ASUE 和 AE 的 MAC 地址 $ADDID$,AE 询问 N_1。

单播密钥协商响应分组:ASUE 接收到与 AE 发送的单播密钥协商请求分组后,利用随机数产生器产生 ASUE 询问 N_2,然后利用基密钥 BK、AE 询问 N_1 以及 ASUE 询问 N_2,采用密钥导出算法 KD-HMAC-SHA256,生成单播会话主密钥 UMK,并对其进行扩展生成单播会话密钥 USK(包括单播数据的加密密钥 UEK,单播数据的认证密钥 UCK,组播密钥的加密密钥 KEK 以及协议消息认证密钥 MAK)。利用该密钥计算消息认证码 $MIC_{ASUE} = \text{HMAC-SHA256}(MAK, BKID \mid ADDID \mid N_1 \mid N_2)$,并构造单播密钥协商响应分组发往 AE。

单播密钥协商确认分组:AE 收到单播密钥协商响应分组后,检查 AE 询问值 N_1 是否正确,如果正确则按同样的方式利用基密钥 BK、AE 询问 N_1 以及 ASUE 询问 N_2,算法 KD-HMAC-SHA256 生成单播会话密钥,并且验证单播密钥协商响应分组中的消息认证码 MIC_{ASUE};验证通过则计算 $MIC_{AE} = \text{HMAC-SHA256}(MAK, BKID \mid ADDID \mid N_2)$,并构造单播密钥协商确认分组发送给 ASUE。

ASUE 接收到 AE 的单播密钥协商确认分组后,验证 ASUE 询问 N_2 与自己在单播密钥协商响应分组中发送的值是否一致以及单播密钥协商确认分组中的消息认证码的有效性,验证通过则进行下一步操作,否则解除链路验证。

3.4.4 组播密钥通告过程

WAPI-XG1 组播密钥通告协议建立在单播密钥协商子过程的基础上完成 AP 组播密钥的通告,如图 3 – 12 所示。

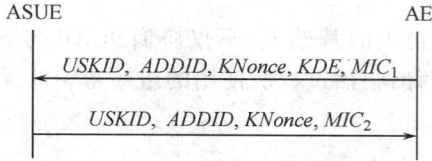

图 3 – 12 WAPI-XG1 组播密钥通告协议

组播密钥通告分组:单播密钥协商成功后,AP 将随机数生成算法产生的组播主密钥利用协商的组播密钥加密密钥 KEK 加密,并通过组播密钥通告分组向 STA 通告组播密钥。其中,$USKID$ 为单播会话密钥标识,随机数 $KNonce$ 为密钥通告标识,KDE 为用 KEK 加密的组播密钥,$MIC_1 = \text{HMAC-SHA256}(MAK, USKID|ADDID|KDE|KNonce)$。

组播密钥响应分组:ASUE 接收到 AE 发送的组播密钥通告分组后,利用 $USKID$ 标识的消息认证密钥验证 MIC_1 的有效性。验证通过后,解密 KDE 得到组播主密钥,并进行扩展生成组播加密密钥和完整性校验密钥。然后计算 $MIC_2 = \text{HMAC-SHA256}(MAK, USKID|ADDID|KNonce)$,并生成组播密钥响应分组,发送给 AE,同时将受控端口的状态设置为 On。

AE 接收到 ASUE 发送的组播密钥响应分组后,利用 $USKID$ 标识的消息认证密钥验证 MIC_2 和 $KNonce$ 的有效性。验证通过后,将受控端口的状态设置为 On。

3.4.5 安全性分析

快速切换中的安全关联是 WLAN 中一个非常重要的问题,也是迫切需要解决的一个问题。但是目前 WAPI-XG1 快速切换的安全关联部分没有有效的解决方案,而是通过预认证或者重新认证来实现快速切换中安全关联的建立。在实际应用中,STA 的移动路径有其不确定性,这造成预认证的方式不是很有效,所以只能重新进行认证。但重新认证的代价是需要中断当前业务,等待一段较长的时延即完整的认证过程成功的运行后才能继续处理业务。重新认证带来的时延对于一些实时业务来说是不可容忍的。而 WAPI-XG1 及其系列标准之所以不能在快速切换中建立安全管理,主要原因是:STA 在接入 WLAN 的时候是和 AP 进行认证并协商出会话密钥,并不能产生用于快速切换中建立安全关联的密钥(切换密钥)。在 WLAN 的三类实体(STA,AP,ASU)中,能够支持 STA 在不同 AP 之间快速移动中建立安全关联的实体只能是 ASU。因此需要对 WAPI-XG1 进行改进,使得 STA 和

ASU 之间能够建立切换密钥,从而更好地支持快速切换。

前向保密性是指依赖长期密钥建立的会话密钥在长期密钥暴露的情况下,该会话密钥仍然是安全的。它是密钥协商协议非常重要的一个安全属性。通过下面简单的攻击可以看到,WAPI-XG1 中的基于 PSK 的认证模式是不满足前向保密性的。

基于 PSK 的认证协议攻击游戏

* 攻击者选择要攻击的目标(STA 和 AP)。
* 通过无线信道窃听 STA 和 AP 之间交互的消息。通过窃听攻击者得到两类消息:一类是认证协议的交互消息,通过明文传输,进而可以得到 $ADDID$、N_1、N_2、MIC_{ASUE} 和 MIC_{AE};另一类是 AP 和 STA 成功地建立安全关联后传输的数据。数据是用之前认证协议产生的密钥加密的密文。
* 根据前向保密性的定义,在某个阶段攻击者攻陷了 STA 或者 AP。此时,攻击者掌握了 STA 和 AP 之间的共享密钥 PSK。
* 根据 PSK 和窃听得到的 ADDID、N_1、N_2,攻击者可以很容易地通过下面的公式计算出 $UMK(UEK, UCK, MAK, KEK)$。$UMK = KD\text{-}HMAC\text{-}SHA256(PSK, ADDID | N_1 | N_2)$。
* 得到这些密钥之后,攻击者通过 KEK 可以解密组播通告协议中通告的 AP 的组播密钥,并且通过 UEK 可以解密以前 STA 和 AP 之间传输的所有密文。

通过攻击游戏可以看出,WAPI-XG1 中基于 PSK 的认证协议不能保证前向保密性,这样造成的直接后果就是会话密钥的暴露。进而所有以前 STA 和 AP 之间传输的数据都被解密,并且所有以后在 STA 和 AP 传输的数据也将会被破解。对于主动攻击者而言后果更为严重,因为丢失长期密钥意味着实体完全被攻陷,主动攻击者可以伪造、篡改 STA 和 AP 之间的所有数据。

此外,当使用通行字作为 PSK 时,利用上述攻击中窃听到的信息就可以进行离线字典攻击了。这是一个非常关键的问题,因为对人的大脑来说,记住多于 20 个字符的通行字非常困难。而用随机字符串作为通行字的话又不容易记住,且往往导致在配置网络时出错。因此,通行字出现在字典中的概率非常大。在实际 WLAN 配置的时候,通常情况是在整个扩展服务集(ESS)中采用单一的通行字。目前的很多 WLAN 产品也只允许配置单一的通行字,并不能做到每个 STA 和 AP 共享不同的通行字。这样要想得到某个 STA 和 AP 的会话密钥的话,攻击者只需要简单地被动窃听协议消息得到两个 MAC 地址($ADDID$)和 nonce(N_1, N_2),进而通过公式 $UEK | UCK | MAK | KEK = KD\text{-}HMAC\text{-}SHA256(PSK, ADDID | N_1 | N_2)$ 得到需要的会话密钥。虽然在 ESS 中每个 STA 都要和相应的 AP 进行密钥协商得到会话密钥,但这种协议交互并没有意义。因为 ESS 中的每个 STA 或者 AP 都可以根据上面的方式得到 ESS 中其它的单播会话密钥。因此,一旦 PSK 被攻击者获取,整个 ESS 都将被攻陷。

3.4.6　基于 WAPI-XG1 的改进认证与快速切换协议

在 WAPI-XG1 基础上提出了一种新的认证及支持快速切换的安全关联建立方案,旨在解决 WAPI 系列标准下的 WLAN 中的快速切换及 PSK 认证模式下的 PFS 离线字典攻击的问题。新的方案中,移动客户端在接入认证阶段除了和接入点建立会话密钥外,还与认证服务器建立用于快速切换的密钥。当客户端发生切换的时候,只需与新的接入点运行快速切换安全关联建立协议,不需要重新认证,也不需要预认证。新的方案提高了协议运行效率,缩短了设备接入时间,特别对 WLAN 中的时间敏感业务有着非常重要的意义。

1. 接入认证新方案

方案设计思想:通过一次协议交互,实现 STA、AP 和 ASU 之间的相互认证。由于 STA 和 AP 之间没有直接的信任关系,因此需要可信的第三方 ASU 来确认并传递认证信息,达到相互信任。并且协议在 STA 和 AP 以及 STA 和 ASU 之间进行了两次不同的 DH 密钥交换,分别用于产生 STA 和 AP 之间的共享密钥 UMK 以及 STA 和 ASU 之间的共享密钥 HK。另外,协议还实现了 STA 和 AP 以及 STA 和 ASU 之间的显式密钥认证。因此,一个 STA 通过新的认证协议接入到 WLAN 后,不再需要单播密钥协商协议进行 STA 和 AP 之间的基于共享密钥的显式密钥认证了,大大缩短了设备接入需要的时间。新的接入认证协议可同时支持基于证书和基于 PSK 的认证模式,区别仅仅在于认证字段的生成方式不同。因此两种认证模式采用的是同一个接入认证协议实现,极大地降低了协议设计的复杂性。为了更好地对协议进行分析,下面只给出使协议达到可证明安全所必需的消息。

新的接入认证协议 WAPI-XG1⁺如图 3-13 所示,图中[××]为可选字段。在新的接入认证方案中,当 STA 关联或重新关联至 AP 时要通过两个过程完成:身份认证及密钥协商,可选的组播密钥通告。其中组播密钥通告阶段同 WAPI-XG1。并且 WAPI-XG1⁺可同时支持两种不同的认证模式:基于证书和基于 PSK 的认证。

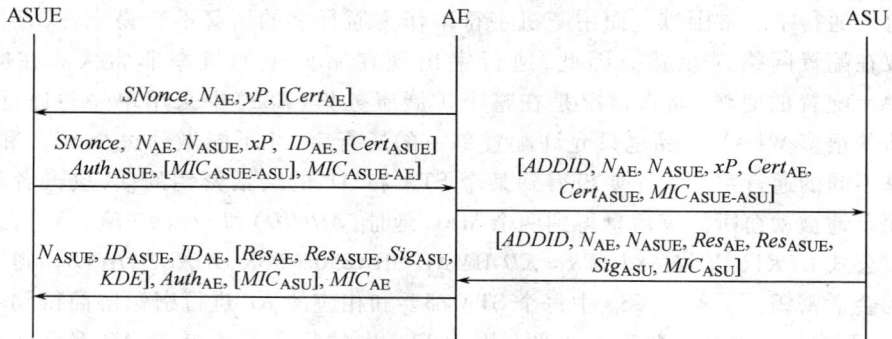

图 3-13　新的接入认证协议 WAPI-XG1⁺

（1）基于证书认证模式的 WAPI-XG1$^+$ 认证协议如图 3 – 14 所示，包括如下的消息交互。

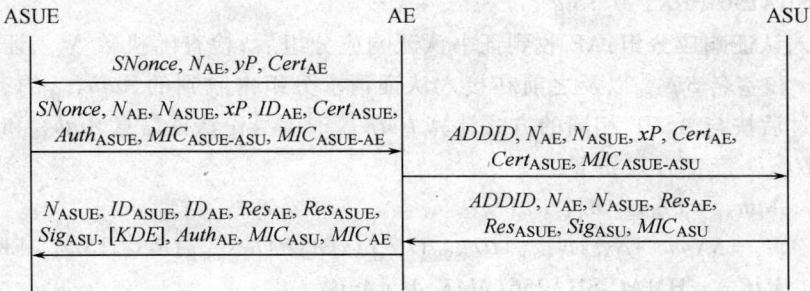

图 3 – 14 基于证书认证模式的 WAPI-XG1$^+$

认证激活分组：AE 产生用于 ECDH 交换的临时私钥、临时公钥 yP 以及随机数 N_{ASUE}。然后向 ASUE 发送挑战 $SNonce$，一次性随机数 N_{AE}，ECDH 的公共参数 yP 和自己的证书 $Cert_{AE}$ 作为认证激活分组来激活 ASUE 进行双向证书认证。

接入认证请求分组：ASUE 接收到由 AE 发送的认证激活分组后，产生用于 ECDH 交换的临时私钥 x、临时公钥 xP 以及随机数 N_{ASUE}。然后计算并扩展单播会话密钥 UMK（UEK、UCK、KEK 以及 MAK）和快速切换密钥 HK：

$$UMK = \text{KD-HMAC-SHA256}(xyP, SNonce \mid ID_{ASUE} \mid ID_{AE} \mid N_{AE} \mid N_{ASUE})$$

$$HK = \text{KD-HMAC-SHA256}(xzP, SNonce \mid ID_{ASUE} \mid ID_{AE} \mid ID_{ASU} \mid N_{AE} \mid N_{ASUE})$$

其中，zP 为 ASU 的用于 ECDH 的公开参数，同时产生身份认证信息 $Auth_{ASUE}$、消息认证码 $MIC_{ASUE-ASU}$ 和 $MIC_{ASUE-AE}$，产生方式如下：

$$Auth_{ASUE} = Sig_{ASUE}\{M_1\}$$

$$M_1 = SNonce \mid N_{ASUE} \mid N_{AE} \mid xP \mid yP \mid ID_{AE} \mid Cert_{ASUE} \mid Cert_{AE}$$

$$MIC_{ASUE-ASU} = \text{HMAC-SHA256}(HK, M_1 \mid Auth_{ASUE})$$

$$MIC_{ASUE-AE} = \text{HMAC-SHA256}(MAK, M_1 \mid Auth_{ASUE} \mid MIC_{ASUE-ASU})$$

最后把 $SNonce$、随机数 N_{ASUE} 和 N_{AE}、临时公钥 xP、AE 的身份 ID_{AE} 连同自己的证书 $Cert_{ASUE}$、身份认证字段 $Auth_{ASUE}$ 以及消息认证码 $MIC_{ASUE-ASU}$ 和 $MIC_{ASUE-AE}$ 一起作为接入认证请求分组发送给 AE。

证书认证请求分组：AE 收到 ASUE 发来的接入认证请求分组后，检查 $SNonce$ 的有效性，按相同的方式产生 UMK 并验证 $MIC_{ASUE-AE}$ 的有效性。所有的验证均通过后，AE 构造证书认证分组发送给 ASU，具体内容包括 $ADDID$、N_{ASUE}、N_{AE}、$Cert_{ASUE}$、$Cert_{AE}$ 和 $MIC_{ASUE-ASU}$。

证书认证响应分组：ASU 收到证书认证请求分组后，验证 AE 的证书和 ASUE 的证书，分别产生验证结果 Res_{ASUE} 和 Res_{AE}。然后按和 ASUE 相同的方式计算 HK，并验证 $MIC_{ASUE-ASU}$ 的有效性。验证通过后构造证书认证响应分组发送给 AE，具体

内容包括 $ADDID$、N_{ASUE}、N_{AE}、Res_{ASUE}、Res_{AE}、Sig_{ASU} 和 $MIC_{ASUE\text{-}ASU}$。其中 Sig_{ASUE} 是对 $M_2 = ADDID | N_{ASUE} | N_{AE} | Res_{ASUE} | Res_{AE}$ 采用基于 ECC 算法做的消息签名，$MIC_{ASU} =$ HMAC-SHA256 $(HK, M_2 | Sig_{ASU})$。

接入认证响应分组：AE 收到证书认证响应分组后，检查随机数 N_{AE}、证书验证结果 Res 和签名 Sig_{ASU} 以及之前在接入认证请求分组中收到的 $Auth_{ASUE}$ 的有效性。验证通过后按与 ASUE 相同的方式计算 UMK。产生身份认证信息 $Auth_{AE}$ 和消息认证码 MIC_{AE}。产生方式如下：

$$Auth_{AE} = Sig_{AE} \{ M_3 \}$$

$$M_3 = SNonce | N_{AE} | N_{ASUE} | ID_{ASUE} | ID_{AE} | xP | yP | Res_{ASUE} | Res_{AE} | Sig_{ASU} | MIC_{ASU}$$

$$MIC_{AE} = \text{HMAC-SHA256}(MAK, M_3 | Auth_{AE})$$

最后随机数 N_{ASUE}、ASUE 的身份 ID_{ASUE}、AE 的身份 $IDEA$、证书验证结果 Res_{ASUE} 和 Res_{AE}、ASU 的签名 Sig_{ASU}、MIC_{ASU} 和自己的身份认证字段 $Auth_{AE}$ 以及消息认证码 MIC_{AE} 一起作为接入认证请求分组发送给 ASUE，然后设定接入结果为成功。另外，在该分组中可以选择是否发送加密的群组密钥 KDE。

ASUE 收到接入认证响应分组后，验证随机数 N_{ASUE}，证书验证结果 Res_{ASUE} 和 Res_{AE}、签名 Sig_{ASU} 和 $Auth_{AE}$ 以及消息认证码 MIC_{ASU} 和 MIC_{AE} 的有效性。验证通过，则 AE 与 ASUE 建立了安全关联。

基于证书的认证协议采用的是著名的"SIG-MAC"方法，Internet 密钥交换协议 IKE 及 IKEv2 都是采用该认证方法，并且该方法已经过严格证明。

（2）基于 PSK 认证模式的 WAPI-XG1$^+$　　在基于证书的认证协议的基础上去掉可选项就得到了下面的基于 PSK 的认证模式的 WAPI-XG1$^+$ 协议，如图 3 – 15 所示。

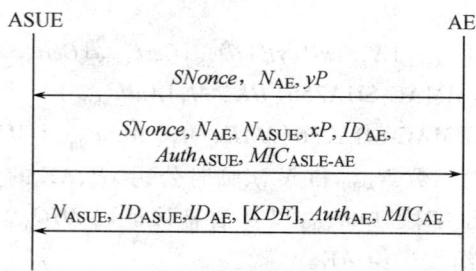

图 3 – 15　基于 PSK 认证模式的 WAPI-XG1$^+$

基于 PSK 的认证协议消息中各字段的生成方式同基于证书的认证协议。其中，

$$UMK = \text{KD-HMAC-SHA256}(xyP, ID_{ASUE} | ID_{AE} | N_{AE} | N_{ASUE})$$

$$Auth_{ASUE} = \text{HMAC-SHA256}(PSK, M_4)$$

$$M_4 = SNonce | N_{ASUE} | N_{AE} | xP | yP | ID_{AE}$$

$$MIC_{ASUE} = \text{HMAC-SHA256}(MAK, M_4 | Auth_{ASUE})$$

$$Auth_{AE} = \text{HMAC-SHA256}(PSK, M_5)$$

$$M_5 = SNonce \,|\, N_{AE} \,|\, N_{ASUE} \,|\, yP \,|\, xP \,|\, ID_{ASUE}$$

$$MIC_{AE} = \text{HMAC-SHA256}(MAK, M_5 \,|\, Auth_{AE})$$

基于 PSK 的认证模式和基于证书的认证模式由相同的协议实现,即采用 DH 交换来生成新的会话密钥。通过会话密钥的生成公式 $UMK = \text{KD-HMAC-SHA256}$ $(xyP, ID_{ASUE} \,|\, ID_{AE} \,|\, N_{AE} \,|\, N_{ASUE})$ 可以看出:攻击者即使知道了共享密钥 PSK 和协议使用的随机数等参数,但由于面临 ECDH 问题而无法计算出 xyP,所以也不能获得会话密钥 UMK。因此协议是满足安全属性 PFS 的。

2. 快速切换下的安全关联建立协议 H-WAPI-XG1 +

当 STA 移动到新的 AP 控制域中时,执行下面的协议来快速地建立安全关联,而不用重新认证。快速切换下的安全关联建立协议如图 3－16 所示。

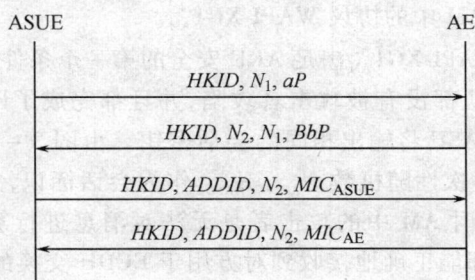

图 3－16 快速切换下的安全关联建立协议 H-WAPI-XG1 $^+$

（1）ASUE 切换到新的 AE 下时,要向新的 AE 发出接入请求。该请求分组包括切换密钥标识 HKID、一次性随机数 N_1 和用于 ECDH 的临时公共参数 aP。

（2）AE 收到切换请求分组后,产生随机数 N_2 和用于 ECDH 的临时公共参数 bP 并连同 HKID 和 N_1 一起发送给 ASUE。

（3）ASUE 收到响应信息后,计算临时切换密钥 HTK 和会话密钥 UMK(包含 UEK,UCK,KEK,MAK)以及身份认证信息和消息认证码 MIC_{ASUE},计算方式如下:

$$HTK = \text{KD-HMAC-SHA256}(HK, ADDID)$$

$$UMK = \text{KD-HMAC-SHA256}(HTK, abP \,|\, ADDID \,|\, N_1 \,|\, N_2)$$

$$MIC_{ASUE} = \text{HMAC-SHA256}(MAK, HKID \,|\, ADDID \,|\, N_1 \,|\, N_2 \,|\, aP \,|\, bP)$$

然后把 HKID、ADDID、N_2 和 MIC_{ASUE} 发送给 AE。

（4）AE 收到消息后,根据 HKID 向 ASU 请求该安全关联选择相应的密钥信息和安全参数。如果该 HKID 是有效的安全关联,则 ASU 按与 ASUE 相同的方式计算新的临时切换密钥并返回给 AE。AE 收到切换密钥后,按与 ASUE 相同的方式计算会话密钥并验证 MIC_{ASUE} 的有效性,验证通过后计算自己的消息认证码 MIC_{AE}。计算方式如下:

$$MIC_{AE} = \text{HMAC-SHA256}(MAK, HKID \mid ADDID \mid N_2 1 N_1 \mid bP \mid aP)$$

然后向 ASUE 发送允许接入的响应消息:$HKID$、$ADDID$ 和 MIC_{AE}。

（5）ASUE 收到消息后,验证 MIC_{AE} 的有效性,验证通过后进行数据通信。

协议 H-WAPI-XG1$^+$ 还具有另外一个功能:当把 HKID 替换成 UMKID 时,协议可以实现密钥更新。

3. 协议的安全性分析

证明协议安全性的思想是:首先证明协议在 AM 中是 AKE 安全的,然后证明协议经过编译器编译后在 AM 中的输出与在 UM 中的输出是不可区分的。从而得出协议在 UM 中也是 AKE 安全的。

引理 3 – 6   在 ECDH 假定成立和选定的伪随机函数安全的前提下,协议 WAPI-XG1$^+_{AM}$ 在理想环境 AM 中是 AKE 安全的。

证明:首先给出 AM 中的协议 WAPI-XG1$^+_{AM}$。

下面证明协议 WAPI-XG1$^+_{AM}$ 满足 AKE 安全的第一个条件。即在协议的交互过程中,STA、AP 和 ASU 都没有被攻击者攻陷,并且都完成了匹配的会话,则 ASUE 和 AE 以及 ASUE 和 ASU 将输出相同的会话密钥。由图 3 – 17 可以看出,协议的参与方以 $SNonce$ 和一次性随机数 N_{AE}、N_{ASUE} 作为会话标识,并且该标识对每次会话来说是唯一的。同时 AM 中的攻击者是无法对消息进行篡改等主动攻击行为的,所以协议参与方都能正确地接收到对方用于 ECDH 交换的临时公共参数,进而计算出相同的会话密钥。因此只要三方都参与了同一个会话(即 $SNonce$、N_{AE}、N_{ASUE} 与 xP、yP、zP 唯一绑定),那么 ASUE 和 AE 以及 ASUE 和 ASU 之间计算出来的共享密钥肯定是一致的。

$AE \rightarrow ASUE$:	$SNonce$, N_{AE}, yP, $Cert_{AE}$
$AUSE \rightarrow AE$:	$SNonce$, N_{AE}, N_{ASUE}, xP, $Cert_{ASUE}$
$AE \rightarrow ASU$:	N_{AE}, N_{ASUE}, xP, $Cert_{AE}$, $Cert_{ASUE}$
$ASU \rightarrow AE$:	N_{AE}, N_{ASUE}, Res_{AE}, Res_{ASUE}
$A \rightarrow S$:	N_{ASUE}, Res_{AE}, Res_{ASUE}

图 3 – 17   AM 中的协议 WAPI-XG1$^+_{AM}$

为了证明 WAPI-XG1$^+_{AM}$ 也是满足第二个条件的,我们采用反证法证明。假设在 AM 中存在一个攻击者 E 能以不可忽略的优势 ε 猜测出测试会话查询中返回的值是随机的还是真实的密钥。那么通过攻击者 E 就可以构造一个算法 D 以不可忽略的概率成功地计算出会话密钥 xzP 或 xyP。这显然和 ECDH 假定是相悖的。ECDH 算法 D 的构造方法如下:

（1）初始化协议运行环境。把公共参数告诉攻击者 E,选择协议参与方 P_1,…, P_n 和认证服务器 ASU。

（2）选择实例$\{xP, yP, zP\}$作为输入。选择 $r \xleftarrow{R} \{1 \cdots l\}$,l 为攻击者所能发

起的会话数量的上界。然后仿真协议的真实执行过程：

① 当 E 激活一个 AE 建立一个新的会话 $t(t \neq r)$ 或在参与方接收一条消息时，D 代表 ASU 和该参与方按照协议进行正常的交互。如果 $t = r$，则 D 让 P_i 向 P_j（以 P_i，P_j 表示第 r 次会话的 AE 和 ASUE）发送消息（P_i，$SNonce$，N_{AE}，yP，$Cert_{AE}$）；若 P_j 收到消息（P_i，$SNonce$，N_{AE}，yP，$Cert_{AE}$），则 D 让 P_j 向 P_i 发送消息（P_j，$SNonce$，N_{AE}，N_{ASUE}，xP，$Cert_{ASUE}$）；若 P_i 收到消息（P_j，$SNonce$，N_{AE}，N_{ASUE}，xP，$Cert_{ASUE}$），则 D 让 P_i 向 ASU 发送消息（P_i，N_{AE}，N_{ASUE}，xP，$Cert_{AE}$，$Cert_{ASUE}$）……按协议 WAPI-XG1$_{AM}^+$ 一直往下执行。

② 某个会话一旦过期，就从三个参与方的存储器中删除会话密钥和密钥相关信息。

③ 如果 E 攻陷一个参与方，参与方不是 ASU 则 D 把该参与方的所有相关信息返回给 E；参与方是 ASU 或者被攻陷的参与方是会话 r 的参与方之一，则 D 返回给 E 一随机数后输出 $b' \xleftarrow{R} \{0, 1\}$ 并终止。

④ 如果 E 暴露了一个会话 $t \neq r$，则 D 把该会话的所有相关信息返回给 E，特别是对 P_j 的查询，要把两个会话密钥均返回；如果被攻陷的会话 $t = r$，否则 D 返回给 E 一随机数后输出 $b' \xleftarrow{R} \{0, 1\}$ 并终止。

⑤ 如果 E 对会话 r 进行测试会话查询，则 D 掷币 $b \in \{0, 1\}$，若 $b = 0$ 并且攻击者的查询对象为：

- P_j 产生的实例，则把 $xzP \| xyP$ 给 E；
- P_i 产生的实例，则把 xyP 给 E；
- ASU 产生的实例，则把 xzP 给 E。

否则 D 返回给 E 一随机数后输出 $b' \xleftarrow{R} \{0, 1\}$ 并终止。

（3）如果 E 输出 b' 并终止，则 D 也输出 b' 后终止。

在该游戏中，E 对测试的会话 t 有两种可能的选择，$t = r$ 或者 $t \neq r$。第一种情况：会话 r 的输入为 $\{xP, yP, zP\}$，因此 E 在对会话 r 的测试会话查询中得到一个值。如果 $b = 0$，则 D 返回给 E 的值为真实的密钥信息。若 $b = 1$，则 D 返回给 E 的值为一随机数。同时算法 D 是以 $1/2$ 的概率在选择真实密钥值还是随机数来作为其输出的。根据算法 D 的构造原理，E 成功猜测得到的值是否为真正的密钥信息的概率就等于 D 选择 $b = 0$ 还是 $b = 1$ 的概率。而由于 E 猜测成功的概率为 $\varepsilon + 1/2$，所以 D 算出 xzP 或 xyP 的概率为 ε。

对第二种情况，E 没有选择会话 r 作为其测试会话，则 D 输出随机值。那么 D 就从 A 那里得不到任何可以帮助其计算 xzP 或 xyP 的信息。由于 D 是以 E 为基础构造，所以 D 计算 xzP 或 xyP 的概率为 0。

下面对上述两种情况综合分析。记第一种情况发生的概率为 Pr_1，第二种情况发生的概率为 Pr_2。那么两种情况发生的概率分别为：$Pr_1 = 1/l$，$Pr_2 = 1 - 1/l$。因此 D 成功的概率为：$Pr_1 \times \varepsilon + Pr_2 \times 0 = \varepsilon/l$。

　　如果攻击者 E 能以不可忽略的优势 ε 猜测出测试会话查询中返回的值是随机的还是真实的密钥，那么 D 就能以不可忽略的概率 ε/l 计算出 xzP 或 xyP。这显然与 ECDH 假定相悖。

　　引理 3-7　经过编译器编译后的协议 WAPI-XG1$^+$ 在真实环境 UM 中的输出与协议 WAPI-XG1$^+_{AM}$ 在 AM 中的输出是不可区分的。

　　证明： CK 模型不但提供了设计与分析协议的模块化方法，同时还提供了一些标准的编译器。其中有一种非常著名的编译器"SIG-MAC"。Canetti 和 Krawczyk 于 2002 年对该编译器进行了严格的证明。我们对 AM 中的协议 WAPI-XG1$^+_{AM}$ 通过该编译器进行编译并优化后得到了 UM 下的协议 WAPI-XG1$^+$。

　　定理 3-6　对于 UM 中的任意攻击者，协议 WAPI-XG1$^+$ 和 H-WAPI-XG1$^+$ 能够满足下列两条性质：如果 STA、AP 和 ASU 没有被攻陷并且完成了匹配的会话，STA 和 AP 以及 STA 和 ASU 之间将输出相同的会话密钥；攻击者进行测试会话查询，其猜中 b 的概率不超过 $1/2+\varepsilon$。因此，协议 WAPI-XG1$^+$ 是 AKE 安全的。

　　对于协议 H-WAPI-XG1$^+$ 的安全性分析。由于协议 H-WAPI-XG1$^+$ 是一个两方协议（只涉及 STA 和 AP），所以对于该协议的分析可在传统的 CK 模型下进行。协议 H-WAPI-XG1$^+$ 是 AM 中传统的 DH 交换协议经过另外一类标准编译器——基于消息认证码（MAC）的编译器编译得到的。因此可以直接得到下面的定理 3-7。

　　定理 3-7　对于 UM 中的任意攻击者，协议 H-WAPI-XG1$^+$ 在 CK 模型下是 SK 安全的。

　　下面分析协议的性能。这里分别给出 STA 在第一次接入到 WLAN 时和进行快速切换时建立安全关联的性能对比。在 WAPI-XG1 中：一个 STA 第一次接入到 WLAN 时，需要进行证书认证和单播密钥协商过程；当 STA 发生切换时，STA 要和目的 AP 进行预认证或者重新认证，然后再进行单播密钥协商。而在 WAPI-XG1$^+$ 中，STA 在第一次接入到当前的 WLAN 时只需要完成接入认证就可以实现认证和单播密钥协商；发生切换时，只需运行快速切换的安全关联建立协议，而不需重新认证或者预认证过程。基于证书的认证模式下，两个协议在 STA 初次计入时和发生切换时的性能对比见表 3-3 和表 3-4。为了便于分析协议性能，我们假定 AP 和 ASU 之间为一跳直接链路。其中发送和接收一次消息称为一次交互，并且 E 表示模指数运算，S 表示计算签名，M 表示计算消息认证码 MIC。

表 3-3　STA 第一次接入 WLAN 时协议性能对比

协议名称	交互次数	STA 的计算量	AP 的计算量	ASU 的计算量
WAPI-XG1	8	$2E+1S+1M$	$2E+1S+1M$	$1S$
WAPI-XG1$^+$	5	$3E+1S+2M$	$2E+1S+1M$	$1E+1S+1M$

表 3 - 4　STA 发生切换协议性能对比

协议名称	交互次数	STA 的计算量	AP 的计算量	ASU 的计算量
WAPI-XG1	14	$2E + 1S + 1M$	$2E + 1S + 1M$	$1S$
H-WAPI-XG1$^+$	6	$2E + 1M$	$2E + 1M$	$1M$

由表 3 - 3 可以看出,WAPI-XG1$^+$在计算性能上仅仅在 STA 和 ASU 端增加了一次模指运算,但是却减少了三次协议交互,大大缩短了接入时延。由表 3 - 4 可以看出,H-WAPI-XG1$^+$无论是通信性能还是计算性能都优于 WAPI-XG1。特别是通信性能,WAPI-XG1 中 STA 的认证消息要通过当前的 AP 转发到目的 AP,也就是说 WAPI-XG1 在原来通信复杂性的基础上又增加了当前 AP 转发带来的通信复杂性,因此协议交互次数是 14 次。综上所述,新的方案在性能明显优于 WAPI-XG1。

3.5　自验证公钥的 WAPI 认证和密钥协商协议

Girault 提出了一种具有自验证性的公钥认证框架方案[14],在认证体系中存在一个可信的 CA(Certificate Authority),CA 为客户端 STA 和接入点 AP 颁发具有可自验证性的公钥证书。CA 为 STA 和 AP 产生公钥的过程如下:

系统密钥数据

CA 生成 RSA 密钥数据如下:

① 一个公开模数 $N = PQ$,其中 P、Q 是长度相等的大素数,如 $|P| = |Q| = 512$。

② 一个公开指数 e 且与 $\phi(N)$ 互素,其中 $\phi(N) = (P-1)(Q-1)$。

③ 一个秘密指数 d 且满足 $ed \equiv 1(\bmod \phi(N))$。

④ 一个公开元素 $g \in \mathbf{Z}_N^*$ 具有最大的乘法阶;为了计算 g,CA 找 g_P 作为模 P 的生成元,并找 g_Q 作为模 Q 的生成元,然后 CA 可以运用中国剩余定理来构造 g。

CA 公开系统参数 (N, e, g),并秘密保存系统私钥 d。

用户的密钥数据

用户 A(STA 或 AP)随机选择一个长度为 160 比特的整数 s_A 作为私钥,计算 $v \leftarrow g^{-s_A}(\bmod N)$,并把 v 发送给 CA。然后,运用下述的两种认证协议之一向 CA 证明她知道 s_A,且不泄漏 s_A,并将她的身份 I_A 发给 CA。

CA 创建用户 A 的公钥

为 $v - I_A$ 的 RSA 签名:$P_A \leftarrow (v - I_A)^d(\bmod_N)$,CA 发送 P_A 给用户 A 作为其公钥的一部分。下面的等式成立。$I_A \equiv P_A^e - v(\bmod_N)$

用户 A 能够证明他知道以 g 为底模 N 的离散对数,即值 $-s_A$,这就保证了 P_A 是由 CA 发行的。

3.5.1　认证和密钥协商协议

基于 Girault 方案,为了兼容原有的 PKI 基础设施,可以将自验证公钥的 WAPI

认证和密钥协商协议分两种情况考虑,即双方都采用自验证公钥证书(如图 3 – 18 所示)和仅客户端采用自验证公钥证书(AP 采用传统的公钥证书)。

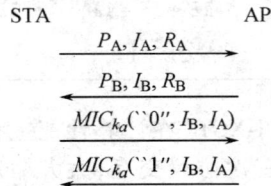

STA　　　　　　　　　　　　　　　　　　　　AP

P_A, I_A, R_A →

P_B, I_B, R_B →

$MIC_{k_a}(``0'', I_B, I_A)$ →

$MIC_{k_a}(``1'', I_B, I_A)$ →

图 3 – 18　自验证公钥证书认证的认证方式和密钥协商

(1) 客户端 STA 和接入点 AP 分别向 CA 申请可验证公钥证书。设 STA 的公钥数据为 (s_A, P_A, I_A),AP 的公钥数据为 (s_B, P_B, I_B)。

(2) 客户端 STA 随机选择 R_A,将数据 I_A, P_A, R_A 发送给接入点 AP。

(3) 接入点 AP 随机选择 R_B,将数据 I_B, P_B, R_B 发送给客户端 STA。

(4) 客户端 STA 根据接收到的接入点 AP 的公钥数据和自己的私钥,计算共享密钥 $K_{AB} \equiv (P_B^e + I_B)^{s_A} \bmod N$,STA 利用 K_{AB} 计算出会话密钥 k_d 和消息认证码的密钥 k_a,用该消息认证码的密钥对客户端 STA 以及接入点 AP 的身份等数据进行计算,得到接入点 AP 的消息认证码,将数据 $MIC_{k_a}("0", I_B, I_A)$ 发送给 AP。

(5) 接入点 AP 根据接收到的客户端 STA 的公钥数据和自己的私钥,计算共享密钥 $K_{AB} \equiv (P_A^e + I_A)^{s_B} \bmod N$,AP 利用 K_{AB} 计算出会话密钥 k_d 和消息认证码的密钥 k_a,验证客户端 STA 发来的消息认证码消息的真伪,如果通过验证,则可以确定对方的身份是真实可信的;AP 用该消息认证码的密钥对接入点 AP 以及客户端 STA 的身份等数据进行计算,得到客户端 STA 的消息认证码,将数据 $MIC_{k_a}("1", I_B, I_A)$ 发送给 STA,否则发送出错消息。

(6) 客户端 STA 验证接入点 AP 发来的消息认证码的真伪,如果通过验证,则可以确定对方的身份是真实可信的,否则发送出错消息。

当双方都通过了消息认证码验证时,彼此确认了对方的身份,并建立了共享的会话密钥。

上述客户端 STA 和接入点 AP 计算得到其会话密钥、消息认证码密钥、消息认证码,过程如下:

设 STA 和 AP 间协商的共享密钥为 K_{AB},STA 根据参数 K_{AB} 分别计算消息认证码密钥、会话密钥、消息认证码,即 $k_a = f_{K_{AB}}(0||R_A||R_B)$,$k_d = f_{K_{AB}}(1||R_A||R_B)$,$MIC_{k_a}("0", I_B, I_A)$。AP 根据参数 K_{AB} 分别计算消息认证码密钥、会话密钥、消息认证码,即

$$k_a = f_{K_{AB}}(0||R_A||R_B), k_d = f_{K_{AB}}(1||R_A||R_B), MIC_{k_a}("1", I_B, I_A)$$

其中,f 为伪随机函数,k_a 为消息认证码密钥,k_d 为会话密钥,$MIC_{k_a}("0", I_B, I_A)$ 为客户端 STA 计算得到的消息认证码,$MIC_{k_a}("1", I_B, I_A)$ 为接入点 AP 计算得到的消

息认证码。

3.5.2　客户端自验证公钥证书的认证和密钥协商

当客户端采用自验证公钥证书,AP 采用传统的公钥证书时,协议过程如图 3-19所示。

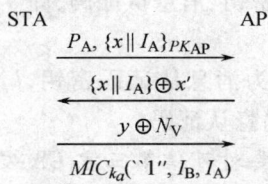

$$\begin{array}{cc} \text{STA} & \text{AP} \\ \xrightarrow{\quad P_A, \{x \parallel I_A\}_{PK_{AP}} \quad} & \\ \xleftarrow{\quad \{x \parallel I_A\} \oplus x' \quad} & \\ \xrightarrow{\quad y \oplus N_V \quad} & \\ \xleftarrow{\quad MIC_{k_d}(``1", I_B, I_A) \quad} & \end{array}$$

图 3-19　客户端认证和密钥协商方法

(1) 接入点 AP 将认证服务单元 ASU 对其证书的鉴定结果和签名值预先发送给 STA,STA 通过验证签名,确定 AP 证书的真实有效。

(2) 客户端 STA 向 CA 申请可验证公钥证书,假设 STA 的公钥数据为 (s_A, P_A, I_A),接入点 AP 仍然采用传统的公钥证书,假设其公钥数据为 (sk_{AP}, PK_{AP}),其身份信息仍然用 I_B 表示。

(3) STA 随机选择 $N_A \in [0, A]$,计算 $x = H(g^{N_A} \bmod N)$,然后发送 $P_A, \{x \parallel I_A\}_{PK_{AP}}$ 给接入点 AP。

(4) 接入点 AP 用 sk_{AP} 解密 $P_A, \{x \parallel I_A\}_{PK_{AP}}$,获得 x 和 I_A,并产生随机数 $N_V \in [0, B]$,随后返还 $(N_V \parallel I_A) \oplus x'$,其中 x' 为 x 的低 128 位。

(5) STA 利用 x 还原出 N_V 和 I_A,判断身份 I_A 是否与自己发送的一致,如果一致的话,则可以确定接入点 AP 的身份是真实可信的,STA 计算 $y = N_A + N_V \times s_A$,发送 $y \oplus N_V$ 给接入点 AP。

(6) 接入点 AP 利用 N_V 还原出 y,判断下面两个条件是否都成立:

$$H(g^y(I_A + P_A^e)^{N_V} \bmod N) \stackrel{?}{=} x \tag{3-1}$$

$$y \stackrel{?}{\in} [0, A + (B-1)(S-1)] \tag{3-2}$$

如果上述任意一条条件不成立,则中止协议,并发送出错消息;否则 STA 通过身份认证,AP 将共享密钥 K_{AB} 取为 y 的低 128 位,利用 K_{AB} 计算出会话密钥 k_d 和消息认证码的密钥 k_a;AP 用该消息认证码的密钥对接入点 AP 以及客户端 STA 的身份等数据进行计算,得到客户端 STA 的消息认证码,将数据 $MIC_{k_a}("1", I_B, I_A)$ 发送给 STA。

(7) 客户端 STA 将共享密钥 K_{AB} 取为 y 的低 128 位,利用 K_{AB} 计算出会话密钥 k_d 和消息认证码的密钥 k_a;STA 验证接入点 AP 发来的消息认证码消息的真伪,如果通过验证,则可以确定对方已经与自己协商好了一致的会话密钥,否则发送出错消息。

上述客户端 STA 和接入点 AP 计算得到其会话密钥、消息认证码的密钥、消息认证码，过程如下：

设 STA 和 AP 间协商的共享密钥为 K_{AB}，STA 根据参数 K_{AB} 分别计算消息认证码密钥、会话密钥、消息认证码，即 $k_a = f_{K_{AB}}(0)$，$k_d = f_{K_{AB}}(1)$。AP 根据参数 K_{AB} 分别计算消息认证码密钥、会话密钥、消息认证码，即 $k_a = f_{K_{AB}}(0)$，$k_d = f_{K_{AB}}(1)$，$MIC_{k_a}("1", I_B, I_A)$。

其中，f 为伪随机函数，k_a 为消息认证码密钥，k_d 为会话密钥，$MIC_{k_a}("1", I_B, I_A)$ 为接入点 AP 计算得到的消息认证码。

说明：本自验证公钥不需要对可信第三方 CA 发给密钥所有者的密钥证书进行验证。这个验证是隐式的，并且与验证密钥所有者的密码能力同时进行。

3.5.3　协议的安全分析

协议的安全性是基于 GPS 识别方案。该方案由 Girault 提出，并由 Poupard 和 Stern 证明了其安全性。GPS 方案是群的阶和基的阶均被证明者秘密拥有的离散对数问题，且在一次运行后攻击者假冒成功的概率是 $1/(2^{|B|})$，安全的参数范围为 $|N| \geqslant 1024, |B| \geqslant 32, |S| \geqslant 160, |A| \geqslant |S| + |B| + 80$。这里提出的方案具有 GPS 的安全性，且可实现单纯 GPS 方案所不能完成的双向认证及密钥协商功能。

1. 双向认证

对于双方都采用自验证公钥的认证方式，如果能够证明自己知道以 g 为底模 N 的离散对数，即值 $-s_A$，这就保证了公钥 P_A 是由 CA 发行的。而当双方能够确定协商了一致的会话密钥时，那么他们就知道另一方已经证明了自己的身份。对于只有客户端 STA 采用自验证公钥的认证方式（接入点 AP 仍采用传统的公钥证书），鉴于公钥加密算法的安全性，只有拥有正确私钥的接入点 AP 才可解密消息 $\{x \| I_A\}_{PK_{AP}}$ 并获得客户端身份 I_A 和 x，所以，若 STA 收到消息 $(N_V \| I_A) \oplus x'$ 中隐含的 I_A 与自己的 I_A 一致，则可确认接入点 AP 的身份。而 AP 可根据条件式 $(3-1)$ 和式 $(3-2)$ 是否成立来判别 STA 身份的合法性。

2. 抵御重放攻击

对于双方都采用自验证公钥的认证方式，由于协议中各条消息分别包含了随机数 R_A 和 R_B 以及由此构造的密钥 k_a 和 k_b，保证消息具有新鲜性和不可预测性，STA 和 AP 可以通过验证消息认证码来检测重放攻击的发生。对于只有客户端采用自验证公钥的认证方式（接入点 AP 仍采用传统的公钥证书），协议中各条消息分别包含了随机数 N_A 和 N_V 以及由此构造的 x 和 y，因此所有消息均具有新鲜性和不可预测性。重放攻击可在协议执行至第 5 步由 STA 检测出来，或在协议执行至第 6 步因条件式 $(3-2)$ 不成立而被 AP 察觉。

3. 不可抵赖性

对于双方都采用自验证公钥的认证方式，如果随机选取 P_A 并根据式 $I_A \equiv$

$P_A^e - v(\bmod N)$ 用 P_A^e 和 I_A 计算 v,则不能知道它以 g 为底、模 N 的离散对数,因此自验证证书无法伪造。密钥交换协议是一个 DH 交换协议,只有拥有对应私钥的用户才可以计算出正确的 K_{AB},因此只要双方协商了一致的会话密钥,就不能否认自己的注册过程。对于只有客户端采用自验证公钥的认证方式(接入点 AP 仍采用传统的公钥证书),基于计算 $|S| \geqslant 160$ 位的短指数离散对数问题的困难性,现有算法无法在有效时间内依据等式 $x = H(g^{N_A} \bmod N)$ 从 x 推出 N_A,而 AP 也无法根据等式 $y = N_A + N_V \times s_A$ 由 y 算出 s_A,因此,整个系统中只有拥有正确 s_A 的 STA 才可构造出合法的 y。所以,一旦 STA 通过了认证,则不能否认自己的注册过程。

4. 密钥协商

对于双方都采用自验证公钥的认证方式,由于消息认证码密钥 k_a 和会话密钥 k_b 是通过双方协商的共享密钥 K_{AB} 和各自产生的随机数 R_A 和 R_B 计算出来的,因此 STA 和 AP 都相信 k_a 和 k_b 是新鲜的、随机的,且是由 STA 和 AP 共同产生的,符合密钥协商的公平性。对于只有客户端采用自验证公钥的认证方式(接入点 AP 仍采用传统的公钥证书),由于 y 同时包含了 STA 产生的 N_A 和 AP 生成的 N_V,因此 STA 和 AP 都相信由 y 生成的共享密钥 K_{AB} 是新鲜的、随机的,且是由 STA 和 AP 共同产生的,符合密钥协商的公平性,并可防止因任何一方提供弱密钥而带来的安全隐患。

3.5.4 协议特点与性能分析

(1)保持了国标中 WAI 的框架。

自验证公钥方案采用了自验证的公钥证书进行身份认证及密钥协商,但依然保持了 WAI 的体系结构,即客户端 STA 和接入点 AP 双方直接进行身份认证和密钥协商,不需要对原方案做大的改动就可以达到安全的目的。

(2)提供了两种认证方式,增加了认证的灵活性。

为了与现有的 PKI 系统相兼容,提供了两种认证和密钥协商方式,即双方都采用自验证公钥证书和仅客户端采用自验证公钥证书(AP 采用传统的公钥证书)的认证和密钥协商方式,因此可以适用多种场景,更具灵活性。

(3)身份认证和密钥协商实现了有机的结合,达到了客户端 STA 和接入点 AP 双向认证和密钥协商的目的。

在国标 WAPI 中,身份认证和密钥协商是作为两部分独立实现的,因此存在一些安全缺陷。自验证公钥方案采用的身份认证和密钥协商过程安全地实现了客户端 STA 和接入点 AP 双向显式的密钥认证,只有拥有与声明的身份和公钥相对应私钥的实体(STA 或 AP)才能计算出对应的消息认证码;对于采用传统公钥证书的接入点 AP 而言,只有拥有与经过合法检验过的证书相对应私钥的 AP 才能计算出对应的消息认证码,因而阻止了国标 WAI 方案中可能出现的攻击:一个合法的实体通过了证书认证,但攻击者却在密钥协商过程中取代该合法实体来完成密钥协商的问题,安全地实现了客户端 STA 和接入点 AP 在密钥协商过程中的身份认证目的。

（4）客户端 STA 只有通过了身份认证和密钥协商之后才允许接入网络。

由于自验证公钥方案采用通过了身份认证和密钥协商之后才允许客户端 STA 接入网络的方法,避免了国标 WAI 中一些攻击者利用合法用户的证书来通过证书认证接入网络,导致误收费以及对网络造成安全威胁的弊端。

（5）比国标和实施方案中的 WAI 具有更高的效率。

采用自验证公钥证书,身份认证时不需要在无线信道上传送公钥证书,也不需要认证服务单元 ASU 验证证书的合法性和有效性,从而省略了签名及签名验证等公钥算法,减少了网络负载、计算负担和传输时延。因此,相对于国标及实施方案中 WAI 的密钥协商协议,具有更高的效率。

由于计算资源的限制,客户端 STA 是协议效率的瓶颈,下面从 STA 的角度出发来分析认证协议性能,并与现有国家标准进行比较。表 3 – 5 第 1 列表示协议是否传递了证书;第 2、3 列分别表示可预计算和必须在线完成的指数运算的次数。第 4、5 列表明了协议需要进行的公钥加密和解密运算次数。协议需要的签名和验证运算次数分别在第 6、7 列中表示。第 8、9 两列为协议需要做的 Hash 和异或运算次数。

表 3 – 5　本方案与 WAPI 国家标准的比较

协议	证书	预计算	指数运算	公钥加密	公钥解密	签名	验证	Hash	异或
WAPI	Y	0	0	1	1	1	2	1	1
双自验证	N	0	2	0	0	0	0	2	0
单自验证	N	1	0	1	0	0	1	2	2

从表 3 – 5 可以看到,在本方案所提的两种认证方式中,客户端 STA 均不需要传递证书,并且指数运算和公钥运算次数非常少,分别为 2 次和 3 次,对于只有客户端采用自验证公钥的认证方式,STA 可以通过离线方式预计算 x,并存储 (N_U, x),进一步减少计算量。相比之下,WAPI 国家标准在不传递证书的前提下根本无法完成对 STA 的认证,指数运算和公钥运算次数多达 5 次,因此效率非常低。

为进一步提高协议效率,在实际应用中可选择 $g = 2$（并不减弱安全性）,其优点在于使用“平方乘”算法做模指数运算时,开始的那些平方运算无需做模约简,而且乘 g 的运算就是移位操作。同时,可选用小常数 PK_{AP} 作为接入点 AP 的加密公钥,如 $PK_{AP} = 3$,使协议效率得到进一步提高。

3.6　研究展望

由于现有的 WLAN 接入安全协议只是从 WLAN 组网的角度进行研究与设计,

缺乏对 WLAN 应用场景的整体考虑,未来的 WLAN 将是作为接入网与目前的有线互联网、3G 等移动通信、无线 Mesh 等相互连接,形成一个普适的移动计算环境。因此未来的 WLAN 接入安全协议应重点从以下三个方面进行研究:

(1) 研究跨域认证、跨域授权和责任认定等关键技术,研制新型认证授权与责任认定等系统。其主要研究内容包括跨域身份认证、跨域授权管理、动态细粒度访问控制、责任认定等技术;认证授权新型应用关键技术;新型认证授权与责任认定技术和系统等。例如:支持多种认证和授权方式,实现单点登录以及跨域身份映射,具有良好的互操作性和兼容性;研究先进的责任认定原型系统,有效支持网络环境下的责任追究和审查等。

(2) 研究 WLAN 的可信接入安全技术,支持可信终端完整性收集和验证、接入控制与域隔离、接入监管,如基于 TPM 的可信接入协议与访问控制等。

(3) 研究安全协议的形式化模型与形式化验证工具。安全协议的分析与设计异常复杂,具有很大的挑战性,需要从不同的形式化分析方法中利用各自的优点,重点研究安全协议的形式化分析与设计理论。如可证明安全方法包括 CK 模型、BCP 模型和可组合安全等方法,研究目的在于简化安全协议的分析与设计过程,使设计的协议具有可证明的安全性;需要研究无线环境下多用户网络拓扑模型,建立可证安全的、可扩展的群组密钥管理模型,设计高效、安全的群组密钥管理协议,为无线网络密钥管理系统提供有效的设计理论和方法。

问题讨论

1. WLAN 接入安全协议涉及哪些技术内容? 各自的关系是什么?
2. 试比较四种安全协议的形式化分析方法的原理与各自的不足。
3. 请从安全性、效率和扩展性等方面对 WLAN 接入安全认证协议进行比较。
4. 请比较 WPAI 协议的标准版、实施指南与 WAPI-XG1 的异同点,分析不同版本之间的安全性变化。
5. 什么是自验证公钥技术? 自验证公钥技术在 WLAN 环境下有何优势?
6. 从目前的 WLAN 应用场景来看,现有的 WLAN 接入安全协议还需要在哪些方面进行改进?
7. 请分析 IEEE 802.11i 与 IEEE 802.11w 在实现安全服务上的异同点。

参 考 文 献

[1] 中华人民共和国国家标准. GB 15629.11 – 2003 信息技术系统间远程通信和信息交换局域网和城域网特定要求第 11 部分:WLAN 媒体访问控制和物理层规范[S]. 中国标准出版社,2003.

[2] 中华人民共和国国家标准. GB 15629.1102 – 2003 信息技术系统间远程通信和信息交换

局域网和城域网特定要求第 11 部分：WLAN 媒体访问控制和物理层规范实施指南［S］. 中国标准出版社,2004.

［3］　Zhang F, Ma J F, Sangjae M. Security Analysis on Chinese Wireless LAN Standard and Its Solution：SCIAS2005：Proceeding of the Computational Intelligence And Security, Part 2, LNAI 3802［C］. Berlin：Springer,2005.

［4］　李兴华,马建峰. WAPI 实施方案中的密钥协商协议的安全性分析［J］.计算机学报,2006, 29(4)：1－5.

［5］　李兴华,马建峰. WAPI 实施方案中的密钥协商协议的安全性分析［J］. 计算机学报, 2006,29(4)：576－580.

［6］　Zhang F, Ma J F, SangJae M. The Security Analysis of the Authentication Scheme of WAPI Implementation Plan［J］. China Communication,2006,3(4)：25－32.

［7］　张帆,马建峰. WAPI 认证机制的性能和安全性分析［J］.西安电子科技大学学报：自然科学版,2005, 32(2)： 210－215.

［8］　Canetti R, Krawczyk H. Universally Composable Notions of Key Exchange and Secure Channels：Advances in Cryptology-EUROCRYPT 2002 ［C］. Lecture Notes in Computer Science, Berlin：Springer-verlag, 2002, volume 2332：337－351.

［9］　Canetti R. Universally Composable Security：A New Paradigm for Cryptographic Protocols： Proceedings of the 42nd IEEE Symposium on Foundations of Computer Science（FOCS）［C］, 2001,136－145, http://eprint. iacr. org/2000/067.

［10］　Canetti R, et al. Universally Composable Two-party and Muti-party Secure Computation： Proceedings of the 34th STOC［C］. New York：ACM Press, 2002. 494－503.

［11］　Bellare M, Canetti R, Krawczyk H. A Modular Approach to the Design and Analysis of Authentication and Key Exchange Protocols：Proceedings of the 30th Annual Symposium on the Theory of Computing［C］. New York：ACM Preee, 1998.

［12］　中华人民共和国国家标准.信息技术系统间远程通信和信息交换局域网和城域网特定要求第 11 部分：WLAN 媒体访问控制和物理层规范［S］. GB 15629. 11—2003/ XG1—2006, 2006.

［13］　IEEE Draft. IEEE 802. 11r/D2. 0 Draft Amendment to Standard for Information Technology-Telecommunicaion and Information Exchange Betweent Systems-LAN/MAN Specific Requirements-Part 11：Wireless Medium Access Control（MAC）and Physical Layer（PHY）Specification：Amendment 2：Fast BSS Transition［S］. IEEE Computer Society ,2006.

［14］　Girault M. Self-Certificated public keys：Proceedings of Europt'1998［C］. Espoo, Finland, 1998,422－436.

第4章 快速切换安全协议

随着 WLAN 的快速普及,无线接入点的密度会不断增加,移动服务的连续性要求无线网络系统支持频繁的基站切换。以 WLAN 语音服务为例,要求移动终端设备必须能够迅速地切断与一台接入点的连接,然后快速地连接到另一台接入点上。切换过程中出现的延时是由基站探测时间、安全认证时间和业务关联时间三部分组成。若时延超过 50 ms,这种间隔会被人耳明显感觉到。但是,目前 IEEE 802.11 网络中的切换延时平均在数百 ms,这可能导致传输临时中断、丢失连接和语音质量下降。因此,研究快速切换协议对广泛部署的 IEEE 802.11 语音服务极为关键。本章在对 WLAN ESS 内部切换规范 IEEE 802.11r 草案分析的基础上,为了解决草案抗 DoS 攻击能力差的问题,给出了基于 MIC 认证和基于 Hash 链表的快速安全切换协议,并给出了基于位置的快速安全解决切换方案,该方案具有 QoS 保障、位置扫描和基于位置的快速切换功能。

4.1 IEEE 802.11r 快速切换草案

近年来,用户对接入业务的需求呈现宽带化、移动化和便捷化等特点,以 IEEE 802.11b 标准为基础的宽带 WLAN 技术迎合了人们在移动状态下对宽带数据接入的需求,并在全球得到了大规模推广与应用。由于 IEEE 802.11 系列标准解决了空中接口兼容性问题,促使 WLAN 技术近几年的迅速发展,有力地促进了 WLAN 终端和接入点 AP 的互通,因此无线设备成本快速下降。在提供 Internet 接入业务的同时还提供语音通信和移动通信功能的宽带 WLAN 技术已经成为当前的研究热点。

4.1.1 草案简介

为了支持 STA 的移动性,IEEE 802.11 工作组首先提出了 IEEE 802.11f 标准,即 IAPP (Inter-Access Point Protocol)[1]协议,该标准规定了 STA 在同一网段上多个 AP 之间的漫游功能,是 AP 之间进行通信、交换和切换相关信息的协议。所谓"切换"是指 STA 在移动到两个 BSS 覆盖范围的临界处时,STA 与新 AP 重新关联并与原 AP 断开关联的过程。IEEE 802.11f 标准规定了由 STA、多个 AP、DS(Distribution Service),以及 RADIUS 服务器组成的系统来实现 STA 在同一个 ESS 下不同 AP 之间切换功能。若因无线链路的原因 STA 需要发生切换时,在与新 AP 进行正常通信前,必须与新 AP 进行重新认证和重新关联。IAPP 协议是一个应用在 IP 层之上的高层协议,为了保证 AP 之间安全通信,支持 IAPP 协议的 AP 应当向 RADI-US 服务器进行注册,建立 AP 之间的安全通信连接。AP 与 RADIUS 之间的交互信息包括 AP 的 BSS ID 到 IP 地址之间的映射,RADIUS 向 AP 发送密钥以保证 AP 之间的安全通信。当 STA 需要切换时,需向新 AP 发出关联或者重新关联消息,AP 应与 RADIUS 服务器进行消息交互,实现新 AP BSS ID 与 IP 地址的映射,并且由 RADIUS 服务器向 AP 发送相应的密钥。由于每次 STA 切换时 AP 都需要与 RADI-US 服务器进行消息交换,因此发生切换的时延比较长。为此 IEEE 802.11 委员会成立了 TGr 任务组进行 FBT(Fast BSS Transition)的研究,目的是为了研究支持时延敏感业务的快速切换技术。

IEEE 802.11 的 TGr 任务组在 2004 年底提出了 IEEE 802.11r 的 D0.00 版本,并于 2005 年 11 月提出了 D1.00 版本[2],以下对于 IEEE 802.11r 的介绍都是基于 D1.00 版本的。

IEEE 802.11r 规定了发生切换时 STA 与同一 ESS 下的 AP 之间的通信流程(包括验证密钥),实现基于无线数据和无线语音的快速漫游协议。对于 STA 发生切换的条件,STA 在不同 ESS 下的 AP 之间切换不在 IEEE 802.11r 的规定范围之内。IEEE 802.11r 技术适用于 IEEE 802.11i 的 RSN 和 IEEE 802.11e 网络,也适用于不支持 IEEE 802.11i 的 RSN 和 IEEE 802.11e 网络。

当 STA 发生切换时,应与当前 AP 断开连接,与新 AP 建立新的连接,这个过程引起了短暂的连接消失,可能导致丢包和上层协议的重传,最终导致切换时延变长。IEEE 802.11r 的目的是为了减少切换的时延,用于支持对时延敏感的 VoIP 等实时业务。切换时延包括实现 IEEE 802.11i 中规定的认证时延、密钥交换时延以及重关联时延等。IEEE 802.11r 通过研究新的认证协议、新的密钥管理协议、更快的 PTK 算法以及在重关联或者关联之前的资源的预留,努力使验证和切换的时间压缩到最小程度。

4.1.2 快速切换协议

IEEE 802.11r 快速切换协议包括发现(Discovery)、资源确认和配置(Resource Allocation)以及快速切换(Fast BSS Transition)三个阶段。发现阶段是指当 STA 发生切换之前,应该通过扫描其它的无线信道,发现候选切换的 AP,以决定候选目标 AP 的过程。如果 STA 当前连接支持的业务需要一定的资源,那么候选的目标 AP 应该能够具备一定的资源,以支持此业务的切换。

在 IEEE 802.11e 的关联过程中,支持 IEEE 802.11e 的 QSTA 与目标 AP 发生关联,然后进行资源确认和预留。此关联过程势必大大增加切换的时间,而且不能保证目标 AP 满足业务所需的资源要求,可能引起再一次的切换。在 FBT 网络中,资源确认和配置阶段是指当 STA 发生切换时,在与新 AP 发生关联之前就应该与新 AP 进行通信以确保目标 AP 具备所需的各类资源的过程。快速切换阶段是指 STA 一旦确定了目标 AP,与原 AP 断开连接并与新 AP 建立连接的过程。

　　RSN 中的快速切换过程包括建立新信道的无线连接与新 AP 建立关联,接着是认证过程(也可以在关联之前实现预认证),然后是密钥管理阶段,最后是确认其它的一些连接参数,例如 QoS 参数。在 RSN 中,由 IEEE 802.1X 认证引入的时延可以通过 PMK(Pairwise Master Key)的缓存和预认证来降低。当 STA 在与新 AP 关联之前或者预认证阶段缓存了安全关联,STA 与新 AP 关联时无需再进行重新认证,但是还需要通过 IEEE 802.11i 规定的四步握手协议实现密钥的管理和分发。STA 可以在当前 AP、DS 与新 AP 实现关联之前的预认证过程中,建立 PMK 安全关联 SA,然后在与新 AP 的关联或者重关联阶段中通过 PMK ID 得到已经缓存的 PMK。在与 AAA 服务器进行 EAP 认证时,AAA 服务器向 AP 返回认证有效存活时间参数,例如 RADIUS 服务器和 Diameter 服务器返回的 Session-Timeout 属性。PMK 作为认证的结果,AAA 服务器的存活时间作为 PMK 的存活时间。AP 为了保持业务的连续性应该在存活时间之内发起重新认证过程。在以前的 RSN 安全关联中,AP 并不告诉 STA 有关 PMK 的超时信息,因此当 STA 利用 PMK ID 试图发起重关联时,发现 AP 可能因 PMK 超时而不接收重关联,导致需要完整的认证过程。因此,为了实现快速切换也无法采用 RSN 中的重关联过程。FBT 网络通过定义新的密钥管理协议用于减少动态密钥分发带来的时延,通过告知 PMK SA 的存活时间,STA 可以选择合适的 PMK 作为密钥,以判断是否能够采用预密钥或者需要进行预认证过程。

　　IEEE 802.11r 定义了两种切换方式实现快速切换:

　　(1) 基本方式(BasicMechanism)　指在重关联阶段进行资源的分配和其它所需信息的交互。这种方式适用于 AP 工作在轻载状态,并且通过 Beacon/Probe 响应消息获得目标 AP 的资源状况的场合。在支持 IEEE 802.11e 的 QoS 网络中,AP 通过 Beacon/Probe 响应消息中的 QBSSIE(信息元素)进行能力告知。QBSSIE 包括三个字段,分别是已经关联的 STA 数、BSS 信道使用情况和允许的接入能力。

　　(2) 预先保留资源方式(Pre-Reservation Mechanism)　指在重关联阶段之前预先进行资源确认和分配。这种机制适用于 DS 架构变化缓慢或者希望通过明确的资源保留来确保的业务 QoS 的场合。

　　图 4-1 是一个典型的快速切换拓扑结构,包括多个目标 AP、DS 和认证服务器。假设 DS 是安全的,即 AP 之间的通信是安全的。STA 已经与 AP1 进行连接,上面有多个 QoS 业务流。在此拓扑中,STA 发生切换时,AP2 和 AP3 作为候选的目标 AP 可以切换。设 STA 通过扫描或者其它办法确定最佳的目标 AP 为 AP2,则 STA 可以通过两种途径向目标 AP 发起资源请求(Resource Request):一种是 STA

暂时断开当前的无线信道,通过其它的无线信道与目标 AP2 进行通信;另一种是 STA 通过当前的 AP1 转发 STA 的资源请求与目标 AP2 进行通信。无论哪种方式,STA 和目标 AP 之间都是通过 RRSAP(Resource Request Service Access Point)模块进行资源配置的。

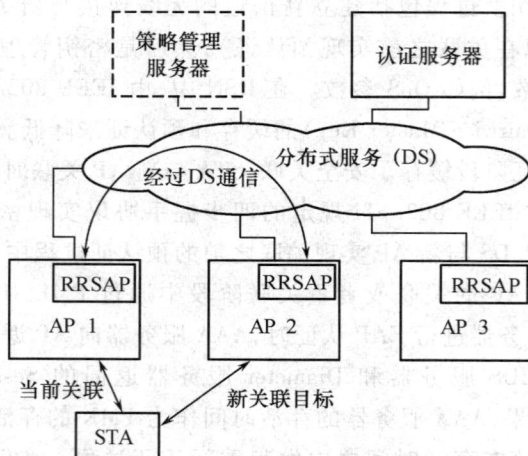

图 4-1　快速切换典型拓扑示意图

　　从图 4-2 可以看出,STA 上的 RRSAP 产生资源请求消息,AP 上的 RRSAP 接收和处理来自 STA 的资源请求,并且响应 STA 的资源请求。从图 4-3 可以看出,STA 的 RRSAP 与当前 AP 的代理功能(Broker Function)模块进行资源请求与响应,STA 发送对目标 AP 的资源请求消息,当前 AP 的代理功能模块向目标 AP 转发资源请求,目标 AP 接收资源请求。代理功能模块可以按转发策略实现资源请求消息的转发,限制 STA 发起的资源请求数或者能够同时保留资源的 AP 数。STA 可以选择在切换之前在目标 AP 上保留资源,如果提前在目标 AP 上保留了资源,那么此资源在目标 AP 上的保存将持续一段时间,STA 应该在此时间内完成切换过程。

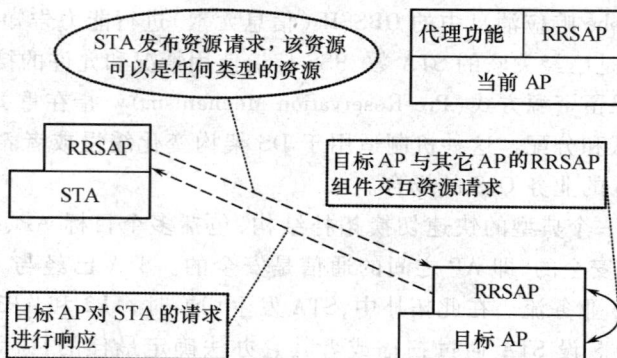

图 4-2　通过无线方式实现资源请求功能图

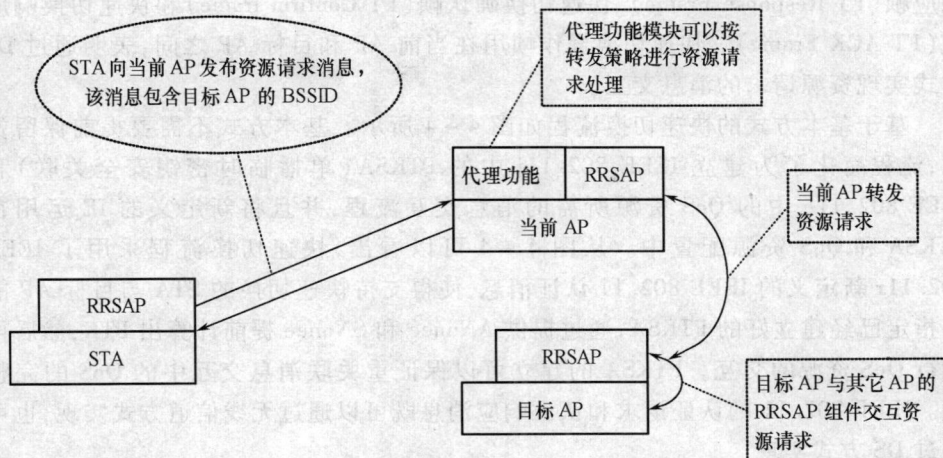

图 4-3 通过 DS 方式实现资源请求功能图

IEEE 802.11r 通过定义一个资源信息存储器 (Resource Information Container, RIC) 提供资源的保留机制。STA 发起的资源请求消息中应该包括各种强制的和可选的资源。对支持 RSN 的网络,FBT 定义了一种在 STA 与目标 AP 之间的预密钥或者资源预留机制,定义了新的 IEEE 802.11 的认证消息用来允许客户端在重关联或关联之前发起握手消息生成 PTK。

4.1.3 快速切换流程

IEEE 802.11r 对快速切换功能的支持可以通过扩展的 IE(信息元素)中的能力比特位进行指示。在 IEEE 802.11r 中单独定义了快速切换 IE(快速切换信息元素),其中包括两个附加的 IE,一个用于 QoS 参数(TRIE),另一个用于安全参数(TSIE)。可以通过在 Beason/Probe 响应消息中包括的所有的 IE 进行能力交互。IEEE 802.11r 定义了新的 IEEE 802.11 认证流程,允许支持快速切换的 STA 发起快速切换认证请求。

IEEE 802.11r 定义了三类帧格式用于快速切换。第一类是快速切换认证帧(Authentication Frame),包括第 1 帧、第 2 帧、第 3 帧和第 4 帧共四种帧。其中第 1 帧是快速切换认证请求帧,由 STA 发往目标 AP,第 2 帧是目标 AP 对 STA 的认证请求的响应帧。这两个帧用于 AP 和 STA 各自交换 ANonce 和 SNonce,用于产生 PTK。如果是非 RSN,则这两个帧等同于 IEEE 802.11 中的开放认证帧。第 3 帧和第 4 帧分别是 IEEE 802.11 认证确认帧和 IEEE 802.11 认证 ACK 帧,用在预先资源保留方式中的 PTK 生存时间交互和对资源进行提前保留。第二类是快速切换重关联帧(Reassociation Frame),包括重关联请求帧和重关联响应帧。第三类是快速切换操作帧(Action Frame),包括快速切换请求帧(FT Request Frame)、快速切换响应帧(FT Response Frame)、快速切换确认帧(FT Confirm frame)和快速切换响应帧(FT ACK Frame)。快速切换操作帧用在当前 AP 和目标 AP 之间,表明通过 DS 方式实现资源请求的消息交互。

　　基于基本方式的快速切换流程如图 4-4 所示。基本方式不需要提前保留资源,流程简化了为建立 IEEE 802.11i 中的 PTKSA(单播临时密钥安全关联)和 IEEE 802.11e 中的 QoS 资源所需的消息交互流程,并且将新定义的 IE 运用在 PTKSA 和 QoS 资源配置中。从图 4-4 可以看出,快速切换流程采用了 IEEE 802.11r 新定义的 IEEE 802.11 认证消息,使得支持快速切换的 STA 与目标 AP 能够指定已经建立好的 PTKSA,通过提供 ANonce 和 SNonce 提前计算出 PTK,然后再进行 QoS 资源的交互。PTKSA 的建立可以保证重关联消息交互中的 QoS 的完整性。IEEE 802.11 的认证请求和认证响应消息既可以通过无线信道方式实现,也可通过 DS 方式实现。

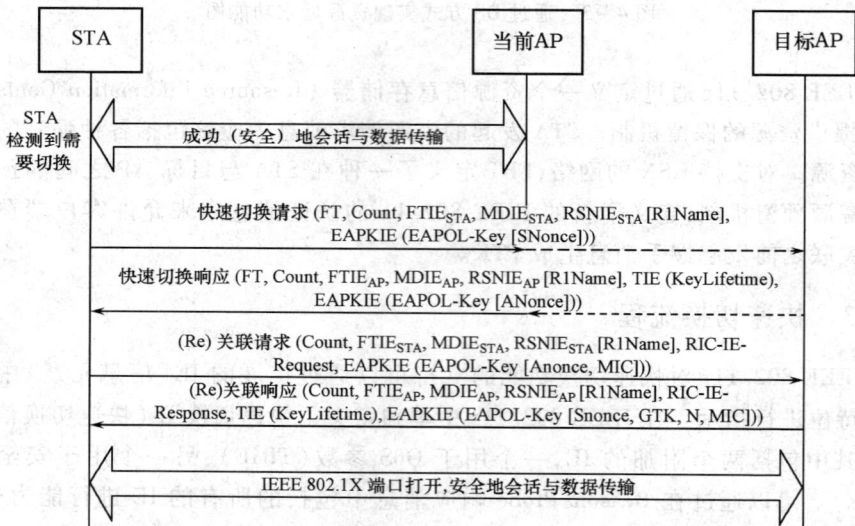

图 4-4　基于基本方式的快速切换流程图

　　在无线信道方式和 DS 方式下,基于预先保留资源方式的快速切换通过预先在目标 AP 上保存 PTKSA 和 QoS 资源,从而更好的减少切换产生的时延。同时,通过新引入的 RIC 表明各种资源要求和各类资源请求的集合。RIC 本质上是各类 IE 的集合,包括资源数目、资源要求的说明和各种资源要求之间的关系。与基本方式的快速切换类似,预保留资源方式的快速切换方式也采用了新的 IEEE 802.11 认证流程,如图 4-5 所示。

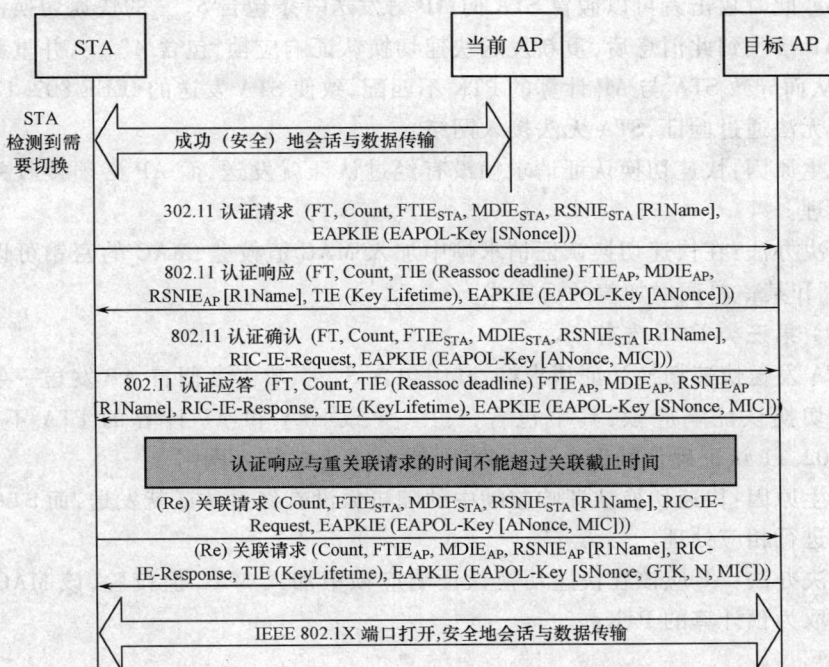

图 4-5 基于预保留资源方式的快速切换流程图

4.1.4 安全问题

IEEE 802.11r 快速切换认证请求帧和快速切换认证响应帧中,缺少对随机数的认证,因此面临比 IEEE 802.11i 更为严重的 DOS 攻击。

(1) 第一类 DOS 攻击

STA 可以只发送一条快速切换认证请求帧,但是 AP 必须接收所有到来的快速切换认证请求帧,以使协议进行下去,因此,攻击者可以轻易地发送篡改的假冒快速切换认证请求帧。攻击者可以向 AP 发送大量快速切换认证请求帧,AP 接收到快速切换认证请求帧后,需要进行后继操作,包括产生及发送 ANonce、预计算 PTK 以及保持一个连接状态等,有可能会使其内存及计算资源耗尽。

产生原因:快速切换认证请求帧中的随机数没有经过认证就发送,而 AP 必须接收该消息并进行相应处理。

解决办法:在快速切换认证请求帧中加入 MAC 值校验,MAC 的密钥可以取为 PMKR1 和某一单调增加值的运算式。

(2) 第二类 DOS 攻击

STA 向 AP 发送快速切换认证请求帧,其中包含 S_{Nonce};AP 响应一条快速切换认证响应帧,其中包含 A_{Nonce};同时计算 PTK;STA 收到此消息后,计算 PTK 以及

MIC 值。此时攻击者可以假冒 STA 向 AP 另发送一条包含 S'_{Nonce} 的快速切换认证请求帧,AP 接收到此消息后,重新发送快速切换认证响应帧,包含 A'_{Nonce},并重新计算 PTK',从而导致 STA 与 AP 计算的 PTK 不匹配,致使 STA 发送的 IEEE 802.11 认证确认帧无法通过验证,STA 无法接入网络。

产生原因:快速切换认证请求帧没有经过认证就发送,而 AP 必须接收并进行相应处理。

解决办法:在快速切换认证请求帧中加入 MAC 值校验,MAC 的密钥可以取为 PMKR1 和某一单调增加值的运算式。

(3) 第三类 DOS 攻击

STA 发送快速切换认证请求帧,其中包含 S_{Nonce};攻击者假冒 AP 发送一条篡改的快速切换认证响应帧,其中包含 A'_{Nonce},导致 STA 和 AP 计算的 PTA 不匹配,IEEE 802.11 认证确认帧无法通过验证,使 STA 无法接入网络。

产生原因:快速切换认证响应帧中的随机数没有经过认证就发送,而 STA 必须接收并进行相应处理。

解决办法:AP 应该在快速切换认证响应帧中加入 MAC 值校验,该 MAC 的密钥可以取为预计算的 PTK。

4.2　IEEE 802.11r 草案安全解决方案

针对 IEEE 802.11r 中存在的安全问题,目前提出了两种解决方案。

4.2.1　基于 MIC 认证解决方案

通过在切换请求消息和切换响应消息中加入 MIC(Message Integrity Code)值进行校验,可以有效解决上述安全问题。出于密钥安全性的考虑,切换请求消息中的 MIC 密钥值可以取为用某一伪随机函数 $prf(\ )$ 对 PMK_1 进行处理后的数据,切换响应消息中的 MIC 密钥值可以从预计算的 PTK 中推导出来。

改进后的协议采用隐式密钥认证的方式,整个协议过程缩短为两步完成。具体过程如下:

① TSTA 向目标 AP 发送切换请求消息,其中包含一个随机数 SNonce,然后对切换请求消息进行消息完整性验证,MIC 密钥设为用某一伪随机函数 $prf(\ )$ 对 PMK_1 进行处理后的数据;

② 目标 AP 根据接收到的随机数 SNonce 及自己产生的随机数 ANonce,计算出临时会话密钥 PTK;目标 AP 向 TSTA 发送切换响应消息中包含随机数 ANonce,并计算消息完整性验证码,MIC 密钥从 PTK 中推导出来。

当(Re)association 成功后,TSTA 和目标 TAP 上的 8021X 端口都被打开,并且带有 QoS 的数据连接也被建立。

改进后的协议交互过程如图 4 - 6 和图 4 - 7 所示。此方案是针对原 IEEE 802.11r 标准认证请求、认证响应、Action 请求以及 Action 响应四条消息提出的改进,将原四条消息改进为二条消息,对于原方案其它部份则未做改动,包括原 IEEE 802.11r 标准中提出的 Over-DS 和 Over-Air 方式的执行过程,以及预保留 QoS 资源情况下的认证请求和认证响应这两条消息。

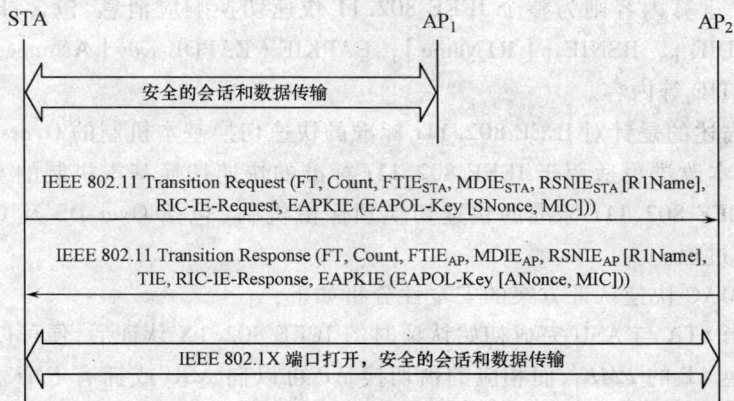

STA   AP₁   AP₂

安全的会话和数据传输

IEEE 802.11 Transition Request (FT, Count, FTIE$_{STA}$, MDIE$_{STA}$, RSNIE$_{STA}$ [R1Name], RIC-IE-Request, EAPKIE (EAPOL-Key [SNonce, MIC]))

IEEE 802.11 Transition Response (FT, Count, FTIE$_{AP}$, MDIE$_{AP}$, RSNIE$_{AP}$ [R1Name], TIE, RIC-IE-Response, EAPKIE (EAPOL-Key [ANonce, MIC]))

IEEE 802.1X 端口打开,安全的会话和数据传输

图 4 - 6 改进后的基本切换机制(Over-Air)

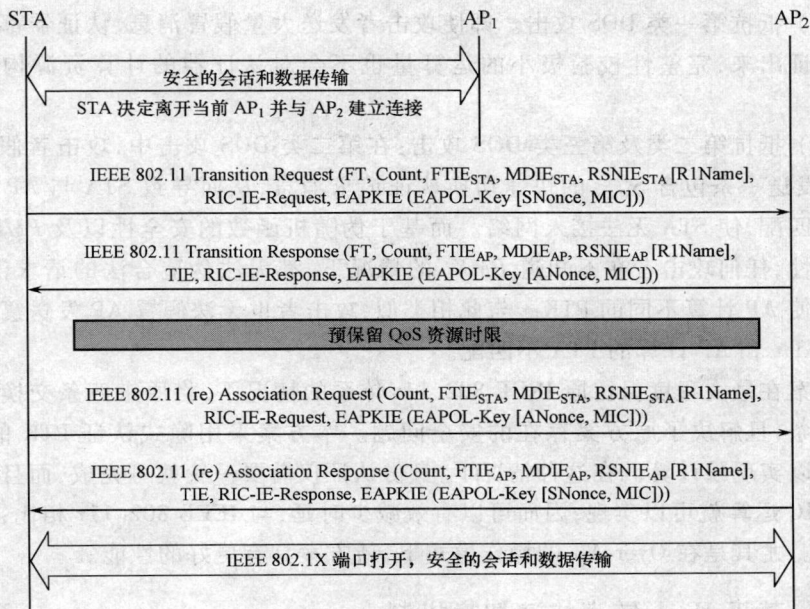

STA   AP₁   AP₂

安全的会话和数据传输
STA 决定离开当前 AP₁ 并与 AP₂ 建立连接

IEEE 802.11 Transition Request (FT, Count, FTIE$_{STA}$, MDIE$_{STA}$, RSNIE$_{STA}$ [R1Name], RIC-IE-Request, EAPKIE (EAPOL-Key [SNonce, MIC]))

IEEE 802.11 Transition Response (FT, Count, FTIE$_{AP}$, MDIE$_{AP}$, RSNIE$_{AP}$ [R1Name], TIE, RIC-IE-Response, EAPKIE (EAPOL-Key [ANonce, MIC]))

预保留 QoS 资源时限

IEEE 802.11 (re) Association Request (Count, FTIE$_{STA}$, MDIE$_{STA}$, RSNIE$_{STA}$ [R1Name], RIC-IE-Request, EAPKIE (EAPOL-Key [ANonce, MIC]))

IEEE 802.11 (re) Association Response (Count, FTIE$_{AP}$, MDIE$_{AP}$, RSNIE$_{AP}$ [R1Name], TIE, RIC-IE-Response, EAPKIE (EAPOL-Key [SNonce, MIC]))

IEEE 802.1X 端口打开,安全的会话和数据传输

图 4 - 7 改进后的预保留切换机制(Over-Air)

　　快速切换请求消息中的 MIC 运算其密钥为 $prf(PMK_1)$，其中 $prf(\ )$ 为某一伪随机函数，它的目的是为了防止重用密钥影响 PMK_1 的安全性，MIC 运算内容则为整个 IEEE 802.11 快速切换请求消息，包含：FT, Count, $FTIE_{STA}$, $MDIE_{STA}$, $RSNIE_{STA}$[R1Name], RIC-IE-Request, EAPKIE(EAPOL-Key[SNonce]等内容。

　　快速切换响应消息中的 MIC 运算其密钥由 PTK 按照 IEEE 802.11r 标准推导而出，MIC 运算内容则为整个 IEEE 802.11 快速切换响应消息，包含：FT, Count, $FTIE_{AP}$, $MDIE_{AP}$, $RSNIE_{AP}$[R1Name], EAPKIE(EAPOL-Key[ANonce], RIC-IE-Response, TIE 等内容。

　　以上描述的是针对 IEEE 802.11r 标准的快速切换基本机制的 Over-Air 形式进行的改进，本改进也适用于 IEEE 802.11r 标准的快速切换基本机制的 Over-DS 形式，以及 IEEE 802.11r 标准的快速切换预保留机制（包括 Over-DS 及 Over-Air 形式）的相应过程。

　　基于 MAC 快速认证方案的安全性分析如下：

　　（1）当 STA 与 ASU 完成初始认证时的 IEEE 802.1X 认证后，便可以计算任何一个预切换 AP 的 PMK_1，而相应的预切换 AP 可以向 ASU 或拥有 PMK_0 的初始接入 AP 索取与接入 STA 对应的 PMK_1，除了 ASU 或拥有 PMK_0 的初始接入 AP 外，该 PMK_1 仅为 STA 与预切换 AP 所知，其它任何实体都无法伪造，因此该 PMK_1 可用作 STA 与预切换 AP 相互认证身份。

　　（2）抵抗第一类 DOS 攻击。即使攻击者发送大量假冒消息，认证器都可以轻易地验证出来，完整性校验极小的运算量也不会对认证器的计算资源构成较大威胁。

　　（3）抵抗第二类及第三类 DOS 攻击：在第二类 DOS 攻击中，攻击者假冒 STA 向 AP 发送一条包含 S'_{Nonce} 的快速切换认证请求消息，从而导致 STA 与 AP 计算的 PTK 不匹配，使 STA 无法接入网络。而基于伪随机函数的安全性以及 PMK_1 数据的保密性，任何攻击者在不知道 PMK_1 的情况下，都无法伪造合法的请求消息，也就不会使 AP 计算不同的 PTK。与此相类似，攻击者也无法假冒 AP 发送篡改的消息，使 STA 和 AP 计算的 PTA 不匹配。

　　方案在最大程度保留原 IEEE 802.11r 体系的情况下，将原来四条交换消息减少为两条，且解决了原方案存在的安全问题。本方案采用隐式认证 PTK 的方式，PTK 可以实现预计算。在这种情况下，身份认证仅需要一轮就可完成，而且仅需要进行 MIC 运算就可以实现，因而可以有效减少时延，与 IEEE 802.11r 相比，性能明显优化。尤其是在 Over-Air 的操作模式下，新方案具有更好的性能。

4.2.2　基于 Hash 链表快速切换机制

　　基于 Hash 链表的快速切换机制是为了解决 IEEE 802.11r 快速切换机制面临的安全问题而提出的一项新技术，它通过采用单向 Hash 链表实现对 STA 和 AP 的双向身份认证,能够有效抵抗 IEEE 802.11r 快速切换机制无法解决的三类 DOS 攻击,分析表明,所提的技术发明具有更高的安全级别。此外,由于采用了 Hash 链表进行身份认证,所提的技术发明可以将信息交换减少到一轮(2 次)即可实现,相比原方案 2 轮(4 次)的信息交换而言,减少了交换次数,并且没有增加运算开销,因而具有更好的性能。

目前,无线通信设备继续向着规模更小、能耗更低的方向演进,笔记本电脑、PDA 和蓝牙技术等低能耗设备和技术的广泛应用,迫切要求"轻量"安全方案的提出。正是出于这方面的考虑,这里选择采用单向 Hash 链表实现 STA 移动过程中的认证。单向 Hash 链表由单向 Hash 函数不断重复递推得到。图 4 – 8 中每列均为一个单向 Hash 链表。以右起第 1 列为例:$K(N,N)$ 为初始随机选择的密钥,按公式 $K(N,N-1) = F_2(K(N,N))$,$K(N,N-2) = F_2(K(N,N-1))$,依此递推,最后可得到 $K(N,0) = F_2(K(N,1))$。此处,$K(N,0)$ 称为第 N 条 Hash 链表的根,F_1 和 F_2 均为单向伪随机函数。

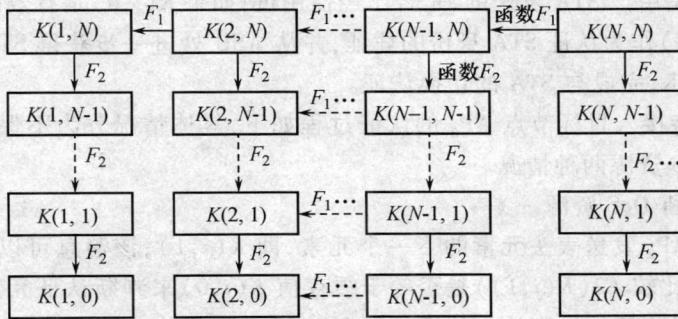

图 4 – 8　单向 Hash 链表树

由于 STA 在漫游切换过程中可能产生多条 Hash 链表,为了减少运算开销,可以采用 Hash 链表树(Hash Chain Tree)的方式生成多条 Hash 链表。Hash 链表树是由一系列单向 Hash 链表组成的,因此 Hash 链表树也是单向的。在图 4 – 8 中,各列的单向 Hash 链表称为该树的子链;横向第 1 行为每个子链的生成值,它们也组成一个单向 Hash 链表。因此,若单向函数 F_1 和 F_2 已知,即可由 $K(N,N)$ 推得整个 Hash 链表树。$K(N,N)$ 称为整棵 Hash 链表树的根。

利用单向 Hash 链表树可以进行某些认证服务。例如:若发送方用其私钥对 $K(N,j)$ 做数字签名,那么任何拥有发送方公钥的实体,均可验证发送方的数字签名,并得到 $K(N,j)$;接收方得到 $K(N,j)$ 后,可用公式 $K(N,j+1) = F_2(K(N,j))$,验证 $K(N,j+1)$。进一步可证明,只要接收方知道 $K(N,i)$,且 $i < j$,就可用 $K(N,j) = F_2^{j-i}(K(N,i))$ 来验证 $K(N,j)$。由于 Hash 链表树运算量很小,运用 Hash 链表树的认证协议是"轻量"的,可大大降低对消息交互认证的延时。

（1）初始注册认证

STA 第一次进入网络，首先与认证服务单元 ASU 进行完整的 IEEE 802.1X EAP 认证，双方之间建立了共享的会话主密钥 MSK，具体认证过程与 IEEE 802.11i 或 IEEE 802.11r 的认证相似。STA 利用 MSK 根据密钥推导算法推导出会话密钥 PTK，密钥推导算法与 IEEE 802.11i 或 IEEE 802.11r 规范相同。STA 预计算一个单向 Hash 链表树，将各列单向 Hash 链表的根（如 $K(1,0)\cdots K(N,0)$）以加密的方式发送给 ASU 作为以后快速切换时的认证凭证，即 STA 将 $\{K(1,0)\cdots K(N,0)\}_{PTK}$ 发送给 ASU。

（2）切换的认证

当 STA 打算从当前接入点 AP_1 切换到目标节点 AP_2 时，首先从单向 Hash 链表树取出某列单向 Hash 链表，将其根元素（如 $K(i,0)$）发给当前接入点 AP_1 作为与待接入目标节点 AP_2 初始接入时的认证凭证。目标节点 AP_2 收到当前接入点 AP_1 发来的根元素 $K(i,0)$ 后，利用认证服务单元 ASU 来判断 $K(i,0)$ 的有效性，即 $K(i,0)$ 是否是由该 STA 发送的，是否已经使用过；如果 $K(i,0)$ 是有效的，则 AP_2 缓存元素 $K(i,0)$ 作为认证 STA 身份的凭证，并从 ASU 处进一步获得 STA 与 ASU 共享的密钥 PMK，完成与 STA 的切换认证。

STA 与待接入目标节点 AP_2 的认证过程如下，具体情况分为不保留 QoS 资源和预保留 QoS 资源两种情况。

① 不保留 QoS 资源

STA 向 AP_2 发送表头元素的下一个元素，即 $K(i,1)$，该消息可以明文形式传输；AP_2 通过比较 $F2(K(i,1))$ 是否等于缓存值 $K(i,0)$ 来判断认证元素 $K(i,1)$ 的有效性。如果相等的话则认为认证元素 $K(i,1)$ 是可信的，同时缓存认证元素 $K(i,1)$ 作为下一次认证 STA 的凭证。AP_2 选取一个随机数 R，计算消息认证码 MIC_{k_a}（"0"，I_{STA}，I_{AP}）发送给 STA，其中消息认证码密钥 k_a 和会话密钥 k_d 根据密钥链推导公式计算，I_{STA}、I_{AP} 分别为 STA 和 AP_2 的身份。STA 收到 AP_2 发来的消息后，计算出消息认证码密钥 k_a 和 k_d，验证 AP_2 发来的消息认证码的有效性，如果有效的话，STA 计算消息认证码 MIC_{k_a}（"1"，I_{STA}，I_{AP}），并发送给 AP_2。AP_2 收到 STA 发来的消息后，验证消息认证码的有效性，如果有效的话，则完成了双向认证过程。以后的认证过程与此相类似，不保留 QoS 资源的切换如图 4-9 所示。

② 预保留 QoS 资源

过程与不保留 QoS 资源类似，在完成上述过程之后，STA 需要在重关联截止时间前与 AP_2 进行重关联，以利用预先保留的资源，具体过程如下：

STA 向 AP_2 发送当前 Hash 链表的下一个元素，如 $K(i,j)$ 作为重关联请求，该消息可以明文形式传输；AP_2 通过比较 $F_2(K(i,j))$ 是否等于缓存值 $K(i,j-1)$ 来判断认证元素 $K(i,j)$ 的有效性。如果相等的话则认为认证元素 $K(i,j)$ 是可信的，同时缓存认证元素 $K(i,j)$ 作为下一次认证 STA 的凭证。AP_2 选取一个随机数 R'，计

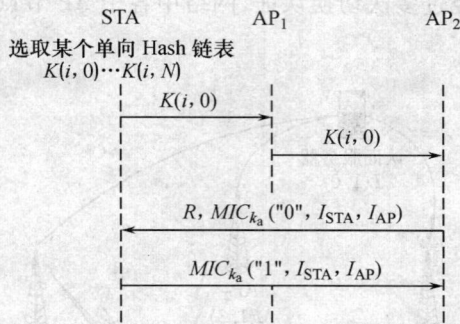

图 4 – 9　不保留 QoS 资源的切换

算消息认证码 MIC_{k_a} ("0", I_{STA}, I_{AP}) 发送给 STA,其中消息认证码密钥 k_a 和会话密钥 k_d 根据密钥推导公式计算,I_{STA} 和 I_{AP} 分别为 STA 和 AP_2 的身份。STA 收到 AP_2 发来的消息后,计算出消息认证码密钥 $k_{a'}$ 和 $k_{d'}$,验证 AP_2 发来的消息认证码的有效性,如果有效的话,STA 确信 AP_2 的身份,并且确信能够使用预保留的资源。STA 计算消息认证码 $MIC_{k_{a'}}$ ("1", I_{STA}, I_{AP}),并发送给 AP_2。AP_2 收到 STA 发来的消息后,验证消息认证码的有效性,如果有效的话,则将 STA 接入网络,同时将预保留的资源分配给 STA。

保留 QoS 资源的切换执行过程如图 4 – 10 所示。

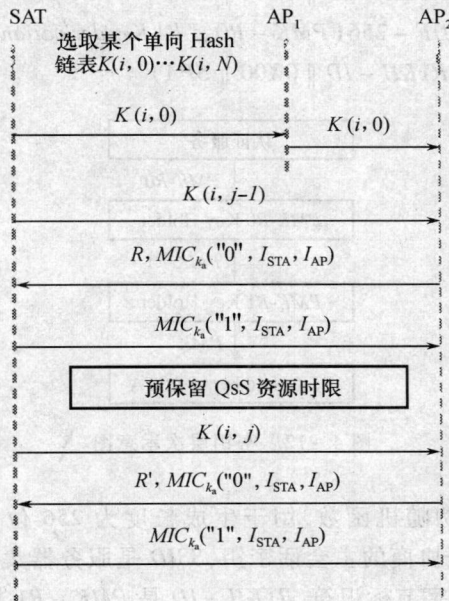

图 4 – 10　保留 QoS 资源的切换

图 4-11 描述了经过多次切换认证,网络中各个 AP 节点可能缓存的认证凭证状态。

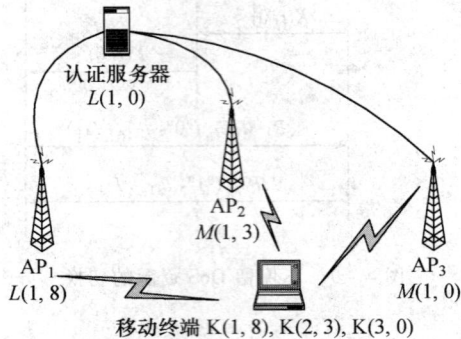

图 4-11　AP 节点认证凭证的缓存状态

（3）密钥层次

密钥层次结构采用与 IEEE 802.11r 相同的密钥层次结构,具体分为 $PMK-R0$、$PMK-R1$ 和 PTK 三层,如图 4-12 所示,其中 $PMK-R0$ 和 $PMK-R1$ 的计算方式不变,而 PTK 则采用新的计算公式:

$$PMK-R0 = KDF-256(MSK, "R0\,Key\,derivation", SSID$$
$$\| R0KH-ID \| 0X00 \| SPA)$$
$$PMK-R1 = KDF-256(PMK-R0, "R1\,Key\,derivation", PMK-R0-name$$
$$\| R1KH-ID \| 0X00 \| SPA)$$

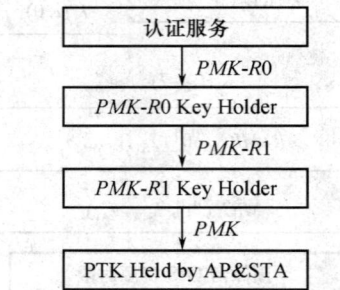

图 4-12　密钥层次示意图

其中:$KDF-256$ 为一伪随机函数,用于生成长度为 256 位的密钥,MSK 是经过 IEEE 802.1X EAP 认证协商的主会话密钥,$SSID$ 是服务器集标识符,$R0KH-ID$ 是 $PMK-R0$ 持有者的 16 字节标识符,$R1KH-ID$ 是 $PMK-R1$ 持有者的 16 字节标识符,SPA 是 STA 的 MAC 地址,$Truncate-128$ 返回前 128 位的字符,并安全销毁剩下的字节。

　　在切换发生时,AP_1 向 AP_2 转发 STA 的 Hash 链表认证元素;AP_2 需要向 ASU 或最初始接入 AP 索取 PMK_1 信息,并产生随机数 R。假设当前 STA 传送的认证凭证为 $K(i,j)$,则 PTK 采用如下的定义计算:

$$PTK = KDF - PTKLen(PMK_1, "PTK\ Key\ derivation", K(i,j) \parallel R$$
$$\parallel R0KH - ID \parallel R1KH - ID \parallel AA \parallel SPA)$$

$PTKName$ 采用如下的方式计算:

$$PTKName = Truncate - 128(SHA - 256(R1Name \parallel "PTK\ Name"$$
$$\parallel K(i,j) \parallel R \parallel BSSID \parallel SPA))$$

其中:$KDF - PTKLen$ 为 IEEE 802.11r 标准中定义的用于生成长度为 $PTKLen$ 的 PTK 的 KDF 函数。

　　其它如消息认证码密钥 MK、会话加密密钥 EK、临时密钥 $TK1$ 等密钥依据 IEEE 802.11i 标准从 PTK 中获取。

　　消息认证码密钥 MK 取自 PTK 的前 128 位。

　　会话加密密钥 EK 取自 PTK 的 128 ~ 255 位。

　　临时密钥 $TK1$ 取自 PTK 的 256 ~ 383 位。

　　消息认证码 $MIC_{k_a}("0", I_{STA}, I_{AP})$ 的密钥 k_a 和会话密钥 k_d 分别按照上述 MK 和 EK 的密钥推导公式计算,I_{STA}、I_{AP} 分别为 STA 和 AP_2 的身份,密钥推导过程如图 4-13 所示。

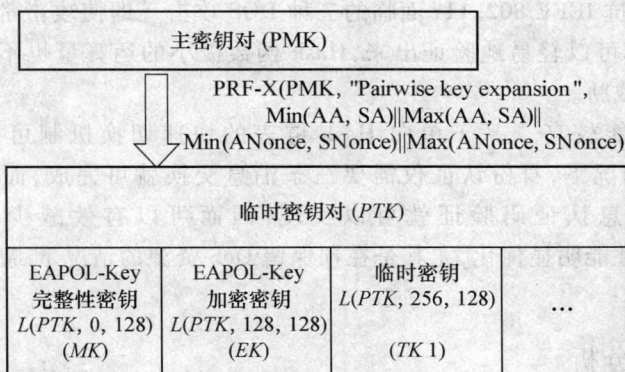

图 4-13　密钥推导示意图

（4）方案的安全性及性能分析

　　基于单向 Hash 链表的快速切换机制的整体安全性是构建在单向 Hash 函数不可逆性的基础上的,只有 STA 自己掌握认证凭证,并且每个认证凭证只能使用一次,依赖于单向 Hash 函数的性质,窃听者不可能获得任何有用的消息,也就无法假冒 STA 身份进行欺骗,此外 Hash 函数的计算量极低,非常适合用于无线环境下作为认证手段使用。

安全性分析如下：

① 通信实体间的相互认证　除了 STA 与 ASU 初始认证时需要建立 IEEE 802.1X 的认证,以后通信实体间的相互认证对 STA 而言都是采用基于单向 Hash 链表树的逐跳(Hop-by-Hop)安全认证,基于单向 Hash 函数不可逆性,攻击者无法伪造合法的 Hash 值进行攻击;而对 AP 的认证则采用消息认证码的形式,在共享密钥不泄露的条件下,攻击者无法伪造合法的消息认证码,因而可以实现双向的身份认证。

② 每一切换 AP 只知道自己的 PMK_1,而无法计算出其它 AP 对应的 PMK_1,因此通信是安全的。

③ 防止重放攻击　认证凭证,如 $K(i,j)$,只能使用一次,下一次的认证凭证则会变为 $K(i,j-1)$,攻击者即使重放 $K(i,j)$,因为 $F2(K(i,j)) \neq K(i,j)$,所以无法通过认证。因此可以有效防止重放攻击。

④ 防止篡改攻击　假设当前缓存的认证元素为 $K(i,j-1)$,攻击者在能不得到正确的认证凭证 $K(i,j)$ 的情况下,无论如何篡改都能不通过认证,因为基于 Hash 函数的单向性,只有 $K(i,j)$ 才能满足 $F2(K(i,j)) = K(i,j-1)$。

⑤ 明文传送过来的认证凭证,如 $K(i,j)$,即使被中间人截获也无法有效攻击,因为基于 Hash 函数的单向性,中间人不可能从 $K(i,j)$ 逆推计算出 $K(i,j-1)$,从而无法形成有效的认证凭证。

⑥ 可以抵抗 IEEE 802.11r 面临的三种 DOS 攻击　即使攻击都发送大量假冒消息,认证者都可以轻易地验证出来,Hash 函数极小的运算量也不会对认证者的计算资源构成威胁。

⑦ 协议性能较高　基于单向 Hash 链表的快速切换机制可以实现预计算 PTK。在这种情况下,身份认证仅需要三条消息交换就可完成,而且只涉及一次 Hash 运算和消息认证码验证就可以实现,因而可以有效减少时延,与 IEEE 802.11r 相比,性能明显优化,尤其是在预保留 QoS 资源的情况下,新方案具有更好的性能。

4.2.3　方案分析

IEEE 802.11r 是为 STA 在同一 ESS 内的两个 AP 之间实现安全、快速 BSS 切换所制定的统一标准,该标准的目的是将 BSS 切换期间 STA 与 AP 之间建立数据连接所需要的时间减到最小,以支持基于 WLAN 的语音、视频等多媒体业务的连续传输。

IEEE 802.11r 通过制定研究新机制实现快速切换,这些新的机制包括:

(1) 通过定义切换能力交换　在 STA 和 AP 重关联之前或者重关联过程中实现对资源的配置;

(2) 资源预留机制　包括 QoS、相关安全参数在内的各种类型的资源,在关联

之前通过无线或者通过当前 AP 和 DS 实现与目标 AP 的通信;

(3)新的密钥管理框架 可以实现在 STA 和 AP 之间建立唯一的 PMKSA;

(4)新的漫游协议 用于在重关联或者是重关联之前推算出 PTK。

利用以上策略,IEEE 802.11r 可以实现 STA 与 AP 之间的快速切换,从而尽量减少切换带来的连接中断对实时业务的影响,实现宽带 WLAN 对 VoIP 这类实时业务更好的支持。

但是由于 IEEE 802.11r 快速切换认证帧的快速切换认证请求帧和快速切换认证响应帧中,缺少对随机数的认证,因此 IEEE 802.11r 面临比 IEEE 802.11i 更为严重的 DOS 攻击。DOS 攻击作为最常用、最容易实现的攻击手段,会给用户制造极大的威胁,必须引起高度的重视。

4.3 基于位置快速切换安全方案

IEEE 802.11WLAN 环境下的切换过程由扫频、重认证和重关联三个过程组成[3-10]。当前的 IEEE 规范采用的切换机制所产生的时延高达数百 ms,而实时业务数据传输则要求切换时延必须低于 50 ms。移动终端(STA)通过扫描信道频率确定新无线接入点(AP)的扫频过程所需的时间占总切换时延的 90% 以上,虽然针对减小重认证和重关联时延所提出的 IEEE 802.11r 标准能够将这两个过程的时延缩短到 20 ms 之内,但是整个切换过程的时延并没有减小到 50 ms 之内。因此,只有从整个切换过程统一考虑,才是改善切换时延的根本。这里提出的方案包括基于位置信息改进先应式预缓存机制(PNC)、改进扫频算法、在扫频阶段实现重认证的快速切换三个部分。

4.3.1 基于移动方向和 QoS 保障先应式邻居缓存机制

为满足 VoIP 和 Video 等多媒体业务数据流传输的连续性,快速切换成为基于 IEEE 802.11 标准的 WLAN 亟待解决的关键技术问题[11-14]。当前的快速切换方案采用基于动态邻居图的先应式邻居缓存(PNC)机制[15]预先复制 STA 的相关信息到关联 AP 的邻居 AP 中,提前完成切换过程的认证等过程。由于 PNC 机制减少了切换过程中 STA 与 AP 之间的信息交互轮数和信息数量,从而减小切换时延。目前,PNC 机制已被 IEEE 标准所采纳并集成到 IAPP 规范。但是,在 PNC 机制中,STA 的相关信息复制到所有邻居 AP 的过程将导致 AP 之间严重的通信负载并当切换频繁发生时使 AP 缓存发生溢出,导致切换时延的增加。因此,如何既能有效地缩减候选 AP 的个数,又能保证切换的快速完成成为一个急需解决的问题。

为此,文献[15]提出了一种可选择的邻居缓存(SNC)机制,该机制采用邻居图中 AP 间切换权值和优化的门槛值相比较,权值高于门槛值的 AP 被选择作为 STA 上下文信息的复制对象。但在该机制中由于没有考虑 STA 的移动方向和业务

QoS,仍旧存在冗余;同时依据权值选择的候选 AP 集合并不能确保 STA 快速切换的完成。

本节提出了基于 STA 移动方向和 QoS 保障的先应式邻居缓存机制。我们首先对 PNC 机制中所采用的邻居 AP 数据结构进行了扩展,使每个 AP 的信息包含地理位置信息、QoS 级别,并可定期更新。在发生切换前,STA 根据其移动方向和当前业务的 QoS 从当前关联 AP 的邻居 AP 集合中选出一个 AP 子集,然后将 STA 的相关信息复制到被选择子集的 AP 中。

（1）PNC 机制

① 基本概念

对于一个给定的 WLAN 拓扑结构,可以用邻居图动态地捕捉 AP 之间的重关联关系。

定义 4 – 1　重关联关系:如果 STA 能够在两个 AP(ap_i 和 ap_j)之间实现重关联,我们就说 ap_i 和 ap_j 之间有重关联关系

$$eij = \{ap_i, ap_j\}$$

定义 4 – 2　邻居 AP 集合:假设无向图 $G = (V, E)$,其中 $V = \{ap_1, ap_2, \cdots, ap_n\}$ 表示网络中所有 AP 的集合,并且 $E = \{eij \mid i,j \in [1,n]\}$ 表示所有的重关联关系。ap_i 的邻居 AP 集合被定义为

$$NG(api) = \{ap_{ik} \mid apik \in V, (api, apik) \in E\}$$

其中, ap_{ik} 为 ap_i 的第 k 邻居 AP。

AP 的邻居 AP 集合的生成和维护依靠重关联请求或 IAPP 中 Move-Notify 消息。

② PNC 算法

下面给出 PNC 算法中用到的几个函数和符号:

- $Context(c)$：表示移动终端 c 的相关信息。
- $Cache(apk)$：表示在 apk 上维持的缓存数据结构。
- $Propagate\_Context(api, c, apj)$：表示从 api 到 apj 复制 c 的相关信息。
- $Obtain\_Context(ap_{from}, c, ap_{to})$：表示 ap_{to} 用 IAPP Move-Notify 消息从 ap_{from} 获得相关信息。
- $Insert\_Cache(apj, Context(c))$：插入移动终端 c 的相关信息到 apj 的缓存数据结构中。

算法 1　PNC 算法(apj,c,api)

1：apj：the current-AP, api：the old-AP, c：the client
2：**if** client c associates to apj**then**
3：**for all** $api \in Neighbor(apj)$ **do**
4：$Propagate\ Context(apj, c, api)$
5：**end for**　　·

6：**end if**

7：**if** client *creassociates to apjfrom apk* **then**

8：**if** Context(c) not in Cache(*apj*) **then**

9：*Obtain Context(apk, c, apj)*

10：**end if**

11：**for all** *api* ∈ *Neighbor(apj)* **do**

12：*Propagate Context(apj, c, api)*

13：**end for**

14：**end if**

15：**if***apj*received Context(c) from *api***then**

16：*Insert Cache(apj, Context(c))*

17：**end if**

在 PNC 算法中,如果 STA 关联到一个 AP,那么 STA 复制它的相关信息到所有邻居 AP(2 – 6 行);如果新 AP 中不存在 STA 的相关信息,那么新 AP 将向 STA 的旧 AP 请求 STA 的相关信息,新 AP 收到相关信息后,复制给它的所有邻居 AP(7 – 14 行);每个 AP 收到 STA 的相关信息后,STA 的相关信息被插入到它的缓存中(15 – 17 行)。

（2）改进的机制

AP 和 STA 能够探测自己的位置坐标是改进机制的基础,一般有如下两种成熟的方法:一种是利用全球定位系统(GPS);另一种是通过从几个 AP 接收的信号强度(SS)来确定 STA 的位置坐标。

① AP 选择方法

AP 信息扩展。每个 AP 通过 GPS 设备或其它定位技术能够在任意时刻获得自己的地理位置信息,并在任意时刻能够确定自己所能提供的 QoS 服务等级、AP 的 QoS 服务等级受带宽、网络负载、已关联 STA 数量、已提供业务负载等约束因素,最低 QoS 等级 0 表示拒绝业务。邻居图中 AP 信息更新依靠每个 AP 定期广播。对邻居 AP 的参数进行了扩展,主要包括 AP 的地理位置信息、t 时刻 AP 对 STA 所能提供业务的 QoS 服务等级、信息更新的时间戳,详细见表 4 – 1。

表 4 – 1　邻居 AP 的参数信息

邻居	地理位置	SSID	QoS 等级	时间戳
APi1	POS(APi1)	BSSID(APi1)	QOS(APi1)	T_{APi1}
APi2	POS(APi2)	BSSID(APi2)	QOS(APi2)	T_{APi2}
…	…	…	…	…
APik	POS(APik)	BSSID(APik)	QOS(APik)	T_{APik}

基于移动方向选择 AP。图 4-14 所示，STA 在 t_0 时刻获得位置信息 (x_0, y_0, z_0)，在 t_1 时刻获得位置信息 (x_1, y_1, z_1)，STA 根据两个不同时刻 STA 的位置确定 STA 的移动方向向量 $\vec{V}(x_1 - x_0, y_1 - y_0, z_1 - z_0)$；然后利用 STA 初始位置坐标 (x_0, y_0, z_0) 和邻居图中的每一个 APij 坐标确定向量 $\vec{W}(x_j - x_0, y_j - y_0, z_j - z_0)$；如果向量 $\vec{V}$ 在向量 $\vec{W}$ 上的分量大于设定值▽（当向量夹角大于 90°时，该设定值为负值；当向量夹角等于 90°时，为 0；当向量夹角小于 90°时，为正），那么 APj 被选择。

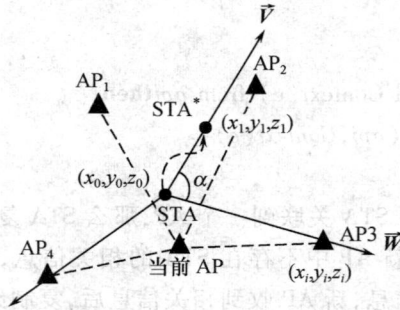

图 4-14   基于移动方向选择 AP

分析▽为 0（在图 4-15 中选择与向量 $\vec{V}$ 垂直的直线 L 之上的 AP）的情形，当 STA 根据移动方向确定了邻居 AP 子集后，STA 在位置 (x_1, y_1, z_0) 之后可能会沿着图 4-15 所示的方向 1、2 和 3 移动。当 STA 向方向 1 和 2 移动时，邻居子集 S 中包括了要移入的 AP；当 STA 向方向 3 移动时，STA 又返回了当前的覆盖范围，因此，理论上选择算法能够确保所有切换完成并且有效地精减了 AP。

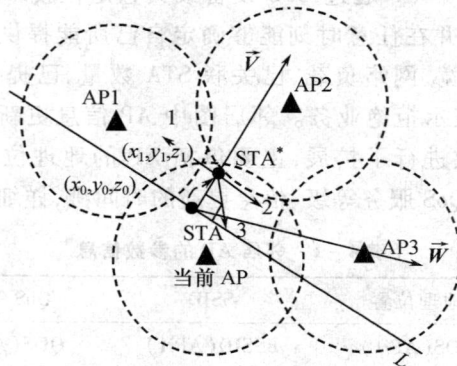

图 4-15   STA 移动方向

基于 QoS 保障选择 AP

定义 4-3   STA 业务的实时 QoS 服务等级定义为

$$QoS_{STA} = F(f_{p_1}, f_{p_2}, \cdots, f_{p_i},)$$

其中，f_{p_i} 为 STA 当前业务类型 QoS 服务等级的限制因素，如带宽、时延、网络负载、包丢失率、业务类型等。

在选择 AP 时，STA 用本身的业务类型的 QoS 服务等级与 AP 的 QoS 服务等级相比，如果 AP 能够满足 STA 的业务需求，那么，成为子集的元素，如果不满足，那么不选择。

算法 2 基于移动方向和 QoS 保障选择 AP 算法

1： $\vec{V} = ((x_1 - x_0), (y_1 - y_0))$ // STA'的移动向量

2： $\vec{W} = ((x_j - x_0), (y_j - y_0))$ //从 STA'原点(x_0, y_0)到当前 AP 邻居的向量

3： $|\vec{V}| = \sqrt{(x_1 - x_0)^2 + (y_1 - y_0)^2}$ // $\vec{V}$ 的长度

4： $\cos \alpha = \dfrac{\vec{V} \cdot \vec{W}}{|\vec{V} \cdot \vec{W}|}$ //向量 $\vec{V}$ 和 $\vec{W}$ 之间的角度 α

5： $S = \phi$ // APs 可能的邻居集合

6： **for** $apj \in NG(api)$ **do**

7：   **if** $(|\vec{V}| * \cos \alpha \geqslant \nabla \ \& \ QOS(APij) \geqslant QOS(STA))$ **then**

8： $S = S \cup \{apij\}$

9：   **end if**

10： **end for**

选择算法是分布在 STA 上进行的，因此既不会增加 AP 的计算负载，也不会增加邻居缓存机制的处理时间。

② 改进的算法

补充符号：$Obtain\_SubNG(apj, c, S)$：表示当前 ap_j 从移动终端 C 获得的邻居 AP 子集 S。

算法 3 PNC 机制的优化算法 (apj, c, api)

1： apj: the current-AP, api: the old-AP, c: the client

2： ***Obtain_SubNG(apj, c, S)***

3： **if** client c associates to apj **then**

4： **for all** $api \in S(apj)$ **do**

5： *Propagate Context(apj, c, api)*

6： **end for**

7： **end if**

8： **if** client c reassociates to apj from apk **then**

9： **if** Context(c) not in Cache(apj) **then**

10： *Obtain Context(apk, c, apj)*

11：**end if**

12：**for all** $api \in S(apj)$ **do**

13：*Propagate Context*(apj, c, api)

14：**end for**

15：**end if**

16：**if** apj received Context(c) from api **then**

17：*Insert Cache*(apj, *Context*(c))

18：**end if**

改进的算法只是增加了 ap_j 从 STA 获得已经选择的邻居子集 S，因此，改进的 PNC 机制在有效降低通信负载的同时并不会产生负面影响。

（3）性能仿真

用 ns-2.26 作为仿真工具对算法进行仿真分析，仿真拓扑是在 $500 \times 500 \ m^2$ 的边界中进行的，仿真中采用了 12 个 AP，每个 AP 的信号覆盖范围为 250 m，每个 AP 上都有一个固定 STA 与之进行通信，外加 5 个可移动的 STA。仿真内容包括如下两个部分：① 5 个 STA 以最大速度为 5 m/s 的 Random waypoint 方式移动，验证 ▽ 为 0（即夹角为 90°）是最佳选择；② 在 ▽ 为 0 的情形下，STA 以 Freeway 模式、Manhattan 模式和 Random Waypoint 模式移动时算法的切换成功率和效率。

在确保快速切换能够完成的前提下，仿真表明改进机制在三种移动模式下负载分别减轻为 68.7%、55.7% 和 54.4%，具体数据如表 4-2 所示。

表 4-2　性能分析

模　式	PNC 机制中 AP 个数	改进机制中 AP 个数	减轻负载(%)
Freeway	6.7	2.1	68.7
Manhattan	7.9	3.5	55.7
Random pointway	7.9	3.6	54.4

（4）结论

先应式缓存机制是 IEEE 802.11 快速切换方案的基础，而有效地减轻由 PNC 机制导致的通信负载也是必须要解决的问题，基于移动方向和 QoS 保障的改进机制既能保证快速切换完成，也能减少预先分发信息邻居 AP 的数量，从而减轻了通信负载和缓存空间的需求。

4.3.2　位置辅助主动扫频算法

1. 算法描述

在 IEEE 802.11 网络中，为支持 VoIP 和 Video 等实时业务数据的传输，快速切换成为急需解决的关键问题之一。通常，切换过程由扫频、重认证和重关联三个过程组成。当前规范所采用的切换机制所产生的时延高达数百 ms,而实时业务数据传输则要求切换时延必须低于 50 ms。移动终端(STA)通过扫描信道频率确定新无线接入点(AP)的扫频过程所需的时间占总切换时延的 90% 以上,虽然针对减小重认证和重关联时延所提出的 IEEE 802.11r 标准能够将这两个过程的时延缩短到 20 ms 之内,但是提出更高效的扫频算法,极大地缩短扫频时间,才是改善切换时延的根本。

扫频过程包括如下两种方式:① 主动扫频   指 STA 启动或关联成功后扫描所有频道。一次扫描中,STA 采用一组频道作为扫描范围,如果发现某个频道空闲,就广播带有 BSSID 的探测信号,AP 根据该信号作响应。② 被动扫频   指 AP 每隔 100 ms 向外传送一次灯塔信号,包括用于 STA 同步的时间戳,支持速率以及其它信息,STA 接收到灯塔信号后启动关联过程。相比于主动扫频,被动扫频算法需要花费更长的时间。为了减小切换时延,IEEE 802.11 MAC 协议推荐使用主动扫频。

STA 进行扫频过程的目的是为发现信号质量最好的可用 AP 进行重关联。一般有对全部信道扫描和对部分信道扫描两种方式。图 4-16 给出了 IEEE 802.11 标准中所描述的对全部 n 个信道进行扫描的主动扫频过程。其中,t_1 是 MinchannelTime,t_2 是 MaxChannelTime,t_3 为浪费在没有任何响应的信道上的等待时间。对全部信道扫描的具体算法如下:

(1) STA 切换到信道 1 广播探测请求帧(Probe Request);

(2) 工作在该信道上的 AP 在收到请求帧后,发送相应的探测响应帧(Probe Response)响应 STA 的请求;

(3) STA 在发送完探测请求帧后,等待并侦听该信道一定的时间(如果侦听信道空闲,则等待 MinchannelTime;如果信道忙,则等待 MaxChannelTime),记录接收到的响应信息。然后切换到下一信道,重复步骤 1 和步骤 2,直到 n 个信道扫描完为止。

扫描完所有信道后,STA 从收到的信息中选出信号最强 AP 进行重新认证和重新关联,从而完成整个切换过程。对部分信道扫描即只对几个信道进行扫描,具体算法和全部信道扫描一样。通过对算法的分析,得到影响主动扫频时延的过程有三个因素:① 需要扫描的信道数量(图 4-16 中对 n 个信道扫描,有的信道并不是 STA 要切换的信道);② 扫描每个信道时的等待时间(图中工作信道 1 上的 AP 发生冲突,导致等待 MaxChannelTime);③ 浪费在没有任何响应的信道上的等待时间(图中对工作在信道 2 的 AP 的扫描)。

针对 IEEE 802.11 标准中的主动扫频算法存在的缺陷,Shin 等提出基于邻居图和非迭加邻居图的主动扫频算法,不仅减少了扫描信道的数量,而且缩减了扫描每个信道的等待时间。但仍旧没有解决图 4-16 所示的信道冲突和多余信道的排除问题。

STA 基于扩展了地理位置信息的邻居图机制,利用 Voronoi 图算法,选择邻居

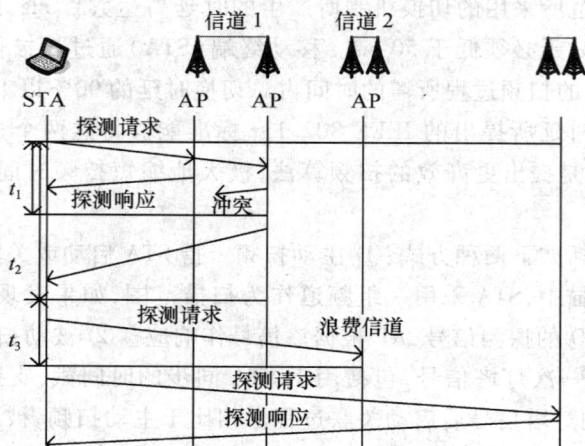

图 4 - 16　主动扫频过程

AP 中离自己位置最近且最有可能移入到其信号覆盖范围的 AP 优先进行信道扫描,直到发现能发生重关联的 AP。算法减少了标准中扫频算法需要扫描的信道数量以及扫描每个信道时的等待时间,缩短了扫频时间。算法中每次扫描只对一个确定 AP 的信道,而不是针对某一信道上的所有 AP,从而避免了信道冲突所产生的时延。

2. 扫频算法

(1) 邻居 AP 的参数扩展

对于一个给定的 WLAN 拓扑结构,可以用邻居图动态地捕捉 AP 之间的重关联关系。

定义 4 - 4　重关联关系　如果 STA 能够在两个 AP(ap_i 和 ap_j)之间实现重关联,我们就说 ap_i 和 ap_j 之间有重关联关系:$eij = \{ap_i, ap_j\}$。

定义 4 - 5　邻居集合　假设无向图 $G = (V, E)$,其中 $V = \{ap_1, ap_2, \cdots, ap_n\}$ 表示网络中所有 AP 的集合,并且 $E = \{eij \mid i, j \in [1, n]\}$ 表示所有的重关联关系。ap_i 的邻居 AP 集合被定义为:

$$NG(api) = \{ap_{ik} \mid apik \in V, (api, apik) \in E\}$$

其中,ap_{ik} 为 ap_i 的第 k 邻居 AP。

AP 的邻居 AP 集合的生成和维护依靠重关联请求或 IAPP 中 Move-Notify 消息。我们对邻居 AP 的参数进行了扩展,添加 AP 的地理位置信息和信息更新的时间戳,详细见表 4 - 3。假设每个 AP 通过 GPS 设备或其它定位技术能够在任意时刻获得自己的地理位置信息,邻居图中 AP 的位置信息初始值依靠手工配置完成,更新依靠每个 AP 定期广播。

表 4 - 3 邻居 AP 的参数信息

邻 居	地理位置	SSID	其它 S	时间戳
APi1	POS(APi1)	BSSID(APi1)	…	T_{APi1}
APi2	POS(APi2)	BSSID(APi2)	…	T_{APi2}
⋮	⋮	⋮	⋮	⋮
APik	POS(APik)	BSSID(APik)	…	T_{APik}

（2）位置辅助的扫频过程

图 4 - 17 描述了 STA 从当前关联的 AP(oAP)移动到新 AP(nAP)时 AP 所接收到的 SS/SNR 的变化情况。定义开始扫频上门限值为 H_2，下门限值为 H_1，切换信号门槛值为 △，AP 发射功率的覆盖半径为 r。假设 oAP 和 nAP 之间的距离为 D，STA 在距离 oAP 为 x 处分别从 oAP 和 nAP 接收的信号 $S_o(x)$ 和 $S_n(x)$ 为：

$$S_o(x) = -K\log(x) + u(x) \tag{4-1}$$
$$S_n(x) = -K\log(D-x) + v(x) \tag{4-2}$$

其中 K 表示路径衰减因素，$u(x)$ 和 $v(x)$ 分别表示衰减变量。当 STA 从 oAP 移动到 nAP 时，从 oAP 接收到的 SS/SNR 逐渐减小，而从 nAP 接收的 SS/SNR 不断增大。

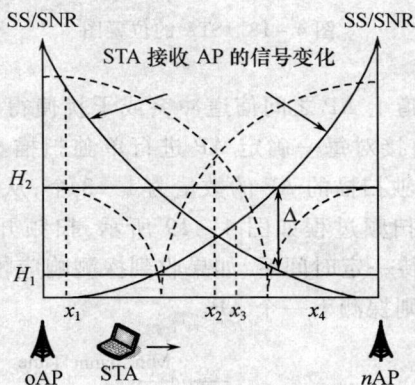

图 4 - 17 扫频开始状态

STA 决定是否开始扫频的条件是无线信号的强度（SS）或信噪比（SNR）下降到一定的门限，即当且仅当同时满足不等式：

$$S_o(x) < H2 \tag{4-3}$$
$$S_n(x) - S_o(x) < \Delta \tag{4-4}$$

假设所有 AP 的发射功率一致且信号衰减受 AP 的距离影响的差异可以忽略，那么图 4 - 17 中，

$$S_n(x2) = S_o(x2) \tag{4-5}$$

由式(4-1)、式(4-2)、式(4-4)和式(4-5)可知,扫频开始时 STA 到 oAP 的距离 x 必须满足不等式(4-6)

$$x > D/2 \tag{4-6}$$

同时,STA 到 nAP 的距离 d 满足如下条件:

$$d = D - x < r \tag{4-7}$$

开始扫频前,STA 在无线覆盖(如图 4-18 所示)的区域 I 中移动,扫频过程开始时,STA 位于区域 II 或区域 III。因此,只需对满足式(4-6)和式(4-7)的 AP(一般为 1～2 个)进行扫描,就能保证 STA 将切换到信号质量最好的 AP。

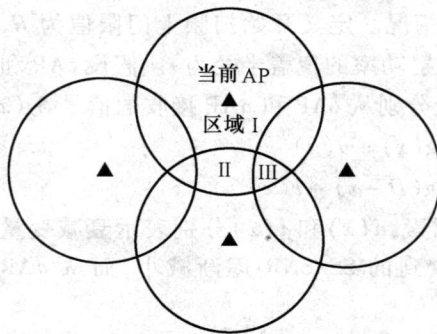

图 4-18   STA 的位置图

为了避免因同一信道上 AP 之间信道冲突或干扰使得请求帧或响应帧丢失而造成的等待时延,采用直接对每一确定 AP 进行单独扫描。通过条件式(4-6)和式(4-7)的排除使得单独扫描的 AP 的数量为 1～3 个,从而可以大大缩短主动扫描的时延。改进算法的扫频过程如图 4-19 所示,扫频开始后,STA 直接向一个 AP 发送探测请求帧,等待一定时间后,如果收到探测响应帧,则开始完成切换的其它过程,如果没有收到,则探测下一个 AP。

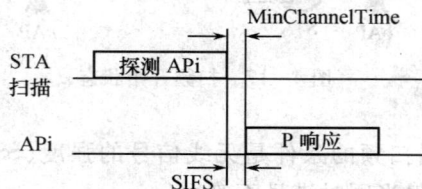

图 4-19   改进算法的扫频过程

(3)算法

第一步,STA 首先对邻居 AP 按照式(4-6)和式(4-7)的条件选择要扫描的 AP 集合,并按距离远近进行排序(1～9 行);第二步,STA 将距离最近的 APi 的信道设置为扫描对象,如果在设定时间内收到 APi 的响应帧,则记录结果并完成切换的其它步骤,扫频过程结束;如果没有收到,则跳转到第三步;第三步,如果上一个 AP 扫频不成功,那么选择次近的 AP,设置为扫描对象,返回第二步。

算法 4 位置辅助的主动扫频算法

1：$S = \phi$ // 被选择的 AP 集合

2：$NG(api)$ // api 的邻居 AP 集合

3：$\text{num}(set)$ // 集合中 AP 的个数

4：$\text{Setorder}(set)$ //对集合中元素按距离远近排序,距离最近在前

5：**for** $(j = 0, apj \in NG(api), j < \text{num}(NG(api)))$ **do**

6：   **if** $(d = D - x < r \&\& x > D/2)$ **then**

7： $S = S \cup \{apj\}$

8： $\text{Setorder}(S)$

9：   **end if**

10：**end for**

11：**for** $(k = 0, apk \in S, k < \text{num}(S))$ **do**

12：   Send *probe request to apk*

13：   Start probe timer

14：   **while** True **do**

15：   Read probe responses

16：   **if** Medium is idle until MinChannelTime expires **then**

17：   **break**

18：   **else if** *apk*have replied **then**

19：   **break**

22：   **end if**

23：   **end while**

24：**end for**

3. 时延分析

定义信道空闲时,标准算法中最大等待时间为 sMinChannelTime,本算法最大等待时间为 nMinChannelTime;信道忙时,标准算法中最大等待时间为 sMaxChannelTime,本算法最大等待时间为 nMaxChannelTime;信道切换时间为 ChannelSwitchTime;AP 返回响应帧的时间为 ResponseTime。那么 IEEE 802.11 标准中的主动扫频算法时延 D_{standard} 和本算法的时延 D_{new} 分别为：

$$D_{\text{standard}} = \sum_{i=1}^{i=NumChannels} \text{ChannelSwitchTime} + P_s(0) \cdot \text{sMinChannelTime} + P_s(1) \cdot \text{sMaxChannelTime} \quad (4-8)$$

$$D_{\text{new}} = \sum_{j=1}^{i=NumSelectedAPs} (\text{ChannelSwitchTime} + P_n(0) \cdot \text{ResponseTime} +$$

$$P_n(1) \cdot \text{nMinChannelTime} + P_n(2) \cdot \text{nMaxChannelTime} \quad (4-9)$$

其中,$P_s(0)$ 表示信道空闲的概率,$P_s(1)$ 表示信道忙的概率;$P_n(0)$ 表示成功接收响应帧的概率,$P_n(1)$ 表示信道空闲的概率,$P_n(2)$ 表示信道忙的概率,且

$$P_s(0) + P_s(1) = 1 \quad (4-10)$$

$$P_n(0) + P_n(1) + P_n(2) = 1 \quad (4-11)$$

参照文献,设置式中常量的值见表 4-4。

假设集合 $\{AP1, AP2\}$ 均为符合条件式(4-6)和式(4-7)的 AP,且 AP1 和 AP2 工作在不同的信道。那么本算法最大时延 $D_{\text{new max}} = 2 \times 5 + 2 \times 5 = 20 \text{ ms}$,最小时延 $D_{\text{new max}} = 2 \times 5 + 2 \times 0.01 = 10.016 \text{ ms}$,扫频时延 $D_{\text{newsuc}} = 2 \times 5 + 2 \times 0.898 = 11.716 \text{ ms}$;而采用标准算法对 11 个信道全部扫描所产生的最大时延为 $D_{\text{standard max}} = 11 \times 5 + 11 \times 15 = 220 \text{ ms}$,最小时延 $D_{\text{standard min}} = 11 \times 5 + 11 \times 0.67 = 62.37 \text{ ms}$;而采用标准算法对 3 个信道扫描最大时延 $D_{\text{standard max}} = 3 \times 5 + 3 \times 15 = 60 \text{ ms}$,最小时延 $D_{\text{standard min}} = 3 \times 5 + 3 \times 1 = 18 \text{ ms}$。由此可见改进的算法大大缩短了扫频时间。

表 4-4   时延常量参数值

信道状态	标准算法	算法 4	说　明
信道空闲	sMinChannelTime ($\approx 1 \text{ ms}$)	nMinChannelTime ($\approx 10 \text{ ms}$)	ChannelSwitchTime ($\approx 5 \text{ ms}$)
信道忙	sMaxChannelTime ($\approx 15 \text{ ms}$)	nMaxChannelTime ($\approx 5 \text{ ms}$)	ResponseTime ($\approx 898 \text{ ms}$)

4. 性能仿真

通过网络仿真工具 ns-2.26 对 IEEE 802.11 标准中的主动扫频算法和位置辅助的主动扫频算法进行仿真分析。仿真设置参数按表 4-4 设置,并按照 IEEE 802.11r 标准实现了重认证和重关联过程。

仿真拓扑是在 $500 \times 500 \text{ m}^2$ 的边界中进行的,采用了 12 个 AP,每个 AP 的信号覆盖范围为 250 m,每个 AP 上都有一个固定 STA 与之进行通信,同时,设计了 5 个可移动的 STA。在移动模式为 Random Waypoint 时,每个发生切换的 STA 执行全频段扫描即扫描 11 个频道。

仿真主要考虑两种情形:① 当网络拓扑中每个 AP 完全空闲时,仿真标准算法和辅助的主动扫频算法扫频过程时延及成功率,以及在两种算法基础上按照 IEEE 802.11r 标准快速认证和关联过程进一步分析整个快速切换的时延;② 当网络中每个 AP 均有固定的通信终端,并且考虑终端的负载变化对扫频时延、切换时延以及成功率的影响。

图 4-20 给出 AP 无通信负载下的切换成功率、扫频时延以及切换时延的仿真结果,基于标准算法和算法 1—算法 4 都能 100% 完成 STA 的切换过程。图 4-21

所示中算法 1—算法 4 的扫频时延约为 10 ms,文献[9]所给出的扫频算法达23 ms,而标准算法则需要 121 ms。图 4 – 22 所示为无通信负载下的切换成功率。基于算法 1 ~ 算法 4 的快速切换算法约为 23 ms,能够实现快速算法低于 50 ms 的目标,基于文献[9]的快速切换算法时延达 36 ms,而基于标准算法的快速切换时延则需 133 ms。由此可见,本算法较好地缩短了扫频时延,详细数据见表 4 – 5。

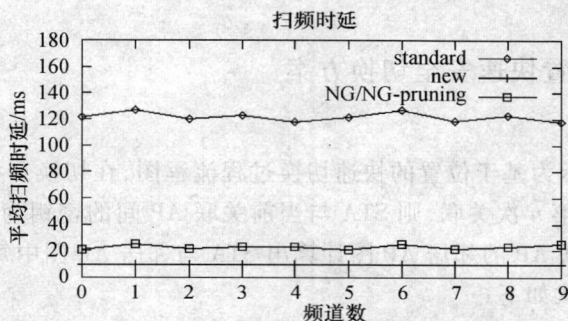

图 4 – 20   无通信负载下的扫频时延

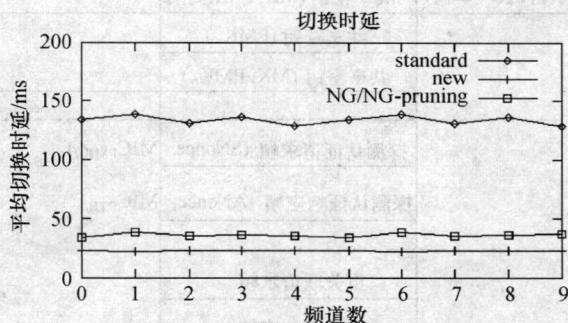

图 4 – 21   无通信负载下的切换时延

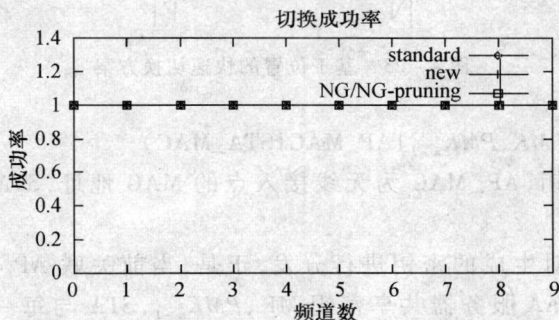

图 4 – 22   无通信负载下的切换成功率

表 4 - 5 实验结果总结

算 法	扫描信道数量	扫频时延/ms	整个切换时延/ms
标准算法	11	121.662	133.808
NG/NG-Pruning	3	22.97	36.31
主动扫频算法	1.5	9.789	23.066

4.3.3 基于位置快速安全切换方案

1. 方案描述

图 4 - 23 所示为基于位置的快速切换过程流程图,在切换开始前的第 I 阶段,假设 STA 要发生第 n 次关联,则 STA 与当前关联 AP 间的密钥为 PMK_{n-1},AAA 服务器根据当前关联 AP 的邻居 AP 图计算出 STA 与邻居 AP 图中每一 AP 之间的密钥 PMK_n,计算公式如下:

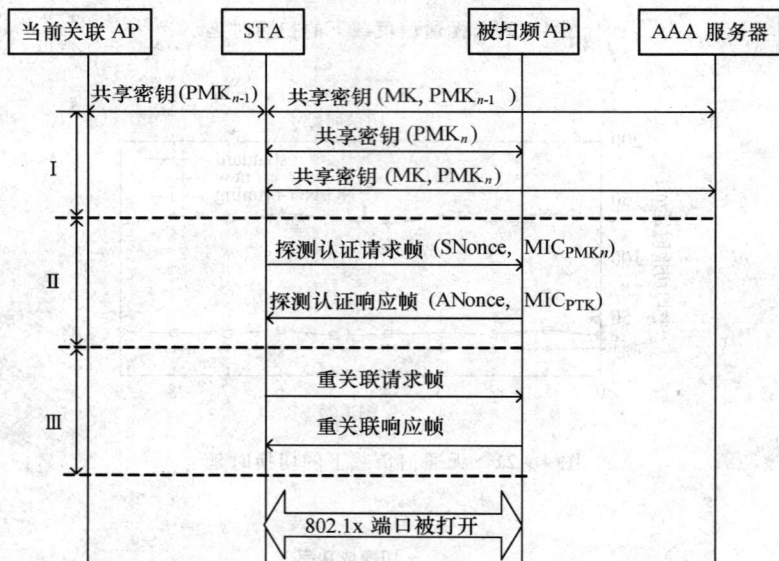

图 4 - 23 基于位置的快速切换方案

$$PMK_n = (MK, PMK_{n-1} \,|\, AP\_MAC \,|\, STA\_MAC)$$

其中,MK 为主密钥,AP_MAC 为无线接入点的 MAC 地址,STA_MAC 为终端的 MAC 地址。

AAA 服务器对生成的密钥进行分发,于是,当前关联 AP 与 STA 共享密钥 PMK_{n-1},STA 与 AAA 服务器共享密钥 MK、PMK_{n-1},STA 与每一个 AP 共享密钥 PMK_n,STA 与 AAA 服务器共享密钥 MK、PMK_n。

AAA 服务器预先将密钥分发给 STA 所关联 AP 的所有邻居 AP,以减少重认证阶段产生的时延。

在第 II 阶段,首先,STA 从邻居 AP 图中选择出被扫频的 AP 集合,并按照距离 STA 的距离远近进行排序;然后,STA 从距离最近的 AP 开始,对被扫频 AP 发送探测认证请求帧消息,该消息中包含 STA 生成的随机数 SNonce 和消息完整性验证码 MIC_{PMK_n}。

MIC_{PMK_n} 是以 PMK_n 为参数的消息完整性验证码,其运算内容为整个探测认证请求消息,进一步可用伪随机函数 prf( ) 处理后的 prf(PMK_n) 作为 MIC 的密钥参数,以防止重用密钥影响 PMK_n 的安全性。

距离最近的 AP 根据接收到的随机数 SNonce 及其自身产生的随机数 ANonce 计算出临时密钥 PTK,并在发送给 STA 探测认证请求响应帧消息中加入所述随机数 ANonce 及消息完整性验证码 MIC_{PTK}。

临时会话密钥的计算公式为:
$$PTK_n = (PMK_n, SNouce | ANonce)$$

MIC_{PTK} 是以 PTK_n 为参数的消息完整性验证码,其运算内容为整个探测认证响应消息。

在预设时间内,若 STA 收到所述 AP 发送的探测认证响应帧消息,则进入切换的下一阶段,若没有收到所述响应消息,则按照排序选择下一 AP,重复上述探测认证过程,直到 STA 收到探测认证响应帧为止。

第 III 阶段为重关联,该阶段 STA 向已认证过的被扫频 AP 发送重关联请求帧,已认证过的被扫频 AP 向 STA 发送重关联响应帧,建立关联,让 STA 和该已认证过的被扫频 AP 上的 IEEE 802.1X 端口打开,建立数据连接。

2. 安全性分析

STA 与 AAA 服务器完成初始认证时的 IEEE 802.1X 认证后,便可以计算出任何一个预切换 AP 的密钥 PMK_n 并预分发给相应的 AP,该密钥 PMK_n 除了 AAA 服务器或初始接入 AP 知道外,其它任何实体都无法伪造该密钥 PMK_n,因此该 PMK_n 可用作 STA 与预切换 AP 相互身份的认证。

当攻击者向 AP 发送大量认证请求帧时,AP 能够根据认证请求帧消息中包含的消息完整性验证码 MIC 判断认证请求帧的真伪,不会对 AP 的内存及计算资源构成威胁。

当攻击者假冒 STA 向 AP 发送一条包含 S'_{Nonce} 的快速切换认证请求帧时,由于攻击者无法伪造出相同的密钥 $PMKn$,致使假冒的认证请求帧中包含的随机函数 MIC' 不可能与真实的 MIC 匹配,认证请求帧不合法,因此,在不需要 AP 重新计算 PTK' 的情况下,就剔除了假冒消息,增加了安全性,减少了时延。

同理,在攻击者假冒 AP 发送篡改消息时,也能够被识别,并被剔除。

可见,通过在扫频交互信息中加入了消息完整性验证码 MIC,有效避免了整个扫频过程受到攻击。

4.4   研究展望

由于 WLAN 的切换时延是由基站探测时间、安全认证时间和业务关联时间三部分组成,本章主要从减少基站的探测时间和减少切换认证时间的角度进行了初步的探索性研究,这距离实用化的 WLAN 语音和视频业务的切换要求仍有一定的差距,因此,未来的 WLAN 切换研究应重点从以下四个方面进行研究:

(1)研究同构与异构无线网络之间的漫游切换协议,以满足移动计算环境下的实时多媒体应用的切换需求。由于无线网络之间的切换比较复杂,涉及同构网与异构网之间的漫游切换,需要详细分析和综合考虑,方能设计一个简单、高效与实用的无线网络切换协议。例如,IEEE 802.11、IEEE 802.16、3G 等无线网络内部及相互之间的切换、WLAN 不同安全机制(WPA 与 WAPI)与不同频率(2.4G 的 IEEE 802.11b 与 5G 的 IEEE 802.11a)之间的切换、具有多种无线接口终端设备的快速切换技术等。

(2)研究移动 WLAN 管理机制与协议,这涉及安全管理、QoS 保障、路由更新、流量控制、移动服务区分等。

(3)系统性地研究移动切换过程,如区分漫游、切换与移动的差异,漫游的重点是寻找新的接入点 AP,涉及扫频操作,而切换关注的是安全认证与资源预留服务,移动涉及移动 IP 的管理、路由优化、AAA 服务、QoS 保障服务等。

(4)研究 WLAN 切换时的无线信号测量技术和自适应管理策略等。

问题讨论

1. 请谈谈 WLAN 移动切换过程中三个阶段的任务及其目标。
2. 请分析 IEEE 802.11r 与 IEEE 802.11f、IEEE 802.11h、IEEE 802.11k、IEEE 802.11v 草案的关系与不同点。
3. 请分析移动切换过程中的 MAC 层切换与网络层切换的差异点。
4. 请详细分析 IAPP 协议的工作原理与切换过程,指出 BSS 与 ESS 切换的不同之处。
5. 请分析基于位置切换方案与先应式切换方案的差异。

参考文献

[1]   IEEE. Recommended Practice for Multi-Vendor Access Point Interoperability via an Inter-Access Point Protocol Across Distribution Systems Supporting IEEE 802.11™ Operation [S]. IEEE Draft IEEE 802.1f/D3,2002.

[2]   IEEE. Part 11：Wireless Medium Access Control (MAC) and Physical Layer (PHY) Specifications：

Amendment 9: Fast BSS Transition[S]. IEEE PIEEE 802. 11r/D1. 00, 2005.

[3]　Mishra A, Shin M, Arbaugh W. An Empirical Analysis of the IEEE 802. 11 MAC Layer Handoff Process[J]. ACM Computer Communications Review, 2003,33(2): 93 - 102.

[4]　Ramani I, Savage S. SyncScan: Practical Fast Handoff for IEEE 802. 11 Infrastructure Networks [J]. IEEE Infocom, 2005,1(1): 675 - 684.

[5]　Samprakou I, Bouras C, Karoubalis T. Fast and Efficient IP Handover in IEEE 802. 11 Wireless LANs:Proceedings of the 2004 International Conference on Wireless Networks (ICWN'04) [C]. Las Vegas, 2004: 249 -255.

[6]　Sharma S, Zhu N, Chiueh T. Low-Latency Mobile IP Handoff for Infrastructure-Mode Wireless LANs[J]. IEEE Journal on Selected Areas in Communication, Special Issue on All IP Wireless Networks,2004,22(4): 643 - 652.

[7]　Velayos H, Karlsson G. Techniques to Reduce IEEE 802. 11b MAC Layer Handover Time: Proceedings of the IEEE ICC 2004[C]. Paris, France, June 2004.

[8]　Shin M, Mishra A, Arbaugh W. Improving the Latency of IEEE 802. 11 Hand-offs Using Neighbor Graphs:Procedings of the ACM MobiSys 2004[C]. Boston, MA, USA, June 2004: 70 - 83.

[9]　Mishra A, Shin M, Arbaugh W A. Context Caching Using Neighbor Graphs for Fast Handoffs in a Wireless Network: Proceedings of the IEEE Infocom 2004[C]. Hong Kong, March 2004,v1: 351 -311.

[10]　Bargh M, Hulseboch R, Eertink E, et al. Fast Authentication Mothods for Handovers between IEEE 802. 11 Wireless LANs: Proceedings of ACM WMASH 2004[C]. Philadelphia, PA, USA,October 2004:51 - 60.

[11]　Pack S, Choi Y. Fast Handoff Scheme based on Mobility Prediction in Public Wireless LAN Systems[J]. IEE Proceedings Communications, 2004,151(5):489 - 495.

[12]　Kim H, Park S, Park C,et al. Selective Channel Scanning for Fast Handoff in Wireless LAN using Neighbor Graph Proceeding of ITC-CSCC[C]. Japan, July 2004, Springer Berlin / Heidelberg, LNCS 3260: 194 - 203.

[13]　Brik V, Mishra A, Banerjee S. Eliminating Handoff Latencies in IEEE 802. 11 WLANs using Multiple Radios:Applications, Experience, and Evaluation: Proceedings of IMC 2005[C]. USENIX Association Berkeley, CA, USA, 2005:27 - 32.

[14]　Waharte S,Ritzenthaler K, et al. Selective Active Scanning for Fast Handoff in WLAN Using Sensor Networks: Proceedings of IEEE MWCN 2004[C]. July 2004: 59 - 70

[15]　Pack S, Jung H, Kwon T et al. SNC: A Selective Neighbor Caching Scheme for Fast Handoff in IEEE 802. 11 Wireless Networks [J]. ACM Mobile Computing and Communications Review, 2005, 9(4):39 - 49.

第 5 章　Mesh 安全协议

　　无线 Mesh 网是 WLAN 的技术延伸,它解决了 WLAN 覆盖范围小、带宽相对较低的问题,具有十分广阔的发展前景。由于无线 Mesh 网具有组网灵活、自动配置、移动性强,适用于骨干网络的特点和优势,可以通过无线 Mesh 网提供快速、安全、可靠的服务。本章在分析 Mesh 认证协议的基础上,首先提出了基于身份密码系统的认证协议。考虑到 WLAN Mesh 网络现有接入认证协议不支持 Mesh 设备快速切换和漫游,且不能满足漫游过程中用户身份保护的需求,给出了 WLAN Mesh 网络安全接入完整性解决方案,提出的接入认证协议只需要四轮交互就可以实现相互认证和密钥确认,而不需要四步握手进行密钥确认。在此基础上给出了 MP 快速切换协议及漫游认证协议。对新协议的可证明安全性分析和 NS2 性能仿真表明:新协议达到了通用可组合安全,且性能优于现有 Mesh 安全协议。最后设计与实现了一个简单的 Mesh 认证系统,对无线 Mesh 网络认证技术进行了验证与实现。

5.1　WLAN Mesh 草案

　　Mesh 网的诸多优点使得人们对其的需求日益迫切。早在 2001 年,Intel 联合其他厂商首次提出了 Mesh 网络结构,在实验初期,Mesh 网技术主要被用来作为美国军方的内部网络,2003 年底,北电网络公司推出点到点的 Wi-Fi + Mesh 组网结构,并计划在今后和传统电信网络结合,形成互补的无缝漫游网络。自 2004 年以来,Mesh 技术被应用于宽带城域网的建设之中,尤其是近年来逐渐兴起的"无线宽带城市"建设,使得 Mesh 网的技术得到了快速的发展。由于各厂商设备之间的差异阻碍了 Mesh 技术的推广,迫切要求建立统一的无线 Mesh 网标准。

　　IEEE 802.11 工作组在 2004 年 1 月正式成立了 Mesh 网络研究小组,负责 Mesh 网络技术的研究。同年 3 月,成立了 Mesh 网任务组,开始了 IEEE 802.11s 标准的制定过程。2005 年 3 月,IEEE 802 LAN/MAN 标准委员会开始推动无线 Mesh 网的 IEEE 802.11s 标准的制定工作,在此期间,各通信电信公司也纷纷加入到 IEEE 802.11s 标准的制定中,先后向 IEEE 802.11s 工作组提交了 15 份 Mesh 标准提案。出现了两大阵营,由北电网络、Accton、ComNets、InterDigital 通信、NextHop 和汤姆森公司组成的 Wi-Mesh 联盟和由 Intel、德州仪器、诺基亚、摩托罗拉等组成的

SEE Mesh 组织。他们也向 IEEE 802.11s 工作组提交了各自的提案。最新的 Mesh 网标准草案是一个融合了 SEE Mesh 和 Wi-Mesh 两种提案的标准草案。在这份被称为"Joint-seeMesh-wiMesh-proposal-to-802-11-tgs"的草案中,详细定义和描述了 Mesh 网的拓扑结构、应用场景、组网特点、信道选择、网络维护、路由算法、安全协议、加密算法、故障检测等关键技术,为 Mesh 网提供了详尽的标准参考,正式的 IEEE 802.11s 标准规范预计到 2008 年发布。

5.1.1 Snow-Mesh

Snow-Mesh(Secure Nomadic Wireless Mesh)[1] 是一个支持 IEEE 802.11s ESS 的框架,其目的是提供一种多跳的无线网络系统,该系统可以扩展 IEEE 802.11 BSS,使得路由或者桥接的帧可以通过组成 Mesh 网的 AP。人们提出对 AP 的 MAC 协议进行修改,使其能够提供必要的服务,这些服务具有以下属性:

- 自动配置 Mesh 网络来处理 Mesh 节点的加入或离开。
- 二层路由与路由选择。
- 在 Mesh 网络中安全地传输数据。
- 客户端 Mesh 节点和 STA 不需要任何修改就可以访问网络或者与 Mesh 网中的 AP 进行交互。
- Mesh 节点之间的通信基于 WDS(Wireless Distribution System)的概念。
- Mesh 节点工作在 IEEE 802.11 标准的物理层上。
- 对 IEEE 802.11 物理层的修改应该最小化以保持向后兼容性,以便提供更容易的实施和整合。

WDS 如同在 IEEE 802.11 标准中定义的一样,是一个支持通过无线媒体互相连接的 BSS 系统。为了提供一个由多个互联的 AP 组成的多跳无线网络,WDS 基本是使用无线对无线的桥接方式,在这种结构的网络中,AP 同时可以呈现出多个角色。它既可以为本地的无线客户端提供服务,也可以维护桥式骨干无线连接。为了实现这一目的,工作信道和所有互联 AP 的服务集 ID(SSID)必须是相同的。WDS 的目的是在一些铺设电缆比较困难的地方(例如沙漠或者战场上)能够提供临时的、快速的、简单的网络。

然而,WDS 系统也有以下缺点:① 桥接方案采用放射性的树结构,这不是用来确定路由的最好方案。在无线骨干网中可能有一些路由算法会更有优势,例如最短路径算法或更少冲突路由算法;桥接方案更容易形成环路,且难以适应移动节点的动态变化。② WDS 链路的安全性没有很好地定义和说明。当前 WDS 的状态使得它更容易遭受到会话劫持攻击和拒绝服务攻击。③ 桥接的 WDS 网络不支持 QoS 服务。④ WDS 的建立方式可以采用手动或自学习的方式,但是它不支持多个节点与 Internet 相连。

Snow-Mesh 网络是由一系列的无线节点(MP)构成,这些节点拥有相同的 SSID

并提供 Mesh 服务。当 Mesh 节点同时具有接入点功能时就构成 MAP。MAP 被配置成接收特定的客户端或者其它 Mesh 节点或 APs。也可以把 MAP 配置成只具有中继功能(而不连接客户端)的节点。

一个 MP 设备包含一个或多个 IEEE 802.11 频段,而每一个频段可以是各种类型的 IEEE 802.11 物理层(如 IEEE 802.11a、IEEE 802.11b 或 IEEE 802.11g),每一个设备由 Snow Mesh IEEE 802.11s MAC 协议控制。

对于一个 MP 拥有多个频段时,每个频段工作在不同的无线频道上,每个物理层直接由专门的 MAC 接口控制,所有的 Mesh 节点的操作都由 Mesh 管理模块控制,Mesh 管理模块还直接管理 MAC 接口的各个频段并提供总体协调工作。

MP 的端口用单独的 MAC 地址来标识,而各个频段通过端口 ID 标识。一旦端口被配置成在某一特定的频道下(除非直接被 Mesh 管理模块修改),该端口将保持在这个频道上工作。

每个端口都被配置成接收客户端或者 Mesh 链路的状态。一般情况下,一个频段的同一个频道下既可以与客户端相连,也可以与其它 Mesh 节点通信。对于访问控制,MAP 可以使用访问控制列表来识别可以建立连接的客户端或 MAP。

如果 MAP 端口被配置成可以接收的客户端,那么客户端可以通过这个端口与 MAP 进行通信。从客户端的角度来看,这和普通的 IEEE 802.11 关联过程是不一样的。普通的 BSS 中,任何时刻一个客户端只能与一个 MAP 连接。对于端口的所有关联协议都是由 Mesh 管理模块控制的。

MP 通过建立连接直接与另一个 MP 通信。控制信息用来完成 MP 之间的关联以及 Mesh 链路的建立。只有发送和接收端都有端口并且工作在同一个物理信道时才能建立 Mesh 链路。

一个 MP 可以包含一个或多个端口,用来与外部的网络连接,达到拓展网络的目的。外部网络可以是其它类型的 IEEE 802.11 网络,例如 IEEE 802.11 网络、其它的 IEEE 802.11s Mesh 网络或者是 IEEE 802.1d(以太网)有线网络等。每个端口都会分配一个单独的 MAC 地址。

Mesh 网络的最大规模为 32 个 Mesh 节点,每个 Mesh 节点都可以支持多个客户端。

Mesh 网络拓扑是一个两层的结构。由 MPs 组成的骨干网络作为第一层,客户端作为第二层。Mesh 网通过 SSID 标识,这与传统 AP 接入本地服务区相类似。在普通的 IEEE 802.11 BSS 模式下,客户端将和 MAP 连接并建立通信链路,MP 会与它们的一跳邻居建立链路。虽然 Mesh 链路是建立在双向的基础上,但由于在每一个方向上链路的属性是不同的,所以应该将它们看成两个有向的不同链路。

有向的 Mesh 链路可以表示为如下格式:

((源地址 MAC1,源端口 ID1),(目的地址 MAC2,目的端口 ID2),Channel ID)
其中,Channel ID 表示物理层和信道号。

Mesh 网的拓扑结构由 Mesh 节点间的链路以及客户端和 Mesh 节点间的链路构成，Mesh 拓扑结构的关键是 MPs 之间的各种链路。如果在各个 Mesh 节点间都存在一条相连的链路，则说明这个 Mesh 是连接的。

通信接入服务允许数据在 Mesh 网络中的任何两个客户端之间进行传输。Mesh 网络中的 Mesh 节点通过接口或者客户端与外部网络进行连接。Snow-Mesh 网络的拓扑如图 5 – 1 所示。

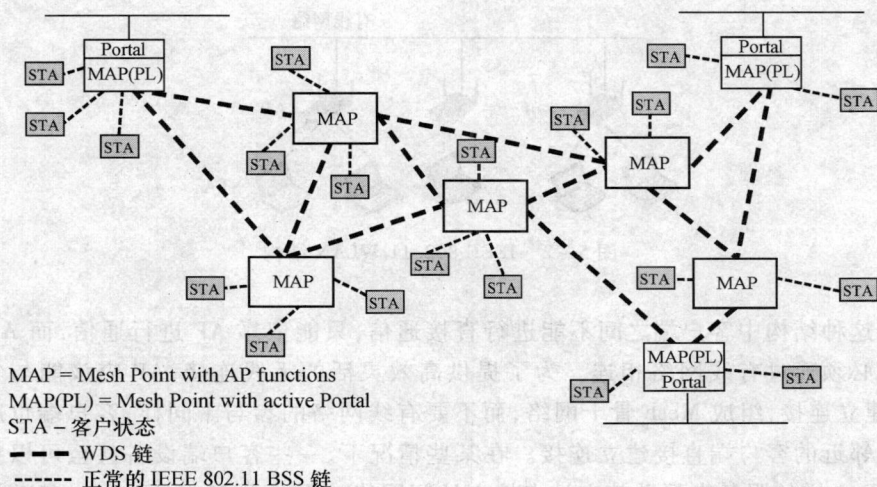

MAP = Mesh Point with AP functions
MAP(PL) = Mesh Point with active Portal
STA – 客户状态
━ ━ ━ WDS 链
------- 正常的 IEEE 802.11 BSS 链

图 5 – 1   Snow-Mesh 网络框架

5.1.2   SEE-Mesh

SEE-Mesh[2]是由 SEE Mesh 组织向 IEEE 802.11s 工作组提交的 Mesh 提案，该提案中对 WLAN Mesh 网络进行了详细的论述。

SEE-Mesh 在第二层的链路层上实现 Mesh 路径选择和数据转发。Mesh 网络在网络的健壮性、覆盖范围、节点密度等方面有很强的优势，但同时也存在一些缺点，例如电源消耗和安全性等。Mesh 具有以下特点：

- 与传统无线相比，Mesh 网增加了网络的覆盖范围，在使用中具有一定的灵活性。
- 具有可靠的性能。
- 无缝安全。
- 设备间的多种媒体的传输。
- 对电池供电的设备进行有效的电源管理。
- 具有后向兼容性。
- 确保网络间具有互操作性。
- 提高网络的吞吐量。

　　传统的 IEEE 802. 11 WLAN 由基础设施类设备和客户端设备构成,最普通的基础设施设备就是 AP,它能够提供一些服务,例如为客户端设备缓存数据、提供认证服务、访问网络等。

　　AP 一般都是直接与有线网络相连,仅向客户端提供无线连接,它们本身并不使用这些无线连接。而客户端设备必须与 AP 建立连接才能访问网络。这些客户端依靠 AP 进行通信。其网络结构如图 5 - 2 所示。

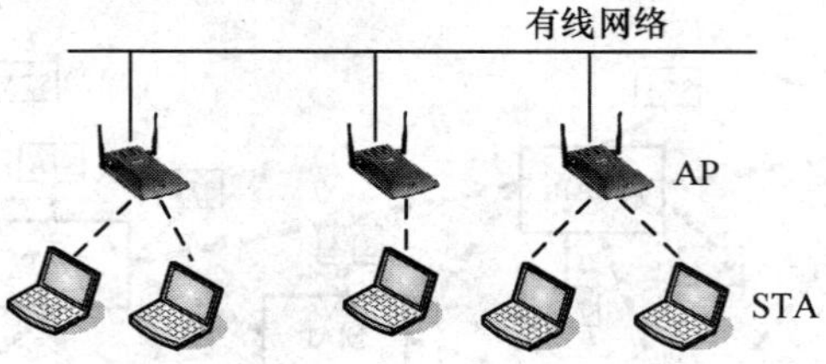

图 5 - 2　　IEEE 802. 11 WLAN 结构

　　这种结构中客户端之间不能进行直接通信,只能依靠 AP 进行通信,而 AP 之间也必须通过有线网络相连。为了提供高效灵活的无线连接,AP 应该能与邻居 AP 建立连接,组成 Mesh 骨干网络,而不要有线网络的参与。同样,客户端也应该能与邻近的客户端直接建立连接。在某些情况下,一些客户端设备甚至可以提供和 AP 一样的服务来帮助其它站点接入访问网络。因此在 Mesh 网络中,基础设施设备和客户端设备的界限变得模糊了。

　　Mesh 节点主要分为两类:一类是 Mesh 节点,这类节点可提供 Mesh 服务;另一类是不能提供 Mesh 服务的非 Mesh 节点。Mesh 服务可以实现逻辑功能的 MAC 接口,这与 IEEE 802. 11 MAC 接口是独立的。因此,一个单独的设备可以既是 Mesh 节点又是 AP 节点(MAP),或者只是 Mesh 节点(MP)。Mesh 网的拓扑结构如图 5 - 3 所示。

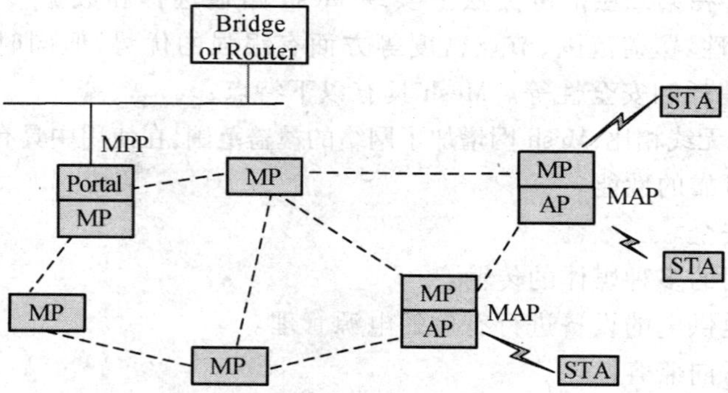

图 5 - 3　　Mesh 网的拓扑结构

WLAN Mesh 网络是在二层网络上有效地实现了传统 IEEE 802 网络的功能。这就意味着从其它网络和高层协议来看,WLAN Mesh 网络在功能上等效于一个广播以太网。因此 Mesh 网络中的所有 MP 和 MAP 都要在链路层直接相连,WLAN Mesh 网络互联参考模型如图 5 - 4 所示,Mesh portal 的功能相当于实现无线网络与有线网络相联的网桥与路由器的功能,实现有线网络与与无线网络数据包的转换。

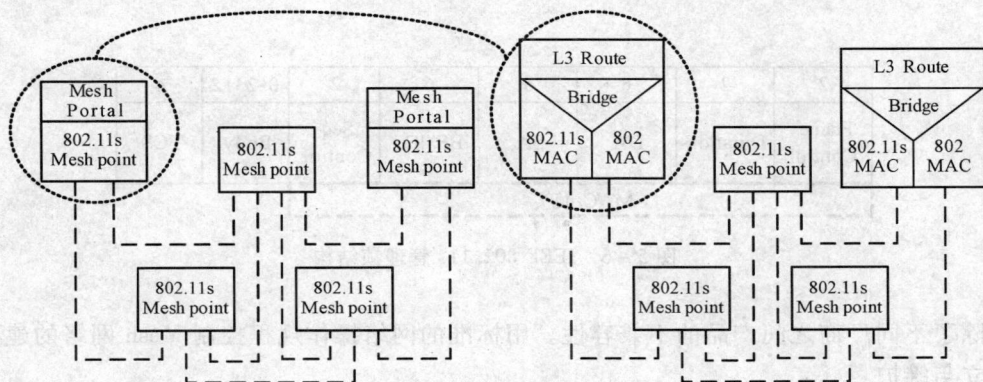

图 5 - 4　WLAN Mesh 网络互联参考模型

5.1.3　IEEE 802.11s

在 Mesh 网标准化进程中,逐渐形成了一种融合的趋势,即将几个提案融合在一起,分别发挥各种提案的优势,首先是 Snow-Mesh 提案被融入到 SEE-Mesh 提案中,接着是 SEE-Mesh 和 Wi-Mesh 提案并驾齐驱,最后在新的标准提案中将两者融合在一起,称为"Joint SEE-Mesh/Wi-Mesh Proposal to IEEE 802.11 TGs"[3]。在这份标准草案中,融合了两种提案的优点,对 Mesh 网的结构、网络管理、路由协议、安全技术等关键问题作了详尽的叙述。

在 IEEE 802.11s 准草案中,将骨干 Mesh 网中的节点分为:MP、MAP、MPP、LWMP。其具体的功能如下:

MP:数据传输 + 内部路由 + 数据转发。

MAP:数据传输 + 内部路由 + 数据转发 + 接入点。

MPP:数据传输 + 内部路由 + 数据转发 + 外部路由。

LWMP:数据传输。

为了实现无线 Mesh 网的功能,在标准草案中对于帧格式作了详尽的定义,它们中大部分是在 IEEE 802.11 帧的基础上进行扩展的,除此之外,也定义 Mesh 网中特有的帧结构,如图 5 - 5 和图 5 - 6 所示。

在安全技术上,为了与 WLAN 的其它标准相兼容,该标准使用 IEEE 802.11i 加密机制,IEEE 802.11s 标准对于推动 Mesh 网络的发展起到了积极的作用,它消

2	2	6	6	6	2	6	2	3	0-2312	4
Frame Control	Dur	Address 1	2	Address 3	Seq Control	Address 4	QoS Control	Mesh Forwarding Control	Body	FCS
MAC 帧头										

图 5 – 5 IEEE 802.11s 数据帧结构

2	2	6	6	6	2	0-2312	4
Frame Control	Duration	DA	SA	BSSID	Seq Control	Body	FCS
MAC 帧头							

图 5 – 6 IEEE 802.11s 管理帧结构

除了不同厂商之间产品的不兼容性。用标准的网络操作规程控制 Mesh 网络的建立与维护。

5.2 WLAN Mesh 认证技术

5.2.1 集中认证

安全问题是无线 Mesh 网的一个重要问题,在 WLAN Mesh 中使用集中式 IEEE 802.1X AKM(Authentication and Key Manager)时,一个欲加入的节点按照图 5 – 7 的步骤建立一个 RSNA。

(1) 通过获得一个邻居 MP 的信标帧或者探测响应帧来确定该 MP 是否具有 RSNA 功能,并且该 MP 与某个 AS 相连。如果找到这样的 MP,则执行第 2 步。

(2) 该节点执行开放式认证接入到该 MP。

(3) 在关联的时候双方协商加密选项。

(4) 该节点和该 MP 都使用 IEEE 802.1X 认证机制,通过对方节点中的认证器来向 AS 认证。因此,该过程中有两个 IEEE 802.1X 认证过程发生,其中,AS 可以和该 MP 的认证器在同一个设备中实现,也可以在其它的 MP 中实现。

(5) 该节点和该 MP 双方通过密钥管理算法来生成 PTK(注意应该在每个链路方向上建立一个 *PTK*),因此需要执行两次密钥管理算法,分别由该节点和该 MP 来发起。

(6) 该节点和该 MP 双方使用 *PTK* 来生成临时密钥作为对等密钥,并根据协商好的加密选项来对单播数据帧进行加密保护。同时生成 GTK 来对广播/多播数据帧进行加密保护。

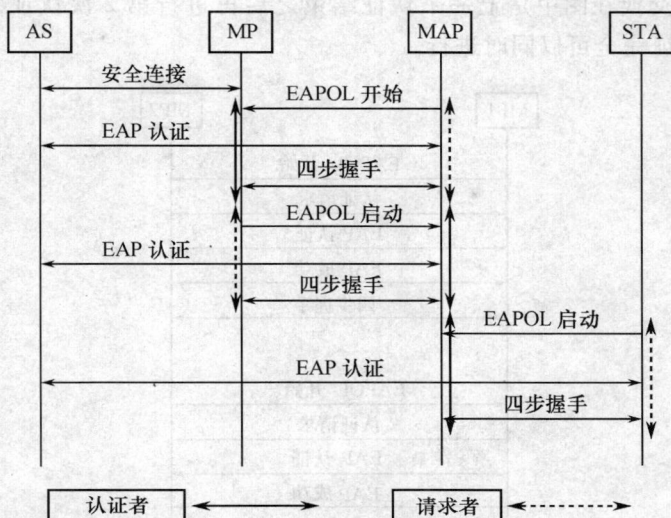

图 5 - 7   集中式 IEEE 802.1X 认证模型

（7）该节点可以与远程 AS 建立一条安全连接。

（8）如果该 MP 同时也是一个 AP,并且该 MP 与某个合适的 AS 相连,则该 MP 应该扮演 STA 接入认证所需的认证器角色。

5.2.2　分布式认证

在 WLAN Mesh 中使用分布式 IEEE 802.1X AKM 时,一个欲加入的节点按照如下的步骤建立一个 RSNA。

（1）通过获得一个邻居 MP 的信标帧或者探测响应帧来确定该 MP 是否具有 RSNA 功能,且该 MP 与某个 AS 相连。如果找到这样的 MP,则执行第 2 步。

（2）该节点执行开放式认证接入到该 MP。

（3）在关联的时候双方协商加密选项。

（4）该节点和该 MP 双方通过密钥管理算法来生成 PTK(注意,应该在每个链路方向上建立一个 *PTK*),因此需要执行两次密钥管理算法,分别由该节点和该 MP 发起。

（5）该节点和该 MP 双方使用 *PTK* 来生成临时密钥作为对等密钥,并根据协商好的加密选项来对单播数据帧进行加密保护,同时生成 *GTK* 来对广播/多播数据帧进行加密保护。

（6）该节点可以与远程 AS 建立一条安全连接。

（7）如果该 MP 同时也是一个 AP,并且该 MP 与某个合适的 AS 相连,则该 MP 应该扮演 STA 接入认证所需的认证器角色。

图 5 - 8 给出了分布式 IEEE 802.1X 的认证过程中 EAP 的交换过程,IEEE

802.1X EAP 交换在图中是上一个认证结束之后再进行第 2 次认证,在实际过程中,这两次认证完全可以同时进行。

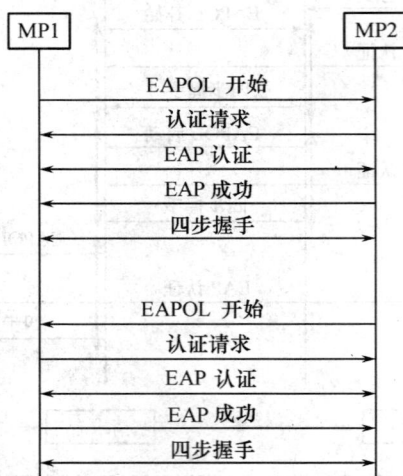

图 5 - 8　分布式 IEEE 802.1X 认证模型

5.2.3　预共享密钥认证

在 WLAN Mesh 中使用预共享密钥认证模型时,一个欲加入的节点按照如下的步骤建立一个 RSNA。

(1) 通过获得一个邻居 MP 的信标帧或者探测响应帧来确定该 MP 是否具有 RSNA 功能,且该 MP 与某个 AS 相连。如果找到这样的 MP,则执行第 2 步。

(2) 该节点执行开放式认证接入到该 MP。

(3) 在关联的时候双方协商加密选项。

(4) 该节点和该 MP 双方使用 PTK 来生成临时密钥作为对等密钥,并根据协商好的加密选项来对单播数据帧进行加密保护。同时生成 GTK 来对广播/多播数据帧进行加密保护。

注意:PSK 不能扩展到需要多跳路由的 Mesh 网络中。实际上,在多于 2 个节点的 Mesh 网络中这是不可能用来保证安全的。因为它无法判断出信息的来源。

5.2.4　四步 Mesh 握手

四步 Mesh 握手(4-way Mesh Handshake,MH)用来在 WLAN Mesh 网的两个 MP 之间建立一个安全关联,而不需要两次单独四步握手来建立安全关联。四步 Mesh 握手通过建立双向的 RSNA 从而进行相互的认证,即在四步 Mesh 握手后生成了两个共享的对密钥 PTK_1 和 PTK_2。但是为了能够产生这两个对称密钥,每一个 MP 都要在四步 Mesh 握手的某个阶段执行 IEEE 802.1X EAP 认证服务来产生所需的主密钥(Master Key),同时四步 Mesh 握手兼容所有已支持的 AKM,也支持集中的和分布式的认证服务。

四步 Mesh 握手有效地完成了建立关联和建立 RSNA。为了做到这一点,使用了认证信息帧和关联信息帧在其信息单元中携带四步握手的信息。为了要建立双向安全关联,在四步 Mesh 握手信息中同时携带允许两个 PTK 生成的信息。同时在双向的 RSNA 建立过程中,允许建立一个组密钥(GTK)。这使得两个 MP 都能够安全地传输多播消息。GTK 在四步 Mesh 握手的最后两条消息中进行交换。

1. 握手阶段

四步 Mesh 握手可以分为三个阶段:协商阶段、认证阶段和安全关联阶段。如果密钥生成认证没有必要或者已经认证过了,则认证阶段可以省略。具体地说,为了推导出临时的对密钥 PTK_1 和 PTK_2,每个 MP 必须有两个有效的主密钥安全关联($PMKSA$)。协商阶段由两条认证消息组成,安全关联阶段由关联请求和关联响应消息组成。在认证阶段,每一个 MP 都可以充当一个 IEEE 802.1X 认证者,以便能够实现邻居 MP 和认证服务器之间的 EAP 认证。图 5-9 描述了四步 Mesh 握手过程。

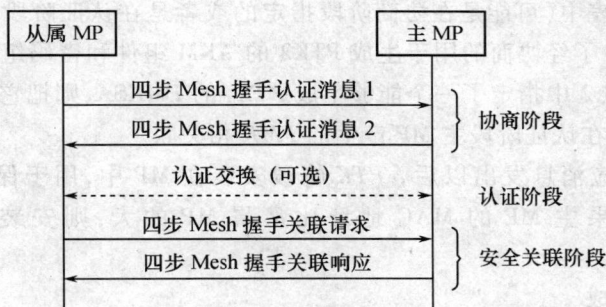

图 5-9 四步 Mesh 握手过程

(1)协商阶段

① 协商阶段的两条消息用来协商两个密钥对 PTK_1 和 PTK_2,生成密码组件和 AKM 组件。为了开始四步 Mesh 握手,从属 MP 发送四步 Mesh 握手认证消息 1。该消息中包含了从属 MP 所要求的用以生成 PTK_1 的密码组件和 AKM 组件(选择的组件必须在主 MP 所支持的组件之中)。消息中还包含了一个或多个标识主密钥安全关联(PMK SA)的 $PMKID$,用于指示生成 PTK_1 的安全关联。如果从属 MP 没有收到主 MP 关于其所支持的安全组件的广播消息时,从属 MP 在认证消息 1 中还应当包含自己所支持的组件声明。

② 四步 Mesh 握手认证信息 2 是主 MP 发给从属 MP 的。该消息返回从属 MP 所期望的用于生成 PTK_1 的密码组件和 AKM 组件。如果从属 MP 指定了一个或多个有效的 $PMKID$,那么主 MP 在该消息中还要包含指定的 $PMKID$。如果当前还没

有 $PMKSA$,则双方必须通过 IEEE 802.1X 来创建一个。另外,该消息中还包含了主 MP 用来产生 PTK_2 所期望的密码组件和 AKM 组件,并且选择的组件必须是从属 MP 所支持的。而可用于生成 PTK_2 的 $PMKSA$ 的 $PMKID$ 也应当包含在消息中。

（2）认证阶段

① 是否需要认证阶段由认证消息 2 中的 PMK ID 表的内容决定。如果在认证消息 2 中没有有效的 PMK ID,即没有可用于生成 PTK_1 的有效 PMK 安全关联,则从属 MP 必须在该阶段进行 IEEE 802.1X 认证。

② 如果主 MP 没有指定 $PMKID$ 用于生成 PTK_2 或者指定的 $PMKID$ 都是无效的,则主 MP 必须在该阶段进行 IEEE 802.1X 认证。

③ 如果两个认证过程都在该阶段进行,则有可能交叉。这时必须当从属 MP 发送并且接收了一个有效的 EAP 成功消息时,认证阶段才算完成。

（3）安全关联阶段

该阶段生成 PTK_1 和 PTK_2,由关联请求消息和关联响应消息组成。

① 从属 MP 通过发送一个关联请求消息来开始安全关联阶段。该消息中包含了经协商的用于生成 PTK_1 的 AKM 组件和密码组件。用于生成 PTK_1 的 PMK 也包含在 $PMKID$ 列表中（可能是在协商阶段指定的或者是在认证阶段新产生的）。另外消息中还包含了经协商的用于生成 PTK2 的 AKM 组件和密码组件。如果主 MP 已经在认证信息 2 中指定了一个能够生成 PTK_2 的 $PMKSA$,则把它放在该消息中。否则,$PMKID$ 与在认证阶段主 MP 产生的 PMK 相关联。

② 关联响应消息发出以后,PTK 将被安装在 MP 中,用于保护他们之间的双向通信。如果主 MP 的 MAC 地址比从属 MP 的大,则安装 PTK_1,否则安装 PTK2。

2. PTK 生成

PTK 的生成过程是通过一个在两个 MP 上的请求者进程和认证者进程之间的消息交换来进行的,交换的消息称为 EAPOL-Key 消息。PTK1 生成由四个 EAPOL-Key 消息组成,它们分别被标记为 PTK_1-JHJ1、PTK_1-JHJ2、PTK_1-JHJ3 和 PTK_1-JHJ4。同样 PTK2 的生成也由四个 EAPOL-Key 消息组成,它们分别被标记为 PTK_2-JHJ1、PTK_2-JHJ2、PTK_2-JHJ3 和 PTK_2-JHJ4。

认证阶段完成之后便可以计算 PTK,当然这还要依赖于认证消息 1 和认证消息 2 中交换的 $nonce$ 值。计算方式如下:

$$PTK_1 = \text{PRF-384}(PMK(1), \text{"MH Pairwise key expansion"}, \text{Nonce(sub)},$$
$$\text{Nonce(sup)}, \text{Min}(A[\text{sub}], A[\text{sup}]), \text{Max}(A[\text{sub}], A[\text{sup}]))$$

$$PTK_2 = \text{PRF-384}(PMK(2), \text{"MH Pairwise key expansion"}, \text{Nonce(sup)},$$
$$\text{Nonce(sub)}, \text{Min}(A[\text{sub}], A[\text{sup}]), \text{Max}(A[\text{sub}], A[\text{sup}]))$$

其中:

◆ PRF-384　在 IEEE 802.11 规范中定义的伪随机函数。

◆ $PMK(1)$ 用来生成 PTK_1 的有效 PMK。
◆ $PMK(2)$ 用来生成 PTK_2 的有效 PMK。
◆ Nonce(sub)   由从属 MP 生成的 Nonce。
◆ Nonce(sup)   由主 MP 生成的 Nonce。
◆ A[sub]   从属 MP 的 MAC 地址。
◆ A[sup]   主 MP 的 MAC 地址。

图 5－10 描述了生成 PTK 时的进程通信过程。从属 MP 的请求者进程和主 MP 的认证者进程之间交换 EAPOL-Key 来生成 PTK_1。同样从属 MP 的认证者进程和主 MP 的请求者进程之间交换 EAPOL-Key 来生成 PTK_2。

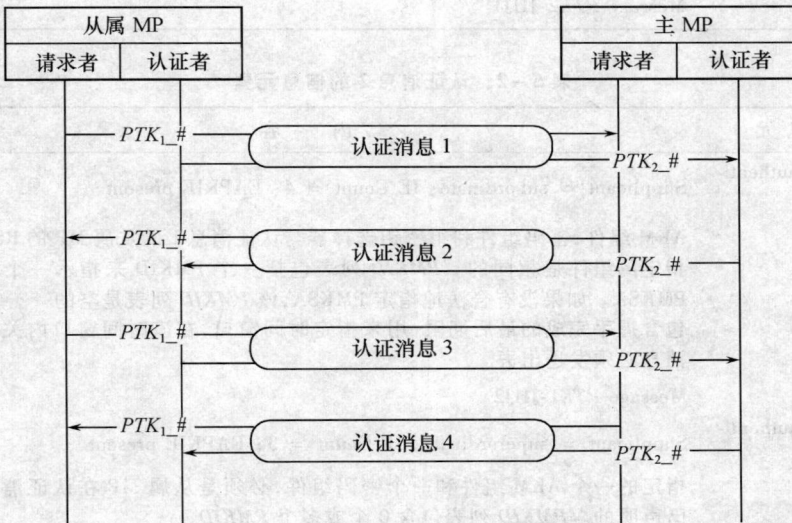

图 5－10   生成 PTK 时的进程通信过程

3. 握手消息的信息元素

（1）认证消息 1

四步 Mesh 握手中认证消息 1 是一个由从属 MP 发送至主 MP 的认证管理帧。该帧包含的信息元素如表 5－1 所示。

（2）认证消息 2

四步 Mesh 握手中的认证消息 2 是一个由主 MP 发送给从属 MP 的认证管理帧。该帧包含的信息元素如表 5－2 所示。

（3）关联请求消息 1

四步 Mesh 握手关联请求是一个由从属 MP 发送给主 MP 的关联请求管理帧。该帧包含的信息元素如表 5－3 所示。

表 5 - 1 认证消息 1 的信息元素

信 息 元	内 容
Mutual authentication IE	Supplicant = subordinate；IE Count = 3；EAPKIE present
RSNIE	指定的一个 AKM 组件和一个密码组件，它们包含在主 MP 发出的信标帧和探测响应帧的广播信息中。*PMKID* 列表包含 0 个或多个 *PMKID*
EAPKIE	Message *PTK*1-JHJ1
Mutual authentication IE	Supplicant = superordinate；IE Count = 3；EAPKIE present
RSNIE	与从属 MP 信标帧和探测响应帧中的 RSNIE 一致
EAPKIE	Message *PTK*2-JHJ1

表 5 - 2 认证消息 2 的信息元素

信 息 元	内 容
Mutual authentication IE	Supplicant = subordinate；IE Count = 4；EAPKIE present
RSNIE	AKM 组件，密码组件和组密钥选择器与认证消息 1 的从属 MP 的 RSNIE 中指定的组件是相同的。*PMKID* 列表包括一个 PMKID 来指示一个合法的 PMKSA。如果没有合法地指定 PMKSA，该 *PMKID* 列表是空的
TIE	包含握手完成的最后期限，用来指定时间窗口，在该时间窗口内关联请求消息必须发送出去
EAPKIE	Message *PTK*1-JHJ2
Mutual authentication IE	Supplicant = superordinate；IE Count = 3；EAPKIE present
RSNIE	指定的一个 AKM 组件和一个密码组件，必须是从属 MP 在认证消息 1 中已声明的。*PMKID* 列表包含 0 个或多个 *PMKID*
EAPKIE	Message *PTK*2-JHJ2

表 5 - 3 关联请求消息 1 的信息元素

信 息 元	内 容
Mutual authentication IE	Supplicant = subordinate；IE Count = 3；EAPKIE present，MIC Protection
RSNIE	PMKID 列表包含一个 PMKID，指明用于生成 PTK1 的 PMK
EAPKIE	Message *PTK*1-JHJ3
Mutual authentication IE	Supplicant = superordinate；IE Count = 4；EAPKIE present，MIC Protection
RSNIE	PMKID 列表包含一个 PMKID，指明用于生成 PTK2 的 PMK
TIE	包含用于生成 PTK2 的 PMK 的密钥生存期
EAPKIE	Message *PTK*2-JHJ3

（4）关联响应消息 2

四步 Mesh 握手关联响应消息是一个由主 MP 发送至从属 MP 的关联响应管理帧。该帧包含的信息元素如表 5 - 4 所示。

表 5 - 4　关联响应消息 2 的信息元素

信 息 元	内　　　容
Mutual authentication IE	Supplicant = subordinate；IE Count = 4；EAPKIE present，MIC Protection
RSNIE	*PMKID* 列表包含一个 *PMKID*，指明用于生成 PTK1 的 PMK
TIE	指定用于生成 *PTK*1 的 *PMK* 的密钥生存期
EAPKIE	Message *PTK*1-JHJ4
Mutual authentication IE	Supplicant = superordinate；IE Count = 3；EAPKIE present，MIC Protection
RSNIE	*PMKID* 列表包含一个 *PMKID*，指明用于生成 *PTK*2 的 *PMK*。
EAPKIE	Message *PTK*2-JHJ4

5.2.5　EMSA 认证

EMSA（Efficient Mesh Security Association）是一种允许 Mesh 节点能够快速、有效地建立路由和数据传输的安全 Mesh 连接机制，这种机制称为高效 Mesh 网安全连接服务。EMSA 确保了 Mesh 网在形成和传输数据过程中的安全，它保护了邻居节点间的单播和广播传输，防止未授权的设备直接在 Mesh 网中发送和接收数据，允许并确保在两个 MPs 之间建立安全的链路。EMSA 通过使用 Mesh 密钥层次来提供服务。EMSA 的操作依赖于密钥持有者，在 Mesh 网中，定义了两种类型的密钥持有者：Mesh 认证者（Mesh authenticators，MA）和 Mesh 密钥分发者（Mesh Key Distributors，MKD）。一个单独的 MP 可以实现其中的一种或是两种。EMSA 将认证过程分为两部分：Mesh 节点间的初始安全连接称作"初始 EMSA 认证"，随后的与其它 Mesh 认证者间的连接可以使用在初始 EMSA 认证阶段建立起来的密钥来保证信息的安全。如果一个 MP 只是一个 MA 而不是一个 MKD 时，EMSA 提供了一种机制来保证 Mesh 密钥持有者间的安全通信。即由"Mesh 密钥持有者安全连接"保证在 MA 与 MKD 之间建立安全连接。

Mesh 密钥持有者包括 MA 和 MKD，通过执行密钥派生和安全密钥分发来管理密钥层次。一个 MKD 域就是一个 MKD 所覆盖的范围，在一个 MKD 域中可以存在几个 MA，每一个 MA 都在不同 MP 上实现并且维护着到达 MKD 的路由和一条安全链路。MKD 派生出的密钥生成了 Mesh 密钥等级结构，并分发给各个 MA，初始 EMSA 认证过程如图 5 - 11 所示。

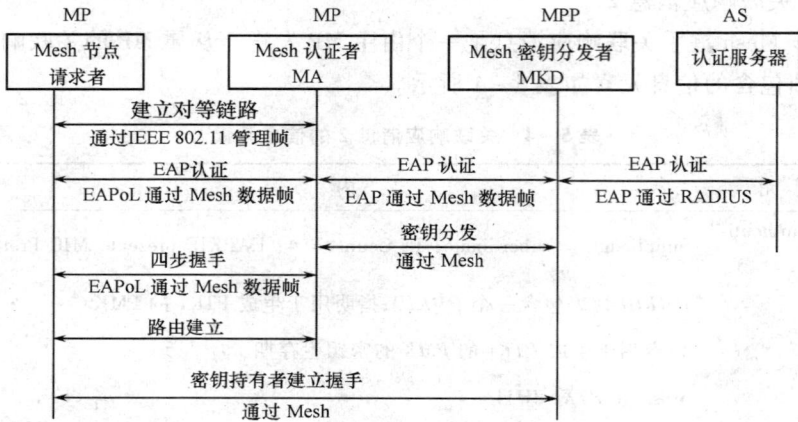

图 5 – 11　EMSA 认证过程

请求者 MP 首先与认证者 MP 建立连接。如果选择了 IEEE 802.1X 认证,则该 MP 初始化认证过程,发送 EAP 认证帧。认证成功后,认证者 MP 初始化四步握手过程,完成密钥的产生与分发。

Mesh 密钥持有者安全连接机制在 MP 和 MKD 之间建立起安全连接,允许这个 MP 开始执行 MA 的操作。当一个 MP 完成初始 EMSA 认证后就可以初始化 Mesh 密钥持有者安全握手过程。

5.2.6　基于身份密码系统认证协议

基于身份密码系统的认证及密钥管理协议不需要证书,可以简化网络的配置与维护,降低系统的建设及维护成本,提高系统的运行效率;且该方案能够保护请求者的身份不被攻击者窃听。方案假设是在基于身份的公钥密码系统下实现,因此需要一个密钥产生中心(Private Key Generator, PKG)的可信第三方,但 PKG 并不像 CA,它仅仅是选择并计算系统的公开参数,给用户分发长期私钥。因为公钥就是用户的身份,所以系统中不需要存储公钥,更没必要对用户公钥进行签名。

系统初始化:PKG 选择大素数 q 和阶为 q 的加法群 G_1、乘法群 G_2 以及 G_1 的生成元 P,并且 $e: G_1 \times G_1 \to G_2$ 为 G_1 和 G_2 上的双线性映射。设 $h_1: \{0,1\}^* \to G_1$ 和 $h_2: \{0,1\}^* \to Z_q$ 为 Hash 函数,$h_3: \{0,1\}^* \times Z_q \times Z_q \to \{0,1\}^*$ 和 $h_4: G_1 \to \{0,1\}^*$ 为密钥推导函数。PKG 还要随机选择系统主密钥 $s \in Z_q$ 并计算 $P_{pub} = sP \in G_1$。最后 PKG 公布系统的公共参数:

$$\{e, G_1, G_2, q, P, P_{pub}, h_1, h_2, h_3\}$$

分配长期私钥:PKG 收到 $ID \in \{0,1\}^*$ 后计算 $Q_{ID} = h_1(ID) \in G_1$ 和相应的私钥 $S_{ID} = sQ_{ID} \in G_1$,然后把 S_{ID} 通过安全信道发送给用户。用户把 (ID, S_{ID}) 作为自己的公私钥对。

具体方案:协议是认证的 DH 密钥交换,由四条消息构成,如图 5 – 12 所示。

1. S → AS:		N_S
2. AS → S:		N_{AS} , ID_{AS} , bP_{pub} , SIG_{AS}
3. S → AS:		$\{ID_S\}_{MSK}$, aP_{pub} , SIG_S , MAC_S
4. AS → S:		MAC_{AS}

图 5 – 12   DH 交换消息内容

图 5 – 12 中的参数功能如下:

N_S , N_{AS} 为双方选择的随机数;

aP_{pub} 、bP_{pub} 为双方进行 DH 密钥交换的公共参数;

$SIG_{AS} = bS_{AS}$,AS 对公共参数的签名;

$\{ID_S\}_{MSK}$ 为用共享密钥 MSK 加密后的 S 的身份;

$MSK = h_4(abP_{pub})$,为 DH 交换产生的共享密钥;

$SIG_S = h_2(M_1)S_S$,对消息 M_1 用申请者的私钥 S_S 进行签名;

$MAC_S = SHA - 1(MSK|ID_S|M_1)$;

$MAC_{AS} = SHA - 1(MSK|ID_{AS}|M_2)$;

M_1 为 S 在计算 SIG_S 之前所有发送和接收到的消息;

M_2 为 AS 在计算 MAC_{AS} 之前所有发送和接收到的消息。

① 请求者向认证服务器发送随机数 N_S 作为挑战;

② 认证服务器发送随机数 N_{AS} ,身份(公钥)ID_{AS} ,和用于 DH 交换的公共值 bP_{pub} 以及服务器对公共值的签名 $SIG_{AS} = bS_{AS}$,以便求请者能够对其进行身份认证。同时保护公共值的完整性。

③ 申请者根据 ID_{AS} 对 bP_{pub} 的签名进行验证:$e(SIG_{AS}, P) = e(Q_{AS}, bP_{pub})$,其中 $Q_{AS} = h_1(ID_{AS})$ 。验证通过后,请求者生成 DH 公共值 aP_{pub} (也可以预计算以缩短响应时间),并根据 aP_{pub} 和 bP_{pub} 计算出共享密钥 $MSK = h_4(abP_{pub})$ 。用 MSK 来加密自己的身份 $\{ID_S\}_{MSK}$,生成 MAC_S 和签名 $SIG_S = h_2(M_1)S_S$,以便请求者能够验证其身份和之前发送、接收到的消息的完整性。

④ 服务器收到消息后,根据密钥信息 aP_{pub} 计算出主密钥 $MSK = h_4(abP_{pub})$ 并且解密申请者的身份得到 ID_S 。然后验证申请者的签名:$e(SIG_S, P) = e(h_2(M_1)$ $Q_{AS}, P_{pub})$ 和消息 M_1 的 MAC。验证通过后,计算 $MAC_{AS} = SHA - 1(MSK|ID_{AS}|$ $M_2)$ 。

⑤ 请求者收到消息后验证 MAC_{AS} 完成密钥确认。

为了对方案更详细地描述,下面给出一种可用于 IEEE 802.11i 中的具体实例,该实例可作为一种新的 EAP 认证方法,如图 5 – 13 所示。

1. S → AS：　　　　　　　Supplicant Hello
　　　　　　　　　　　　　Authentication Server Hello
2. AS → S：　　　　　　　Authentication Server Identity
　　　　　　　　　　　　　Authentication Server Key Exchange
　　　　　　　　　　　　　Authentication Server Hello Done
　　　　　　　　　　　　　Supplicant Identity
3. S → AS：　　　　　　　Supplicant Key Exchange
　　　　　　　　　　　　　Supplicant Identity Verify
　　　　　　　　　　　　　Supplicant Finished；
4. AS → S：　　　　　　　Authentication Server Finished

图 5 - 13　DH 交换消息格式

详细描述如下：

① 请求者发送 Supplicant Hello 消息发起会话连接，消息中包含协议版本号、随机数、会话标识和密码套件。密码套件是请求者支持的一些密码选项，其中密钥交换方式有 DH 和公钥加密交换两种方式，在所提出技术方案中建议把 DH 交换作为首选密钥交换方式，因为这样方案的安全性更好。

② 服务器用 Authentication Server Hello 消息应答，从请求者支持的密码套件中作出选择并告诉请求者。在 Hello 消息之后，服务器发送自己的身份 ID_{AS} 和用于 DH 交换的密钥信息 bP_{pub}，同时服务器通过对 DH 交换的密钥信息进行签名（$SIG_{AS} = bS_{AS}$）来保证密钥信息的完整性和进行身份认证。最后服务器发送 Authentication Server Hello Done 表示 Hello 消息交换结束。

③ 请求者首先验证 AS 的签名 $e(SIG_{AS}, P) = e(Q_{AS}, bP_{pub})$，签名正确的话则选择用于 DH 密钥交换的密钥信息 aP_{pub}，然后根据得到的服务器的 DH 密钥交换信息 bP_{pub} 计算出主密钥 $MSK = h_4(abP_{pub})$。根据计算出来的主密钥用对称加密算法对身份加密，并且计算之前发送和接收的所有消息的签名 $SIG_S = h_2(M_1)S_S$ 来实现身份认证和消息完整性保护。最后用 Supplicant Finished 消息发送 $MAC_S = $ SHA $-1(MSK|ID_S|M_1)$ 完成显示密钥确认。

④ 服务器收到消息后，根据密钥信息 aP_{pub} 计算出主密钥 $MSK = h_4(abP_{pub})$ 并且解密请求者的身份得到 ID_S。然后验证请求者的签名：$e(SIG_S, P) = e(h_2(M_1)Q_{AS}, P_{pub})$ 和消息 M_1 的 MAC。验证通过后，向请求者发送 Authentication Server Finished 消息，该消息中包含 $MAC_{AS} = $ SHA $-1(MSK|ID_{AS}|M_2)$，以便允许请求者确认服务器执行了正确的握手程序，即密钥确认。最后计算双方用于四步握手的对主密钥 $PMK = h_3(MSK|N_S|N_{AS})$。

⑤ 请求者验证 $MAC_{AS} = $ SHA $-1(MSK|ID_{AS}|M_2)$，通过后计算双方用于四步握手的对主密钥 $PMK = h_3(MSK|N_S|N_{AS})$。

基于以上的技术方案和 IEEE 802.11i 中的具体实例，一个准备接入当前 WMN

的移动设备要进行如图 5 - 14 所示的五个阶段的工作。

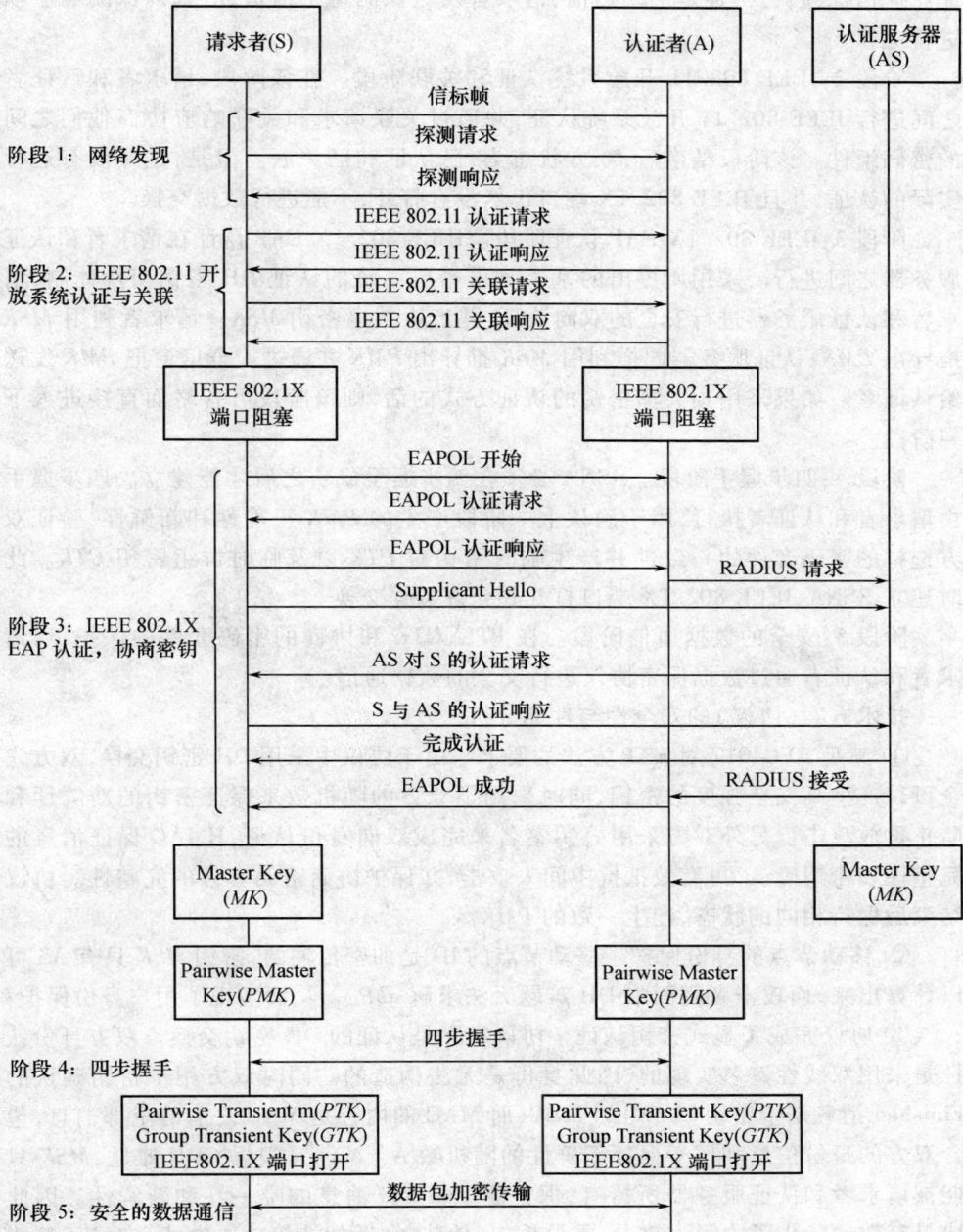

图 5 - 14   RSNA 的建立过程

阶段 1: 网络发现阶段。在这个阶段,请求者有两种方式来发现网络接入设备

（Authenticator,认证者）及其具有的安全能力。一种是被动扫描,由认证者周期性地广播信标帧;另一种是主动扫描,请求者发送探测每个信道,对方以探测响应帧进行应答。

阶段 2:IEEE 802.11 开放系统认证和关联阶段。在该阶段,请求者和认证者之间进行 IEEE 802.11 开放系统认证,并通过关联请求和关联响应协商他们之间的密码组件。该阶段结束后,双方状态为:已认证和已关联。但是,这并没有进行实际的认证,并且 IEEE 802.1X 端口仍然没有打开,不能进行数据交换。

阶段 3:IEEE 802.1X EAP 认证阶段。IEEE 802.1X EAP 认证在请求者和认证服务器之间进行。采用所提出的基于身份密码系统的认证 DH 密钥交换体制,请求者和认证服务器进行安全的双向认证,并产生共享密钥 MSK。请求者利用 MSK 推导出 PMK;认证服务器同样利用 MSK 推导出 PMK 并通过安全信道把 PMK 发送给认证者。如果采用预共享密钥的认证方式的话,则该阶段可省略而直接进入下一阶段。

阶段 4:四步握手阶段。RSNA 必须在四步握手成功之后才能建立。四步握手由请求者和认证者执行,用于确认上一阶段产生的 PMK 正确性和新鲜性,验证双方选择的密码套件的一致性并产生临时密钥对 PTK 以及临时群组密钥 GTK。此时建立 RSNA,IEEE 802.1X 端口打开并允许数据交换。

阶段 5:安全的数据通信阶段。在 PTK、GTK 和协商的密码套件的保护下,请求者和认证者通过数据保密协议进行安全的数据通信。

技术方案（协议）的安全性与性能分析:

① 满足 RFC4017 对 EAP 方法的要求　由于协议中采用 DH 密钥交换,双方完全可以产生高安全强度的密钥,同时采用了双方的随机数来保证密钥的新鲜性和防止重放攻击。另外双方采用公钥签名来完成双向身份认证,HMAC 保证消息的完整性和密钥确认,可有效抵抗中间人攻击,并保护协商密码套件的完整性。协议结束后保持相同的状态,产生一致的 PMK。

② 移动节点的身份保护　移动节点的 ID 是加密传输的,密钥 MSK 只有 AS 可以计算出来,而攻击者则面临 DH 难题无法求解 abP_{pub},从而实现了用户身份保护;

③ 协议完成了显式密钥认证　协议实际是认证的 DH 密钥交换。双方身份认证是采用双线性签名实现的,因此身份是无法伪造的。同时双方用于密钥确认的 Finished 消息是带密钥（MSK）的 MAC,而 MAC 的内容是 MAC 之前的全部消息,包含双方的身份信息和用于保证新鲜性的随机数 N_S、N_{AS};又根据 CDH 难题,MSK 只能被请求者和认证服务器所持有,保证了 Finished 消息的唯一性和新鲜性。因此协议有效地防止了中间人攻击、重放攻击、伪装、会话劫持等攻击方式,完成了显式密钥认证。

④ 协议具有 PFS、KKS 和 non-KCI 的性质　即使请求者和认证服务器的长期私钥被泄漏,但攻击者要求解以前的 PMK,则会面临 DH 难题而无法求解 abP_{pub},

从而保证了会话密钥 PMK 的安全。所以协议具有 PFS 性质;由于 $PMK = h_3(h_4$ $(abP_{\text{pub}})|N_S|N_{AS})$,而每次 a、b、N_S、N_{AS} 都是随机选择的,所以每个 PMK 是独立的,因此协议具有 KKS 性质;在协议中,通信双方要用自己的私钥完成认证,所以协议具有 non-KCI 性质。

⑤ 性能 随着移动节点(申请者)计算能力的增强和公钥算法速度的提升,基于双线性对的身份密码技术越来越广泛地应用到无线环境中。总体上说,这里所提出的技术方案的计算复杂度等同于 EAP-TLS。

5.3 WLAN Mesh 快速切换与漫游接入认证协议

WLAN Mesh 网络是基于 WLAN 技术构建的一种新的网络结构,它克服了 WLAN 中接入点(AP)覆盖范围有限的问题,并能提供平滑的漫游能力。在漫游的通信过程中移动节点需要重新进行接入认证,该过程不仅要求认证的时延小,同时移动节点的身份也需要保护。IEEE 于 2004 年成立工作组 TGs 对 WLAN Mesh 进行标准化,并于 2007 年 3 月正式公布了 Draft IEEE 802.11s D1.01[4]。为了保持与 IEEE 802.11 系列标准的兼容性,Draft IEEE 802.11s 的安全接入部分仍然采用的是 IEEE 802.11i 标准。即用 IEEE 802.1X 和四步握手实现设备的接入认证和密钥协商。其中 IEEE 802.1X 是基于端口的接入控制协议,实现了请求者(S)、认证者(A)和认证服务器(AS)在网络设备的物理接入级对接入设备进行认证和控制。它提供了一种既可用于有线网络也可以用于无线网络的用户认证和密钥管理的框架,可以控制用户只有在认证通过以后才能连接到网络。但是 WLAN Mesh 中的设备(MP)不同于传统的 WLAN 设备,一个 MP 同时执行请求者和认证者两个角色。所以直接使用 IEEE 802.11i 会导致网络中一个新的 MP 接入时要和其邻居 MP 进行两次认证和密钥协商。在 IEEE 802.11i 的基础上,IEEE 802.11s 提出了 EMSA 来实现安全接入。EMSA 提出了一种安全的机制,允许 Mesh 节点(MP)能够有效地建立起用来路由和数据传输的安全 Mesh 连接。并且通过使用 Mesh 密钥层次来提供服务。但是 EMSA 的操作依赖于密钥持有者 MKD(Mesh Key Distributors),MKD 的引入打破了 Mesh 网络中设备之间的平等性,直接威胁用户数据的保密性。此外 IEEE 802.11s 规范所定义的 WLAN Mesh 不能解决 MP 的移动性问题。

下面给出一种接入认证协议 3PAKE,只需要四轮协议交互就可以实现 S、A 和 AS 三者之间的相互认证,并且在 S 和 AS、S 和 A 之间分别完成了两次不同的 DH 密钥交换和密钥确认。这极大地提高了协议执行的效率,缩短了设备接入的响应时间,并且新的协议可以作为一种 EAP 协议扩展到 EAP 协议族中,因而不存在兼容性问题。在此基础上,针对 WLAN Mesh 网络中 MP 的移动问题分别提出了快速切换和漫游接入认证协议。其中,切换认证协议用于 MP 在本地域和外地域内快速移动时的安全接入,同时也为 MP 初次接入认证后与其他邻居 MP 认证提供快速接入,从而为 MP 提供更高效的安全接入服务;漫游认证协议用于 MP 移动到外地域时的初次接入认证,并且为移动用户提供身份保护。这里对新的协议进行了安全性证明和性能仿真,结果表明:新的协议是通用可组合安全的,并且性能优于现有协议。

IEEE 802.11s 规范所定义 WLAN Mesh 不能解决 MP 的移动性问题。由于 WLAN Mesh 网络中任何支持 IEEE 802.11s 规范的无线设备都可以作为 MP,甚至是 MAP,因此 MP 的移动在 WLAN Mesh 网络中是不可避免的。MP 的移动不仅会造成网络拓扑的变化,而且还会改变已有的安全关联。而业务的连续性,特别是实时业务要求 MP 的移动后能够快速地接入网络中,因此 MP 移动带来的快速切换问题亟待解决。

5.3.1 接入认证协议

1. 初始接入认证协议 3PAKE

WLAN Mesh 网络通信模型:通信系统中存在三类实体:认证服务器 AS,认证者 A 和请求者 S。三者的连接方式为:S—A—AS。即 S 和 A 之间的链路为一跳可达的直接(有线或无线)链路,A 和 AS 之间的链路为一跳或者多跳(有线或者无线)链路。S 与 AS 之间的通信必须通过 A 的转发。多个 S 可请求同一个 A 的服务,同时一个 S 也可以请求多个 A 的服务。WLAN Mesh 网络通信模型如图 5-15 所示。

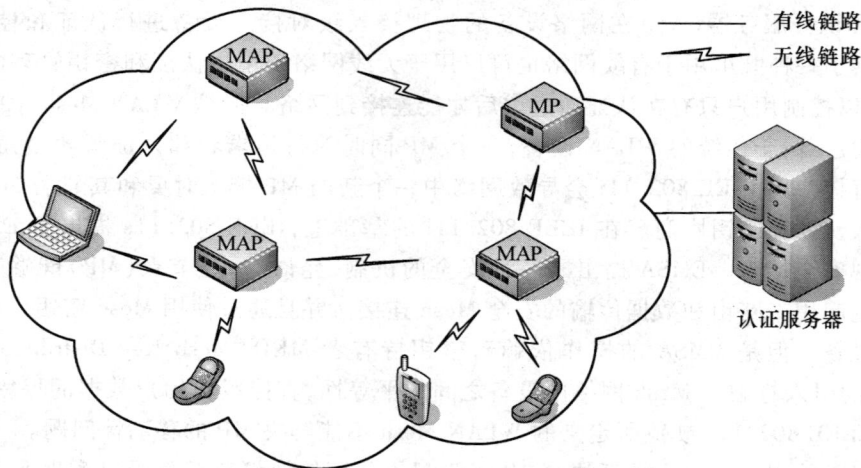

图 5-15 WLAN Mesh 网络通信模型

系统假定:AS 中存储了所有用户的认证及授权信息,每个用户只需存储一个证书,即 AS 的证书。这样在协议交互过程中就不需要传递证书了,从而缩短了消息的长度。这是非常合理并且也很容易实现的一个假定,当然我们也可以不作这样的假定,而让协议参与方在协议交互过程中发送自己的证书。另外认证者 A 是认证服务器 AS 管理的安全网络的合法实体,因此 A 和 AS 已经建立安全信道(目前无线网络普遍采用这一假定,如 IEEE 802.11i 等)。协议的触发(即一个新的实体 S 的加入)可通过两种方式:S 主动向其邻居 A 发出请求;或者其邻居 A 广播询问以得到 S 的响应。一旦一个新的请求者成功加入当前系统,则其也可以完成认证者的功能。

AS 的行为与能力:AS 是整个系统的控制者,控制整个系统中所有成员加入和离开。申请者 S 只有通过某个认证者 A 被 AS 的成功地认证和授权之后才能使用该认证者的服务。AS 的行为是可信的,他收到认证者通过安全信道传递来的认证请求之后会诚实地返回正确的应答。同时为了保证应答的真实性,AS 对应答消息进行签名(用公钥进行签名或者用共享密钥计算 MAC),S 和 A 均相信具有正确签名的应答消息的权威性。

协议设计思想:通过一次协议交互实现 S 和 AS 以及 S 和 A 之间的相互认证。而 S 和 A 之间通过 AS 来传递信任关系,实现间接的相互认证。并且在协议中进行了两次不同的 DH 密钥交换(S 和 AS,S 和 A),因而 AS 也得不到 S 和 A 之间的共享密钥;而在 IEEE 802.11i 中,AS 是知道 S 和 A 之间的共享密钥的,因为密钥就是 AS 通过安全信道发送给 A 的,这对于 MP 来说或许是不愿意看到的。另外,协议还实现了 S 和 A 以及 S 和 AS 之间的显式密钥认证。因此,一个新的 MP 通过新的认证协议接入到无线 Mesh 网络后,不再需要四步握手进行 S 和 A 之间的基于共享密钥的显式密钥认证了。这极大地提高了协议执行的效率,缩短了设备接入的响应时间。为了更好地对协议进行分析,下面只给出使协议达到可证明安全所必需的消息,如图 5-16 所示。

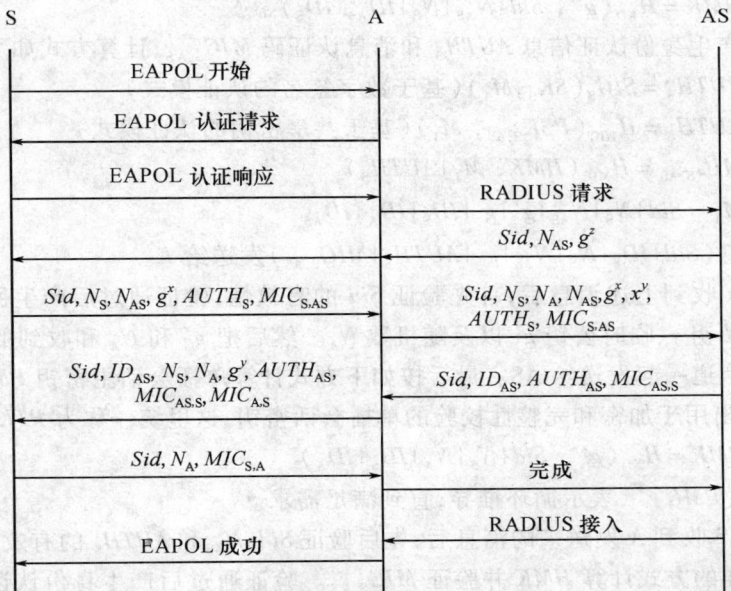

图 5-16 新的接入认证协议 3PAKE

其中：

Sid 为当前会话标识符，由认证服务器或三方共同产生。

g^x，g^y，g^z 分别为 S、A 和 AS 用于 DH 密钥交换的临时公钥值。

ID_S、ID_A、ID_{AS} 分别为 S、A 和 AS 的标识信息。

SK_S、SK_A、SK_{AS} 分别为 S、A 和 AS 的长期私钥。

$PSK_{S,AS}$、$PSK_{S,A}$ 分别为 S 和 AS、S 和 A 之间的共享密钥。

H_{KD} 为密钥推导函数。

H_{MIC} 为消息认证码计算函数。

$AUTH_S$、$AUTH_A$、$AUTH_{AS}$ 分别为 S、A 和 AS 的身份认证信息。

$MIC_{S,AS}$、$MIC_{S,A}$、$MIC_{A,S}$、$MIC_{AS,S}$ 分别为 S、A 和 AS 产生的消息认证码。

协议详细描述如下：

（1）S 向 A 发送 EAPOL 开始消息来发起接入请求。

（2）A 向 S 发送 EAPOL-Request Identity 消息进行响应并要求 S 提供其身份信息。

（3）S 向 A 发送包含其网络访问标识信息 ID_S 的 EAPOL-Response Identity 消息进行响应。

（4）A 把 NAI 封装在 RADIUS 访问请求消息中转发给认证服务器 AS。

（5）AS 以 Sid，N_{AS}，g^z 作为 3PAKE 协议的 Start 消息，该消息由 A 转发给 S。

（6）S 收到 3PAKE 协议的开始消息后，产生用于 DH 交换的临时私钥 x、临时公钥 g^x 以及随机数 N_S。然后计算快速切换主密钥 HMK：

$$HMK = H_{KD}(g^{xz}, Sid|N_{AS}|N_S|ID_{AS}|ID_S)$$

同时产生身份认证信息 $AUTH_S$ 和消息认证码 $MIC_{S,AS}$，计算方式如下：

$$AUTH_S = SIG_S(SK_S, M_1)（基于数字签名的认证模式）$$
$$AUTH_S = H_{MIC}(PSK_{S,AS}, M_1)（基于共享密钥的认证模式）$$
$$MIC_{S,AS} = H_{MIC}(HMK, M_1|AUTH_S)$$
$$M_1 = Sid|N_S|N_{AS}|g^x|g^z|ID_S|ID_A|ID_{AS}$$

最后把消息 $(Sid|ID_S|N_S|N_{AS}|g^x|AUTH_S|MIC_{S,AS})$ 发送给 A。

（7）A 收到上述消息后，首先验证 Sid 的有效性，验证通过后产生用于 DH 交换的临时私钥 y、临时公钥 g^y 以及随机数 N_A。然后把 g^y 和 N_A 和收到的 S 的消息通过安全信道一起发送给 AS。最后按如下方式计算单播会话主密钥 PMK，并根据 PMK 推导出用于加密和完整性校验的单播会话密钥，这里统一称为 PTK：

$$PMK = H_{KD}(g^{xy}, Sid|N_S|N_A|ID_S|ID_A)$$

$PTK = H_{KD}(PMK)^+$，表示循环推导，直到满足需求。

（8）AS 收到 A 发送来的消息后，先后验证 Sid、N_{AS} 和 $AUTH_S$ 的有效性，验证通过后按同样的方式计算 HMK 并验证 $MIC_{S,AS}$。验证通过后产生身份认证信息 $AUTH_{AS}$，消息认证码 $MIC_{AS,S}$，计算方式如下：

$AUTH_{AS} = SIG_{AS}(SK_{AS}, M_2)$（基于数字签名的认证模式）

$AUTH_{AS} = H_{MIC}(PSK_{S,AS}, M_2)$（基于共享密钥的认证模式）

$MIC_{AS,S} = H_{MIC}(HMK, M_2 | AUTH_{AS})$

$M_2 = Sid | N_S | N_A | N_{AS} | g^x | g^y | g^z | ID_S | ID_A | ID_{AS}$

最后把消息（$Sid | ID_{AS} | AUTH_{AS} | MIC_{AS,S}$）通过安全信道发送给 A。

（9）A 收到 AS 发送来的消息后，产生计算消息认证码 $MIC_{A,S}$，计算方式如下：

$MIC_{A,S} = H_{MIC}(PTK, M_3)$

$M_3 = Sid | N_S | N_A | g^x | g^y | ID_S | ID_A | ID_{AS} | AUTH_{AS} | MIC_{AS,S}$

最后把消息（$Sid | ID_{AS} | N_S | N_A | g^y | AUTH_{AS} | MIC_{AS,S} | MIC_{A,S}$）发送给 S。

（10）S 收到 A 发送来的消息后，先后验证 Sid、N_S、$AUTH_S$ 和 $MIC_{AS,S}$ 的有效性，验证通过后按和 A 同样的方式计算 PMK 和 PTK 并验证 $MIC_{A,S}$。验证通过后产生消息认证码 $MIC_{S,A}$，计算方式如下：

$MIC_{S,A} = H_{MIC}(PTK, M_4)$

$M_4 = Sid | N_S | N_A | g^x | g^y | ID_S | ID_A | ID_{AS}$

最后把消息（$Sid | N_A | MIC_{S,A}$）发送给 A。

（11）A 收到 S 发送来的消息后，验证 Sid、N_A、$MIC_{S,A}$ 的有效性，验证通过后，向 AS 发送完全通知消息，用于告诉 AS,S 与 A 之间已成功协商了会话密钥。

（12）AS 收到完成消息后，发 A 发送 RADIUS 接入消息，然后 A 向 S 发送 EAPOL 成功消息，表示认证成功，允许 S 接入当前网络。

2. MP 快速切换接入认证协议 WMFH

现有的 IEEE 802.11s 规范中没有考虑 MP 的移动性问题，由于 WLAN Mesh 网络中任何支持 IEEE 802.11s 规范的无线设备（像笔记本、PDA 等）都可以作为 MP，甚至是 MAP（具有 AP 功能的 MP），因此 MP 的移动在 WLAN Mesh 网络中是不可避免的。MP 的移动不仅会造成网络拓扑的变化，而且还会改变已有的安全关联。而业务的连续性，特别是实时业务要求 MP 在移动后能够快速地接入网络，因此 MP 移动带来的快速切换问题亟待解决。这里在初始接入认证协议 3PAKE 的基础上提出了快速切换协议 WMFH（WLAN Mesh Fast Handoff）。新的协议不仅支持 MP 快速切换下与新的邻居 MP 进行快速的安全接入，同时还用于 MP 完成初始认证之后与其他任何的邻居 MP 快速的建立安全关联。在介绍新的协议之前，首先看一下 MP 发生移动时的各种情况：

（1）MP 的移动如图 5-17 所示，这种情况下只是 MP 一个无线设备的移动，处理起来相对容易一些，执行下面的 MP 快速切换接入认证协议来保证该 MP 上业务的连续性。同时原有的邻居 MP 也可以通过协议 WMFH 建立新的安全关联和新的路由来快速地进行网络维护。

（2）MAP 的移动如图 5-18 所示，MAP 下有若干 STA 与其建立安全关联，一部分 STA 可能随 MAP 一起移动，而另一部分维持其原有状态。与 MAP 一起移动

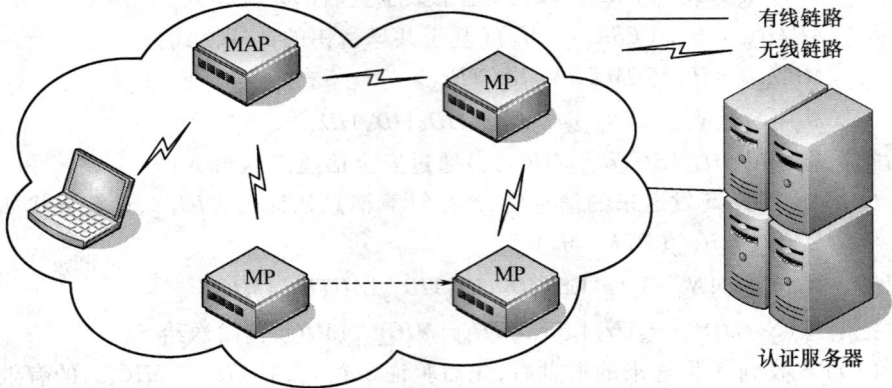

图 5 - 17　WLAN Mesh 网络中 MP 的快速切换

的的 STA 仍然维持原有的安全关联,不需要重新认证;而未移动的 STA 则需要快速的与其信号范围内的其他 MAP 建立新的安全关联,此时需要执行 IEEE 802.11r 实现 STA 的快速接入。

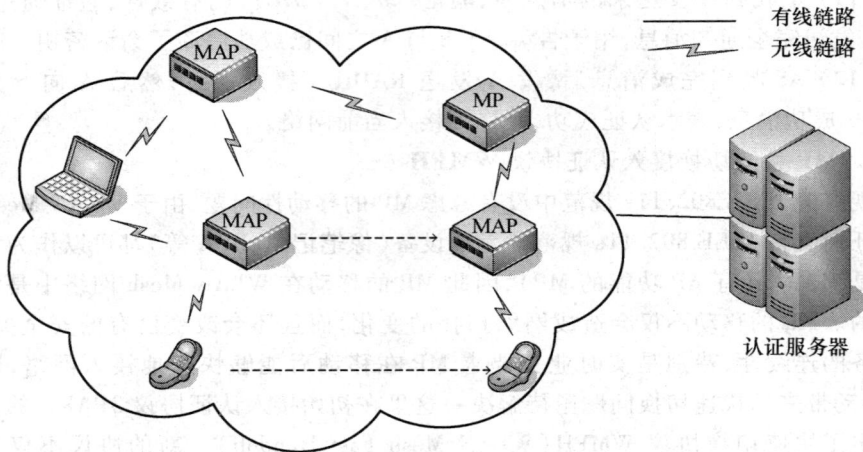

图 5 - 18　WLAN Mesh 网络中 MAP 的快速切换

　　通过以上分析可知,MP(MAP)发生移动时的一个关键问题是如何解决 MP 快速的安全接入。因此这里提出了新的快速切换协议 WMFH,协议由 S 和 A 之间的三次消息交互完成(如图 5 - 19 所示),详细描述如下:

　　(1) MP 切换到新的邻居 MP 下时,要与新的 MP 建立安全关联。此时,该 MP 作为请求者 S,而新的邻居 MP 作为认证者 A。经过对无线链路的探测和发现后,A 发送如下消息给 S:会话标识 Sid、身份标识 ID_A、一次性随机数 N_1 和用于 DH 交换的临时公钥 g^x。

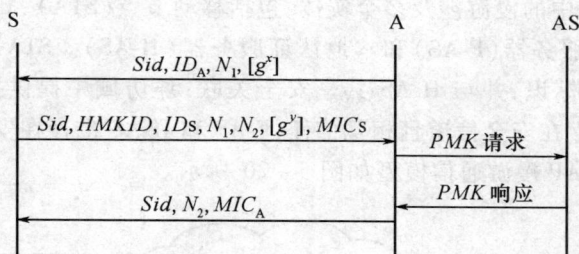

图 5 – 19 MP 快速切换下的安全关联建立协议 WMFH

（2）S 收到 A 发送的消息后，产生随机数 N_2 和用于 DH 交换的临时公钥 g^y，基于快速切换主密钥产生会话密钥和消息认证码 MIC_S，计算方式如下：

$$PMK = H_{KD}(HMK, ID_A \mid N_1 \mid N_2)$$

$$PTK = H_{KD}(PMK, g^{xy} \mid ID_S \mid ID_A \mid N_1 \mid N_2)$$

$$MIC_S = H_{MIC}(PTK, HMKID \mid ID_S \mid ID_A \mid N_1 \mid N_2 \mid g^x \mid g^y)$$

最后把消息（Sid，$HMKID$，ID_S，N_1，N_2，g^y，MIC_S）发送给 A。

（3）A 收到 S 发送来的信息后，首先验证 Sid 和 N_1 的有效性，验证通过后根据 $HMKID$ 和随机数 N_1、N_2 向 AS 请求单播会话主密钥 PMK。

（4）AS 收到 PMK 请求消息后按与 S 同样的方式计算临时切换密钥 PMK 并发送给 A。

（5）A 根据收到的临时切换密钥 PMK 按与 S 同样的方式计算 PTK 并验证 MIC_S，验证通过后计算消息认证码 MIC_A，计算方式如下：

$$MIC_A = H_{MIC}(PTK, HMKID \mid ID_A \mid ID_S \mid N_2 \mid N_1 \mid g^y \mid g^x)$$

最后把消息（Sid，N_2，MIC_A）发送给 S。

（6）S 收到消息后，先后验证 Sid、N_2、MIC_A 的有效性，验证通过后则成功建立安全关联，进行安全的数据通信。

需要说明的是协议中的 DH 密钥交换是可选的，如果需要较强的安全属性（如 PFS）的话，则需要 DH 交换。此外协议 WMFH 还具有另外一个功能：当把 $HMKID$ 替换成 $PMKID$ 时，协议可以实现密钥更新，并且用作密钥更新协议时不需要 AS 的参与。

3. MP 漫游接入认证协议 WMR

WLAN Mesh 网络中 MP 的漫游是另一个亟待解决的关键问题。随着市场的发展和 IEEE 802.11 WLAN 的广泛应用，公共 WLAN 在实际应用中越来越普遍。目前公共 WLAN 已经广泛部署，但这些局域网往往属于不同的管理者。用户在某个无线网管理中心注册后，可以在该无线网管理中心所属的区域（家乡域）使用网络资源。当用户移动到了一个他没有注册的区域（拜访域）时，如果拜访域和用户的家乡域有相应的合约，用户就可以使用拜访域的网络资源，这种情况称之为漫游。

WLAN Mesh 网络中的漫游涉及多个实体,包括移动节点(STA)、Mesh 接入点(MP/MAP)、外部认证服务器(F-AS)和本地认证服务器(H-AS)。STA 和 MP 具有预先定义的网络接入标识,并与 H-AS 共享安全关联;拜访域中提供接入服务的 MP/MAP 与 F-AS 间存在安全信道且相互信任;F-AS 和 H-AS 也存在安全信道。WLAN Mesh 网络 MP/MAP 漫游通信模型如图 5 – 20 所示。

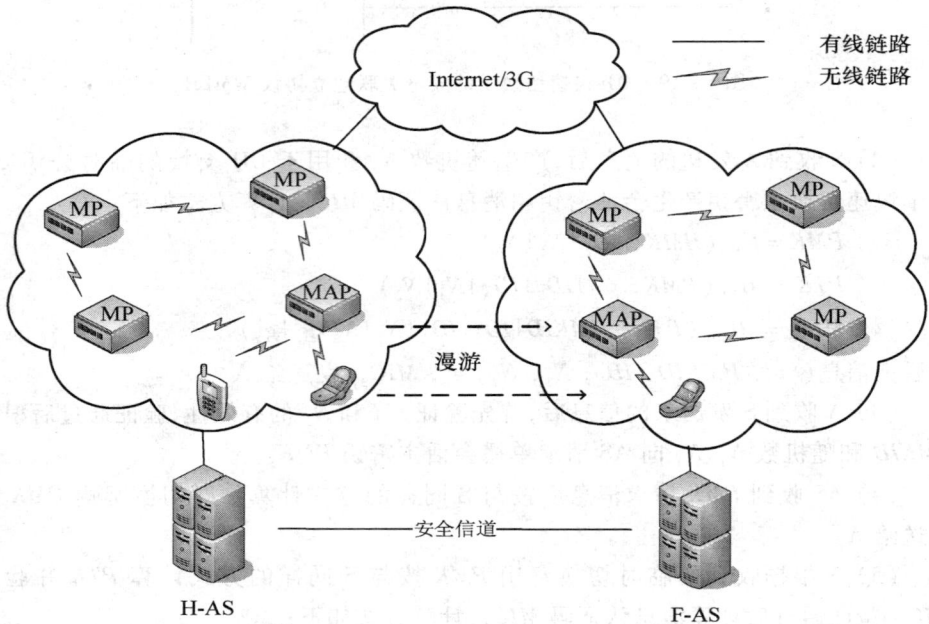

图 5 – 20   WLAN Mesh 网络 MP/MAP 漫游通信模型

当移动设备漫游时,需要重新进行认证。这要求 Mesh 网的漫游接入协议必须能以较低的时延完成认证,建立共享会话密钥;并且对于漫游于不同区域的移动设备(用户)来说,攻击者更感兴趣的是发起者当前的身份信息及其访问历史,所以要对发起者提供身份保护。同时对于漫游认证协议而言,最大时延一般产生于 F-AS 和 H-AS 之间,故要求他们间的交互轮数尽量少。因此,我们在协议 3PAKE 的基础上提出了 MP 漫游认证协议,该协议不仅实现了显式密钥认证,而且提高了协议执行效率,缩短了设备接入时延。

系统假定: 拜访域中提供接入服务的 MP/MAP 与 F-AS 之间存在安全信道;F-AS 与 H-AS 之间存在安全信道;漫游设备 MP 与其 H-AS 之间存在共享密钥,该密钥由初始接入认证协议 3PAKE 产生。

协议 WMR 的设计思想: 不用预先建立安全通道,由 F-AS 代替 H-AS 发出对客户的认证挑战,使得 F-AS 与 H-AS 之间的消息交互减少为 1 轮;将请求者 S(漫游用户)的身份标识信息采用其与 H-AS 在之间的共享密钥加密,实现对请求者的身份保护;请求者 S 与其拜访域内的邻居 MP 进行 DH 密钥交换,保证会话密钥的独立性,从而保证之后传输的数据不为任何第三方(甚至 H-AS 和 F-AS)获取;S 与 H-AS 之间采用基于共享密钥的认证模式,认证结果由安全信道发送给 F-AS,大大降低了认证开销。MP 漫游中的安全关联建立协议 WMR 如图 5 – 21 所示。

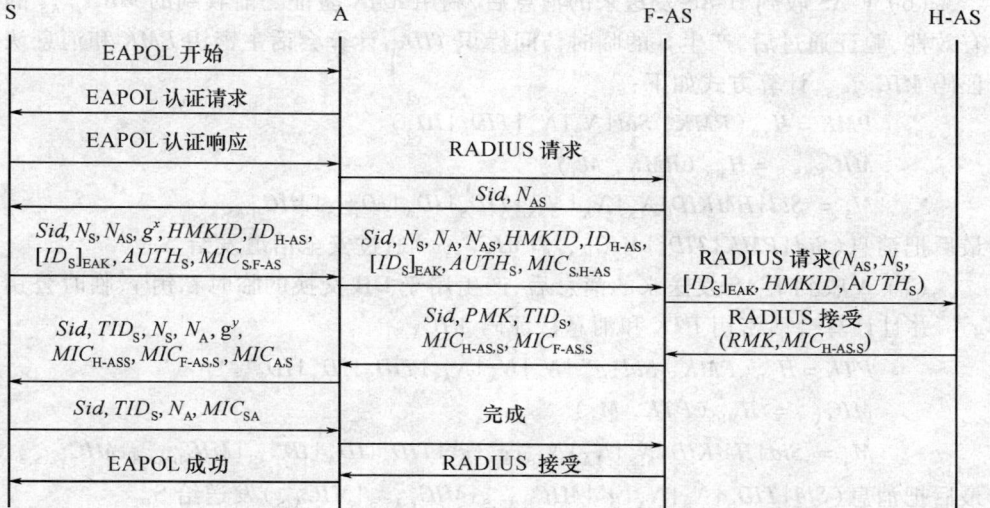

图 5 – 21　MP 漫游中的安全关联建立协议 WMR

其中的关键消息描述如下:

(1) F-AS 以 Sid, N_{AS},作为 WMR 协议的 Start 消息,该消息由 A 转发给 S;

(2) S 收到 WMR 协议的开始消息后,产生用于 DH 交换的临时私钥 x、临时公钥 g^x 以及随机数 N_S。然后计算漫游主密钥 RMK 和身份加密与认证密钥 EAK:
$RMK|EAK = H_{KD}(HMK, ID_{F-AS}|N_{AS}|N_S)$。

同时利用 EAK 加密身份标识信息 $[ID_S]_{EAK}$,产生身份认证信息 $AUTH_S$ 和消息认证码 $MIC_{S,F-AS}$。计算方式如下:

$$AUTH_S = H_{MIC}(EAK, M_1)$$

$$MIC_{S,F-AS} = H_{MIC}(RMK, M_1|AUTH_S)$$

$$M_1 = Sid|N_S|N_{AS}|g^x|HMKID|ID_{H-AS}|ID_{F-AS}|ID_A|[ID_S]_{EAK}$$

最后把消息($Sid|N_S|N_{AS}|g^x|HMKID|ID_{H-AS}|[ID_S]_{EAK}|AUTH_S|MIC_{S,F-AS}$)发送给 A。

(3) A 收到上述消息后,首先验证 Sid 的有效性,验证通过后产生随机数 N_A。然后 N_A 和收到的 S 的消息通过安全信道一起发送给 F-AS。

(4) F-AS 收到 A 发送来的消息后,验证 Sid 和 N_{AS} 的有效性,验证通过后把消息($N_{AS}|N_S|[ID_S]_{EAK}|HMKID|AUTH_S$)通过安全信道发送给 H-AS。

(5) H-AS 收到 F-AS 发送来的消息后,根据 $HMKID$ 检索相应的密钥 HMK,然后按与 S 同样的方式计算 RMK 和 EAK,并且解密 S 的身份标识信息、验证 $AUTH_S$ 的有效性,验证通过后产生计算消息认证码 $MIC_{\text{H-AS},S}$,计算方式如下:

$$MIC_{\text{H-AS},S} = H_{\text{MIC}}(EAK, M_2)$$

$$M_2 = HMKID \mid N_S \mid N_{AS} \mid ID_{\text{H-AS}} \mid ID_{\text{F-AS}}$$

最后把消息($RMK \mid MIC_{\text{H-AS},S}$)通过安全信道发送给 F-AS。

(6) F-AS 收到 H-AS 发送来的消息后,利用 RMK 验证之前收到的 $MIC_{S,\text{F-AS}}$ 的有效性,验证通过后,产生 S 的临时访问标识 TID_S,计算会话主密钥 PMK 和消息认证码 $MIC_{\text{F-AS},S}$,计算方式如下:

$$PMK = H_{\text{KD}}(RMK, Sid \mid N_S \mid N_A \mid TID \mid ID_A)$$

$$MIC_{\text{F-AS},S} = H_{\text{MIC}}(RMK, M_3)$$

$$M_3 = Sid \mid HMKID \mid N_S \mid N_A \mid N_{AS} \mid TID_S \mid ID_A \mid ID_{\text{F-AS}} \mid MIC_{\text{H-AS},S}$$

最后把消息($Sid \mid PMK \mid TID_S \mid MIC_{\text{H-AS},S} \mid MIC_{\text{F-AS},S}$)通过安全信道发给 A。

(7) A 收到 F-AS 发送来的消息后,产生用于 DH 交换的临时私钥 y、临时公钥 g^y。并且计算会话密钥 PTK 和消息认证码 $MIC_{A,S}$:

$$PTK = H_{\text{KD}}(PMK, Sid \mid g^{xy} \mid N_S \mid N_A \mid N_{AS} \mid TID_S \mid ID_A \mid ID_{\text{F-AS}})$$

$$MIC_{A,S} = H_{\text{MIC}}(PTK, M_4)$$

$$M_4 = Sid \mid HMKID \mid N_S \mid N_A \mid N_{AS} \mid g^x \mid g^y \mid TID_S \mid ID_A \mid ID_{\text{F-AS}} \mid MIC_{\text{H-AS},S} \mid MIC_{\text{F-AS},S}$$

最后把消息($Sid \mid TID_S \mid N_S \mid N_A \mid g^y \mid MIC_{\text{H-AS},S} \mid MIC_{\text{F-AS},S} \mid MIC_{A,S}$)发送给 S。

(8) S 收到 A 发送的消息后,先后验证 Sid、N_S、$MIC_{\text{H-AS},S}$ 和 $MIC_{\text{F-AS},S}$ 的有效性,验证通过后按与 A 相同的方式计算 PTK,并验证 $MIC_{A,S}$ 的有效性。然后计算消息认证码 $MIC_{S,A}$:

$$MIC_{A,S} = H_{\text{MIC}}(PTK, M_5)$$

$$M_5 = Sid \mid HMKID \mid N_S \mid N_A \mid N_{AS} \mid g^x \mid g^y \mid TID_S \mid ID_A \mid ID_{\text{F-AS}}$$

最后把消息($Sid \mid TID_S \mid MIC_{A,S}$)发送给 A。

5.3.2   安全性分析

1. 定义与假设

定义 5 - 1   多项式时间不可区分:两个二元分布总体 X 和 Y 是多项式时间不可区分的(记为 $X \approx Y$),如果对于任何 $c \in N$,均存在一个 $k_0 \in N$,使得对于所有 k 小于 k_0 和 a,都有 $\mid Prob(X(k, a) = 1) - Prob(Y(k, a) = 1) \mid < k^{-c}$。

定义 5 - 2   通用可组合安全:令 $n \in N$,F 是一个理想函数,π 为一个多方协议,我们称协议 π 安全实现了理想函数 F,如果对于任意的现实攻击者 A,均存在一个理想攻击者 S,对任何环境机 Z,等式 $IDEAL_{F,S,Z} \approx REAL_{\pi,A,Z}$ 都成立。即协议 π 在真实环境下实现了 F 的等效功能,并具有相同安全性。

定义 5 - 3   DDH 假设:设 p 和 q 为大素数,k 为系统的安全参数。q 的长度为 k 比特且 $q/p - 1$,g 是群 Z_p^* 上阶为 q 的生成元,x、y、z 是从 Z_p 中均匀选取的,则对

于任何多项式时间算法 D，$Q_0 = \{(p, q, g, g^x, g^y, g^{xy}) : x, y \leftarrow Z_p\}$ 和 $Q_0 = \{(p, q, g, g^x, g^y, g^z) : x, y, z \leftarrow Z_p\}$ 的概率分布是计算不可区分的。

2. 安全性证明

下面以协议 3PAKE 为例对协议进行安全性证明。由于 AS 的行为是可信的，其收到认证者通过安全信道传递来的认证请求之后会诚实地返回正确的应答。同时为了保证应答的真实性，AS 对应答消息进行签名（用公钥进行签名或者用共享密钥计算 MIC），S 和 A 均相信具有正确签名的应答消息的权威性。并且 A 和 AS 之间存在安全信道。基于以上分析，给出协议 3PAKE 的抽象描述 π 如下：

$$I \to R : \qquad N_{I,1}, g^z$$
$$R \to I : \qquad N_R, N_{I,1}, g^x, AUTH_R, MIC_{R,1}$$
$$I \to R : \qquad N_R, N_{I,2}, g^y, AUTH_I, MIC_{I,1}, MIC_{I,2}$$
$$R \to I : \qquad N_{I,2}, MIC_{R,2}$$

其中：g^x、g^y、g^z 为用于 DH 密钥交换的临时公钥值；$ID_{I,1}$、$ID_{I,2}$、ID_R 为分别为 AS、A 和 S 的身份标识信息；AUTH 为身份认证信息；SK 为长期私钥；MIC 为消息认证码；N 为随机数。

$$K_1 = H_{KD}(g^{xz}, Sid|N_{I,1}|N_R|ID_{I,1}|ID_R) ; K_2 = H_{KD}(g^{xy}, Sid|N_R|N_{I,2}|ID_R|ID_{I,2})$$
$$M_1 = Sid|N_R|N_{I,1}|g^x|g^z|ID_R|ID_{I,1}|ID_{I,2}$$
$$M_2 = Sid|N_R|N_{I,1}|N_{I,2}|g^x|g^y|g^z|ID_R|ID_{I,1}|ID_{I,2}$$
$$M_3 = Sid|N_R|N_{I,2}|g^x|g^y|ID_R|ID_{I,1}|ID_{I,2}|AUTH_I|MIC_{I,1}$$
$$M_4 = Sid|N_R|N_{I,2}|g^x|g^y|ID_R|ID_{I,1}|ID_{I,2}$$
$$AUTH_R = SIG_R(SK_R, M_1)$$
$$AUTH_I = SIG_{I,1}(SK_{I,1}, M_2)$$
$$MIC_{R,1} = H_{MIC}(K_1, M_1|AUTH_R)$$
$$MIC_{R,2} = H_{MIC}(K_2, M_4)$$
$$MIC_{I,1} = H_{MIC}(K_1, M_2|SIG_{I,1}|AUTH_I)$$
$$MIC_{I,2} = H_{MIC}(K_2, M_3)$$

定理 5 – 1　真实模型下协议 π 安全实现了理想函数 F_{KE}，因此对任何环境机 Z 等式 $REAL_{\pi,A,Z} \approx IDEAL_{FKE,S,Z}$ 均成立，即协议 3PAKE 是 UC 安全的。

证明：协议 π 的安全性证明思想：首先构造一个安全实现签名理想函数 F_{sig} 的协议 ρ_s；然后给出密钥交换的理想函数 F_{KE}，构造一个协议 π'，证明 π' 在混合模型 $F_{sig} - hybrid$ 下安全实现了 F_{KE}；最后将协议 ρ_s 与 π' 进行组合，通过 UC 安全组合定理（参见第 10.1.2 小节），证明组合后的协议与 π 等价，且在现实模型下安全实现了 F_{KE}。

引理 5 – 1　令 $S = (gen, sig, ver)$ 是按文献[5]描述的签名，那么在真实环境下，协议 ρ_s 对于静态的攻击者可以安全实现 F_{sig}，当且仅当 S 是抗击选择消息存在性伪造。

（1）构造实现理想函数 F_{sig} 的协议 ρ_s。

Ideal-life 中的协议 ρ_s

协议参与者 P_i 和 P_j 运行基于签名算法 $S = (gen,\ sig,\ ver)$ 的协议 ρ_s 进行交互。

① P_i 收到输入 $(signer,\ id)$ 后执行算法 gen，保留签名密钥 s，将验证密钥 v 发送给 P_j。

② 当 P_j 需要对某消息 m 进行签名后将 $(sign,\ id,\ m)$ 发送给 P_i；P_i 令 $\sigma = sig(s,\ m)$，并将 $(signature,\ id,\ m,\ \sigma)$ 发送给 P_j。

③ 当 P_j 需要对某消息 m 签名进行验证后将 $(verify,\ id,\ m,\ \sigma)$ 发送给 P_i；P_i 则输出 $(verified,\ id,\ m,\ ver(v,\ m,\ \sigma))$ 给 P_j。

引理 5-2：如果 DDH 假设成立，且消息认证算法是安全的，则协议 π' 在模型 F_{sig}-$hybrid$ 下安全实现了 F_{KE}。

证明：首先构造基于密钥交换理想函数 F_{KE} 的协议 π'。

F_{sig} – $hybrid$ 中的协议 π'

① 令 p 和 q 为大素数，k 为安全参数，q 长为 k 比特且 $q/p-1$，g 是群 Z_p^* 上阶为 q 的生成元，协议参与者 P_i 和 P_j 在混合模型 F_{sig} – $hybrid$ 中运行协议 π' 进行交互。

② 当协议发起者 P_i 得到输入 (P_i, P_j, Sid) 时，发送初始化消息 $(signer, 0,\ Sid)$ 给 F_{sig}；同样，当协议响应者 P_j 得到输入 (P_j, P_i, Sid) 后发送 $(signer, 1,\ Sid)$ 给 F_{sig}。

③ 协议发起者 P_i 随机选择 $N_{I,1} \leftarrow Z_p$，并计算 $\gamma = g^z$，然后发送 $(P_i, Sid,\ \text{"}Start\text{"},\ N_{I,1},\ \gamma)$ 给 P_j。

④ P_j 收到起始信息后，随机选择 $N_R \leftarrow Z_p$，计算 $\alpha = g^x$ 和 K_1 并发送 $(sign, 1, Sid, M_1)$ 给 F_{sig}，得到其返回 M_1 的签名 σ_j 后计算 $\phi_j = MIC_{R,1}$，最后发送 $(Sid,\ N_R,\ N_{I,1},\ \alpha,\ \sigma_j,\ \phi_j)$ 给 P_i。

⑤ 当 P_i 收到 $(Sid,\ N_R,\ N_{I,1},\ \alpha,\ \sigma_j,\ \phi_j)$ 后发送 $(verify, 1, Sid, P_j, M_1, \sigma_j)$ 给 F_{sig}，如果验证通过则计算 K_1，并验证 ϕ_j，验证通过后计算 $\beta = g^y$ 和 K_2 并发送 $(sign, 0, Sid, M_2)$ 给 F_{sig}；得到签名 σ_i 后，分别用 K_1 和 K_2 计算 $\phi_i = MIC_{I,1}$，$\phi_i' = MIC_{I,2}$，最后发送 $(Sid,\ N_R,\ N_{I,2},\ \beta,\ \sigma_i, \phi_i, \phi_i')$ 给 P_j。

⑥ 当 P_j 收到 $(Sid,\ N_R,\ N_{I,2},\ \beta,\ \sigma_i, \phi_i, \phi_i')$ 后发送 $(verify, 0, Sid, P_i, M_2, \sigma_i)$ 给 F_{sig}；验证通过后根据 K_1 并验证 ϕ_i；验证通过后计算 K_2 并验证 ϕ_i'。所有验证都成功后根据 K_2 计算 $\phi_j' = MIC_{R,2}$，并将 $(Sid,\ N_{I,2}, \phi_j')$ 发送给 P_i。最后删除 x，本地输出 $(Sid,\ P_i, P_j, K_1,\ K_2)$。

⑦ 当 P_i 收到 $(Sid,\ N_{I,2},\ \phi_j')$ 后，计算出密钥，然后验证 ϕ_j'；如果验证通过，删

除 y、z,本地输出 $(Sid, P_j, P_i, K_1, K_2)$。

令协议 π' 为在混合模型 $F_{sig} - hybrid$ 下的一个密钥交换协议,H 为混合模型中的攻击者。构造一个理想环境下的仿真器 S,使得任何环境机 Z 都不能鉴别 S 是与 H 及 π' 在 $F_{sig} - hybrid$ 下进行的交互还是与 S 及 F_{KE} 在 Ideal-life 下进行的交互。即对任何环境机 Z,等式 $F_{sig} - hybrid_{\pi',H,Z} \approx IDEAL_{F,S,Z}$ 均成立。

仿真器 S

S 运行一个模拟的攻击者 H,并按下面的规则进行操作。

① 任何从 Z 的输入均传递给 H,任何 H 的输出将作为 S 的输出使 Z 可以读取。

② 当 S 从 F_{KE} 处收到 $(Sid, P_i, P_j, role)$,则表明 P_i 发起了认证密钥交换,那么让 S 仿真出 F_{sig} 及 $F_{sig} - hybrid$ 下与 H 交互的协议 π',并给定同样的输入;并且 S 让 H 和 P_i 按照 π' 的执行规则与 Z 交互。

③ 为了仿真 π' 的执行,S 可以激活 F_{sig} 得到相应的签名值 σ;S 计算 $K' = H_{KD}(K, *)$ 及 $\phi = H_{MIC}(K', *)$,其中 K 是 F_{KE} 给 P_i 和 P_j 的密钥输出。

④ 当 π' 中的某个 P_i 产生了本地输出,如果对端 P_j 没有被攻陷,则 S 将 F_{KE} 的输出发送给 P_i;如果 P_j 已被攻陷,F_{KE} 则让 S 决定密钥,而 S 则使用 P_i 前面的输出来确定仿真的 P_i 与 P_j 的本地输出。

⑤ 当 H 执行攻陷 P_i 的操作,S 同样攻陷 P_i。如果 F_{KE} 已经给 P_i 发送了密钥,则 S 将得到该密钥;如果 P_i 和 P_j 均没有产生本地输出,则 S 将其内部状态传递给 H,包括它们的秘密选值;如果 P_i 或 P_j 其中一方已经产生了本地输出,则它们的临时私钥均被擦除,所以 S 直接将本地输出的密钥传递给 H。

仿真器 S 的有效性。假设在仿真器 S 的执行下存在一个环境机 Z',成功鉴别与 H 及 π' 在 $F_{sig} - hybrid$ 下进行交互及与 S 及 F_{KE} 在 Ideal-life 下进行交互的概率不可忽略,即 $Prob(F_{sig} - hybrid_{\pi',H,Z} \neq IDEAL_{F,S,Z})$ 为 1/2 加上一不可忽略的优势 ϵ。那么我们构造一个区分器 D,利用环境机 Z' 来破解 DDH 问题,进而归约到矛盾。

区分器 D

① 以 1/2 的概率选择 $Q \leftarrow \{Q_0, Q_1\}$ 作为 D 的输入,记为 $(p, q, g, \alpha^*, \beta^*, \gamma^*)$。

② 随机选择 $\tau \leftarrow \{1, 2, \cdots, l\}$,$l$ 为攻击者所能发起的会话数的上界。然后仿真 $F_{sig} - hybrid$ 中 π' 和 H 与 Z 的交互。

③ 当 H 激活一个参与方建立一个新的会话 $t(t \neq \tau)$ 或者接收一条消息时,D 代表该参与方按照协议 π' 在 $F_{sig} - hybrid$ 中进行正常交互,如果 $t = \tau$,则 D 代表 P_i 向 P_j 发送消息 (P_i, sid, α^*);当 P_j 收到 (P_i, sid, α^*),D 调用 F_{sig} 进行相应计算,

并发送 (sid, β^*, σ_j) 给 P_i；最终 D 让 P_i 与 P_j 本地输出 $(sid, P_i, P_j, \gamma^*)$。

④ 如果 H 攻陷一个参与方，则 D 把该参与方的内部状态返回给 H；如果被攻陷的参与方是会话 t 的参与方之一，则 D 输出一随机 bit $b' \leftarrow \{0,1\}$ 并终止。

⑤ 如果 $F_{sig} - hybrid$ 中的协议 π' 运行完后，Z 输出 b，则 D 输出 $b' = b$ 并终止。

分析区分器 D 的执行，如果其输入 $(p, q, g, \alpha^*, \beta^*, \gamma^*)$ 是从 Q_0 选出的，则 γ^* 是 π' 运行后 P_i 与 P_j 输出真实密钥，这种情况下，环境机 Z' 看到了本地输出，其视角等同于 $F_{sig} - hybrid$ 下 π' 与 H 所进行的交互；如果输入 $(p, q, g, \alpha^*, \beta^*, \gamma^*)$ 是从 Q_1 选出的，则 γ^* 是个随机值，这种情况下环境机 Z' 的视角则等同于理想模型下 S 与 F_{KE} 所进行的交互，因为理想环境下，F_{KE} 发送给 P_i 与 P_j 的密钥恰好是它自己选出的随机值。根据区分器的构造原理，D 成功区分 Q_0 与 Q_1 的概率等于环境机 Z' 成功辨别理想和混合两种环境的概率，即 D 能以 1/2 加上不可忽略的优势 ϵ 成功区分 Q_0 与 Q_1，而这与 DDH 假设矛盾，所以得证。

引理 5 - 3　令 π' 为 $F_{sig} - hybrid$ 下的协议，ρ_s 为安全实现 F_{sig} 的协议，那么对于任何攻击者 A 都存在一个攻击者 H，使得对任何环境机 Z 来说，等式 $REAL_{\pi - \rho_{s,A,Z}} \approx F_{sig} - hybrid_{\pi',H,Z}$ 均成立，即组合协议 $\pi - \rho_s$ 安全仿真了 $F_{sig} - hybrid$ 下的 π'。

引理 5 - 4　真实环境下，组合协议 $\pi - \rho_s$ 与协议 π 等价。

证明：将混合模型 $F_{sig} - hybrid$ 下协议 π' 对所有理想函数 $F_{sig(ID)}$ 的访问均替换为对协议 $\rho_{s(ID)}$ 的访问，可以得出协议 $\pi - \rho_s$ 与协议 π 等价。

根据引理 5 - 1 到引理 5 - 4，可以推出定理 5 - 1。同样，可以证明协议 WMFH 和 WMR 也是 UC 安全。

5.3.3　性能分析

下面分析协议的性能。IEEE 802.11s 中，EMSA 主要用于 MP 的安全接入，表 5 - 5 给出了 EMSA 和 3PAKE 在 MP 第一次接入 WLAN Mesh 网络时的协议性能对比。目前规范中没有提到 MP 移动的问题，因此也没有定义 MP 的快速切换和漫游中的接入认证协议。为了相应系列标准的兼容性，IEEE 802.11s 的安全解决方案主要采用的是 IEEE 802.11i。因此，对于 WLAN Mesh 网络中 MP 的移动问题，最有效的方案就是采用 IEEE 802.11i 的四步握手协议来实现。表 5 - 6 中 MP 切换时协议性能对比给出的是和四步握手协议的性能对比。对于 MP 漫游的认证问题，目前对 IEEE 802.11s 规范来说可行的方案是：当 MP 漫游到其它的安全域中时采用 EMSA 来重新认证。因此，表 5 - 7 中 MP 漫游时的协议性能对比是和 EMSA 在外地安全域中执行时的协议性能对比。在本节中，发送和接收一次消息称为 1 轮交互，E 表示模指数运算，F 表示计算签名，M 表示计算消息认证码，K 表示对称加密运算。

表 5 – 5 MP 第一次接入 WLAN Mesh 时的协议性能对比

协议名称	交互轮数	S 的计算量	A 的计算量	AS 的计算量
IEEE 802.11s EMSA	$5+2$	$2E+1F+3M$	$2M$	$2E+1F+1M$
3PAKE	4	$3E+1F+2M$	$2E+1M$	$2E+1F+1M$

表 5 – 6 MP 发生切换时协议性能对比

协议名称	交互轮数	S 的计算量	A 的计算量	MKD 的计算量	AS 的计算量
IEEE 802.11s EMSA	3.5	$2M$	$(2+1)M$	–	–
WMFH	2.5	$1M$	$1M$	–	–

表 5 – 7 MP 发生漫游时协议性能对比

协议名称	交互轮数	S 的计算量	A 的计算量	F-AS 的计算量	H-AS 的计算量
IEEE 802.11s EMSA	$5+2$	$2E+1F+3M$	$2M$	–	$2E+1F+1M$
WMR	4	$2E+1K+3M$	$2E+1M$	$1M$	$1M$

说明:"–"表示没有计算量

从表 5 – 5 中可以看出,协议 3PAKE 相对于 IEEE 802.11s EMSA 在 S 端增加了一次模指运算,在 A 端增加了两次模指运算,在 AS 端的计算量相同,因此从计算性能上来看协议 3PAKE 稍差一些,但从通信性能来看其性能几乎提高了一倍。并且 S 和 A 上增加的计算量主要用于协商两者之间的密钥,从而避免通信内容被 AS 获取,从用户角度而言这是非常重要的需求。从表 5 – 6 中可以看出,协议 WM-FH 从计算性能和通信性能上都优于现有协议,新的协议还可以提供可选的 DH 交换以提供更高的安全强度,不过此时计算性能有所下降。从表 5 – 7 中可以看出,协议 WMR 在 S 和 H – AS 端的计算性能都优于现有协议,而在 A 端的计算性能要差一些。不过,WMR 的通信性能明显优于现有协议。

为了更直观地对协议进行评估,这里节采用 NS – 2.26[6] 作为仿真平台对协议通信性能进行了仿真。其中,所有 Mesh 设备物理层为 IEEE 802.11b。仿真场景由 MP 在本地移动和外地移动两种场景构成。本地场景中包含由 6 个固定 MP 与 1 个移动 MP 构成的 WLAN Mesh、1 个 Mesh 接入网关 MPP 和家乡网络认证服务器 H-AS。每个 MP 与 MPP 之间以一个 10 Mb 带宽、1 ms 时延的链路相连,MPP 与 H-AS 之间以一个 100 Mb 带宽、1 ms 时延的链路相连。外地场景包含由 6 个 MP 和 1 个移动 MP 构成的 WLAN Mesh、1 个 Mesh 接入网关 MPP、1 个外地代理 FA 与 1 个自治域。自治域包含 800 个节点,模拟一个 Internet,其中的节点或为家乡代理,或为移动节点的通信对端。MP 和外地代理 FA 与一个 10 Mb 带宽、1 ms 时延的链路相连,FA 和一个 800 个节点的自治域与一个 100 Mb 带宽、1 ms 时延的链路相连。仿真结果如图 5 - 22 所示。

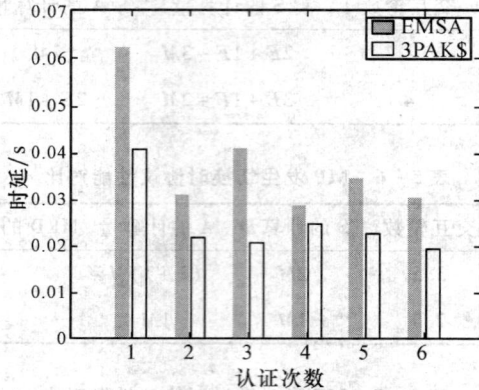

图 5 - 22　MP 在本地移动

从图 5 - 23 可看出,无论是本地移动还是在外地漫游,第一次认证时新协议和 EMSA 的通信时延都相对要长一些。设备接入后在本地域中切换时新的协议的通信时延约为 23 ms,而 EMSA 的通信时延约为 35 ms;移动设备在外地域中切换时新协议的通信时延大约为 38 ms,而 EMAS 的通信时延约为 65 ms。因此,新协议在性能上要优于现有协议。

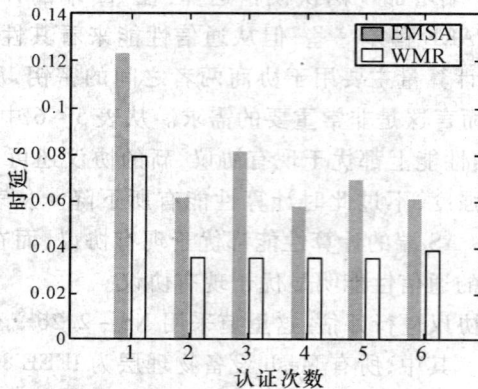

图 5 - 23　MP 在外地移动

5.4　Mesh 接入认证系统设计与实现

无线 Mesh 网络系统提供了最基本的接入认证服务,该服务用来认证网络设备,允许可信节点加入 Mesh 骨干网络,在网络拓扑形成阶段,通过认证的节点组成

Mesh 骨干网络,保证网络节点间的安全通信。这里系统采用了集中式认证方式对 Mesh 认证技术进行了初步实现与验证[7]。

无线 Mesh 网络系统作为一个单独的骨干 Mesh 网络,为 IEEE 802.11 终端提供接入服务,同时通过 Portal 与其它类型的网络互联。这里设计的方案是一套运行于网络中各个节点上的软件系统。每个节点根据自身在网络中功能角色的不同,选用系统中提供的不同模块来运行。

所设计的无线 Mesh 网络系统方案的逻辑结构如图 5 – 24 所示。

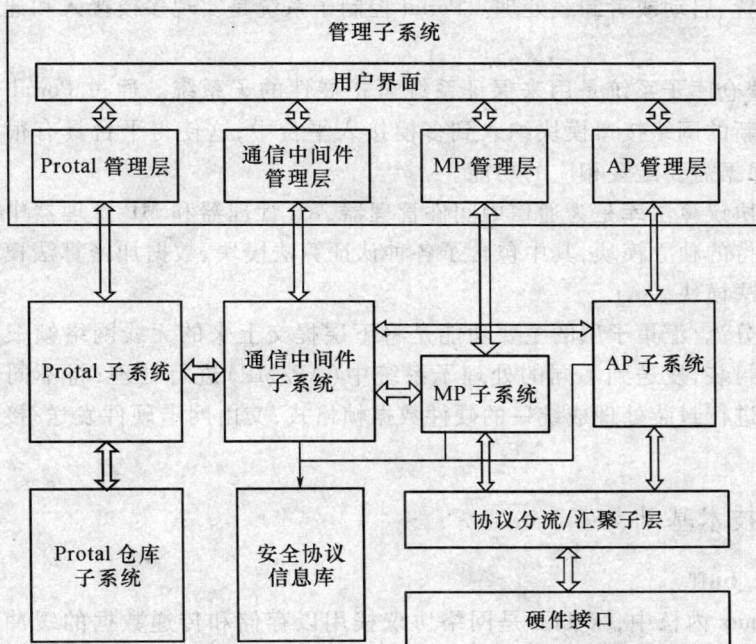

图 5 – 24   无线 Mesh 网络系统方案的逻辑结构

管理子系统由用户界面、Portal 管理器、通信中间件管理器、AP 管理器和 MP 管理器五个部分构成。用户通过对用户界面的可视化操作,对系统中的四个管理层实体进行控制。这种管理功能的提取,使得管理子系统与各个应用子系统功能分离,便于模块化实现。用户可以通过用户界面操纵控制系统的 Portal 管理器、通信中间件管理器、AP 管理器和 MP 管理器。这样用户可以按照自己的方式灵活地配置节点的功能,使之成为 MP/MAP/MPP。

MP 子系统主要实现无线 Mesh 网络节点的数据转发和路由维护功能,即管理无线 Mesh 网络的拓扑与路由,对数据包进行转发。

AP 子系统主要管理 WLAN 中各个无线节点的接入与退出,桥接所有无线节点使之可以互相通信。它包含 STA 管理器,安全管理器和信息查询器三个模块。

　　通信中间层子系统的主要功能是桥接各种类型的无线网络以及有线网络,从而在链路层实现异构网络之间的通信。通过该模块,各个网络之间可以用统一的报文格式进行数据转发通信。该模块的存在为将来扩充、加入其它无线网络以及有线网络提供支持。另外,该子系统中还包含安全管理功能,用来建立可能需要的端到端通信安全链路的建立。

　　Portal 控制子系统主要完成对现有的 Portal 模块的加载、激活、卸载、配置等功能。通过接收管理子系统的指令,Portal 控制子系统应选取正确的 Portal 模块,对其进行配置、启动或者卸载处理。Portal 控制子系统是实现多模接入和通信的核心内容。

　　Portal 仓库子系统是用来保证系统可扩展性的子系统。通过 Portal 仓库子系统可以将新的网络接口模块纳入到多模接入平台中,这使得平台具有很好的灵活性,能够根据需要配置相应的功能。

　　安全协议算法库是为通信中间件管理器、AP 管理器和 MP 管理器中的安全管理提供支持的独立模块,其中包含了各种认证算法模块、数据加密算法模块以及密钥管理算法模块。

　　协议分流/汇集子层的主要功能是将下层提交上来的无线网络帧根据类型进行分流并封装,发送到不同的处理子系统中(AP/MP)进行处理;将不同子系统中的数据帧进行封装处理成统一的硬件数据帧格式,交由网卡硬件发送/接收接口进行发送。

5.4.1　技术基础

1. sk_buff

　　在 Linux 内核中,sk_buff 是网络协议栈用以存储和传递数据的缓冲区。在内核代码中,缓冲区用结构体 struct sk_buff 表示,用于网络子系统中的各层之间传递数据,处于一个核心地位,包含了一组成员数据用于承载网络数据,同时定义了在这些数据上操作的一组函数。sk_buff 其结构如图 5 - 25 所示。

　　struct sk_buff 的成员 head 指向一个已分配的空间的头部,该空间用于承载网络数据,end 指向该空间的尾部,这两个成员指针从空间创建之后便不能修改。data指向分配空间中数据的头部,tail 指向数据的尾部,这两个值随着网络数据在各层之间的传递和修改,被不断改动。所以这四个指针指向共同的一块内存区域的不同位置,四个指针之间存在如下关系:

$$head \leqslant data \leqslant tail < end$$

　　另外还要加上一个存放结构体 struct skb_shared_info 的空间,也就是说 end 并不真正指向内存区域的尾部,在 end 后面还有一个结构体 struct skb_shared_info,它是用来描述 sk_buff 中有关“页碎片区”和“从属 sk_buff 链表”的信息。

　　在 Struct sk_buff 结构中几个与长度有关的成员:

sk_buff结构区

Header 数据区

从属skbuff链表区

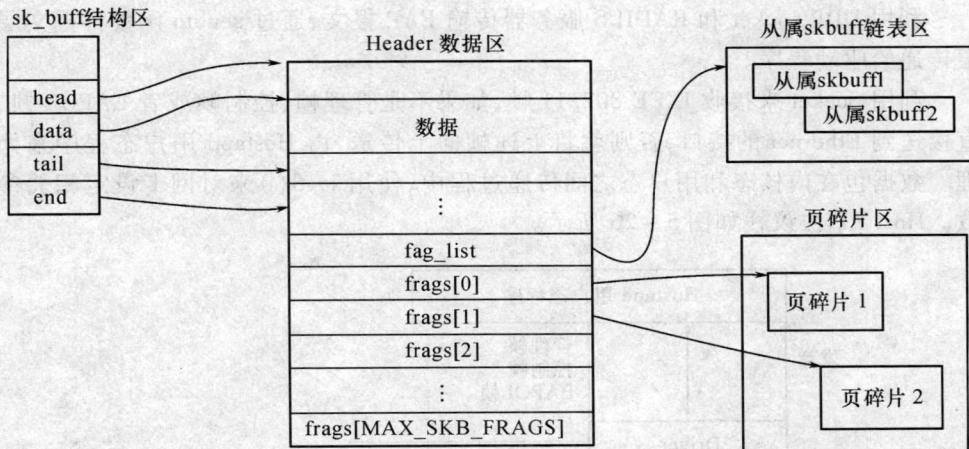

图 5 – 25　Sk_buff 结构

truesize 表示整个 sk_buff 占用的总空间,是 Struct sk_buff 结构本身、Header 数据区、页碎片区和从属 sk_buff 链表区所占用的内存空间之和。

data_len 表示存储在"页碎片区"和"从属 sk_buff 链表区"中有效数据的总长度。

Len 表示该 sk_buff 包含有效数据的总长度,包括 data_len 以及存储在"Header 数据区"中有效数据长度的总和。

几个重要的操作函数:

skb_put() 在一个申请的 sk_buff 缓冲区中为数据保留一块空间。在 alloc_skb 之后,申请的 sk_buff 缓冲区都是处于空闲(free)状态,有一个 tail 指针指向空闲空间,开始时 tail 就指向缓冲区头。

skb_push() 把 sk_buff 缓冲区的 data 指针往前移,即数据空间往前移。

skb_pull() 把 sk_buff 缓冲区的 data 指针往后移,即数据空间外后移。

2. Host AP

Host AP[8] 是为 Intersil Prism2/2.5/3[9] 芯片组而开发的 Linux 无线网卡驱动程序。该驱动支持 Host AP 模式,在 host 主机上实现了 IEEE 802.11 协议的管理功能,可以将其看作是一个 AP。无线网卡不需要任何特殊的固件就可以实现此功能。Host AP 包括两部分,一部分是内核驱动部分,包括网卡驱动(hostap_cs),AP 功能模块(hostap)和加密模块(hostap_crypto)。另一部分是用户态程序(user space deamon),包括 hostapd 和 wpa_supplicant。前者实现了 IEEE 802.1X/WPA/ EAP 认证者功能、RADIUS 客户端、EAP 服务器和 RADIUS 认证服务器;后者实现了 IEEE 802.1X/WPA 请求者功能。配合 Host AP 使用可以实现 IEEE 802.1X 认证、动态 WEP 加密和 RADIUS 计数以及基于 RADIUS 的 IEEE 802.11 认证接入访问控制、IAPP、WPA、IEEE 802.11i/RSN/WPA2。

Host AP 的工作过程可简单描述如下:

利用 UDP socket 和 RADIUS 服务器传输 EAP 报文,通过 sendto 函数将报文层层传递给驱动程序。

利用 Socket 来接收 IEEE 802.11 帧,如果不是管理帧、控制帧或者 EAPOL 帧,直接送到 Ethernet 的接口,否则就将上述帧向上传送,由 Hostapd 用户态程序来处理。数据包在内核态和用户态之间传递过程中,使用 ioctl( ) 来对网卡设定相关参数。Host AP 协议栈如图 5 - 26 所示。

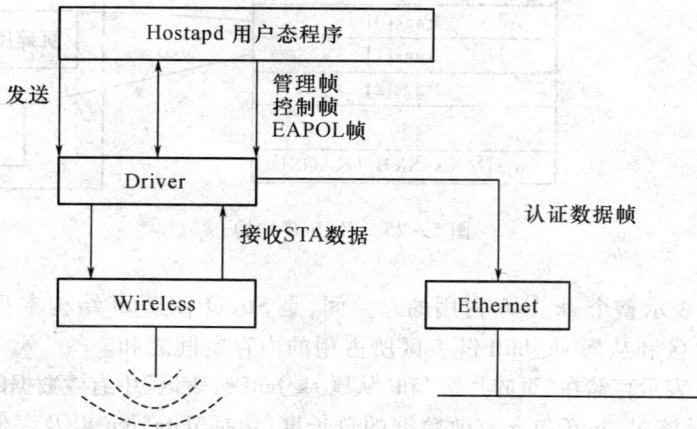

图 5 - 26　Host AP 协议栈

Host AP 的工作流程如图 5 - 27 所示,图中的部分功能如下:

系统初始化:做一些初值的设定,例如建立 Socket,启动对 IEEE 802.1X 的支持,设置默认 WEP 密钥等。

注册事件处理: 作事件的设定。如何处理从无线接口接收到的帧,如何处理从 RADIUS 收到的帧,如何处理中断,等等。

Eloop_run( ):整个 Host AP 主要执行进程是一个循环程序,除非有错误发生才跳出循环,结束 Host AP。它包含两个方面的工作,如处理关于移动站点空闲时间太长的情况,在这种情况下,认为这个站点已经移出 AP 的覆盖范围或者出现故障停止工作,将这个站点删除;另一方面是将从不同接口接收到的数据分别交给相应的事件处理函数来处理。

3. Linux 内核链表

在 Linux 内核中使用了大量的链表结构来组织数据,包括设备列表以及各种功能模块中的数据组织。其定义如下:

```
struct list_head {
    struct list_head * next, * prev;
};
```

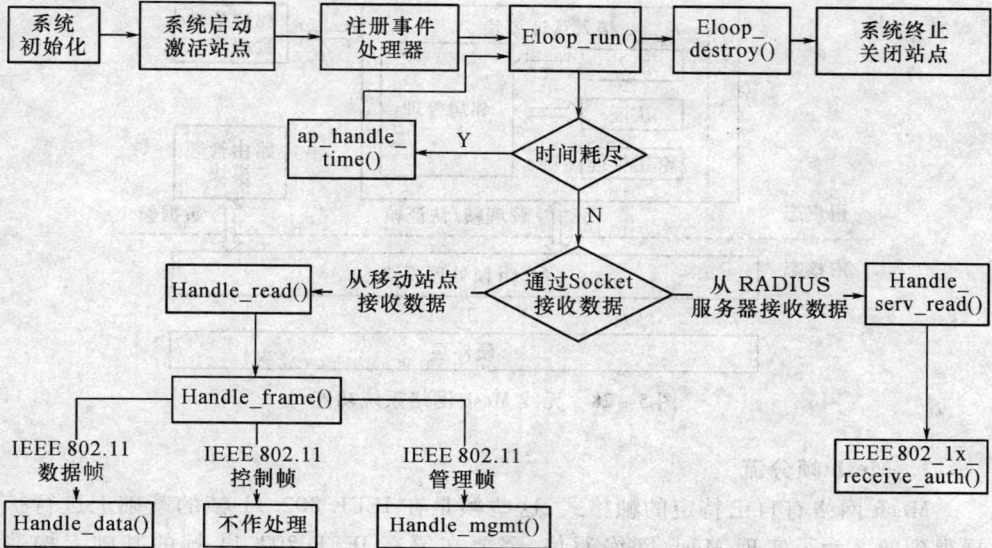

图 5 – 27 Host AP 工作流程

可以看到,在这里 list_head 没有数据域。在 Linux 内核链表中,不是在链表结构中包含数据,而是在数据结构中包含链表节点。需要用链表组织起来的数据通常会包含一个 struct list_head 成员。

4. Ioctl

Ioctl 是 Linux 下实现用户态程序和驱动程序交互数据的一种常用方法,是 Linux 内核级的系统调用(System Call),通过 Ioctl,用户态的程序经内核可以进行对硬件参数的读取与设置,实现对设备的控制。Host AP 就是用 Ioctl 实现用户态和内核态之间的通信。

Ioctl 的使用如下:ioctl(int fd, int command, (char *) argstruct),其中文件描述符 fd 通常是由 socket() 系统调用返回的套结字描述符;command 是用户程序对设备的控制命令,可以是/usr/include/linux/sockios.h 中所列的任何一个命令参数,也可以由用户自己设定;最后一个参数是补充参数,一般最多一个,也可以为空。在驱动程序中实现的 ioctl 函数体内,实际上有一个 Switch – Case 结构,每一个 Case 语句对应一个命令码,做一些相应的操作。因此 Ioctl 的实现关键在于怎么组织命名码以及相应的 Case 语句中的实现。

5.4.2　设计与实现

无线 Mesh 网络系统功能结构如图 5 – 28 所示。

从图中可以看出,无线 Mesh 系统接入认证模块主要包括接入、认证、密钥管理、邻居管理等部分。

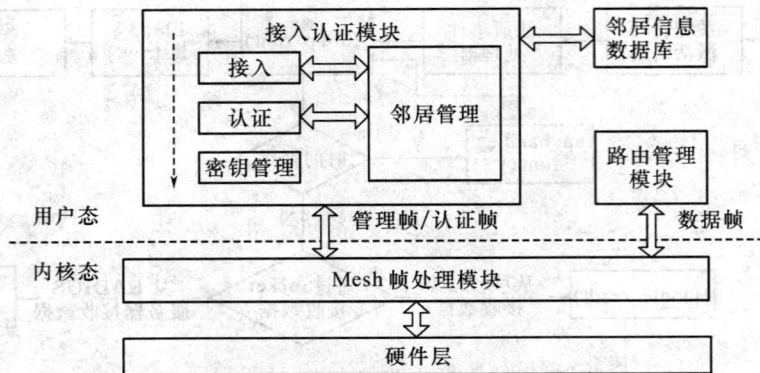

图 5-28　无线 Mesh 网络系统功能

1. Mesh 帧分流

Mesh 网络有自己特定的帧格式,这些帧是在 IEEE 802.11 帧的基础上进行扩展得到的。为了实现 Mesh 网络通信,需要在原有 IEEE 802.11 帧的基础上构造 Mesh 帧。在 HostAP 中,各种帧都是由 HostAP 中统一的接口来接收,因此将分流操作加在接收接口上层,负责将 Mesh 帧与普通的 IEEE 802.11 帧分离开,以便于进一步处理。根据各种类型帧的构造格式的差异,对其分离的方式也有所不同。从帧格式来看,可以根据类型为 11,子类型为 0000,将 Mesh 数据帧分离出来;对于管理帧,则需要解析帧体内的信元信息,通过帧体内是否包含有 MeshID、WLAN Capability 等信元可将 Mesh 管理帧分析出来。对于 Action 帧,Action 域中值为 5 的为 Mesh 帧,因此可以根据这一特点将其分离出来。由于控制帧在底层的固件中作了处理,所以在实现中无需处理控制帧。Mesh 帧分离流程如图 5-29 所示。

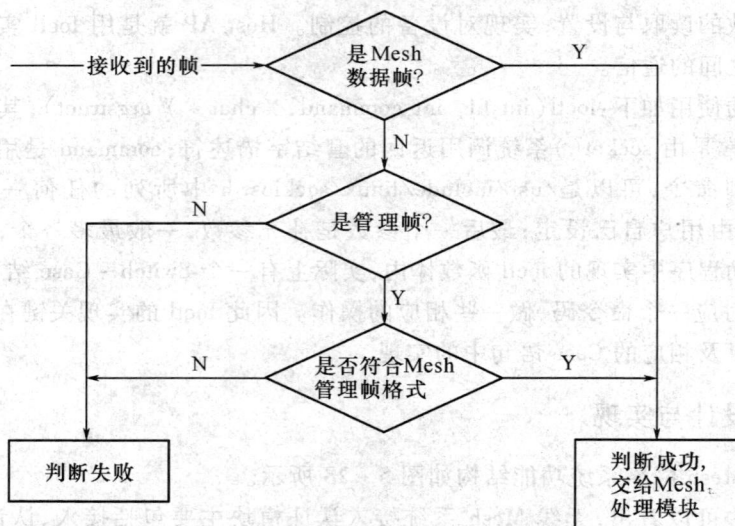

图 5-29　Mesh 帧分离流程

2. 管理帧解析

接收 Mesh 管理帧后，根据帧种类的不同需要做不同的处理。在接入认证阶段，主要处理以下几种帧：

- Beacon 帧；
- Association Request /Response 帧；
- Reassociation Request /Response 帧。

Beacon 帧的处理：收到信标帧后，解析出其中包含的 MeshID 值，如果与当前 Mesh 网络的 MeshID 相匹配，则将该节点添加到邻居表中，将其连接状态标志 sub_link_flags 设为初始值 NO_ASSOC。根据信标帧中信息构造 Association Request 帧，置连接状态标志 sub_link_flags 为 ASSOC_PENDING，同时发送 Association Request 帧。

Association/ Reassociation Request 帧的处理：收到关联/重关联请求帧后，判断该节点是否已经在邻居表中，如果不在，则将其添加到邻居表，将连接状态标志 supp_link_flags 置为初始值 RECEIVE_ASSOC，根据关联请求帧构造关联响应帧，置 supp_link_flags 为 SEND_ASSOC_RESP，同时发送关联响应帧。

Association/ Reassociation Response 帧的处理：收到关联响应帧后，如果该节点不在邻居表中，则表示该响应信息超时或者出现了错误，丢弃该帧。否则，更新邻居表中与之对应的节点信息，将 sub_link_flags 置为 ASSOC_COMPLETE，建立起一条 Mesh 连接。

3. 邻居管理

每一个 Mesh 节点都要维护邻居表以记录网络中的一跳邻居，邻居表是路由表建立的依据。邻居表中记录着每一个邻居节点的基本信息和当前的状态。邻居表是在节点初始化时建立的，当它接收到相邻节点的信息时，将其加入到邻居表中，添加其基本信息和连接状态。Mesh 网的操作规程将连接双方分为主设备和从属设备，因此邻居节点的连接状态分为上行连接状态和下行连接状态。邻居表的结构如下：

```
struct neighbor_info {
    struct list_head list;
    struct neighbor_info * hnext; /* next entry in hash table list */
    u8 addr[6];
    enum {NO_ASSOC = 0, ASSOC_PENDING, ASSOC_COMPLETE} sub_link_flags;
    enum {RECEIVE_ASSOC = 0, SEND_ASSOC_RESP} supp_link_flags;
    u_int64_t timestamp;
};
```

邻居管理操作有以下几种：添加、修改和删除操作。每个系统维护两份邻居表，分别位于用户层和内核层，用户层的邻居信息表记录了所有邻居的信息，包括 MAC 地址、当前状态、时间戳等必要信息。而下层的邻居表只是用来记录通过认证的邻居节点。当检测到新的邻居到来时，将其添加到邻居表中，此后根据当前邻居的状态和收到的报文对该邻居的状态进行更新,当节点移出或者在定时器范围内没有收到该节点的信息时将其删除。当邻居节点通过认证后,就将其添加到底层邻居表中;相反,如果某个邻居离开网络,也要在底层的邻居表中将其删除。修改底层邻居表是通过 Ioctl 函数来实现的。具体实现函数为:

int mesh_add_nb_entry(void * priv, const u8 * nb_addr)

int mesh_del_nb_entry(void * priv, const u8 * nb_addr)

同时邻居表需要定时更新,当邻居节点的时间戳为零时将其删除。这需要设定一个定时器,定时器设置函数如下:

eloop_register_timeout(1, 0, handle_neighbor_timer,mshd, NULL)

4. 接入认证

当 Mesh 节点加电启动后,首先进行节点初始化,配置相关的网络参数,如 Mesh ID。然后采用主动/被动扫描,这一过程通常是 beacon 帧或 probe response 帧进行信息交互的。在协商好相应的参数后,进入 Mesh 发现规程。如果检测到当前存在的 Mesh 网络,将尝试着与该网络中的节点建立 Mesh 连接,在此过程中,关联双方采用空认证方式,根据相互的帧信息更新各自的邻居信息表,保持节点状态始终都是最新的。完成 Mesh 关联后需要对其进行认证,此过程需要与每一个关联节点都要进行认证,认证采用集中式认证框架,在每一对关联节点间都建立起安全链路。当与所有邻居都建立了安全链路并通过认证后,这个新的节点将成功接入到当前 Mesh 网中,成为其中的一员,开始启动建立路由信息。Mesh 节点接入认证的流程如图 5 - 30 所示。

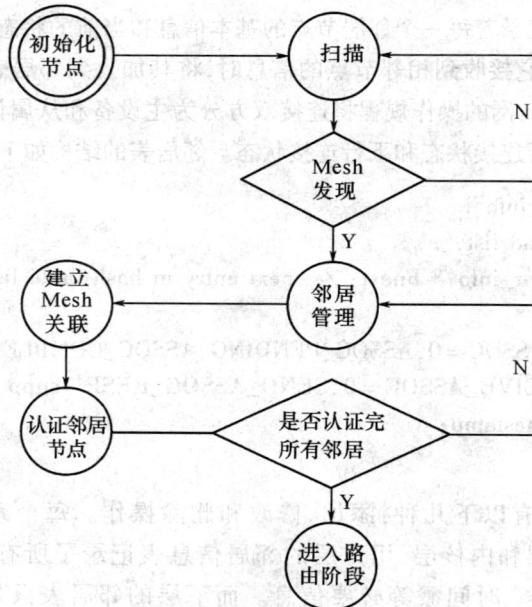

图 5 - 30 Mesh 节点接入认证流程

5. 密钥管理

在 IEEE 802.11i 安全协议体系结构中定义了 TKIP、CCMP 和 WRAP 三种加密机制。CCMP 和 WRAP 都是基于 AES 加密算法的,对硬件要求比较高,无法通过在现有设备的基础上进行升级实现。考虑到当前的实际应用环境,系统的实现采用 TKIP 加密机制。

首先,在驱动中注册加密操作集,实现对多种加解密处理方法的统一封装,提供对外的统一接口,注册是通过 hostap_register_crypto_ops() 函数完成的。加密操作集定义如下:

```
struct hostap_crypto_ops {
    char     * name;
    void     * ( * init) (int keyidx);
    void     ( * deinit) (void * priv);              /* MPDU 的处理 */
    int ( * encrypt_mpdu) (struct sk_buff * skb, int hdr_len, void * priv);
    int ( * decrypt_mpdu) (struct sk_buff * skb, int hdr_len, void * priv);
            /* MSDU 的处理 */
    int ( * encrypt_msdu) (struct sk_buff * skb, int hdr_len, void * priv);
    int ( * decrypt_msdu) (struct sk_buff * skb, int keyidx, int hdr_len, void * priv);
    int ( * set_key) (void * key, int len, u8 * seq, void * priv);
    int ( * get_key) (void * key, int len, u8 * seq, void * priv);
    char * ( * print_stats) (char * p, void * priv);
};
```

在各个接口的定义中,参数 priv 是指向不同算法密钥信息的数据。对于 TKIP,其数据结构定义如下:

```
struct hostap_tkip data {
    u8 key[32];                    /* TKIP 密钥的长度是 32 个八位组 */
    int key idx;
    /* 下面是发送报文的消息 */
        u32 tx_iv32;
        u 16 tx_iv 16;
        /* 下面是从接收报文中获得的消息 */
        u32 rx iv32;
        u16 rx iv16;
        ...
        };
```

通过这种加解密处理的框架,可以很好地实现对加解密算法的封装,也便于新的加密算法模块的添加。

6. 系统测试

（1）测试场景

为了测试 Mesh 网的接入认证方案,本系统的网络中设有四种节点:MAP、MPP、STA 以及 Radius 认证服务器。

① 客户端

硬件:Zcom XI‒626 PCI 无线网卡(Prism2 芯片组)。

软件:Linux 操作系统(2.6.0 内核);

　　　HostAP 驱动(V0.3.9)。

② MAP,MPP 端

硬件:Zcom XI‒626 PCI 无线网卡(Prism2 芯片组)。

软件:Linux 操作系统(2.6.0);

　　　HostAP 驱动(V0.3.9);

　　　Hostapd 以及接入认证模块。

③ 认证服务器端

软件:Linux 操作系统(2.4.0);

　　　FreeRadius1.0.2[10]。

按以上配置要求,系统测试环境如图 5‒31 所示。

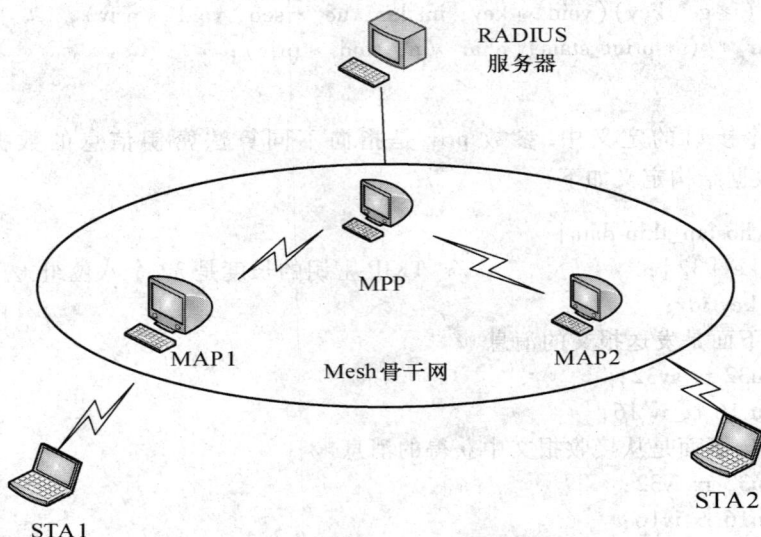

图 5‒31　系统测试环境

在测试场景中,MPP 与 RADIUS 服务器相连。MAP1、MAP2 为两个独立节点。起始阶段各个节点彼此孤立,当节点加电启动后,执行各自的接入认证模块,建立起 Mesh 网络。两个节点分别与 MPP 建立 Mesh 连接,组成 Mesh 骨干网络;随后

STA1 通过 MAP1 接入 Mesh 网络,STA2 通过 MAP2 接入 Mesh 网络。各个 MP/MAP 及 STA(标识)与 MAC 地址对照如表 5−8 所示。

表 5−8　标识与 MAC 地址的对照表

标　识	MAC 地址
RADIUS	00:60:B3:2A:B9:25
MPP	00:60:B3:2A:B9:26
MAP1	00:60:B3:2A:B9:24
MAP2	00:60:B3:2A:B9:27
STA1	00:60:B3:2A:B9:A6
STA2	00:60:B3:2A:B9:A7

(2) 测试结果

接入认证使得两个节点间可以建立 Mesh 连接,进行可靠通信,因此在测试过程中,查看邻居表就可以知道哪些节点已经接入到网络,通过 Ping 命令来判断网络是否连通。

底层邻居表:底层邻居表是上层邻居表的一个子集,只有通过认证的邻居节点才能通过 Ioctl 函数将其添加到底层邻居表。因此通过检查底层邻居表就可以看到哪些节点已经通过了认证。底层邻居表的结构简单,只记录当前认证通过节点的 MAC 地址,以便于路由。测试结果如表 5−9 至表 5−11 所示。

表 5−9　MPP 的邻居表

邻居节点	MAC 地址	连接状态
MAP1	00:60:B3:2A:B9:24	1
MAP2	00:60:B3:2A:B9:27	1

表 5−10　MAP1 的邻居表

邻居节点	MAC 地址	连接状态
MPP	00:60:B3:2A:B9:26	1

表 5−11　MAP2 的邻居表

邻居节点	MAC 地址	连接状态
MPP	00:60:B3:2A:B9:26	1

连接状态为 1 表示通过了认证,可以作为 Mesh 节点进行路由。

STA1 与 STA2 分别通过 MAP1、MAP2 接入到 Mesh 网络,使用 Ping 命令可以

看到两个节点可以通过 Mesh 骨干网络进行通信。

从运行结果可以看出,每个 MAP 都与 MPP 建立 Mesh 连接,为后续的路由做好准备。经过多次测试表明,本系统所实现的接入认证模块达到了设计目标,能够保证网络的安全通信。

5.6 研究展望

由于无线 Mesh 网络属于移动计算模式,与目前的 C/S 和 B/S 计算模式具有较大的差别,在协议的分析与实现时,不仅要考虑安全性,还要考虑公平性与效率。因此,未来的无线 Mesh 网络安全协议的分析与设计应重点从以下三个方面进行研究。

(1) 研究高效的 Mesh 路由协议。IEEEIEEE 802.11s 草案中提出了混合无线 Mesh 网络路由协议(Hybrid Wireless Mesh Protocol,HWMP),该路由协议是在按需路由协议 AODV 的基础上结合先应式路由协议的思想,实现了按需路由协议和先应式路由协议的优势互补,为无线 Mesh 网络提供了灵活的路由方法。HWMP 路由协议中采用了许多关键性技术,包括混合路由技术、链路权值度量技术、路由缓存技术、目的节点序列号以及减少路由控制消息技术等。这使得 HWMP 路由协议的性能得到优化。但对 HWMP 路由协议的分析,发现存在一些不足之处,如单一 MPP 的瓶颈问题、多个 MPP 的协同问题、数据帧格式提供的四地址信息不足和缺乏组播功能等。未来应重点分析 HWMP、优化的 RA-OLSR 路由协议、OLSR(RFC 3626)路由协议和可选的 FSR(Fisheye State Routing)路由协议。同时要考虑到对 Mesh 路由器和路由表的攻击比较容易的现状,设计高效安全的路由协议等。

(2) 研究 Mesh 网络统一的安全技术框架。如涉及 Mesh 骨干网的逐跳安全、端到端的用户安全等。这需要重点分析 Mesh 网络安全中 MSA(Mesh Security Association)、MA(Mesh Authenticators)和 MKD(Mesh Key Distributors)之间的关系及各自所起的作用,分析 Mesh 网络面临的安全挑战,如安全管理、动态互联、路径的随机性,无中心节点下的安全协同等。实现从 Mesh 安全接入、Mesh 安全路由、Mesh 安全切换、Mesh 安全密钥管理等统一的安全防护框架。

(3) 研究 Mesh 网络的管理技术,这也是 Mesh 网络面临的技术挑战之一,如链路质量的测量与路由的度量、多信道操作、拥塞控制、MDA(Mesh Deterministic Access)、QoS、安全性、移动与切换等,同时也要研究 MAC 层的安全联接、Mesh 拓扑发现、第二层路由、MAC 帧的扩充、QoS 感知等技术。

问题讨论

1. 分析第二层路由与第三层路由的相同点与不同点。

2. 比较 WPAN Mesh（IEEE 802.15.5）、WMAN Mesh（IEEE 802.16j）和 WLAN Mesh（IEEE 802.11s）技术的相同或相近之处。

3. 目前 IEEE 802.11s 的帧结构框架中有两种地址组成方案，一种是四地址框架，另一种是六地址框架，请分析 IEEE 802.11s 数据帧中两种地址框架的优势与不足。

4. 分析统一的 Mesh 安全框架需要重点从哪几个方面入手，各自在框架中所起的作用是什么？

5. 请分析本章中给出的无线 Mesh 网络系统逻辑结构图，提出改进建议与方案。

参考文献

[1] SnowMesh. IEEE 802.11 TGs ESS Mesh Nerworking Proposal[EB/OL]. IEEE 802.11 – 05/596r1. (2005 – 05 – 03). http://www.802wirelessworld.com.

[2] SEE-Mesh. IEEE 802.11 TGs Porposal[EB/OL]. IEEE 802.11 – 05/0562r1. (2005 – 09 – 02). http://www.802wirelessworld.com.

[3] Joint SEE-Mesh/Wi-Mesh. IEEE 802.11 TGs Proposal[EB/OL]. IEEE 802.11 – 06/0328r0. (2006 – 02 – 27). http://www.802wirelessworld.com.

[4] IEEE Draft. Amendment to Standard for Information Technology – Telecommunications and Information Exchange Between Systems-LAN/MAN Specific Requirements-Part 11：Wireless Medium Access Control (MAC) and physical layer (PHY) specifications[S]. Amendment：ESS Mesh Networking, IEEE PIEEE 802.11s/D1.01, March 2007

[5] Goldwasser S, Micali S, Rivest R. A Digital Signature Scheme Secure Against Adaptive Chosen-message Attacks[J]. SIAM Journal on Computing, 1998, 17(2)：281 – 308.

[6] University of Califolia at Berkeley. Network Simulator (NS – 2.26)[EB/OL]. [2008 – 03 – 13]. http://www.isi.edu/nsnam/ns.

[7] 杨会宇. 无线 Mesh 网络接入认证技术的分析与实现[D]. 西安：西安电子科技大学计算机学院, 2007.

[8] Malinen J. Host AP driver for Intersil Prism2/2.5/3, hostapd, and WPA Supplicant[EB/OL]. (2008 – 02 – 23). http://hostap.epitest.fi/.

[9] Sun J. Mini-howto on Flashing Intersil Prism Chipsets[EB/OL]. (2007 – 11 – 16). http://linux.junsun.net/intersil-prism/.

[10] The FreeRADIUS Project. FreeRADIUS Server Tools[EB/OL]. [2007 – 02 – 18]. http://www.freeradius.org/.

第6章 认证的密钥交换协议

IPSec 是适用于所有 Internet 通信的安全技术,也是最易于扩展、最完整的一种网络安全方案,可为运行于 IP 上层的任何协议提供安全保护。本章重点对 IPSec 密钥交换协议 IKEv2 进行介绍,指出其无法适应 WLAN 的安全需求,给出了密钥交换协议的设计目标。并基于 IKEv2 提出了 WLAN 密钥交换协议——WIKE。同时,对可证安全密钥交换协议的形式化方法——Canetti-Krawczyk(CK)模型进行研究,分析了模型的安全定义与密钥交换协议应该具备的安全属性之间的关系,针对模型在基于身份系统下缺乏前向保密性的缺陷进行了 CK 模型的扩展。

6.1 IKEv2

IKEv2[1]对 IKEv1 进行了较大的改进,在协议形式上极大地简化了 IKE,使得性能和安全性都有所提高,主要表现在以下几个方面:

- 把整个 IKE 协议定义在一个文件中,替代了 RFC 2407、RFC 2408、RFC 2409,并对 IKEv1 进行了改进,使其支持穿越 NAT、扩展认证和远程地址获取。
- 将 IKEv1 中的八个不同的初始交换简化为一个的只有四条消息的交换(不同的认证方式只影响 AUTH 载荷,而不用改变这个协议结构)。
- 初始交换只有两轮,减少了延迟时间,允许交换过程中建立 CHILD_SA。
- 改变保护消息的密码语法,以基于 ESP 的语法代之,简化了协议的执行和安全分析。
- 通过使协议更加可靠和有次序来减少可能的错误状态。
- 在认证发起者之前,响应者不做耗时的运算,也不提交大量的状态。
- 在自己的载荷中指定 TS,而不使 ID 载荷过载。
- 说明了在错误状态下和收到无法理解的数据时所要求的动作。
- 简化并阐明了在网络失效和 Dos 攻击的情况下应当保持的共享状态。
- 保留了 IKEv1 的语法格式,使一些实现仅需做最少量的修改可支持 IKEv2。

6.1.1 IKEv2 简介

IPsec 提供了保密性、数据完整性、访问控制和 IP 数据包的数据源认证。这些服务是通过维持 IP 数据包的源和目的之间的共享状态来提供的。这个状态定义了提供给数据包的特定服务,并且通过一些密码学算法来实现,而其状态则是由 IKE 动态建立的。

IKE 进行双向认证并建立 IKE 安全关联,它包括为有效的 ESP、AH 建立 SA 的共享秘密和保护这些 SA 的一组算法。IKEv2 不同于 IKEv1,它是把密码学算法,如加密算法、认证算法等,根据不同的组合定义成一些算法套件,发起者提供一些套件供响应者选择,而响应者选择其中的一个套件。同时 IKE 可以协商在 ESP、AH 中 SA 的连接是否使用 IPcomp。

在 IKEv2 中,IKE SA 还称为 IKE SA,而 ESP、AH 的 SA 则称为 CHILD_SA。所有的 IKE 通信都由请求/响应消息对组成,一对消息称为一次交换。其中,第一对消息称为 IKE_SA_INIT 交换,第二对消息称为 IKE_AUTH 交换,随后的 IKE 交换称为 CREATE_CHILD_SA 或 INFORMATIONAL 交换。一般情况下,只有一个 IKE_SA_INIT 交换和一个 IKE_AUTH 交换用来建立 IKE_SA 和第一个 CHILD_SA。特殊情况下,可以有多于一个的这些交换。但无论何种情况,所有的 IKE_SA_INIT 交换必须在任何其它的交换之前完成,随后必须完成 IKE_AUTH 交换。后面任意的 CREATE_CHILD_SA 或 INFORMATIONAL 交换可以任何次序发生。IKE 的消息流中的请求后必须跟响应组成。如果在规定的时间间隔内没有收到响应,请求者应当重传其发出的请求。

第一对请求/响应消息协商 IKE_SA 的安全参数,发送 nonce 和 DH 值。第二对请求/响应消息传送身份,证明自己知道对应其身份的秘密信息并为 ESP 或 AH 建立第一个 CHILD_SA。之后的交换是建立另外的 CHILD_SA 和 INFORMATIONAL 交换(删除 SA、报告错误,或者其它的管理信息)。每个请求都需要一个响应,不包含任何载荷的 INFORMATIONAL 请求通常用来检查对方是否处于活动状态。

IKEv2 中用到的符号如下:

HDR	IKE 通用消息头
KEi, KEr	密钥交换载荷,为双方的临时公钥值
Ni, Nr	nonce 载荷,保证消息和密钥的新鲜性
SA_i^1, SA_r^1	第一阶段的发起者和响应者的安全关联载荷
SA_i^2, SA_r^2	第二阶段的发起者和响应者的安全关联载荷
IDi, IDr	发起者、响应者的身份载荷
CERT	证书载荷
CERTREQ	证书请求载荷
AUTH	认证载荷,对消息进行认证
TSi, TSr	流量选择符载荷,用于表示什么地址、端口和协议类型以及将要在哪个 Child_SA 上传递消息
…	在消息中可选择是否发送[…]内的载荷。SK{…}表

示括号内的消息用相应的密钥对消息进行加密和完整
性保护

prf　　　　　　伪随机函数

6.1.2　IKE 初始交换

初始交换由两对(四条)消息组成(IKE_SA_INIT,IKE_AUTH)。第一对消息协商加密算法,交换 Nonce,进行 DH 交换。第二对消息认证之前的消息,交换身份和证书,建立第一个 CHILD_SA。第二对消息用第一对消息中协商的密钥进行加密和完整性保护。下面是对初始交换的描述:

$I \to R$:HDR, SA_i^1, KEi, Ni

$I \gets R$:HDR, SA_r^1, KEr, Nr, [CERTREQ]

$I \to R$:HDR, SK {IDi, [CERT,] [CERTREQ,] [IDr,] AUTH, SA_i^2, TSi, TSr}

$I \gets R$:HDR, SK {IDr, [CERT,] AUTH, SA_r^2, TSi, TSr}

- HDR 包含 SPI、版本号和不同类的 flag。SA_i^1 代表发起者支持的密码算法。KEi 载荷发送发起者的 DH 公共值,Ni 是发起者的 Nonce。
- 响应者从发起者在 SA_i^1 提供的可选参数中选择一个密码套件,通过 KEr 并在 Nr 中发送 Nonce 来完成 DH 交换。这时协商的双方可以产生一个 SKEYSEED,以后用到的密钥都要从它产生。后面的消息除了头之外都要进行加密及完整性保护,所用到的密钥就是从 SKEYSEED 生成的,称为 SK_e 和 SK_a,并且每个方向上的密钥是不同的。另外还生成一个密钥 SK_d 用作以后 CHILD_SA 的密钥材料。符号 SK{…} 表示这些载荷已经分别用该方向上的 SK_e 和 SK_a 进行了加密和完整性保护。
- 发起者在 IDi 载荷中声明其身份,证明其拥有和 IDi 相对应的秘密并用 AUTH 载荷对前面消息的内容进行完整性保护。可以在 CERT 载荷中发送其证书并在 CERTREQ 中发送证书验证路径。如果发送证书,则在提供的第一个证书中必须包含用于验证 AUTH 域的公钥。可选的 IDr 载荷用来表明想和对方的哪个身份通信,这适应对方在同一 IP 地址拥有多个身份的情况。发起者通过使用 SA_i^2 来协商 CHILD_SA。
- 响应者在 IDr 载荷中表明其身份,同时发送一个或多个证书(可选),通过 AUTH 载荷验证其身份。完成对 CHILD_SA 的协商。

最后两条消息的接收者必须验证所有的签名和 MAC 的正确性,并且验证 ID 载荷中的名字是否和产生 AUTH 所用密钥的主体相对应。

6.1.3　CREATE_CHILD_SA 交换

CREATE_CHILD_SA 交换在 IKEv1 中称为阶段 2 交换,可在初始交换结束后由任何一方发起。交换中的所有消息所使用的密码算法和密钥都是由初始交换的头两条消息协商的。为了保证 CHILD_SA 的 PFS,可以在 CREATE_CHILD_SA 请求中发送 KE 载荷。CHILD_SA 中用到的密钥材料是从初始交换中建立的 SK_d、在 CREATE_CHILD_SA 中交换的 nonce 和 DH 值(如果 KE 包含在 CREATE_CHILD_SA 交换中)中产生的。下面是对 CREATE_CHILD_SA 交换的描述:

$$I \to R:HDR, SK \{SA, Ni, [KEi], [TSi, TSr]\}$$
$$I \gets R:HDR, SK \{SA, Nr, [KEr], [TSi, TSr]\}$$

第一条消息发起者在 SA 载荷中发送 SA 提议,在 Ni 载荷中发送 Nonce,在 KEi 载荷中发送可选的 DH 公共值,在 TSi 和 TSr 载荷中给出对数据流选择符的建议。如果发起者 SA 的建议中包含不同的 DH 群,在 KEi 中必须包含发起者希望响应者接收的群中的一个元素。如果响应者猜错,CREATE_CHILD_SA 交换失败,则用不同的 KEi 进行尝试。通用报头后面的整个消息要用第一阶段协商的密码算法进行加密,包括头在内的整个消息要进行完整性保护。

第二条消息中响应者根据接收的建议进行回复,如果发起者发送了 KEi 并且选择的密码套件包含在该群内,则响应者需要发送 KEr。如果响应者在不同的群中选择了一个密码套件,则它必须拒绝收到的请求。发起者应当重复发出请求,但是应以响应者选择的一个群中的 KEr 载荷提出请求。在 TS 载荷中规定了在相应的 SA 上发送数据所用的数据流选择符,它可以是 CHILD_SA 发起者建议的一个子集。如果这个 CREATE_CHILD_SA 请求是用来改变 IKE_SA 密钥,则需要省略此数据流选择符。

6.1.4 INFORMATIONAL 交换

在 IKE_SA 的建立过程中,双方可能希望传输一些关于错误或通知的控制消息。IKE 定义了 INFORMATIONAL 交换,它只发生在初始交换之后并且要用协商的密钥进行保护。属于某个 IKE_SA 的控制消息必须在该 SA 下传输;属于 CHILD_SA 的控制消息必须在产生它们的 IKE_SA 的保护下传送。

INFORMATIONAL 交换中的消息包含零个或多个通知、删除和配置载荷。接收到 INFORMATOINAL 交换后必须发送响应。这个响应可以是不包含载荷的消息。当端点想检查对方是否处于活动状态时,请求消息也可以不包含任何载荷。

为了删除 SA,要进行 INFORMATIONAL 交换,其中包含一个或多个删除载荷,这些载荷列出了将要删除的 SA 和 SPI。通常,响应消息包含另一方向上与删除 SA 成对的 SA 参数。

另外,节点认为半关闭的连接是不正常的,并且应该检查连接是否还要继续。IKEv2 没有规定检查的时间周期,因此要由节点单独来决定等待时间。节点可以拒绝接受半关闭连接上来的数据,但是不能单方面关闭连接及拒绝 SPI。如果连接的状态混乱,节点可以关闭 IKE_SA,这将隐式关闭其后协商的所有 SA,而节点将重新建立 SA。过程描述如下：

$$I \rightarrow R: HDR, SK\{[N,]\,[D,]\,[CP,]\,...\}$$

$$I \leftarrow R: HDR, SK\{[N,]\,[D,]\,[CP],\,...\}$$

其中,括号内的载荷分别表示通知、删除等信息。

6.1.5　IKE_SA 的认证

认证双方通过签名(或用共享密钥的 MAC)来相互认证。对于响应者,签名的数据从第二条消息的头中的第一个 SPI 开始,到消息中最后一个载荷的最后一个字节结束。并且后面要串联发起者的 nonce(只是值,不是包含该值的载荷)和 prf(SK_ar,IDr'),其中,IDr'是响应者的 ID 载荷去掉固定头之后的部分。发起者的签名与此类似,上面的描述可用公式表示：

$$AUTH\_r = SIG(\text{message octets}|Ni|prf(SK\_ar,IDr'))$$

$$AUTH\_I = SIG(\text{message octets}|Nr|prf(SK\_ai,IDi'))$$

签名或 MAC 要用签名者所用的密钥规定的算法来计算,并且在认证载荷的 Auth 方法域中详细说明。密码算法的选择依靠每一方具有密钥的类型。不要求发起者和响应者使用相同的密码算法,特别是发起者可以用共享密钥而响应者可以用公钥签名和证书。预共享密钥方式 AUTH 的值如下计算：

$$AUTH = prf(prf(\text{Shared Secret},\text{"Key Pad for IKEv2"}), <\text{message ocetes}>)$$

其中,"Key Pad for IKEv2"是 ASCII 编码。加填充串是为了当共享秘密从一个口令中产生时,节点不必存储口令的明文,只需存储 prf(Shared Secret,"Key Pad for IKEv2")的值,但是该值不能用于 IKEv2 协议外的其它协议。共享秘密可以是可变长的,如果协商的 prf 使用固定的长度的密钥,共享秘密的长度与密钥的长度相同。

6.1.6　EAP 方式

除了公钥签名和共享秘密认证,IKE 也支持 RFC2284[2] 中定义的认证方法。一般这些方法是非对称的(用户向服务器进行认证),用于发起者向响应者的认证和除基于公钥签名的响应者向发起者的认证。这些方法也称为 Legacy 认证机制。

可以在 EAP 方式中添加新的方法。RFC 2284 中定义了一个需要可变消息数量的认证协议。发起者通过在消息 3 中不包含 AUTH 载荷来提出使用扩展认证,如果响应者希望使用扩展认证方法,则在消息 4 中包含一个 EAP 载荷并推迟发送 SAr2,TSi 和 TSr 直到随后的 IKE_AUTH 交换中发起者完成认证。在最小扩展的情况下,初始 SA 建立如下：

$$A \rightarrow B: HDR, SAi1, KEi, Ni$$

$$A \leftarrow B: HDR, SAr1, KEr, Nr, [CERTREQ]$$

$$A \rightarrow B: HDR, SK\{IDi, [CERTREQ,]\,[IDr,]\,SAi2, TSi, TSr\}$$

$$A \leftarrow B: HDR, SK\{IDr, [CERT,]\,AUTH, EAP\}$$

$$A \to B: HDR, SK \{EAP, [AUTH]\}$$
$$A \gets B: HDR, SK \{EAP, [AUTH], SAr2, TSi, TSr\}$$

对于 EAP 认证方法,要产生一个共享密钥,共享密钥必须由发起者和响应者用来产生 AUTH 载荷,并且产生的共享密钥不能用于其它目的。对于不建立共享密钥的 EAP 方法在最后的消息中将不会有 AUTH 载荷。

使用 EAP 的 IKE_SA 的发起者应能在响应者发送通知(Notification)消息和/或重新认证提示的情况下,扩展最初的协议交换为至少 10 次 IKE_AUTH 交换。当响应者发送给发起者一个包含成功或失败类型的 EAP 载荷时,协议终止。

6.1.7 密钥材料的产生

在 IKE_SA 中要协商加密算法、完整性保护算法、DH 群和伪随机函数。其中伪随机函数用于构造所有密码算法的密钥材料。这些密码算法用于 IKE_SA 和 CHILD_SA。

密钥材料通常是协商的 prf 算法的输出。由于需要的密钥材料的长度有可能比 prf 算法的输出要长,需要反复地使用 prf:

$$prf + (K, S) = T1|T2|T3|T4|\cdots$$

其中:

$$T1 = prf(K, S|0x01)$$
$$T2 = prf(K, T1|S|0x02)$$
$$T3 = prf(K, T2|S|0x03)$$
$$T4 = prf(K, T3|S|0x04)$$
$$\cdots$$

直到计算出所有需要的密钥为止。从输出中得到的密钥不考虑边界,例如,如果需要的密钥是 256 位的 AES 密钥和 160 位的 HMAC 密钥,并且 prf 函数的输出是 160 位,AES 密钥要从 T1 和 T2 的开始部分得到,而 HMAC 密钥从 T2 剩下的部分和 T3 的开始部分得到。

1. IKE_SA 密钥材料的产生

在 IKE_SA_INIT 交换完成后,双方要计算它们之间的共享秘密。首先从双方的 nonce 和交换过程中建立的 DH 共享秘密中计算出 SKEYSEED(密钥种子),然后由密钥种子计算其它五个秘密参数:SK_d、SK_ai、SK_ar、SK_ei 和 SK_er。其中,SK_d 用于为该 IKE_SA 产生的 CHILD_SA 计算新的密钥,SK_ai 和 SK_ar 作为完整性保护算法的密钥来认证随后交换的消息,SK_ei 和 SK_er 用于加密随后所有的消息。SKEYSEED 按如下方式产生:

$$SKEYSEED = prf(Ni|Nr, g^{ir})$$
$$\{SK_d, SK_{ai}, SK_{ar}, SK_{ei}, SK_{er}\}$$
$$= prf + (SKEYSEED, Ni|Nr|SPIi|SPIr)$$

各个共享的密钥依次从 prf + 中产生。g^{ir} 是 DH 交换中建立的共享秘密。Ni 和 Nr 是 nonce,不包括载荷头。两个方向的数据流有不同的密钥:发起者发出消息用 SK_ai 和 SK_ei 来保护,响应者发出的消息用 SK_ar 和 SK_er 来保护。对于基于 HMAC 的完整性算法,密钥长度总是等于 HMAC 中用到的基本 Hash 函数输出的长度。

2. CHILD_SA 密钥材料的产生

CHILD_SA 可以在 IKE_AUTH 交换时产生或在 CREATE_CHILD_SA 交换中产生,这时 nonce 要用响应的 IKE_AUTH 交换和 CREATE_CHILD_SA 交换中的 nonce。密钥材料产生方式为:KEYMAT = prf + (SK_d, Ni|Nr),其中,如果第二阶段希望 PFS,则需要交换新的 DH 公共值。这时密钥材料的产生方式如下:

$$KEYMAT = prf + (SK\_d, g^{ir}(new)|Ni|Nr)$$

其中,g^{ir}(new)是从 CREATE_CHILD_SA 的 DH 交换得到的共享秘密。

一个 CHILD_SA 的协商有可能产生多个 SA。ESP 和 AH 的 SA 成对出现(每个方向上一个),并且如果 ESP 和 AH 一起协商,则四个 SA 可在一次 CHILD_SA 协商中产生。从扩展的 KEYMAT 产生密钥顺序:

- 如果协商了多个协议,密钥则按协议头在封装的数据包中的顺序产生。
- 如果协商的协议中既有加密密钥又有认证密钥,则它们依次从 KEYMAT 中产生。

6.1.8　IKEv2 分析

IKEv2 有一个初始交换阶段,在这个阶段 A 和 B 协商加密算法,进行双向认证,并产生一个会话密钥,建立 IKE-SA。另外,在初始的 IKE-SA 建立过程中建立第一个 IPSec SA。第一对消息协商加密算法、交换 nonce 和 DH 值。第二对消息用来对前面的消息进行认证,交换各自的身份和证书,建立第一个 Child_SA。这条消息用第一对协商好的 DH 值产生的密钥加密,并且用完整性检验对身份进行证明。下面是 IKEv2 初始交换的描述:

A → B: HDR, SA_A^1, KE_A, N_A

A ← B: HDR, SA_B^1, KE_B, N_B, [CERTREQ]

A → B: HDR, SK {ID_A, [CERT,] [CERTREQ,] [ID_B,] AUTH, SA_A^2, TS_A, TS_B}

A ← B: HDR, SK {ID_B, [CERT,] AUTH, SA_B^2, TS_A, TS_B}

由于 IKEv2 在很大程度上简化了 IKEv1,可应用到 WLAN,但是 IKEv2 目前并不完善,并且 IKEv2 在设计时虽然考虑到了 WLAN,但它并非专门为 WLAN 而设计。协议的核心是 SIGMA-R,其显著的特点是保护接收者身份以对抗主动攻击。

需要指出的是,IKEv2 中用两种方式实现认证:签名和预共享密钥,而不可否认性只能用公钥有效地实现,因此对于预共享密钥方式不管协议如何实现都不具有不可否认性。于是有了下面的一种协议变型：

$$A \rightarrow B: HDR, SA_A^1, KE_A, N_A$$

$$A \leftarrow B: HDR, SA_B^1, KE_B, N_B, [CERTREQ], SK\{ID_B, [CERT,] AUTH,$$
$$SA_B^2, TS_A, TS_B\}$$

$$A \rightarrow B: HDR, SK\{ID_A, [CERT,] AUTH, SA_A^2, TS_A, TS_B\}$$

从协议中很容易看出，响应者在没有确定发起者在其所声称的发送包的地址接收包之前几乎做完了所有的运算，保存了所有的状态，这显然与防止 DOS 攻击的设计原则相违背的。因此，上面的协议是不合理的。我们希望在响应者确定发起者在其所声称的发送包的地址接收包之前进行最少的计算（占用最少的 CPU 资源）和保存最少的状态（占用最少的存储空间）。

6.2　WLAN 密钥交换协议

WLAN 中的密钥交换协议的设计不但要考虑到有线网络的各种安全问题，同时又应该注意到 WLAN 特有的安全威胁，并且要遵循已有的协议设计要求。

6.2.1　协议设计要求

无线通信有着有线网络固有的安全威胁，同时又存在自身特有的方面：
- 无线通信面临固定网络所有的安全威胁：假冒、窃听、不当的授权、传输信息的丢失或篡改、通信行为的否认、信息伪造和破坏。
- 由于用户的移动性，无线通信又有自身的安全问题，使一些已存在的威胁更加危险：无线通信更容易窃听；不需要物理连接，可以更容易获得访问。
- 实现安全服务时的一些新困难：移动设备改变位置时认证需要重新建立；对等实体预先决定密钥管理更加困难。
- 移动网络中特有的威胁：移动终端的位置对攻击者来说变成非常重要的信息，所以需要保护，现在的移动网络无论是在 GSM/UMTS、Wireless LAN 还是 Mobile IP 都没有提供合适的位置保密措施。

同时 IPSec WG 对密钥交换协议提出了三个基本要求：
① 提供基于 Diffie-Hellman 交换的安全的密钥交换协议，同时保证完美的前向保密性（PFS）。
② 使用签名作为协议进行公钥认证的方式。
③ 提供可选的实体保护，以避免网络中的攻击者得到协议中实体的身份。

在 WLAN 中，通常情况下响应者是一个相对固定的主机，而发起者可能是经常漫游于不同区域的移动设备（用户）。攻击者更感兴趣的是发起者当前的位置信息及其访问历史，所以不但要保护身份信息，抵抗被动身份攻击，而且要能够抵抗身份主动攻击。但是设计一个用签名方式来认证，并且能保护通信双方的身份同时能抵抗主动攻击的协议是不可能的,因此我们选择使发起者的身份对抗主动攻击而响应者的身份对抗被动攻击。此外,由于不可否认性在宽带无线 IP 中的重要性,因此在协议设计中引入不可否认性。同时移动终端的能力的局限性和其快速移动的特点,这就要求协议的轮数尽可能的少,基于以上分析,这里提出 WLAN 中密钥交换协议的设计要求:

① 协议轮数尽可能的少。

② 采用对称钥技术与非对称钥技术相结合的体制。

③ 提供基于 DH 交换的安全的 KE 协议,同时保证 PFS。

④ 使用签名作为协议进行公钥认证的方式。

⑤ 对发起者的身份进行保护,使其可抵抗主动攻击。

⑥ 通信双方对交互过程的不可否认性。

6.2.2　无线密钥交换协议

1. 协议设计思想

根据对 IKEv2 的分析,可以看出把 B 的认证信息提前发送给 A 会很容易陷入 DoS 攻击的麻烦。所以要实现设计要求⑤的另一种方法是推迟发送 A 的认证消息,即在第四条消息发送认证消息。这对于签名认证方式来说这么做没有问题,但对于预共享密钥认证方式则会存在问题:在没有获得 A 的身份之前如何确认使用哪个共享密钥来认证,即如何提供一种身份和双方预共享密钥之间的对应机制。文献[3]中提出了密钥标识符的思想,可很好地解决这个问题,并且保证了保护双方身份抵抗主动攻击的能力。但在协议中这种方式并不能很好地满足要求,因此要采用另外一种更有效的方式"别名"来实现。另外 IKEv2 小组也提出了在 EAP 方式中解决这个问题,但不想改变文档的结构,并没有把这个问题放到基本的 IKEv2 文档中,而是考虑在其它相关文档中对其讨论,有关 IKEv2 EAP 方法的内容可参看文献[4]。ISO 密钥交换协议采用了对对方的身份进行签名,可以很好地满足设计要求⑥的要求。基于以上分析,文献[5]提出 WLAN 的密钥交换协议 WIKE。

2. WIKE 协议描述

从协议的设计思想出发,根据协议设计的目标,这里提出基于 IPSec 的 WLAN 中的密钥交换协议:

$$A \rightarrow B: HDR, SA_A^1, KE_A, N_A$$

$$A \leftarrow B: HDR, SA_B^1, KE_B, N_B$$

$$A \rightarrow B: HDR, SK\{ID_A', [ID_B], [CERTREQ,], SA_A^2, TS_A, TS_B\}$$

$$A \leftarrow B: HDR, SK\{ID_B, [CERT,][CERTREQ,], AUTH, SA_B^2, TS_A, TS_B\}$$

$$A \rightarrow B: HDR, SK\{ID_A, [CERT,], AUTH\}$$

由上面的描述可以看出,新的协议中共有五条消息,根据消息实现的功能可把协议分为两个阶段:

(1) 建立 IKE_SA 阶段(前两条消息),用于协商具体的安全策略来建立 IKE_SA:

● A 发起建立连接的请求,向 B 发送安全关联的提议、DH 交换用到的临时公钥值以及保证密钥新鲜性和防重放攻击的 Nonce。

● B 在 A 的提议中选择一个提议并连同自己用于 DH 交换的临时公钥值和 Nonce 发送给 A。

至此第一阶段结束,双方完成了 DH 交换,协商了用于保护以后通信的密码组件,即 A 和 B 之间建立了第一阶段的安全关联 IKE_SA。

(2) 建立第一个 CHILD_SA 阶段(后三条消息)。用于对第一阶段的交换的消息进行认证,并建立第一个 CHILD_SA。下面的三条消息均在 IKE_SA 的保护下进行交互。

● A 向 B 发送用于建立具体的 IPSec_SA 的多个提议,并发送自己身份的别名。别名在签名认证方式的情况下只是提供一个临时身份,在预共享密钥认证方式下用作密钥标识符,以使 B 在没有得到 A 的真实身份的情况下也能确定应该用哪一个预共享的密钥进行认证。

● B 从 A 的提议中选择一个用于 IPSec_SA 来保护随后的通信。并且要告诉 A 自己的身份,同时进行相应的认证,以使 A 收到该消息后能够确信 B 的身份的正确性。

● A 在认证完 B 的身份后发送自己的身份并进行认证。从而有效地保护了 A 的身份避免遭受主动攻击。

至此协议交互完成,A 和 B 之间建立了用于保护以后通信的安全关联(SA)。其中第三条消息中的 IDi′ 载荷中包含的是发起者的别名,并且这条消息中没有包含 AUTH 载荷,而是放在了第五条消息中。这样做目的有两个:

● 把发起者的身份(这里是别名)提前发送给响应者,这样响应者在用签名认证第一阶段交换的消息时能同时把对方的身份包括在签名中,从而实现其对通信过程的不可否认性。

● 延迟发起者对第一阶段发送的消息进行认证,使其在确认了响应者的身份之后再透露自己的真实身份并进行认证,从而有效地对发起者的身份进行了保护以抵抗主动攻击。

3. 别名的实现

别名的具体实现:$ID' = H(ID_A, R)$,其中 ID' 为 ID_A 的别名,R 为随机数,H 为 Hash 函数。

在协议中引入别名,可以简单、有效地实现协议的设计。这种别名可以说是一种扩展的别名,它在协议中起着非常重要的作用:

● 身份别名　双方对交互过程的不可否认性是通过对对方的身份进行签名来实现的,换句话说就是响应者在其签名中必须包含第三条消息中发起者的身份信息,因此在第三条消息中必须发送和发起者的身份密切相关的信息——别名,使得对发起者身份别名的签名同样有效。

● 身份保护　发起者在消息中并不发送自己真实的身份,而是身份别名,这对于主动攻击者来说毫无意义,因为他无法知道别名的具体含义,可以有效地对发起者的身份进行保护。

● 作为密钥标识符　在预共享密钥认证方式下,响应者必须能够根据发起者消息中的身份信息来决定使用哪个共享密钥,如果传送真实身份的话,就不能保护发起者的身份抵抗主动攻击,别名的引入很好地解决了这个问题。响应者可以利用发起者身份的别名来实现对相应共享密钥的索引。另外通信双方可以选择是否对身份需要 PFS(完美的前向保密性),如果需要的话,可以在交互过程中通知对方在下一次交互时采用的别名。

此外,别名还有一个附加的作用:可有效地防止 DoS 攻击。由于每次交互中发起者都发送其身份的别名,响应者可搜索其存储的别名数据库,如果存在匹配记录,则说明该发起者是合法用户,否则拒绝发起者的请求,从而有效地保护了响应者,降低了 DoS 攻击的成功率。

6.2.3　协议分析

1. 安全性分析

表 6-1 列出了 WIKE 与其它相关协议所具有的安全性能对比:

表 6-1　协议安全性能对比

协议	发起者主动身份保护	不可否认性	中间人攻击	重放攻击	完美前向保密性
IKEv1	×	×	√	√	√
IKEv2	×	×	√	√	√
IKEv2-EAP	√	×	√	√	√
WIKE	√	√	√	√	√

从表中可以看出,协议增加了新的安全属性:

● 对发起者的主动身份保护　WIKE 采用了 SIGMA-I,实现了对发起者身份对抗主动攻击的保护。

● 不可否认性　WIKE 借鉴 ISO 密钥交换协议的特点,在签名中包含对方的身份,从而有效地实现不可否认性。

同时,协议还具有如下的安全属性:

● 对于 DOS 攻击采用 Cookie,有效地降低攻击成功的机率。响应者在没有确定发起者在其所声称的发送包的地址接收包之前使用最少的 CPU 资源,并且不保存状态。所以当响应者接收到大量的 IKE-SA 请求时除非请求消息中包含 Cookie 类型的 Notify 载荷,否则拒绝这些请求。

- 对于重放攻击用 IKE 头中的 Message ID 域来存放消息的序列号,其主要作用是匹配请求和响应,防止重放攻击同时控制对丢失数据包的重传。
- 中间人攻击 采用 SIG-MAC 认证方式的 DH 交换,有效防止了中间人攻击。
- PFS 如果用户认为 IKE-SA 提供的安全参数足够满足应用,那么在产生 Child-SA 时就没必要协商新的安全参数。如果需要 PFS,则在产生 Child_SA 时协商新的安全参数。

2. 性能分析

表 6-2 给出了建立一个 IPSec SA 各个协议在发起者端所需要的运算量和协议执行所需的次数。

表 6-2 协议性能对比

协议	模指运算(次)	签名(次)	对称加密(次)	协议包含的消息条数
IKEv1	1	1	5	9
IKEv2	1	1	1	4
IKEv2-EAP	1	1	2	6
WIKE	1	1	2	5

从表中可以看出,四种协议在发起端的公钥运算次数是一样的,同时对称加密运算相对于公钥运算是可忽略的,因此,协议的性能主要体现协议中消息的条数上。WIKE 有 5 条消息,比 IKEv2 多 1 条消息,但比 IKEv1 少 3 条消息,同时比 IKEv2-EAP 少 1 条消息。因此,在性能方面 WIKE 强于 IKEv1 和 IKEv2-EAP,IKEv2 在性能上要好于 WIKE,但是 IKEv2 不能满足 BWIP 网络中密钥交换协议所应达到的安全需求,而 IKEv2-EAP 方式为了解决 IKEv2 存在的问题却增加了两条消息。

6.3 可证安全的密钥交换协议模型扩展

在比较安全属性的分析法基础上,利用计算不可区分性理论,密钥交换协议的分析方法出现了一些新的发展。下面以 CK 模型为例,对无线密钥交换协议进行安全性分析,并在前向保密性方面对 CK 模型进行了扩展。

6.3.1 Canetti-Krawczyk 模型

CK 模型[6]的主要目标是通过模块化的方法来分析和设计密钥交换协议,并且采用了不可区分性的方法来定义安全,即如果在允许的攻击能力下,攻击者不能区分协议产生的密钥和一个独立的随机数,那么,则可以说该密钥交换协议是安全的。用 CK 模型证明所得到的安全保证是有实际意义的,因为这些安全保证反映了现实通信系统中的安全要求。

1. CK 模型的基本概念

在给出文中用到的一些定义前,先给出后面用到的两个符号:

$\{0,1\}^k$ 表示长度为 k 的二进制序列集合。

$N \xleftarrow{R} S$ 表示从集合 S 中随机选择 N。

可忽略:称一个实函数 $\varepsilon(k)$ 是可忽略的,若对于任意 $c > 0$,存在 $k_c > 0$ 使得对所有 $k > k_c$ 有: $\varepsilon(k) < k^{-c}$。

多项式时间不可区分性:称 $X = \{X_n\}_{n \in N}$ 和 $Y = \{Y_n\}_{n \in N}$ 两个样本空间是多项式时间不可区分的,若对于每个概率多项式时间算法 D, $|\Pr[D(X_n, N) = 1] - \Pr[D(Y_n, N) = 1]|$ 是可忽略的。多项式时间不可区分性也称为计算不可区分性。

DDH 假设:设 k 为安全参数,p 和 q 为素数,其中 q 的长度为 k 位,且 $q|p-1$,g 是群 Z_p^* 中阶为 q 的元素,x、y 和 z 是从 Z_p 中均匀选择的。则对于任何多项式时间算法 A,$Q_0 = \{<p, g, g^x, g^y, g^{xy}> : x, y \xleftarrow{R} Z_q\}$ 与 $Q_1 = \{<p, g, g^x, g^y, g^z> : x, y, z \xleftarrow{R} Z_q\}$ 的概率分布是计算不可区分的。

CDH 假设:设 k 是安全参数,p 和 q 是素数,其中 q 的长度为 k 位比特,且 $q|p-1$。 g 是群 Z_p^* 中阶为 q 的元素,x 和 y 是从 Z_p 中均匀选择的。则对于任何的多项式时间算法 A, $\Pr[A(p, q, g, g^x, g^y) = g^{xy}]$ 是可忽略的。

为了描述认证密钥建立协议的安全性,首先建立基本的形式化模型。在该形式化模型中,认证的密钥建立协议称为密钥交换协议。下面给出 CK 模型中的有关概念[7]。

2. 消息驱动协议

一个 N 方(N-Party)消息驱动协议是 n 个程序的集合,其中每个程序由不同的参与者(Party)运行(每个程序是一个交互的概率多项式时间图灵机)。每个程序首先用初始输入、随机输入和一些安全参数,然后等待一个激活(Activation)。有两种消息可以引起一个激活:一个是来自网络的到达消息(Incoming Message),另一个是由同一个参与者上运行的其它程序发出的激活请求(Action Request)。当收到一个激活后,程序处理收到的数据,从当前状态开始转变,产生发往网络的消息和一个本地输出(Local Output)值,并给其它程序发送激活请求,然后继续等待下一次激活。程序的本地输出是累积的。初始的本地输出是空的,之后的每一次激活的输出都依次添加到它的后面。协议可以把本地输出中的一部分标记为"秘密(Secret)"。协议的一次执行称为一个会话(Session)。

3. 非认证链路模型 UM

非认证链路模型定义了该模型下对手的能力以及它与协议的交互规则。对于

N 方协议 π,它的每个参与者 P_i 有输入 x_i 和随机输入 r_i($i=1,2,\cdots,n$)。除参与者外,还引入协议 π 的一个 UM 对手 U(是一个程序或 PPT)。协议 π 在 UM 中的执行是由一系列不同参与者中 π 的激活组成,激活被 U 控制和安排。U 知道每次激活的结果,还知道每个参与者的本地输出,只是不知道标记为“秘密”的输出。U 可以自由地产生、插入、篡改和传送任何消息。

除了激活参与者和控制网络外,U 还可以执行以下活动:攻陷参与者(Corrupt a Party)、会话状态暴露(Session-State Reveal)和会话输出查询(Session-Output Query)。

最后,给协议 π 添加一个初始化函数 I,I 用于模型化频带外的(Out of Band)和认证的消息交换。I 的输入是随机输入 r 和安全参数 k,输出向量 $I(r,k)=I(r,k)_0\cdots I(r,k)_n$。其中 $I(r,k)_0$ 是公开信息,所有的参与者和 U 都知道;当 $i>0$ 时,$I(r,k)_i$ 只有 P_i 知道,当 U 攻陷 P_i 后,也知道 $I(r,k)_i$。

运行在 UM 中的协议的全局输出是所有参与者的本地输出和 U 输出的串联,U 的输出是在交互结束时内部状态的函数。我们引入以下的符号表示:

k 是安全参数,$x=x_1\cdots x_n$,$r=r_0\cdots r_n$(r_0 是 U 的随机输入,x_i 和 r_i 是 P_i 的输入)。

UM-ADV$_{\pi,U}(k,\boldsymbol{x},\boldsymbol{r})$ 指当 U 和运行 π 的参与者交互时基于安全参数 k 的 U 的输出。

UNAUTH$_{\pi,U}(k,\boldsymbol{x},\boldsymbol{r})_i$ 指存在 U 时,基于安全参数 k 运行 π 的参与者 P_i 累积的本地输出。

UNAUTH$_{\pi,U}(k,\boldsymbol{x},\boldsymbol{r})$ = UM-ADV$_{\pi,U}(k,\boldsymbol{x},\boldsymbol{r})$,UNAUTH$_{\pi,U}(k,\boldsymbol{x},\boldsymbol{r})_1$ $\cdots$ UNAUTH$_{\pi,U}(k,\boldsymbol{x},\boldsymbol{r})_n$。

当 $\boldsymbol{r}$ 是均匀选择时,用随机变量 UNAUTH$_{\pi,U}(k,\boldsymbol{x})$ 描述 UNAUTH$_{\pi,U}(k,\boldsymbol{x},\boldsymbol{r})$。UNAUTH$_{\pi,U}$ 表示一个样本空间 $\{$UNAUTH$_{\pi,U}(k,\boldsymbol{x})\}_{k\in N,\boldsymbol{x}\in\{0,1\}^{*}}$。

存在 UM 对手的情况下协议的执行方式总结如下:

成员:运行 N 方协议 π 的参与者 $P_1,\cdots,P_n$,其输入分别是 $x_1,\cdots,x_n$ 以及一个对手 U。

(1) 初始化:每一个参与者 P_i 使用 x_i、安全参数 k 和随机输入 r 激活 π,接着,P_i 获得 $I(r,k)_i$ 和 $I(r,k)_0$,其中 r 是随机选择的。

(2) 在 U 停止之前,执行下列①到④步。

① U 可以激活某个参与者 P_i 中运行的 π,一个激活有两种形式:

• 一个激活请求 q。

• 一个声称来自参与者 P_j 的到达消息 m。

如果一个激活出现,P_i 运行 π 并产生激活结果(外发消息和激活请求)。除了标记为“秘密”的本地输出,U 知道激活结果和 P_i 的本地输出。

② U 可以攻陷参与者 P_i。出现这种情况,U 知道 P_i 当前的内部状态,一个特

殊的标记加入 P_i 的本地输出。从此，P_i 不再被激活和产生进一步的本地输出。

③ U 可以对 P_i 中某个特定会话的会话状态暴露。出现这种情况，U 知道这个特定会话当前的内部状态，一个特殊的标记加入 P_i 的本地输出。对于共享密钥的认证协议，这个能力等同于攻陷参与者。

④ U 可以对 Pi 中某个特定会话进行会话输出查询。U 知道这个特定会话的标记为‘秘密’的本地输出，一个特殊的标记加入 P_i 的本地输出。

（3）全局输出（Global Output）是 U、P_1，$\cdots$，P_n 输出的串联。

4. 交换协议（Key Exchange Protocols）

密钥交换协议是 N 方消息驱动协议的一种特殊情况，需要增加一些语法来描述。

一个 N 方消息驱动协议是 n 个程序的集合，其中每个程序由不同的参与者运行。在密钥交换 KE（Key-Exchange）协议 π 中，P_i 收到的激活请求的形式是 Establish-Session（P_i，P_j，s，$role$），P_j 是另一个参与者，s 是会话标识（Session-ID），$role \in \{I, R\}$，表示 P_i 是发起者还是响应者。

密钥交换协议中 P_i 的本地输出的形式是（P_i，P_j，s，K），P_j 和 s 同上，K 是会话密钥。密钥交换协议的一次执行称为一个密钥交换会话（KE-Session）。空的 K 表示会话出现错误，相应的密钥交换会话的状态是被中止的（Aborted）。非空的 K 被标识为‘秘密’，相应的密钥交换会话的状态是完成的（Completed）。

在密钥交换协议的一次执行中，P_i 有一个输入为 $\{P_i, P_j, s, role\}$ 的会话，P_j 有一个输入为 $\{P_j, P_i, s', role'\}$ 的会话。如果 $s = s'$，则称这两个会话是匹配的（注意并不要求 $role = role'$），所以后面将会话表示为 $\{P_i, P_j, s\}$。

在 UM 中，针对密钥交换协议的对手行为在本质上和一般的 UM 对手 U 是相同的。为了清楚起见，用会话密钥查询（Session-Key Query）代替会话输出查询。此外，有一个成分即会话过期（Session Expiration）要加入这个模型。U 可以安排 P_i 中任意一个完成的会话 $\{P_i, P_j, s\}$ 执行会话过期，这个行为的结果是相应会话的"秘密"输出（会话密钥）从 P_i 中抹去以及表示这个会话过期的特定标记加入到 P_i 的本地输出，这个密钥交换会话被标记为过期。这样的结果使 U 不能对过期的会话执行会话密钥查询，当 U 攻陷一个参与者时，U 不能看到参与者中的过期会话的本地输出。

P_i 中的一个密钥交换会话 $\{P_i, P_j, s\}$ 称为本地暴露的（Locally Exposed），如果 U 对该会话进行如下操作：① 会话状态暴露；② 会话密钥查询；③ 在会话 $\{P_i, P_j, s\}$ 过期前攻陷参与者 P_i。

一个密钥交换会话称为暴露的（Exposed），如果它或者它的匹配会话是本地暴露的。

5. 认证链路模型 AM

AM 和 UM 是相同的，除了以下的例外：AM 的对手 A 不能插入和篡改消息，只能传送参与者产生的消息 0 次或 1 次。

仿照 $UNAUTH_{\pi,U}$ 定义 $AUTH_{\pi,A}$。

6. 认证器

在设计一个认证协议时，先在 AM 下设计满足安全要求的协议 π，然后再转换成 UM 中安全性相同的协议 π'，这种转换由认证器（Authenticator）来完成。

定义 6-1　设 π 和 π' 是 N 方消息驱动协议，π 运行在 AM 中，π' 运行在 UM 中。如果对于任何 UM 对手 U，存在一个 AM 对手 A 使得 $AUTH_{\pi,A}$ 和 $UNAUTH_{\pi',U}$ 是计算不可区分的，则称 π' 在 UM 中仿真（Emulates）π。

定义 6-2　一个编译器（Compiler）C 是一个算法，它的输入是协议的描述，输出也是协议的描述。若一个编译器 C 对于任何的协议 π，协议 $C(\pi)$ 仿真 π 在 UM 中，则这个编译器称为认证器。

认证器的构造：从定义可知，一个认证器可以把在 AM 中设计的协议等价地转化为 UM 中的协议。认证器的构造方法如下[8]（考虑下面的简单协议，称为消息传输（MT）协议，其输入为空）：

当参与者 P_i 收到请求发送消息 (P_i,P_j,m) 时，P_i 发送消息 (P_i,P_j,m) 给参与者 P_j 并输出"P_i send m to P_j"。P_j 收到消息 (P_i,P_j,m) 后，输出"P_j received m from P_i"，其中每次消息 m 不相同。若该协议在 AM 中运行，则是一个完善的认证的消息传输协议。假设 λ 是一个在 UM 中仿真 MT 的协议，则称 λ 是 MT-authenticator。基于 λ，这里定义一个编译器 C_λ，对于输入协议 π，产生协议 $\pi'=C_\lambda(\pi)$。当 π' 在一个参与者中激活，它首先激发 λ。对于协议 π 发送的每条消息，协议 π' 激发 λ 发送相同的消息给指定的接收者。当 π' 被某个进来的消息激活时，它用同样的消息激活 λ。当 λ 输出"P_i received m from P_j"时，协议 π 被来自 P_j 相同的消息 m 激活。

结论 6-1　假设 λ 是一个 MT-authenticator，则 C_λ 是一个认证器。

7. 会话密钥安全

在定义了密钥交换协议的基本形式化模型和对手攻击能力之后，需要明确安全的密钥交换协议的条件。只要攻击者没有通过密钥暴露得到会话密钥值，会话密钥安全就能保证每个会话密钥的安全性。

定义 6-3　测试会话查询：针对密钥交换协议的对手 U 可以在它运行的任何时刻，从那些完成的、没过期的和没暴露的会话中选择一个测试会话。设 K 是测试会话的会话密钥，当 U 对测试会话查询时，我们掷币 $b,b\xleftarrow{R}\{0,1\}$。若 $b=0$，把 K 给 U；否则，从协议 π 产生的密钥的概率分布空间随机选择一个值 r 给 U。除了在测试会话过期前不允许使测试会话暴露外，U 可以继续进行各种活动。最后，U 输出一个比特 b'，作为 b 的猜测。

定义 6-4　KE 对手：被允许执行测试会话查询的密钥交换协议对手是 KE 对手。

定义 6 - 5　会话密钥安全：如果对于任何 UM 中的 KE 对手 U,满足下列两条性质：

(1) 如果两个未攻陷的参与者完成了匹配的会话后输出相同的会话密钥;

(2) U 进行测试会话查询,猜中 b 的概率不超过 $0.5 + \epsilon$,其中 ϵ 是可忽略的。

则称这个密钥交换协议在 UM 中是会话密钥安全的(SK 安全)。

如果上述性质对于任何 AM 中的 KE 对手是满足的,则协议在 AM 中是会话密钥安全的。

说明：

(1) 对于定义 6 - 5 中的性质 2,定义优势 $adv = \epsilon$。

(2) 模型中提供了会话过期,所以满足定义 6 - 5 的协议具有完善前向保密的性质。

定义 6 - 6　如果定义 6 - 5 中的 UM 或 AM 不允许使会话过期,则满足定义 6 - 5 的密钥交换协议是无 PFS 的 SK 安全。

结论 6 - 2　设 π 在 AM 中是无 PFS 的 SK 安全密钥交换协议,λ 是一个 MT-认证器,则 $\pi' = C_\lambda(\pi)$ 在 UM 中是无 PFS 的 SK 安全密钥交换协议。

8. 密钥协商协议应该具备的安全属性

CK 模型是一种形式化的设计和分析密钥协商协议的方法。而密钥协商协议本身应该具备良好的安全属性。那么用 CK 模型设计并证明安全的密钥协商协议是否具备这些安全属性? CK 模型中的安全定义与这些安全属性之间有何关系?

定义 6 - 7　隐式密钥认证：密钥认证是密钥协商的一方确信除了协商对方(或者可信第三方)外没有别的实体可以得到他们协商的密钥。

定义 6 - 8　密钥确认：密钥确认是密钥协商的一方确认对方已经得到协商的会话密钥。

定义 6 - 9　显式密钥认证：显式密钥认证 = 密钥认证 + 密钥确认。

一个能够给协议双方提供显示密钥认证的密钥协商协议称为具有密钥确认的认证密钥协商。

一个安全的密钥协商协议应能抵抗被动的攻击和主动的攻击。除了隐式的密钥认证和密钥确认外,一些密钥协商协议应该具备的安全属性也被定义了。

(1)(完美)的前向保密性(PFS)　当一个或多个实体的长期私钥泄露后,以前所建立的会话密钥并不受影响。

(2) 丢失信息安全(Loss of Information)　攻击者一般不能得到的某些信息泄露不会影响到协议的安全性。例如：在 Diffie-Hellman 类型的协议中[9],破坏 $\alpha^{s_i s_j}$(S_i 代表 i 的长期私钥)不会影响协议的安全性[10]。

(3) 已知密钥安全(Known-Key Security)　如果泄露过去协商过的会话密钥,不能使一个被动的攻击者破坏将来的会话密钥,或不能使一个主动的攻击者在将来的密钥协商中发起假冒攻击,那么该协议就能够抗已知密钥攻击。

（4）非密钥泄露伪装（Non-Key Compromise Impersonation） 如果 A 的长期私钥被暴露，那么攻击者肯定可以假冒 A，但 A 的私钥泄露不会导致攻击者对 A 假冒成别的实体。

（5）未知密钥共享（Unknown Key Share） 密钥协商协议的双方为 A 和 B，在协商结束时，A 认为他和某个实体 C 协商了一个会话密钥，但 B 却认为（正确地）与 A 协商了一个会话密钥。

（6）非密钥控制（Non Key Control） 协议协商的双方实体都不能使协商的协议为一个预先选择的值。

9. CK 模型和期望的安全属性之间的关系

假设一个协议用 CK 模型证明是安全的，也就是说协议是 SK 安全的。假设协议的双方是 I 和 J，那么根据 SK 安全的定义，在会话结束时，I 和 J 会获得相同的会话密钥 K，且攻击者 A 不能以一个不可忽略的优势来区分会话密钥 K 和一个随机数 r。下面分析该协议是否具有所期望的安全属性。

（1）一个 SK 安全的密钥协商协议和期望的安全属性之间的关系

引理 6 - 1 用 CK 模型证明安全的密钥交换协议具有 PFS 性。

证明：CK 模型允许匹配的会话在这两者上不同时过期。当 I 和 J 完成了匹配的会话，攻击者可以让 I 上的会话先过期，这样便可对 I 发起攻陷参与者攻击，从而可得到 I 的私钥。并且由于该会话已经在 I 上过期了，所以攻击者不能得到别的与该会话相关的任何消息。假如该协议不能提供 PFS，攻击者在得到 I 的私钥的情况下就可以得到协商的会话密钥。但该会话在 J 上还未过期，攻击者选择 J 上的会话作为测试会话，并对该测试会话进行查询，由于攻击者已经得到了该会话的会话密钥（其前提是会话密钥的一致性），从而能完全区分 K 和 r，那么该协议便不是 SK 安全的，这与事先假设相矛盾。所以说用 CK 模型证明安全的协议可满足 PFS 性质。

引理 6 - 2 用 CK 模型证明 SK 安全的密钥交换协议在丢失信息安全的情况下仍然是安全的。

证明：假若协议不能抵抗丢失信息安全的攻击，那么攻击者 A 在获得了别的信息的情况下（不包括 I 和 J 的私钥）便可以对 I 或 J 发动假冒攻击，使 I 和 J 不能完成相匹配的会话。这就与 SK 安全的定义相矛盾，协议便不是 SK 安全的了，与前提假设矛盾。所以 CK 模型证明安全的协议在丢失信息安全下仍然是安全的。

引理 6 - 3 用 CK 模型证明 SK 安全的密钥交换协议具有已知密钥安全性。

证明：根据文献[11]，已知密钥攻击可以分为被动攻击和主动攻击。并且主动攻击可以分为非假冒攻击和假冒攻击。这里将假冒攻击归为丢失信息攻击，因为它是丢失信息攻击的一种形式。

已知密钥攻击是指被动攻击和主动的非假冒攻击。这两种攻击的共同特点是攻击者 A 可以通过过去协商的会话密钥得到当前的会话密钥。假定 I 和 J 已经协商过至少一个会话密钥,攻击者得到了这些密钥。假如该协议不具有已知密钥安全性,攻击者就可以得到测试会话的会话密钥,便能以不可忽略的优势区分 K 和 r,协议便不是 SK 安全的,这与事先假设矛盾。所以用 CK 模型证明 SK 安全的协议具有已知密钥安全属性。

引理 6-4 用 CK 模型证明 SK 安全的密钥交换协议能抵抗密钥泄露伪装攻击。

证明:假设被证明安全的协议不能抵抗密钥泄露伪装攻击且 I 的密钥泄漏。那么在 I 和 J 协商会话密钥的时候,攻击者 A 就可以假冒 J 同 I 协商一个会话密钥,这种情况下,I 和 J 不可能完成相匹配的会话或者不能得到相同的会话密钥。这与 SK 安全的定义相矛盾,所以协议不是 SK 安全的,这与事先假设相矛盾。所以用 CK 模型证明安全的协议能抵抗密钥泄露伪装攻击。

引理 6-5 用 CK 模型证明 SK 安全的密钥交换协议能防止未知密钥共享攻击。

证明:假定该协议不能防止未知密钥共享攻击。那么攻击者 A 就可以发动下面的攻击。① 在 I 上发起一个会话(I, s, J), s 为一个会话标识符;② 在 J 上调用会话(J, s, Eve)作为应答,J 接受的消息来自(I, s, J),在这里 Eve 是一个被攻陷的实体;③ 将 J 产生的应答消息发送给 I。这样 I 认为与 J 协商了一个会话密钥,而 J 认为他和 Eve 协商了一个会话密钥[12]。此外,I 和 J 得到了相同的会话密钥。可以在[13]中找到这样攻击的例子。在这种情况下,攻击者可以选择 I 上的会话作为测试会话,并且通过会话状态释放攻击来暴露(J, s, Eve)会话,那么攻击者便能完全得到测试会话的会话密钥。这与 SK 安全的安全定义相矛盾。同时,I 和 J 也不能完成匹配的会话,这与 SK 安全的第一个要求相矛盾。因此,该协议不是 SK 安全的。而这与前提假设相矛盾。所以用 CK 模型证明安全的协议能抵抗未知密钥共享攻击。

引理 6-6 用 CK 模型证明 SK 安全的密钥交换协议不能防止密钥控制。

证明:假定 I 和 J 都贡献随机数来得到会话密钥 $f(x,y)$,但 I 首先发送 x 给 J。这样 J 在发送 y 给 I 之前就有可能选择 2^l 个 y 来计算 $f(x,y)$。这样的话,J 就可能确定协商的会话密钥中的 l 个比特[14]。但在密钥协商过程中即使有这种情况发生,A 仍然不能够区分会话密钥 K 和随即数 r,因为这是一个正常的协议执行并且该会话密钥也来自协议的密钥生成空间。所以,即使密钥控制发生了,该协议仍然可以被 CK 模型证明安全。正如在文献[15]中所言,应答者在协议中通常比发起者有一个不公平的势来控制会话密钥的值。我们可以通过使用一个委托(Commitment)来防止密钥控制,但需要增加一条新的消息。

从引理 6-1 到引理 6-6,可以得到定理 6-1。

定理 6-1 用 CK 模型设计和证明安全的密钥协商协议能提供除了密钥控制外几乎所有的安全属性。

（2）期望的安全属性与 SK 安全定义的两个要求之间的关系

有些安全属性能够由 SK 安全的第一个要求来确保,而一些安全属性可由其第二个要求来确保。定理 6－2 和定理 6－3 将给出一个详细的说明。

定理 6－2 SK 安全的第一个要求能够确保一个协议抵抗假冒攻击和未知密钥共享攻击。

证明: 如果在密钥协商过程中存在着假冒攻击,A 就可以假冒 I(或者 J)发送消息给 J(或者 I),那么 I 和 J 将不能得到相同的会话密钥,或者他们不能完成匹配的会话,这就与 SK 安全的一致性要求相矛盾。如果存在着未知密钥共享攻击,那么 I 和 J 就不能完成匹配的会话,也就是说 I 中的会话不是 J 中会话的匹配会话,这也与 SK 安全的第一个要求相矛盾。

所以从上面的分析可以看出,SK 安全的第一个要求能确保协议抵抗假冒攻击和未知密钥共享攻击。而密钥泄露伪装攻击和丢失信息攻击都属于假冒攻击,所以他们都可以由 SK 安全定义的第一个要求来防止。

已知密钥安全及 PFS 和 SK 安全的第一个要求无关。如果不能提供这两个安全属性,SK 安全的第二个要求将得不到满足,但其第一个要求将不受影响(一致性要求),所以第一个安全要求并不能够确保这两个安全属性。

在分析完 SK 安全的第一个安全要求之后,我们来分析第二个要求的功能。

定理 6－3 SK 安全的第二个要求能够确保协议提供 PFS,已知密钥安全和未知密钥共享攻击。

证明: 从定理 6－2 可知,已知密钥安全和 PFS 不能由 SK 安全的第一个要求得到确保,而从定理 6－1 可知,CK 模型能确保这些安全属性,因此只有可能由 SK 安全的第二个要求来确保这些安全属性。

另外,密钥泄露伪装和丢失信息安全与 SK 安全的第二个安全要求没有关系,因为这些攻击不能帮助攻击者得到测试会话的会话密钥,因此第二个要求不能确保这些安全属性,但对于未知密钥共享攻击,它可使攻击者得到会话密钥,这一点在引理 6－5 的证明中给出。因此如果在密钥协商中存在着未知密钥共享攻击,SK 安全的第二个要求将不成立。

从上面分析可知,SK 安全的第二个要求能够确保协议提供 PFS,已知密钥安全和未知密钥共享安全属性。

从定理 6－2 和定理 6－3 可以发现,未知密钥共享可以有 SK 安全中的任何一个要求来满足。注意:第一个要求是 SK 安全的前提条件。只有在一致性要求下,研究 PFS 和已知密钥安全才有意义。

如果一个协议在 AM 中满足 SK 安全的第二个要求,也就是该协议在 AM 下是 SK 安全,但添加一个不合适的认证器则会导致其对应的协议在 UM 中不是 SK 安全。Arazi 协议就是一个例子[16]。在这个例子中,其对应的协议在 AM 中是 SK 安全的,但其认证器却是不安全的(攻击者可以重放以前的消息来进行伪装),这样在 UM 中该协议就不能提供已知密钥安全。

引理 6 - 7　CK 模型中的认证器能确保一个密钥协商协议抵抗假冒攻击和未知密钥共享攻击。

证明:文献[17]中给出了基于签名的认证器和基于消息认证码的认证器,并且用随机预言机证明了他们能够确保 UM 中的协议能够仿真其对应 AM 中的协议。也就是说,如果签名方案能抵抗适应性的选择消息攻击,那么没有攻击者能伪造一个消息的签名,除非他得到了其对应的私钥;如果消息认证码(MAC)是安全的,攻击者不能伪造一个消息的消息认证码,除非他得到其对应的预共享密钥。而会话标识符对协议的双方来说都是唯一的。我们假定签名算法和 MAC 方案都是安全的,所以一个攻击者不能伪造一个签名和消息认证码,因此认证器可以确保密钥协商抵抗假冒攻击。

未知密钥共享攻击是针对基于签名算法的攻击。CK 模型中基于签名的认证器包括发送者、接收者和消息认证码,并且该签名算法可以抵抗选择消息攻击,所以该认证器可以抵抗未知密钥共享攻击。

从定理 6 - 2 和引理 6 - 7 可得到定理 6 - 4。

定理 6 - 4　在 CK 模型中,认证器的作用和 SK 安全定义的第一个要求的作用相同。

根据 SK 安全的定义及前面的分析,可将攻击可以分为两类:对密钥一致性的攻击和对密钥可知性的攻击。

会话密钥的一致性是指:在密钥协商结束后,I 输出(I,J,s,K),并且 J 输出(J,I,s,K),这里 s 是会话标识符。导致密钥一致性失败的关键原因是在密钥协商过程中存在假冒攻击和未知密钥共享攻击。假冒攻击导致协议双方不能完成匹配的会话或者使得他们得到不相同的会话密钥,而未知密钥共享攻击导致双方不能完成匹配的会话。这些攻击(如密钥泄露伪装攻击、丢失信息安全攻击、中间人攻击、反射攻击、交错攻击、未知密钥共享攻击和服务器错误信任攻击)都属于对会话密钥一致性的攻击。CK 模型通过给 AM 中证明安全的协议添加合适的认证器来防止 UM 中的协议遭受这种攻击。

对密钥可知性的攻击通常是攻击者通过各种途径来获得会话密钥,但在密钥协商过程中不假冒别的合法实体。PFS 和已知密钥攻击都与这种攻击有关。CK 模型利用规约的方法来防治这类攻击。即如果攻击者能以不可忽略的概率得到测试会话的密钥,那么一个数学难题将会被解决了。通过这种方法,CK 模型可以抵抗对会话密钥秘密性的攻击。

10. SK 安全与认证的密钥确认和密钥协商之间的关系

(隐式的)密钥认证关注的是其密钥协商对端的身份。非形式化地说,隐式的密钥认证(A 对 B)是指实体 A 能确信除 B 之外没有别的实体能得到它们协商的密钥。而 SK 安全的第二条属性的目的是防止非法的实体得到协商的密钥。因此,

SK 安全的第二条属性的作用类似于双向隐式的密钥认证。它们的目的都是保护密钥的安全性。而密钥确认的目的是协商双方确信对方已经得到了协商的密钥。而 SK 安全的第一个要求也是确保双方得到相同的会话密钥。它们的目的是确保会话密钥的一致性。

所以 SK 安全的要求和认证的密钥确认的目的基本上是一致的。

11. CK 模型的优势与不足

（1）CK 模型的优势

首先，CK 模型利用会话密钥和随机值的不可区分性来达到协议在 AM 中的安全。也就是说在如果攻击者能以一个不可忽略的优势来区分会话密钥和一个随机数，那么我们就能解决某一数学难题。而至于攻击者怎样获得一个不可忽略的优势，CK 模型并没有指定。也就是说，攻击者在排除了攻陷参与者、会话状态暴露以及会话密钥查询三种攻击以外，无论通过什么手段来获得区分会话密钥和随机数的势的能力，都会导致数学难题得解。所以根据反证法我们可以得到的结论是：攻击者无论通过什么攻击手段（排除了以上所说的三种攻击），都不能以不可忽略的优势来区分会话密钥和一个随机值。CK 模型中给出的攻击能力基本上描述了攻击者所有的能力。所以能用 CK 模型证明安全的协议便能抵抗许多的攻击，这些攻击包括已知的攻击，而且还有可能防止一些未知的攻击手段。

其次，CK 模型利用认证器来使 UM 中的协议和 AM 中的协议计算不可区分，防止了伪造攻击，保证了密钥协商的一致性，从而达到协议在 UM 中的安全的目的。

从上面的分析可以看出，CK 模型是一个模块化设计和分析密钥协商协议的方法。通过该模型，可容易地得到一个可证安全的密钥协商协议，而且该协议可以提供基本上所有期望的安全属性。同时 CK 模型还具有可组合的特性，可以用作工程化的方法[18]。因此，我们可以使用这种方法而不去了解形式化方法的详细知识和其证明，适合实际应用。

（2）CK 模型的不足

虽然 CK 模型适合于设计和分析密钥协商协议，但其不足之处有：

• CK 模型不能检测密钥协商协议中存在的安全缺陷，而其它的一些形式化方法则具有这种能力，如基于逻辑的方法和基于状态机的方法。但 CK 模型可以确认已知的攻击，也就是说该模型可以证明一个被发现安全缺陷的协议不是 SK 安全。

• 在前向保密性方面，CK 模型不能保证协议双方的私钥都被暴露的情况下的前向保密性；它仅能提供其中一方的私钥被暴露的情况下的前向保密性。

• 从引理 6-6 可知，用 CK 模型设计并证明安全的密钥协商协议不能抵抗密钥控制，而这与密钥协商的定义相违背。

• 用 CK 模型设计并证明安全的密钥协商协议不能抵抗拒绝服务攻击。但在目前的 Internet 上,拒绝服务攻击十分普遍,已引起研究人员的广泛关注。

● 由于 CK 模型的微妙性,一些用该模型证明安全的协议并不可靠。例如:Bellare-Rogaway 的三方密钥分配协议(3PKD)[19]虽然用 CK 模型证明安全,但后来还是被发现存在安全缺陷[20]。

由于用 CK 模型设计并证明安全的密钥协商协议可提供几乎所有期望的安全属性,而且该模型具有模块化和可组合的特点,所以该模型非常适合用来设计密钥协商协议,而且十分高效。但该模型也存在一些安全缺陷,所以在使用 CK 模型来设计密钥协商协议时,要继续研究 CK 模型的缺陷可能带来的协议安全问题。

6.3.2　CK 模型分析与扩展

CK 模型是分析密钥交换协议的一种形式化方法,如果一个密钥交换协议用该模型证明是安全的,则 CK 模型能确保该协议具备许多安全属性。但是,在基于身份的密码系统下该模型不具有确保密钥生成中心(KGC)前向保密性的能力,而对基于身份的密钥协商协议来说 KGC 前向保密性是一个重要的安全属性。通过分析发现,引起该缺陷的主要原因是 CK 模型没有充分考虑在基于身份的密码系统下攻击者的能力,所以在该系统下通过对 CK 模型增添一个新的攻击能力——攻陷 KGC 来对该模型进行了相应的扩展,通过扩展该模型具有确保 KGC 前向保密性的能力。

1. 基于身份的加密系统

(1)双线性对

G_1 为一个加法群,其生成元为 P,素数阶为 l;G_2 为一个乘法群,素数阶也为 l。$e: G_1 \times G_1 \to G_2$ 为一个映射,满足以下性质:

● 双线性:$e(aP; bQ) = e(P; Q)^{ab}$ 对于所有的 $P; Q \in G_1$ 和所有的 $a; b \in Z$。

● 非退化性:存在一个点 $P \in G_1$,满足 $e(P; P) \neq 1$。

● 可计算性:假定 $P; Q \in G_1$,$e(P; Q)$ 可以在多项式时间 l 内计算出来。

(2)基于身份的密钥交换协议的参数

H_1 为一个从任意比特串到 G_1 的映射。H_2 是一个加密的 *Hash* 函数,$H_2: G_1 \to z_1^*$。域参数 $<l; G_1; G_2; e; P; H_1; H_2>$ 为密钥交换实体的公共参数。

KGC 随机选取一个密钥 $s \in z_1^*$ 作为主密钥,然后计算它的公钥 $P_{KGC} = sP$,并公布之。当一个身份为 ID 的实体想得到其公私钥对时,其公钥为 $Q_{ID} = H_1(ID)$,KGC 计算与之相对应的私钥 $S_{ID} = sQ_{ID}$,并将该私钥发送给用户。

关于基于身份加密系统的细节可以参考文献[21]。

(3)BDH 问题和 BDH 假设

定义 6-10　双线性 Diffie-Hellman(BDH)问题:设 P 为 G_1 的一个生成元,已知 $(P; xP; yP; zP) \in G_1$,其中 $x; y; z \in z_1^*$,计算 $e(P, P)^{xyz} \in G_2$。

定义 6-11　BDH 假设:不存在一种算法能在期望的多项式时间内以不可忽

略的概率来解决在(G_1, G_2, e)中的 BDH 问题。

定义 6－12　KGC 前向保密性：在基于身份的密码系统中，如果 KGC 的主密钥被攻陷了（由此所有用户的私钥也被攻陷了），以前任何用户之间建立的会话密钥仍然不会被攻陷。

引入 KGC 前向保密性的目的是为了描述基于身份的密钥交换协议的健壮性。一个协议如果能提供 KGC 前向保密性，便能够提供 PFS，但反之不一定成立。所以在基于身份的密码系统中，KGC 前向保密性是一个比 PFS 更强的定义。

KGC 前向保密性对基于身份的密钥交换协议来说是一个重要的安全属性，这主要有两个原因。首先，如果一个基于身份的密钥交换协议不能确保此安全属性，那么 KGC 便能确定任何两个用户之间协商过的会话密钥，这样一来 KGC 便能得到他们之间所交换的消息。这是用户所不能够容忍的，因为如果这样的话，用户的隐私就有可能暴露给 KGC。其次，如果 KGC 被攻破，攻击者便能得到任何两个用户所协商过的会话密钥，进而能得到他们之间交换的消息。所以 KGC 前向保密性对基于身份的密钥交换协议来说是一个重要的安全属性。该安全属性引起了研究人员的不断关注，他们已经设计出来了一些能够提供 KGC 前线保密性的协议，例如 Chen-Kudla 的两轮认证密钥交换协议[22]和文献[23]中的两个密钥交换协议。

2. 一个证明 CK 模型不能确保 KGC 前向保密性的例子

既然 KGC 前向保密性是基于身份的密钥交换协议的一个重要的安全属性，并且众所周知，CK 模型能够确保 PFS，那么该模型有能力确保 KGC 前向保密性吗？答案是否定的。

下面将用一个基于双线性对的密钥交换协议来说明该问题。

（1）基于双线性对的密钥交换协议

假定进行密钥交换的两个实体为 A 和 B，两者的公钥分别为 Q_A 和 Q_B，私钥分别为 $S_A = sQ_A$ 和 $S_B = sQ_B$，SessionID 为 A 和 B 之间的会话标识。使用 $a \in z_1^*$ 来表示 a 是从 z_1^* 中随机选择的。协议的交互过程如图 6－1 所示。

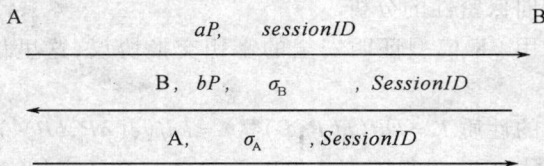

图 6－1　协议的交互过程

① A 选取 $a \in z_1^*$，计算 aP，然后将 $\{A, aP, SessionID\}$ 发送给 B。

② B 选取 $b \in z_1^*$，计算 bP 和它对 $(B, A, aP, bP, SessionID)$ 的签名 σ_B，将 $\{B, bP, \sigma_B, SessionID\}$ 发送给 A，并计算会话密钥：

$$K_{BA} = e(bP_{KGC}, aP) = e(P, P)^{asb}; \quad K = kdf(K_{BA})$$

其中, $kdf : G_2 \rightarrow \{0; 1\}^*$ 是一个密钥生成函数。

③ A 收到消息(2)后,首先验证 σ_B,如果成功则计算它对 $(A, B, aP, bP, SessionID)$ 的签名 σ_A,并发送 $\{A, \sigma_A, SessionID\}$ 给 B,同时计算会话密钥:

$$K_{AB} = e(aP_{KGC}, bP) = e(P,P)^{asb}, \quad K = kdf(K_{AB})$$

（2）用 CK 模型对协议进行证明

证明: 基于双线性对的密钥交换协议采用了文献[24]中给出的签名方案,该文献证明了在随机预言机下该签名方案能抵抗适应性的选择消息攻击和身份攻击。所以该签名方案是安全的,A 和 B 的签名是不可伪造的。因此,在密钥交换过程中如果 A 和 B 都没被攻陷且都完成了协议的执行,那么它们便可得到相同的会话密钥 $K = kdf(e(P,P)^{asb})$。会话标识符 $SessionID$ 将 aP 和 bP 唯一地绑定到该会话上,将它们和参与者可能在别的会话中交换的点和数据区分开来。所以该协议能满足定义 6-5 的第一个要求。

该协议也能够满足定义 6-5 的第二个要求。我们用反证法来证明。假设在 UM 中存在一个密钥交换对手 μ 能以一个不可忽略的优势 ε 来区分会话密钥 K 和一个随机数,那么 μ 肯定能以一个不可忽略的概率来计算出 $e(P,P)^{asb}$。这是因为如果 μ 不能以不可忽略的概率计算出来 $e(P,P)^{asb}$ 的话,根据 kdf 的性质(它起到 Hash 函数的作用), μ 是不能以不可忽略的优势来区分 K 和随机数的。这就意味着在已知 aP、bP、sP 的情况下, μ 能够以一个不可忽略的概率来计算出 $e(P,P)^{asb}$,而这与 BDH 假设相矛盾。所以 μ 不能以不可忽略的优势来区分会话密钥 K 和一个随机数,因此定义 6-5 的第二个要求该协议也满足。

所以,根据定义 6-5,该协议是 SK 安全的。

为了简化起见,只给出了对协议的简单证明。如果要得到对第二个要求更为详细的证明,还应该在 μ 的基础上构造一个算法,该算法将 μ 作为子程序, μ 在该算法中的表现和它正常攻击该协议是完全一样的。最后算法在 μ 的帮助下攻破了 BDH 假设。

（3）对协议前向保密性的分析

下面分析已经用 CK 模型证明安全的密钥交换协议,这里仅仅关注它的前向保密性。

根据双线性对的性质 $K = kdf(e(P,P)^{asb}) = kdf(e(aP, bP)^s)$,攻击者即使攻陷了 A 和 B 的私钥 S_A 和 S_B 也得不到任何以前建立的会话密钥,这是因为会话密钥与 S_A、S_B 无关。假设在协议执行的某一个阶段 s 被攻破了,那么攻击者便可以得到用户已经建立的会话密钥,这是因为他也能够得到 aP 和 bP(它们都是以明文方式传送的)。因此根据定义 6-4 可知,该协议能提供 PFS。但根据定义 6-12 可知,该协议不能提供 KGC 前向保密性。

然后,利用 CK 模型来对该协议进行分析。当一个协议利用定义 6-5 证明是会话密钥安全的,这就可以自动证明该协议能确保 PFS。据此我们知道该协议能提供 PFS,但我们不知道利用 CK 模型,该协议是否能够提供 KGC 前向保密性。

根据以上的分析可得到结论 6 - 3。

结论 6 - 3 用 CK 模型证明安全的协议只能提供 PFS,不能保证 KGC 的前向保密性。

因为 KGC 前向保密性是基于身份的密钥交换协议的一个重要的安全属性,所以,这里对 CK 模型进行扩展来使它能够确保 KGC 前向保密性。

3. 基于身份系统下对 CK 模型的扩展

为了区分各种攻击和确保在信息暴露情况下协议尽可能地安全,CK 模型根据攻击者能得到的信息,将攻击分为不同的种类。根据 CK 模型的这个思想,我们认为该模型不能确保 KGC 前向保密性的原因是没有充分考虑到基于身份系统下攻击者的攻击能力。在该系统下,每个用户的私钥都由 KGC 的主密钥 s 生成,而且用户之间协商的会话密钥一般都是与 s 直接相关的,所以 s 是整个系统的秘密。而现有的 PKI 系统则不存在这种情况。所以在基于身份的密码系统中,攻击者的能力不仅仅局限于攻陷参与者、会话密钥查询和会话状态暴露,他甚至具有能够攻陷作为可信任权威的 KGC 的能力。

所以我们通过给攻击者新增加一个能力——攻陷 KGC 来对基于身份系统下的 CK 模型进行安全扩展。

定义 6 - 13 攻陷 KGC:攻击者能随时决定对 KGC 进行攻陷,这样一来攻击者便可得到 KGC 的主密钥。

当我们用扩展的 CK 模型来对基于身份的密钥交换协议进行分析时,要将攻陷 KGC 增加到攻击者的攻击能力中。在原来的 CK 模型中,由于会话状态暴露、会话密钥查询和攻陷参与者都是与会话状态相关的,所以 μ 不允许在测试会话过期前对该会话发动这些攻击。但是,对于攻陷 KGC 来说,μ 不与某一个具体的会话相关,所以攻击者允许在测试会话完成后发起该攻击。因此,当 μ 进行测试会话查询时,我们应该将此能力及其后果考虑进来。

这里用扩展的 CK 模型来分析本节中的密钥交换协议。当 μ 选择了一个测试会话,并进行测试会话查询时,我们掷硬币 $b, b \xleftarrow{R} \{0,1\}$。如果 $b = 0$,给 μ 提供会话密钥 K,否则随机选取该协议密钥,产生一个值 r 给 μ。由于 μ 具有攻陷 KGC 的能力,因此它能得到 s,而且它也能得到 aP 和 bP,这样 μ 能成功地计算出会话密钥 $K = kdf(e(aP, bP)^s)$,便能完全地区分会话密钥 K 和随机数 r 了。根据定义 6 - 1,该协议便不是会话密钥安全的了。造成这种情况的原因是扩展后的 CK 模型有能力确保 KGC 前向保密性,而该协议不能提供该安全属性。但是该协议仍然能提供其它的安全属性,这些安全属性可以通过证明来保证。

根据以上的分析,可得结论 6 - 4。

结论 6 - 4 在基于身份密码系统下,由于对攻击者能力缺乏完全的考虑,直接导致了能用 CK 模型证明安全的协议不能提供 KGC 前向保密性。

在基于身份的系统下,通过添加攻陷 KGC 对原来的 CK 模型经过扩展后,可得结论 6 – 5。

结论 6 – 5　在基于身份的密码系统下,用扩展的 CK 模型证明安全的密钥交换协议能确保 KGC 前向保密性,而不仅仅是 PFS。

在基于身份的密码系统里虽然 KGC 前向保密性是一个重要的安全属性,但并不是任何应用情况都要求该属性,例如,在需要密钥托管的应用中。在这些情况下,可以不考虑攻陷 KGC 这个能力,而用原来的模型对密钥交换协议进行分析。

6.4　研究展望

由于快速自组织重构的 WLAN 有着很广阔的应用前景。为了保证无线网络中多对多的密钥交换协议的安全实现,需要研究多方密钥交换或群组密钥的管理技术,目的是让一个群组中的所有成员安全地共享一个密钥,从而使群组中的成员能够解密通信内容。同时,由于只有密钥的持有者才能解密多播的内容,群组密钥也提供了强制性的成员关系。因此,未来的 WLAN 密钥交换协议应重点从以下三个方面进行研究:

(1) 研究基于密钥协商技术、完全子集与密钥树的群组密钥管理方案。针对分布式自组织网络的特点,研究动态成员事件的特点,实现高安全性和高性能相融合的群组密钥管理方案。保证当群组中存在成员的加入或离开情况时,安全有效地对群组密钥进行更新,提高群组成员加入/离开时群组密钥更新的效率。

(2) 研究适用于快速自组织重构的无线网络的密钥树平衡方案。基于密钥树的群组密钥更新方法可以快速地对群组密钥进行更新。若密钥树为平衡树,则基于密钥树的群组密钥更新方案的密钥更新代价与群组的规模成对数关系。然而,随着群组成员的加入和离开,密钥树会变为不平衡的结构,这时群组密钥更新代价与群组的规模趋于线性关系。

(3) 研究适用于群组密钥管理的形式化证明方法。针对 CK、BCP(Bresson-Chevassut-Pointcheval)以及 UC 等形式化证明方法的优缺点,提出适用于群组密钥管理的安全性证明方法,在理论上对提出的群组密钥管理方案和密钥树平衡方案进行证明。同时研究不同攻击场景下群组密钥管理方案安全性的关系,为进一步增加动态自组织群组的安全性提供理论指导。

问题讨论

1. 密钥交换与密钥协商的关系是什么?
2. 密钥交换协议的数学基础有哪些?
3. 两方与密钥交换协议三方密钥交换协议有何不同?
4. 请分析 IPsec 的密钥交换协议框架在 WLAN 中需要改进之处。

5. 请分析并比较群组密钥交换协议的安全模型。

参考文献

[1] RFC4306. Internet Key Exchange（IKEv2）Protocol[S]. December 2005, http://www. ietf. org

[2] RFC2284. PPP Extensible Authentication Protocol (EAP) [S]. 1998. http://www. ietf. org

[3] Krawczyk H. Do IPsecvendors Care About Privacy? [EB/OL]. 2003. http://www. vpnc. org/ietf-ipsec/03. ipsec/msg00846. html.

[4] Tschofenig H, Kroeselberg D. EAP IKEv2 Method, Draft-tschofenig-eap-ikev2-15. txt[EB/OL]. (2007 − 9 − 27). http://www. tools. ietf. org/html/draft-tschofenig-eap-ikev2 − 15.

[5] 曹春杰. 宽带无线 IP 网络中密钥交换协议的设计与实现[D]. 西安: 西安电子科技大学计算机学院,2004.

[6] Canetti R, Krawczyk H. Analysis of Key-exchange Protocols and Their Use for Building Secure Channels: Proceedings of Advances in Cryptology − Eurocrypt 2001[C]. Springer-Verlag, LNCS 2045, 2001:453 − 474, http://eprint. iacr. org/2001/040. ps.

[7] 赖晓龙. IEEE 802. 11WLAN 的安全技术[D]. 西安: 西安电子科技大学计算机学院,2004.

[8] 李兴华. 无线网络中认证及密钥协商协议的研究[D]. 西安:西安电子科技大学计算机学院,2006.

[9] Diffie W, Hellman M. New Directions in Cryptography[J]. IEEE Transaction on Information Theory, 22 November,1976:644 − 654.

[10] Blake W S, Johnson D, Menezes A. Key Agreement Protocols and Their Security Analysis: Proceedings of the 6th IMA International Conference on Cryptography and Coding [C]. Springer-Verlag,London, UK, 1997, LNCS 1355:30 − 45.

[11] Shim K. Cryptanalysis of Al-Riyami-Paterson's Authenticated Three Party Key Agreement Protocols[EB/OL]. (2003 − 12 − 02). Cryptology ePrint Archive, 2003, http://eprint. iacr. org/2003/122.

[12] Canetti R, Krawczyk H. Security Analysis of IKE's Signature-based Key-Exchange Protocol: Proceedings of the Crypto Conference 2002[C]. Berlin:Springer-Verlag, 2002, LNCS 2442: 143 − 161.

[13] Diffie W, Oorschot P, Wiener M. Authentication and Authenticated Key Exchanges[J]. Designs, Codes and Cryptography, 1992, 2(2): 107 − 125.

[14] Horn G, Keith M, Martin C et al. Authentication Protocols for Mobile Network Environment Value-Added Services [J]. IEEE Transaction on Vehicular Technology, 2002, 51 (2), pp.383 − 392

[15] Mitchell C J, Ward M, Wilson P. Key Control in Key Agreement Protocols[J]. Electronics Letters, 1998,34(10):980 − 981

[16] Brown D, Menezes A. A Small Subgroup Attack on a Key Agreement Protocol of Arazi[R].. Bulletin of the Institute for Combinatorial Applications, 2003,vol 37:45 − 50.

[17] Bellare M, Rogaway P. Entity Authentication and Key Distribution: Proceedings of Advances in CRYPTO'93[C]. Berlin:Springer-Verlag,1993,LNCS 773:232 – 249.

[18] Tin Y S, Boyd C, Nieto J G. Provably Secure Key Exchange: An Engineering Approach: Proceedings of the Australasian Information Security Workshop Conference on ACSW Frontiers 2003[C]. Darlinghurst, Australia:Australian Computer Society, Inc. ,2003:97 – 104.

[19] Bellare M, Rogaway P. Provably Secure Session Key Distribution: The Three Party Case: Proceedings of the 27th ACM Symposium on the Theory of Computing-STOC 1995[C]. USA: ACM Press,1995:57 – 66.

[20] Choo K R, Hitchcock Y. Security Requirement for Key Establishment Proof Models: Revisiting Bellare-rogaway and Jeong-Katz-Lee Protocols: Proceedings of the ACISP 2005[C]. Berlin: Springer/Heidelberg,LNCS 3574: 429 – 442.

[21] Boneh D, Franklin M. Identity-based Encryption from the Weil Pairing: Proceedings of Advances in Cryptology-2001[C]. Berlin:Springer-Verlag, 2001, LNCS 2139: 213 – 229.

[22] Chen L, Kudla C. Identity Based Authenticated Key Agreement Protocols from Pairings: Proceedings of the 16th IEEE Computer Security Foundations Workshop-CSFW 2003 [C]. IEEE/CS:219 – 233

[23] Jaeseung G, Kwangjo K. Wireless Authentication Protocol Preserving User Anonymity: Proceedings of the 2001 Symposium on Cryptography and Information Security (SCIS 2001) [C]. New York: IEEE Press, 2001: 159 – 164.

[24] Cha J C, Cheon J H. An Identity-Based Signature from Gap Diffie-Hellman Groups: Proceedings of the Practice and Theory in Public Key Cryptography-PKC'2003[C]. Springer-Verlag, 2003,LNCS 2567:18 – 30.

第 7 章　匿名协议

WLAN 的匿名性不同于有线网络的匿名性,它涉及用户的身份匿名、位置匿名、通信匿名和行为匿名等。匿名性也是决定未来移动电子商务、移动电子政务等应用的关键技术。本章从匿名混淆算法、匿名连接方法与匿名度量等多个方面,对 WLAN 的匿名性进行了深入研究,给出了一种动态混淆的 RM(pseudo-Random Mix)算法,该算法对混淆器的管理部分进行重新设计。在匿名连接方面结合 IPSec 的 ESP 和 AH 协议,利用 Mobile IP 中 FA 与 HA 的代理功能,提出一种基于 IPSec 的 WLAN 匿名方案,该方案提供一种双向、实时的 WLAN 匿名通信,可以有效地阻止 WLAN 中的流量分析攻击。最后从匿名量化方面对 WLAN 匿名性进行研究,给出了基于联合熵的多属性匿名度量模型,该模型基于识别性、连接性、跟踪性等多种匿名属性,给出了联合熵和最小加权广义距离的模糊模式识别方法,实现了系统匿名等级隶属度向量的离散化。

7.1　移动匿名概述

移动通信与移动计算在为用户提供方便的同时,也为攻击者跟踪移动用户留下了安全隐患,导致个人的隐私权益面临被侵害的威胁。隐私权是自然人的一项重要的人格权,作为隐私权客体的隐私包括个人信息、个人活动和个人领域三大类。其中,个人信息是隐私权核心内容之一,有线互联网对于隐私权最主要的影响是个人信息领域。移动互联网下无线链路的开放性、网络拓扑结构的动态变化和有限的资源决定了用户的个人信息、行为信息、通信特征、位置信息等成为隐私保护的新内容。例如,战场上指挥员与执行秘密任务的下属单位进行通信时,希望系统能够提供匿名安全,以保护指挥员身份不被敌人测定及秘密任务不被发现。

当一个移动主机离开家乡域进入到外部域并请求其服务时,在认证过程中泄露了身份,非授权的第三方可以据此跟踪移动主机的活动及其当前位置,这就严重违背了移动主机保持其活动保密的隐私需要。移动计算环境中经常出现的情况是在家乡网络注册的移动用户移动到一个新的外部域,为了获得正在访问域所提供的服务,首先需要向访问域的认证服务器表明自己的真实身份并通过家乡域进行认证,向访问域返回认证结果,然而这一过程和移动用户的匿名性需要相矛盾。匿名性需要隐藏用户的真实身份,因此需要一种机制调和这一矛盾。一个直观的解决方法就是为移动用户分配别名,移动用户在家乡域时事先由家乡认证服务器分配一个别名,移动用户和别名之间一一对应,当用户移动到外部网络时使用别名进行认证,这就隐藏了用户的真实身份。然而,仅仅隐藏用户的真实身份并不能做到完全的用户匿名性。非授权的第三方可通过其和家乡域的关系来跟踪用户的活动,推测用户的身份。因此,为用户提供匿名性需要从它的身份、位置和移动路线等多方面因素综合考虑。匿名程度受到各种因素的影响,例如系统采用的安全策略、性价比折衷等。对于完全匿名性,只有移动用户自身知道他的身份、位置和移动路线等信息。实际情况是往往不需要完全匿名性,这种匿名性可能会造成对犯罪行为的无法跟踪,而是需要某种有限程度的匿名性。为了更好地理解有限匿名性,需要对无线网络中的有限匿名性进行分类。

考虑一个典型的移动网络系统,该系统由移动用户、移动用户家乡域、移动用户访问域和非法第三方(窃听者)组成。根据移动用户个人身份信息、家乡域信息和外部域信息的泄露程度,把移动用户匿名性分为以下五类。

1.　对窃听者隐藏用户身份

目前的大部分解决方案满足这种需要,窃听者不能得到移动用户的个体身份信息,但是可以得到移动用户所在的家乡域信息和正在访问的外部域信息。家乡域和外部域管理机构知道移动用户的个人身份和当前所在位置。

2.　对外部域管理机构隐藏用户身份

第一种分类允许访问域跟踪移动用户的移动过程,但有些情况下,不需要外部域知道用户的个体身份,只需要移动用户能证明其属于某个家乡域具有某种支付能力。在第一种情况的基础上,增加对外部管理机构隐藏用户身份这一项,构成第二类匿名性。

3.　对非法第三方隐藏家乡域身份

一个更严格的移动用户匿名性需要是对窃听者隐藏移动用户和他的家乡域的关系,阻止窃听者通过了解这种关系推理出用户的身份,在第二类匿名性的基础上增加这一限制。

4.　对外部域管理机构隐藏家乡域身份

当移动用户进入外部域,外部域需要和家乡域联系以证实用户的真实身份。如果在外部域中来自同一个家乡域的移动用户比较少,外部域管理机构能猜测用户的真实身份。然而在一些情况下需要阻止外部域知道移动用户家乡域的身份,在第三类匿名基础上增加这一件限制,构成第四类匿名性。

5.　对家乡域管理机构隐藏移动用户行为

有些情况下需要移动用户对其家乡域隐藏其移动路线,只有移动用户自身知道其当前位置,同时满足第四类条件。

7.2　WLAN 动态混淆匿名算法

　　传统的匿名算法是针对网络拓扑结构相对稳定、网络带宽相对较高、网络传输的误码率相对较低的有线网络而设计的,这些因素在无线局域网环境下都无法满足,因此,需要设计适合无线环境的匿名算法与匿名协议。

7.2.1　算法介绍

　　WLAN 中无线链路的开放性、网络拓扑结构的动态变化性和资源的有限性决定了 WLAN 必然要面临许多安全威胁。现有的加/解密和鉴别技术可以阻止泄露消息中的秘密信息,但却无法阻止攻击者进行流量分析(Traffic Analysis)。匿名技术是解决流量分析的有效方法,然而,匿名系统中的假名(Pseudonym)机制只能部分地解决匿名需求,攻击者仍可以通过嗅探方式对匿名系统进行攻击,建立节点流入与流出消息之间的映射关系。为了准确地刻画系统的匿名程度,在伪名的基础上又提出了无关联性(Unlinkability)和无观测性(Unobservability)等匿名属性[1]。目前可以提供无关联性的匿名技术有广播技术、代理技术和混淆技术,其中广播技术有广播隐式地址(Implicit Addresses)法[2]和 DC 网络法(Dining Cryptographers Network)[3],这两种方法要求系统的参与方在一个封闭的匿名集合中,无法适应开放式的 WLAN;代理技术有 Anonymizer[4]式的单代理和 Crowds[5]式的多代理,但攻击者仍能根据节点的出入消息建立相应的映射关系而威胁系统的匿名性;Chaum[6]在 1981 年提出的混淆(Mix)技术是采取重新排序、延迟和填充等方法来加大攻击者流量分析的难度,但填充法会增加无线链路的负载,不适合 WLAN;S. Jiang[7]等针对 WLAN 提出了动态混淆方法 DMM(Dynamic Mix Method),DMM 方法利用分段连接的思想,将匿名通信分为发送方集合 S,中间集合 M 和接收方集合 D,通过一个 CM(Closest Mix)协议进行 S 集合的构造,用 OM(Optimal Mix)协议进行接收方匿名集合的构造。该方法的不足之处是协议过于复杂,其安全性和匿名效果有待进一步研究,DMM 是以降低系统效率换取 WLAN 的匿名性。

　　目前有可能用于 WLAN 的混淆方法主要有两种:

　　(1) 缓冲区混淆法,Chaum 提出的缓冲区批量混淆(Batch Mix,BM)算法是对一批输入消息经过加/解密、消息排序等操作后进行批量输出。BM 算法以突发方式进行数据转发,易受 $(n-1)$ 型攻击。Dingledine[8]在批量混淆策略基础上加入安全参数 α,中间混淆器对 α 进行递减,并根据 α 的大小进行混淆方法调整。该方法采用简单的字母排序策略进行转发,没有解决突发流量下混淆数据包的丢弃问题。混淆池(Pool Mix,PM)[9]算法是在缓存中设定消息数门限,在未达到门限的情况下,进入的消息一律不转发;当达到门限后,新消息到来时,Mix 先对该消息进行加解密变换,再将变换后的结果加入 PM 中,然后从 PM 池中随机选取一个消息转发。

由于待转发的消息在 PM 池中没有时延上界,这种不确定性难以验证 PM 算法的正确性。为了对抗 $(n-1)$ 型攻击,G. Danezis[10] 提出了 RGB 混淆方法,该方法把混淆网络中的消息分为红、绿、黑三类,其中,B(Black)表示正常消息,R(Red)表示混淆器插入的网络监视消息,经过若干跳后又返回到产生该消息的混淆器,以判断是否发生了攻击;G(Green)表示混淆器产生的干挠消息,防止混淆器中的消息低于下某一门限,以提高匿名效果。由于 RGB 方法增加了网络负载和消息返回技术,也不适合 WLAN。

（2）时延混淆法,停走混淆(Stop and Go Mix,SGM)[11] 算法是对每个消息按发送方随机确定的时延在 Mix 中延迟一段时间,与 PM 算法相比,SGM 算法降低了网络突发性。SGM 算法中消息时延保持独立的决策机制,为了确保 Mix 的匿名效果,SGM 算法要求每个消息的时延应大于消息,到达 Mix 的平均时间,即使在混淆缓冲区满后仍严格按消息中规定的时延进行延迟,导致 Mix 不得不丢弃待进入的消息。由于 SGB 算法在 WLAN 下发送方重传丢弃的消息有可能加剧 Mix 的拥塞现象。

WLAN 具有节点的开放性、链路的高差错性和拓扑结构的动态变化性等特性,要求相应的匿名技术尽可能避免采用匿名集合封闭、消息填充和丢包重传机制。因此,要提高 WLAN 的混淆效果,必须对匿名混淆算法进行改进,以满足 WLAN 的特殊需求。针对这一需求,这里提出了基于随机数混淆方法,适合 WLAN 的动态混淆匿名框架和随机混淆(pseudo-Random Mix,RM)算法。RM 算法采用混合队列方式管理缓冲区的混淆消息,在缓冲区满后采用随机数决定缓冲区中的消息转发顺序,从而保证了不丢包,减轻了 Mix 的拥塞现象;同时结合时间戳延迟技术,保证了算法在低流量下的匿名效果。理论分析和仿真结果表明 RM 算法优于现有的动态混淆匿名算法,可以满足 WLAN 的匿名需求。

7.2.2　动态混淆匿名框架

支持 WLAN 的动态混淆匿名框架如图 7-1 所示,该框架主要由消息编码器(Recode Message)、随机数生成器(Random Generator)和消息缓冲管理器(Buffer Manager)组成。消息编码器模块主要功能有:① 消息加/解密与填充操作,目的是改变消息进出 Mix 的包头信息。② 判断时钟窗口值的有效性,若无效则丢弃。随机数生成器的作用是产生一位随机数,将产生的结果(0 或 1)提供给缓冲区管理器进行决策。消息缓冲管理器对缓冲消息进行混淆操作,按某种转发机制转发缓冲区中的某个消息 m_i 到 WLAN 中下一个节点进行再次混淆。

RM 算法是在缓冲区未满时采用时延混淆方法,即当消息 m_i 的缓冲时间 T_i 变为 0 时,Mix 就转发该消息 m_i;当缓冲区满后便忽略消息延迟时间而采用伪随机数转发,图 7-2 为 RM 算法的动态混淆模型。当缓冲区已满,且又有新的消息加入,则由随机数生成器决定立即转发队列中的哪个消息。若产生的伪随机数为 0 时,

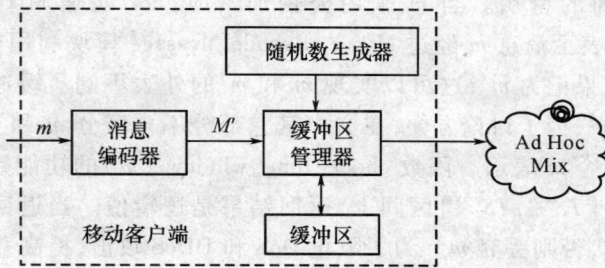

图 7-1 动态混淆匿名框架

从队头输出消息,否则输出队列中间的第 h 个消息,并将新到的消息加入到队列尾部。其中 h 为一常数,h 由移动用户配置 Mix 时设定,$1 < h < n$。以缓冲区满后到达的消息 m 为例,在负载较重的 WLAN 下,Δt 为消息编码器模块对一个消息的平均处理时间。在延迟时间均匀分布和消息时延较大的情况下,消息 m 最多经过 $(n-h)\Delta t$ 就有一次被 RM 算法转发的机会,即该消息在队列中移动到第 h 的位置,且此时随机数生成器产生的随机数恰好是 1。否则转发队头消息后,消息 m 被移动到区间 $[1,h-1]$ 的位置上,最多再经过 $2h\Delta t$ 时间,消息 m 有再次被 RM 转发的机会。因此消息 m 在缓冲区中延迟的最大期望值是 $(n+h)\Delta t$,即消息 m 从队尾移动到队头,并最后被移出队列的时间上限,其存在的条件是时延 $T_i > (n+h)\Delta t$。缓冲区中的消息 m 除了有两次被随机 RM 算法转发外,也有两次按 T_i 转发的机会,即在缓冲区间 $[2,h-1]$ 和 $[h+1,n]$ 内各有一次时延转发机会。因此,RM 算法中消息 m 共有四次转发机会,这在一定程度上增加了攻击者进行流量分析和统计分析的难度。由于 $\min\{T_i,(n+h)\Delta t\}$ 是消息 m 在缓冲区的延迟上界,这就保证了 RM 算法的正确性。

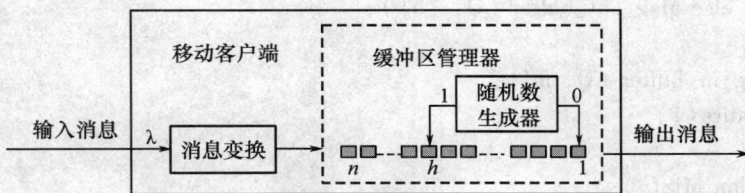

图 7-2 RM 算法的动态混淆模型

7.2.3 算法形式化描述

在 RM 算法模型中,用 m 表示 Mix 收到的消息包,$key \leftarrow get\_key(m)$ 表示从消息 m 中获取的密钥送给 key。RM 模型不区分密钥是对称密钥还是公钥,其中 key 可以是从 m 中的一部分经过 Mix 的私钥解密获取的对称密钥,也可以是从 m 的标识获取链路协商的密钥。当 m 采用公钥加密时, key 就是 Mix 的私钥。$m' \leftarrow$ MsgRec(m,key)表示消息 m 经过 Mix 的 Recode Message 模块利用密钥 key 进行加解密变换后的结果记为 m' ,这可以实现 m 和 m' 的外表不同。缓冲区队列中出现的 m 实际就是 m' ,为了讨论方便,在文中其它部分不再区分 m 和 m' ,而是将消息变换前后用同一个 m 表示。函数 check_time_window (m)的功能是检测当前时间是否在时间窗口[$TS^{\min}, TS^{\max}$]区间上,返回结果是逻辑值。当返回结果为真时继续执行后续操作,否则丢弃 m 。为了阻止 DoS 和 DDoS 攻击,提高算法效率,RM 算法采用了两次检查时间窗口值的办法,这样可以检测各种攻击造成的超时。Q 表示 Buffer Message 的缓冲队列,length(Q)是队列长度。Msg_in_buffer(Q, m')是将消息 m' 加入到缓冲队列尾部。F_s 是时延 T_i 为零的转发集合,则 Msg_out_buffer (Q, F_s)是将 F_s 集合所指示位置的缓冲消息进行转发。$F_s = \{1\}$ 是队头消息出列,$F_s = \{h\}$ 是转发队列中的第 h 个消息。Updata_Ti(Q)表示更新 Q 中消息的 T_i 值,并将 T_i 为零的消息位置记录到 F_s 中。RM 算法处理过程可以用 Mix( ) 和 RM(m)两个函数来描述,Mix( )表示混淆器 Mix 的处理函数,RM(m)表示匿名混淆算法的处理函数。消息 m 可以用四元组表示为($TS_i^{\min}, TS_i^{\max}, T_i, v$),其中 v 代表消息内容。RM 算法形式化描述如下:

```
Function RM(m)
  {first_check←check_time_window(m);
   if not first_check then { dropped(m), return(0)}
   key←get_key (m); m'←MsgRec(m,key);
   second_check←check_time_window (m');
   if not second_check then { dropped(m'), return(0)};
   if length(Q) = n then
     { if rand( ) = 0 then Msg_out_buffer(Q, {1})
       else Msg_out_buffer (Q, {h});
     }
   Msg_in_buffer (Q, m');
   return(1)
  }
Function Mix( )
  { Fs = Ø ; initial(Q);
   do while TRUE
     { if receive(m) then RM(m);
       Fs←Updata_Ti(Q);
       Msg_out_buffer (Q, Fs);
     }
  }
```

算法中 dropped(m)函数表示丢弃消息 m,return( )表示函数返回操作,其值 0

或 1 表示返回时所带回的逻辑值,0 表示 false,1 表示 true。initial(Q)是队列 Q 的初始化操作,reveive(m)是检测是否收到了新的消息 m,返回为逻辑值。

7.2.4 算法安全性分析

在协议是安全的前提下,RM 算法主要受跟踪式攻击和($n-1$)型攻击。

1. 跟踪式攻击

RM 算法的安全性主要取决于消息 m 到达和离开移动终端 Mix 之间的关系,为防止攻击者对进出 Mix 的消息 m 进行跟踪分析,从而获取某种信息优势。在 RM 算法模型中,只要 Mix 节点中存在一个以上的消息,攻击者就无法获取进入 Mix 的特定消息与流出 Mix 消息之间的对应关系。为了方便分析,设有如下两个事件:

事件 A:消息 m 到达移动 Mix 时,该 Mix 队列为空(假设攻击者事先知道这一点)。

事件 B:在消息 m 的时延内没有其它消息到达。

由于事件 A 和事件 B 是两个独立事件,因此攻击者成功攻击的概率是

$$P(\text{success}) = P(A \cap B) = P(A) \cdot P(B)$$

在负载较重的 WLAN 下,Mix 的数据处理可以看作一个近似的 M/M/∞ 模型,设消息按泊松流到达 Mix 节点,且平均到达率为 λ。由于 WLAN 中各个 Mix 节点都是独立工作的,在转发时间均为负指数分布,平均服务率为 μ 的情况下,根据 M/M/∞ 模型的排队理论,在平稳条件下,事件 A 的概率是 $P(A) = e^{-\lambda/\mu}$。若事件 A 发生后且在其时延内没有新的消息 m 到达,则该消息 m 在 Mix 内的处理便退化为 M/M/1/1 模型:

$$P(B) = \frac{\mu}{\lambda + \mu} = \frac{1}{1 + \lambda/\mu}$$

在攻击者没有获得其它信息优势的条件下,跟踪到消息 m 的概率是

$$P(\text{success}) = P(A) \cdot P(B) = \frac{e^{-\lambda/\mu}}{1 + \lambda/\mu}$$

若攻击者跟踪某个匿名消息的路径长度为 k,由于 WLAN 中各个移动 Mix 节点的独立性,则攻击者通过跟踪方法获取匿名通信双方身份的概率为

$$P(\text{success} \mid L = k) = P^k(\text{success}) = P(A)^k \cdot P(B)^k = \frac{e^{-k\lambda/\mu}}{(1 + \lambda/\mu)^k}$$

这说明在 WLAN 负载强度 λ/μ 固定时,攻击者成功攻击的概率随着匿名路径长度 k 的增加呈指数级下降。同理,在路径长度 k 固定时,成功攻击的概率也与 λ/μ 呈负指数关系。

2. ($n-1$)型攻击

($n-1$)型攻击是攻击者利用 Mix 缓冲区空间受限的特点而设计的一种攻击。设缓冲区可容纳最大消息数为 n 时,攻击者通过控制匿名集合中多达 $n-1$ 个消息

对某个 Mix 节点实施阻塞,这样在网络流量小的情况下,最后进入的消息可能是最先流出,这样攻击者就可以获取有价值的信息或跟踪某个匿名消息。为了阻止 $(n-1)$ 型攻击,RM 算法采用时间戳 (TS^{min}, TS^{max}) 机制来检测流入消息的延迟情况,若收到的消息超出这一窗口,Mix 就丢弃该包。由于发送方预先知道消息需要延迟的时间长度,因此可以精确地计算出 RM 算法的时间窗口。为了方便分析,设有如下三个事件:

事件 C:当消息 m 到达 Mix 时,该 Mix 队列已有 $n-1$ 个消息(设攻击者事先知道这一点)。

事件 D:在消息 m 的时延内没有其它消息到达。

事件 E:Mix 队列中所有 $n-1$ 条消息的时延都大于消息 m 的时延。

由于事件 C、D 和 E 是两两相对独立事件,因此攻击者成功实施 $(n-1)$ 型攻击的概率是

$$P(\text{success}) = P(C \cap D \cap E) = P(C) \cdot P(D) \cdot P(E)$$

RM 算法在缓冲区未满时,事件 C 中消息 m 进入 Mix 后且无新消息到达的情况下,排队网络可以看成一个近似的 $M/M/1/n$ 模型。由于 WLAN 各个 Mix 节点都是独立工作的,设消息按泊松流到达移动 Mix 节点,且平均到达率为 λ,平均服务率为 μ,在消息 m 到达 Mix 节点为随机情况下,根据队列受限的 $M/M/1/n$ 模型,事件 C 的概率是

$$P(C) = \frac{1-\rho}{1-\rho^{n+1}} \rho^n$$

其中 $\rho = \lambda / \mu$。

在事件 D 发生时,由于时延内没有新消息到达,则该消息 m 在 Mix 内的处理就退化为 M/M/1/1 模型:

$$P(D) = \frac{\mu}{\lambda + \mu} = \frac{1}{1+\rho}$$

在缓冲区中消息时延由发送方随机确定的情况下,缓冲区中提前进入的 $n-1$ 个消息中任意一个消息的时延大于消息 m 的时延概率为 $1/2$,则

$$P(E) = 1/2^{n-1}。$$

因此攻击者通过延迟特定消息的方法对 Mix 节点实施 $(n-1)$ 型攻击的概率是

$$P(\text{success}) = P(C) \cdot P(D) \cdot P(E) = \frac{(1-\rho)\rho^n}{2^{n-1}(1+\rho)(1-\rho^{n+1})}$$

其中,$\rho = \lambda / \mu$。

当攻击者采用 $(n-1)$ 型攻击方法攻击匿名路径长度为 k 的某个消息时,根据 WLAN 中节点的独立性,攻击者通过 $(n-1)$ 型攻击获取匿名通信双方信息的概率为

$$P(\text{success} | L = k) = P^k(\text{success}) = \frac{(1-\rho)^k \rho^{kn}}{2^{k(n-1)}(1+\rho)^k(1-\rho^{n+1})^k}$$

其中,$\rho = \lambda/\mu$。

分析表明,$(n-1)$型成功攻击的概率与 k 和 λ/μ 成负指数关系。攻击者唯一可以成功实施$(n-1)$型攻击的情况是攻击者在消息到达前阻塞 WLAN 中所有移动节点的 Mix,并持续相当长一段时间。在攻击者不知道所有用户发送消息时选择的 Mix 节点情况下,不可能做到"按需"(On Demand)阻塞整个 WLAN。并且这种阻塞的结果会导致 RM 混淆器中大部分阻塞消息被强制提前转发,从而打乱了$(n-1)$型攻击计划,使$(n-1)$型攻击无法成功。

7.2.5 性能与仿真

1. 性能分析

RM 算法性能取决于任意时刻缓冲区内的消息数量和消息的丢包率。在流入消息相同的情况下,缓冲区内消息越多,说明算法的混淆效果越好,性能就高。RM 算法采用时延转发和随机转发相结合,消息的丢包率为零。在 RM 算法中混淆消息存在四次转发机会,RM 算法的性能可以按图 7-3 中的四阶段开马尔可夫排队模型进行分析。其中 Time Delay 2 和 Time Delay 1 分别表示消息 m 在缓冲区间 $[2, h-1]$ 和 $[h+1, n]$ 的缓冲队列,$n-h$ 和 $h-2$ 分别为两个队列的长度。RM1 和 RM2 分别表示消息在队列中第 h 位置和队头第 1 位置时的随机转发队列,其长度均为 1。在这种四阶段开马尔可夫排队系统中,采用队列对这四个阶段进行统一管理,当队列中有消息被转发时,该转发位置之后的消息立即前移。因此这四个阶段是非独立的。当 WLAN 流量较大时,Time Delay 2 将始终保持缓冲满状态,RM 算法的平均队列长度为

$$L = h - 2 + 1 + 1 + E(l1) = h + E(l1)$$

其中 $E(l1)$ 是 Time Delay 1 队列长度的数学期望值。

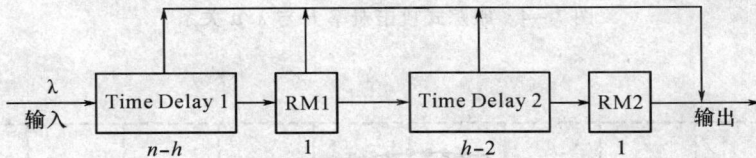

图 7-3 四阶段开马尔可夫排队模型

由于 Time Delay 1 的消息转发不是严格按队列方式,若将消息的随机时延理解为消息的"忍耐"程度,则这种排队模型可以抽象为具有不耐烦顾客的 $M/M/1$ 排队模型。设排队等候转发的消息有 i 个,队列中因时延转发而离开队列的强度与 i 有关,记为 Δ_i,设 $\Delta_i = i\delta$。当消息以泊松流为 λ 的平均到达率时,根据不耐烦顾客的 $M/M/1$ 排队模型理论:

$$E(l1) = \sum_{i=1}^{n-h} \frac{\rho^{i+1}}{(i-1)!\beta^i}, \quad L = h + \sum_{i=1}^{n-h} \frac{\rho^{i+1}}{(i-1)!\beta^i}$$

其中,$\beta = \delta / \mu, \rho = \lambda / \mu$。

分析表明,在负载较重的 WLAN 下 RM 算法保证队列长度始终大于 h,当选取 $h > n/2$ 时,RM 算法不仅可以保证系统的匿名性,且队列长度始终保持在 $[h, n]$ 之间变化。

2. 仿真分析

为了进一步对 RM 算法的安全性和性能进行分析,在 Pentium 4 CPU,主频为 2.4 GHz,RAM 为 512 M 的北大方正电脑和 Matlab 6.1 环境下对 RM 算法进行了仿真分析。

图 7 - 4 是 RM 算法在不同匿名路径长度下跟踪式攻击概率 P 与 WLAN 负载强度 λ/μ 的变化关系图。图中反映的是 P 与 λ/μ 的对应关系,P 随着 λ/μ 的增加而减少。当 $\lambda/\mu > 0.6, k > 5$ 时,RM 算法受到跟踪式攻击的概率几乎接近于 0。图 7 - 5 是 $(n-1)$ 型攻击概率 P 与 λ/μ(网络流量强度)的关系,当 $\lambda/\mu = 2.4$ 时,单个移动节点的 RM 算法受 $(n-1)$ 型攻击的概率达到最大值,为 3.2×10^{-13}。当 $k = 5$ 时,RM 算法受 $(n-1)$ 攻击的概率几乎为 0。仿真分析表明,RM 算法在 WLAN 下抗攻击能力较好,RM 算法是安全的。

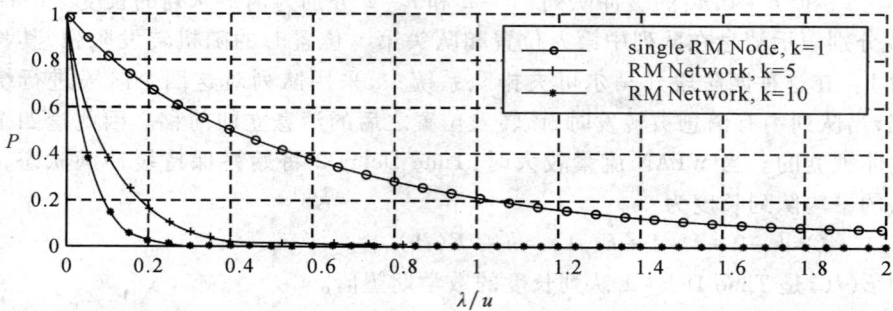

图 7 - 4   跟踪式攻击概率 P 与 λ/μ 关系

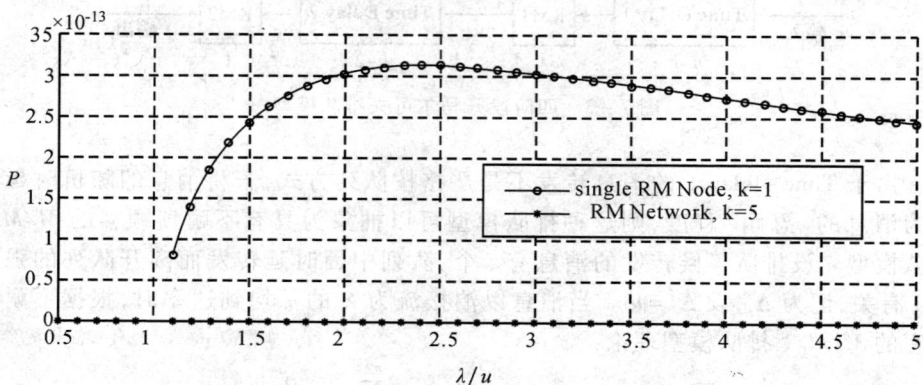

图 7 - 5 $(n-1)$ 型攻击概率 P 与 λ/μ 关系

　　图 7 - 6 和图 7 - 7 是 $n = 40$ 和 $h = 30$ 下对 RM 与 SGM 算法的丢包数和缓冲区中消息数比较的仿真分析结果。横坐标是动态混淆 WLAN 消息在某一固定消息量下随机产生消息的周期数,纵坐标是缓冲区中消息数或 SGM 丢弃的消息数。仿真时假设消息时延在 [1,20] 内均匀分布,每个周期的消息数量按 15 组消息源随机产生,且 15 组消息源服从泊松分布。每经过一个周期,对缓冲区中的消息数和丢弃的消息数进行一次统计。由于消息时延和消息流强度都具有随机性,所以每次实验仿真的结果都不尽相同,其中图 7 - 6 和图 7 - 7 是在若干次不同实验中选取具有代表性的一组图。图 7 - 6 前 5 个周期缓冲区未满,因此两算法曲线重叠,SGM 算法的丢包曲线为 0。从第 6 个周期开始,SGM 和 RM 算法的缓冲区消息数出现变化,且 SGM 算法开始出现丢包现象。从图 7 - 6 可以看出,300 个消息分布在 33 个周期内,SGM 算法丢包达 71 个,丢包率为 23.67%,进一步仿真结果表明,消息量越大,丢包率越高。图 7 - 7 是 600 个消息下的仿真结果,为了让缓冲区的变化更清晰,舍去了丢包数的变化曲线。图 7 - 7 中 600 个消息分布到 57 个周期内,缓冲区数不相等的次数是 21 次,其中 19 次是 RM 算法大于 SGM 算法。另外两次是 RM 算法在转发消息时恰好将时延大的消息在 h 处被转发,导致后续周期内出现 SGM 缓冲区数多于 RM 缓冲区。从整体上看,RM 算法缓冲空间利用率优于 SGM 算法。RM 算法除了开始和中间连续多个空闲周期外,缓冲区的消息数都大于设定的门限 h,且不丢弃消息。因此认为 RM 算法在整体性能上优于 SGM 算法。

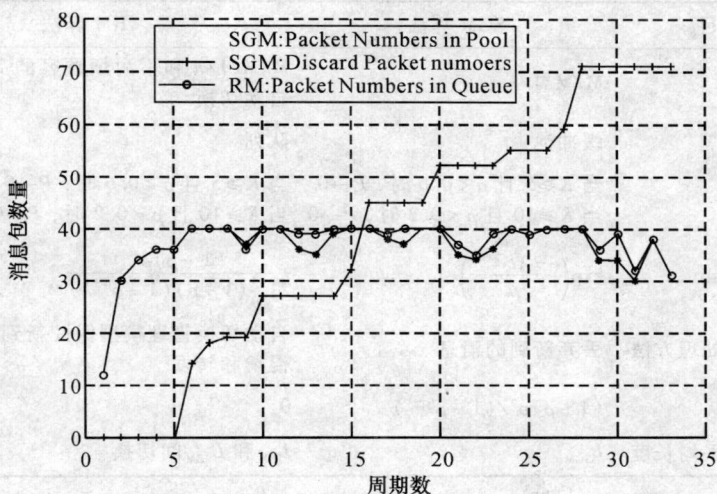

图 7 - 6　RM 与 SGM 算法的丢包数比较

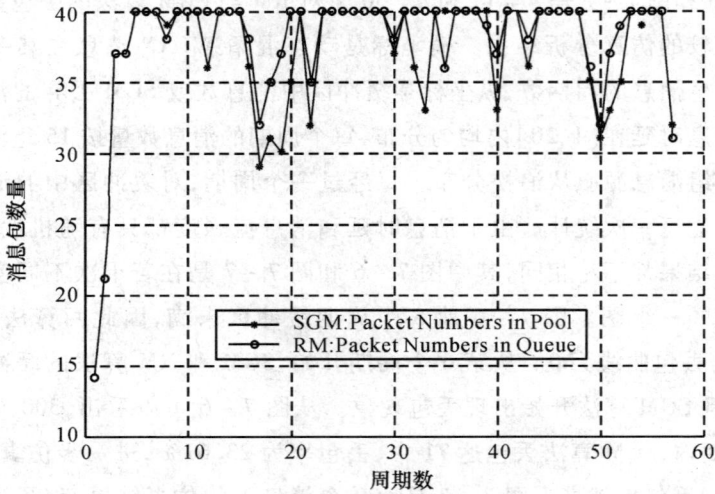

图 7 - 7　RM 与 SGM 算法的缓冲区中消息数比较

7.2.6　算法比较

表 7 - 1 对 RM 算法与 SGM 算法在理论模型、缓冲区管理、缓冲区满时的处理方法以及不同 λ/μ 下的抗攻击能力、缓冲区的平均消息数进行了比较。

表 7 - 1　RM 算法与 SGM 算法比较

项　　目	SGM 算法	RM 算法
理论模型	M/M/1/n	M/M/1/n 和不耐烦顾客的 M/M/1 交替自动切换
缓冲区管理	缓冲池	队列
跟踪式攻击	当 $K \geqslant 5$ 且 $\rho < 0.6$ 时, $P \rightarrow 0$ 当 $K \geqslant 10$ 且 $\rho < 0.2$ 时, $P \rightarrow 0$	当 $K \geqslant 5$ 且 $\rho < 0.6$ 时, $P \rightarrow 0$ 当 $K \geqslant 10$ 且 $\rho < 0.2$ 时, $P \rightarrow 0$
$(n-1)$ 型攻击	$\exp\left(\dfrac{-\lambda e^{-\mu \Delta t}}{\mu}\right)$	$\dfrac{(1-\rho)\rho^n}{2^{n-1}(1+\rho)(1-\rho^{n+1})}$
缓冲区溢出处理方法	丢弃新到的消息	自动切换管理模型保证新到消息的正常混淆和转发
包丢失率	$(1-\rho)\rho^n / (1-\rho^{n+1})$	0
缓冲区消息平均长度	L_{SGM}	L_{RM} 和 L_{SGM} 间切换

其中: $\rho = \lambda/\mu, L_{RM} = h + \displaystyle\sum_{i=1}^{n-h} \dfrac{\rho^{i+1}}{(i-1)!\beta^i}, L_{SGM} = \rho + \dfrac{e^{\rho}+1}{2}$。

与 SGM 算法相比, RM 算法在抗 $(n-1)$ 型攻击方面优于 SGM。尤其是在高速网络大流量的情况下,SGM 算法只有一次转发机会,而 RM 有四次转发机会,这方面可以加强混淆效果。另一方面,RM 在缓冲区满时通过调整消息转发方式和转发速率,可以继续转发匿名消息,系统性能不受任何影响,并且匿名度不会下降。因此,RM 算法成功地解决了 SGM 算法中时延、匿名性和缓冲区溢出三者之间的关系,且不丢弃新加入的消息。

7.3　基于 IPsec 的 WLAN 匿名连接协议

在 WLAN 的许多应用中,如移动电子商务、移动电子政务等,要求系统必须能够提供相应的匿名服务。现有的匿名技术中,David 和 Reed 提出了洋葱路由技术[12-13](Onion Routing),通过应用层中继的方法实现了 Chaum 混淆(Mix),可以较好地实现匿名效果。但洋葱路由技术只适用于特定的洋葱路由器网络,系统扩展性和鲁棒性差。Marc Rennhard[14]等提出了一个匿名网络体系结构,该结构是通过定义 SSL(Secure Sockets Layer)协议的数据包格式,利用传输层 SSL 证书服务提供认证功能,结合网络嵌套加密和链路加密提供匿名服务。该方案不足之处是 SSL 在传输层,涉及到 TCP 和 UDP 两种协议的接口,而 SSL 提供的是端到端的加密,要实现该方案的嵌套匿名效果,不仅要修改 SSL 的报文格式,还要修改网络中路由器处理流程,因此方案的通用性和扩展性差。Song[15]提出了基于 IPSec 的匿名 Internet 通信方案,该方案是建立在 AVIT(Anonymous IP-datagram Virtual Tunnel)的基础上,结合公钥和私钥技术通过链路嵌套加密的方法实现匿名通信,其不足之处是 AIN(Anonymous Internet Node)必须选择匿名传输所有经过的节点,并知道这些节点的公钥,若敌对分子利用该方案进行匿名通信时,也无法进行有效的控制,因此方案扩展性和可控性差,方案采用数据报方式,每次传输的报文中都必须有公钥和私钥部分,协议效率低。

本节结合 Mobile IP、IPSec、洋葱路由和分段连接[16]等技术,在网络层上实现匿名连接,将 MN(Mobile Node)与访问 Web 服务器间的连接分成 MN-FA、FA-HA 和 HA-Web 三段分别进行连接,网络提供商只需在 FA(Foreign Agent)、HA(Home Agent)和 Internet 路由器上进行相应的 IPSec 安全配置,便可实现网络匿名基础设施效果。本匿名方案不仅能保持现有 Internet 应用层和传输层功能不变,而且可以兼容未来 WLAN 中的新接入技术,所选取的 IPSec 协议兼容 IPv4 和 IPv6 协议,且路由器都支持 IPSec,因此通用性强。

7.3.1　匿名体系结构模型

现有匿名技术主要有 Chaum 混淆技术(Chaum Mix)、代理技术、洋葱路由技术等,实现的匿名系统也是根据 Chaum 混淆,在中间节点上对数据包的顺序致乱,造成无序,使网络窃听者或流量分析人员难以获取有用信息。洋葱路由技术是美国海军信息安全实验室结合 Chaum 混淆和多层代理提出的一种匿名技术,文献[17-20]对洋葱路由技术的实现过程、数据包封装格式、密钥分发等进行了较深入研究。这里结合洋葱路由技术、代理技术等提出了 WLAN 匿名方案。为了说明WLAN 匿名方案实现原理,下面以匿名浏览 Web 为例定义了一个 WLAN 匿名结构模型,如图 7-8 所示。模型假设存在一个安全的密钥应用和密钥管理环境。

图 7-8 表示一个 WLAN 匿名应用环境,其中 Alice、Tom 和 Bob 表示移动用户MN(Mobile Node),S1 和 S2 表示 Internet 上提供各种服务的匿名服务器,S1 为家乡 Web 服务器,S2 为外部 Web 服务器,FA(Foreign Agent)为 IPv4 下的外部代理,R1~R6 是 Internet 网络中具有 IPSec 功能的普通路由器,FR(Foreign Agent Router)为 IPv6 下外部代理路由器,通常 FR 由支持 IPv6 的路由器实现,HA(Home Agent)为家乡代理,FW(Fire Wall)表示外部网络中具有代理功能的防火墙。

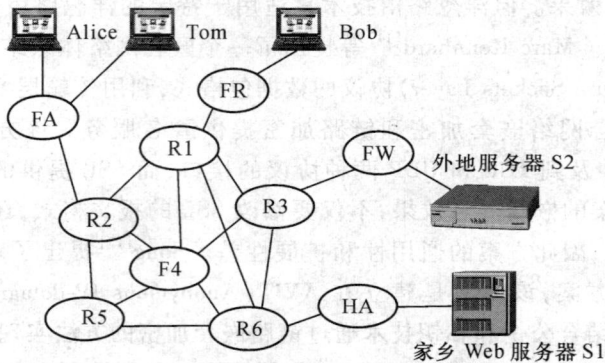

图 7-8　WLAN 匿名体系结构模型

7.3.2　匿名连接协议

为了说明 WLAN 匿名结构的实现原理,设图 7-8 中 FA 选择的连接线路是FA-R2-R4-R6-HA,即移动节点 Alice 的加密数据在 FA 与 HA 之间需经过 R2、R4和 R6 三个路由器;在一个安全的认证环境下,利用 WLAN 密钥交换协议,FA 与R2、R4、R6 和 HA 协商的对称密钥分别是 K_1、K_5、K_6 和 K_7;固定链路上 R2 与 R4 之间协商的密钥为 K_2,R4 与 R6 之间是 K_3,R6 与 HA 是 K_4。Alice 与 S1 之间的对称密钥为 K_{A-S1},具体密钥协商结果如图 7-9 所示。

图 7-9 中设 WLAN 移动节点 Alice 的数据经过 FA 的代理服务,再经过 R2、R4、R6 和 HA,接收方为 S_1。为阻止外部攻击,FA 需要对数据进行相应的密码操作。若只在相邻两个节点之间采用链路加密,如用 LE(Link Encryptions)表示,则FA 尽管在发送数据前已用 K_1 加密消息送给 R2,但消息在 FA 加密前或 R2 解密后为明文,无法阻止恶意路由器或 FA 的攻击。因此要求移动节点 Alice 在发送数据

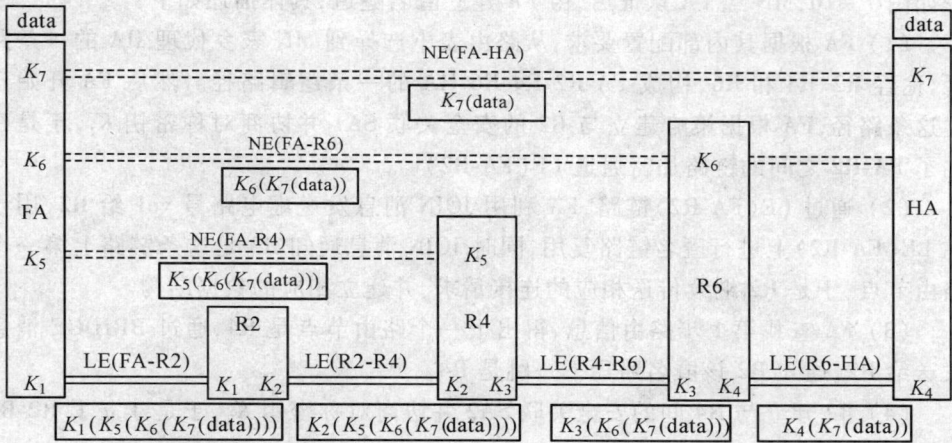

图 7-9 WLAN 匿名体系的分层嵌套加密

前先用 Alice 与 S_1 之间的对称密钥 $K_{\text{A-S1}}$ 对数据进行加密。由于 $K_{\text{A-S1}}$ 加密的数据内容与链路无关,用 data 表示加密消息 $K_{\text{A-S1}}(M)$,M 为明文消息。若对消息 data 进行链路加密,可以阻止线路上查看数据的内容,当 R2 和 R6 联合攻击时,R2 用 K_1 解密后看到的数据与 R6 用 K_3 解密后看到的数据应该相同,这样就可以推出数据的发送方和接收方信息。因此单纯的链路加密方法是无法解决通信的匿名问题。

为了解决路径的匿名问题,采用文献[21]中嵌套加密的方式进行匿名路径保护,图 7-9 中用 NE(Nested Encryptions)表示。其嵌套过程如下:FA 在发送数据前,先用 FA 与 HA 的对称密钥 K_7 对数据 data 加密,生成 $K_7(\text{data})$,再用 FA 与 R6 的密钥 K_6 嵌套加密,生成 $K_6(K_7(\text{data}))$,再用 FA 与 R4 的密钥 K_5 加密,结果为 $K_5(K_6(K_7(\text{data})))$,最后用 FA 与 R2 间的对称密钥 K_1 进行链路加密,生成的数据包是 $K_1(K_5(K_6(K_7(\text{data}))))$,并将处理过的数据经过匿名网络传递到路由器 R2。在 R2 先用对称密钥 K_1 解密,相当于移走最外层,根据包中指示的下一步地址,用 R2 与 R4 间对称密钥 K_2 加密,将生成的数据包 $K_2(K_5(K_6(K_7(\text{data}))))$ 传递给 R4,在 R4 上先用 K_2 解密链路封装,再用 R4 与 FA 之间的共享密钥 K_5 解密第二层,根据包中指示的下一跳地址 R6,用 R4 与 R6 的共享密钥 K_3 进行链路加密,把生成的 $K_3(K_6(K_7(\text{data})))$ 传递给 R6,其它依次类推。在返回链路上,数据操作是以相反方式进行,如 R4 先用 K_3 解密数据包,之后用 K_5 嵌套加密,再用 K_2 进行链路加密。在这时要强调的是在 FA 与 R2 之间由于进行了链路加密,所以没有必要再进行一次嵌套加密。

由于 WLAN 匿名实现过程中涉及多个通信实体间的密钥协商过程,这里将匿名通道的建立过程和密钥协商过程结合起来,提出了 WLAN 的匿名通道建立协议。设 FA 选择的匿名路由器是 R2、R4 和 R6,移动用户 MN 在其移动 PC 上通过浏览器进行 HTTP 请求访问其家乡服务器 S_1。WLAN 匿名通道建立协议的建立过

程如图 7-10,MN 经 FA 认证后,由 FA 建立匿名隧道,具体描述如下:

(1) FA 根据其内部配置要求,从路由表中选择到 MN 家乡代理 HA 的一条路径,途经 R2、R4 和 R6,构成 FA-R2-R4-R6-HA 的一条逻辑路径。然后 FA 开始建立这条路径,FA 根据策略建立与 R2 的安全关联 SA1 并协商对称密钥 K_1,于是建立了 FA-R2 之间的链路加密通道 LE(FA-R2)。

(2) 通过 LE(FA-R2)链路,FA 利用 JOIN 消息发送虚电路号 vc1 给 R2,用于在 LE(FA-R2)上进行匿名链路复用,同时 JOIN 消息通知 R2 是这条链路上第一个路由节点,于是 R2 继续传送相应的连接请求,并建立相应的数据结构。

(3) FA 查找第 1 步路由信息,得出下一个路由节点是 R4,通过 BRIDGE 消息发送给 R2,通知 R2 该匿名路径下一跳是 R4。

(4) R2 建立与 R4 间的安全关联 SA2 并协商对称密钥 K_2,于是建立了 R2-R4 之间的链路加密通道 LE(R2-R4)。

(5) R2 通过 LE(R2-R4)链路,利用 NEST 消息发送虚电路号 vc2 给 R4,用于 LE(R2-R4)上匿名链路复用,NEST 消息说明 R4 是这条链路上的一个部分节点,并不是第一个路由节点,同时暗示 R4 准备建立与 FA 的嵌套加密连接。对 R2 来说,这一局部链路通道便建立了,只要 R2 收到来自 vc1 的数据,便通过 vc2 传给 R4。对反方向的数据,将 vc2 链路来的数据通过 vc1 传给 FA。

(6) FA 通过第 3~5 步,建立与 R4 连接关系,并协商相互间的安全参数 SA3 和对称密钥 K_5,建立嵌套的匿名通道 NE(FA-R4)。

(7) FA 再查找第 1 步路由信息,得出下一个路由节点是 R6,通过 BRIDGE 消息发送给 R4,通知 R4 该匿名路径下一跳是 R6。

(8) R4 建立与 R6 间的安全关联 SA4 并协商对称密钥 K_3,建立 R4-R6 之间的链路加密通道 LE(R4-R6)。

(9) R4 通过 LE(R4-R6)链路,利用 NEST 消息发送虚电路号 vc3 给 R6,用于 LE(R4-R6)上匿名链路复用,NEST 消息说明 R6 是这条链路上的中间节点,暗示 R6 准备建立与 FA 的嵌套加密连接。对 R4 而言,只要收到来自 vc2 的数据,便通过 vc3 传给 R6。对反向数据,将 vc3 链路来的数据通过 vc2 传给 R2。

(10) 经过第 3~9 步,FA 建立了与 R6 的连接,并协商相互间的安全参数 SA5 和对称密钥 K_6,建立嵌套的匿名通道 NE(FA-R6)。

(11) FA 再次查找第 1 步路由信息,得出下一个路由节点是 HA,通过 BRIDGE 消息发送给 R6,告诉 R6 该匿名路径的下一跳是 HA。

(12) R6 建立与 HA 间的安全关联 SA6 并协商对称密钥 K_4,建立了 R7-HA 之间的链路加密通道 LE(R7-HA)。

(13) R6 通过 LE(R7-HA)链路,利用 NEST 消息发送虚电路号 vc4 给 HA,用于 LE(R7-HA)上匿名链路复用,NEST 消息通知 HA 是这条链路上的一个部分节点,同时暗示 HA 准备建立与 FA 的嵌套加密连接。对来说,只要 R6 收到来自 vc3

的数据,便通过 vc4 传给 HA。对反方向的数据,将 vc4 链路来的数据通过 vc3 传给 R4。

（14）通过第 3～13 步,FA 建立了与 HA 的 连接关系,协商相互间的安全参数 SA7 和对称密钥 K_7,并建立了嵌套的匿名通道 NE(FA-HA)。

（15）由于 HA 是匿名通道上的最后一个节点,FA 发送 FINAL 消息给 HA,至此,FA 在基于 IPSec 协议下完成了与 HA 间匿名通道的建立过程。

（16）当移动节点 MN 通过浏览器发出 HTTP 请求时,MN 通过密钥交换协议与 S1 间协商的动态对称密钥或预先协商的加密密钥 K_{A-S1} 对 HTTP 消息进行 ESP 加密封装,其包头地址的接收方是 HA,发送方是 MN,然后将其传递给 FA。FA 通过匿名通道发送连接请求消息给 HA,消息中包含有 HA 与 S1 间的临时虚电路号 vc5(通常 HA 带有防火墙功能,不允许内外直接连接,故采用逻辑映射虚电路号 vc5),用于匿名链路上复用。

（17）HA 与 S1 间连接建立完成后,一个通信用的匿名隧道 MN-S1 就建立了。

（18）FA 发送 HTTP 数据请求消息给 HA,消息中带有 vc5 用于识别匿名连接。HA 收到这个请求后,转发该请求消息给 S1,并得到相应的应答消息。HA 经匿名通道转发应答数据消息给 FA,根据消息中的 vc5 标记,FA 将此应答数据转发给移动节点 MN。

（19）MN 通信结束,FA 发出拆除链路信息消息。

图 7-10 所示为基于 IPsec 的 WLAN 匿名体系协议流程图,图中所示隧道不仅适用于 Alice 与 S1 之间的匿名通信,由于匿名隧道 FA-HA 是共享的,所以其它经

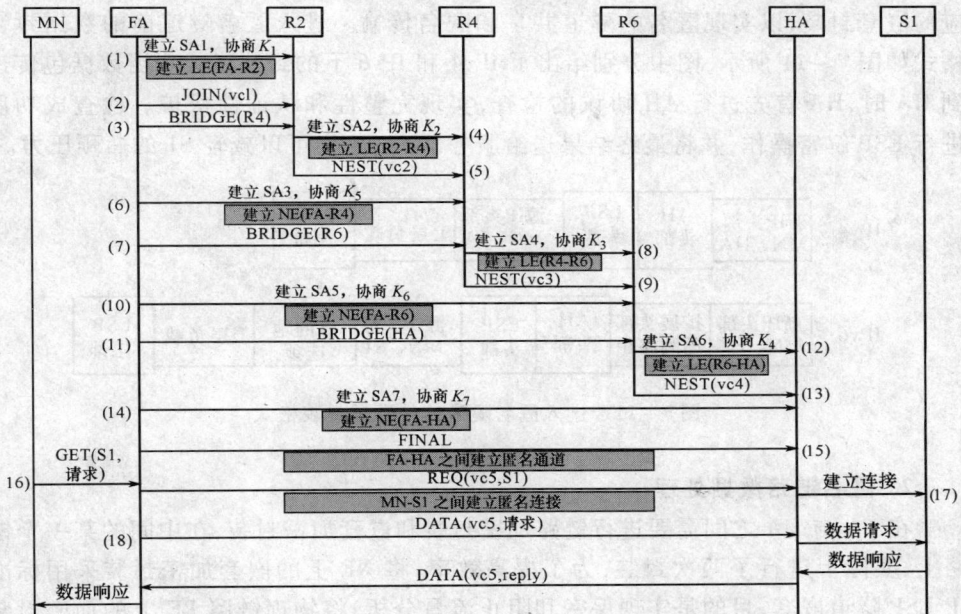

图 7-10　基于 IPsec 的 WLAN 匿名体系协议流程

过 FA-HA 的匿名连接也可以复用。这种共享直到 FA-HA 间的匿名隧道拆除为止。复用有两层含义:一层是匿名连接与匿名隧道的复用,另一层是复用虚电路的方法,不同的匿名隧道可以复用在任意一条路由器或代理之间。这就意味着 FA 发送带有 vc5(用于识别一个匿名连接)的 data 消息时,该消息先被加上虚电路标识 vc1,发送到 R2,之后换成 vc2 传到 R4,再选择 vc3 传送到 R6,最后是经 vc4 传送到 HA,返回的数据包以相反的顺序进行。

这里以匿名 WWW 应用分析了 WLAN 匿名结构的协议执行过程,只要代理配置 IPSec 策略,并不影响其它应用协议的执行过程。由于网络层和 IPSec 协议对高层网络应用是透明的,ESP 封装过程相同,因此匿名方案具有通用性。

7.3.3　协议实现

利用现有的 IPSec 软件技术,很容易实现 WLAN 的匿名 Internet 连接技术,不需要对客户端和服务器端进行专门的配置,只需要在 WLAN 中的 FA、HA 和中间路由器上进行相应的 IPSec 配置,即可实现 WLAN 的匿名基础设备作用。

1. 收发双方数据处理

发送方 MN 和接收方服务器根据具体的网络应用与安全需求,可以采用标准的 IP ESP + AH 隧道组合方式,MN 用 MN 与 HA 协商的密钥进行 ESP 和 AH 处理,将要传输的消息封装后送给 FA。由于采用隧道方式,则源 IP 地址分别为 MN 和 S1 的地址,新 IP 地址分别为 MN 和 FA 的地址,这样可以降低 MN 对 FA 信任的依赖,避免在 FA 上进行窃听和流量分析,FA 和 HA 利用匿名通道协议对消息进行相应的嵌套封装,以实现匿名的隧道共享和匿名传输。进入匿名隧道前的数据封装格式如图 7 - 11 所示,图中分别给出了 IPv4 和 IPv6 下的封装格式。当数据包传递到 HA 时,HA 首先进行 AH 协议的检查,实现完整性和认证性保护。检查成功后进行 ESP 解密操作,并将最终结果送给服务器 S1,这样可以减轻 S1 的瓶颈压力。

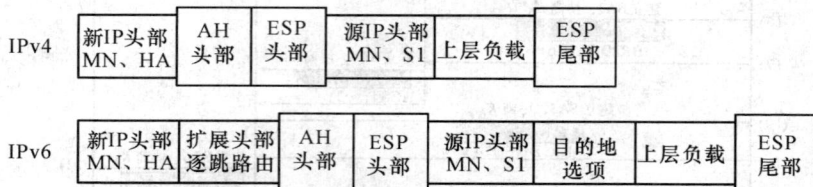

图 7 - 11　进入匿名隧道前的数据封装格式

2. 匿名链路数据处理

在 FA 与 HA 之间需要进行链路加密封装和嵌套加密封装,在中间的某一个链路上,实际上进行了两次封装,为了提高效率,将 NE 上的嵌套加密封装采用标准 IP ESP 隧道嵌套,目的是实现保密和阻止流量分析;将物理链路 LE 上的加密封装定义为标准的 IP AH 传输方式,目的是对物理链路上传输的密文数据进行完整性保护和认证保护;由于 LE 上有完整性保护,因此 NE 上的 ESP 封装的认证部分可以省略,发往 R2 的封装格式见图 7 - 12 所示。

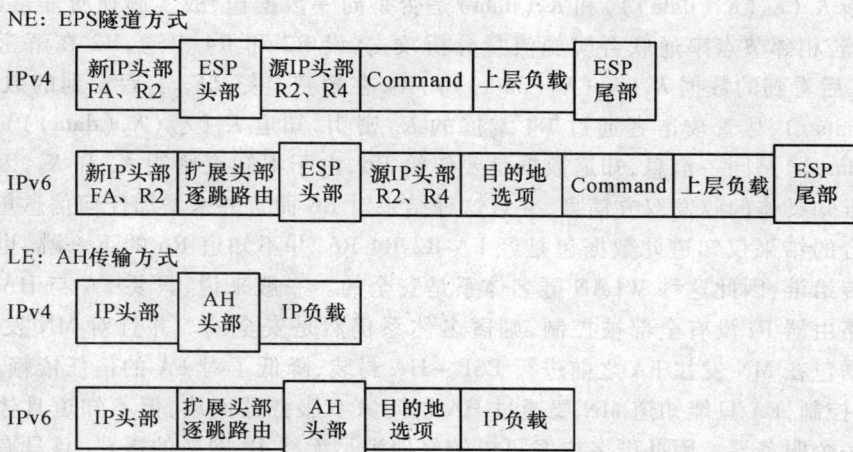

NE: EPS隧道方式

IPv4

新IP头部 FA、R2	ESP 头部	源IP头部 R2、R4	Command	上层负载	ESP 尾部

IPv6

新IP头部 FA、R2	扩展头部 逐跳路由	ESP 头部	源IP头部 R2、R4	目的地 选项	Command	上层负载	ESP 尾部

LE: AH传输方式

IPv4

IP头部	AH 头部	IP负载

IPv6

IP头部	扩展头部 逐跳路由	AH 头部	目的地 选项	IP负载

图 7 - 12　匿名通道 FA-R2 上的数据封装格式

在图 7 - 12 中的 Command 字段和 IP 负载总是被 ESP 加密,其中 Command 是长度为 1 个字节,用于区分不同的数据包类型。如 00H 表示负载为 DATA,01H 为 Creat 操作,则其后的 IP 负载为相应的信令数据,Creat 中的信令数据为 SPI 和进行密钥协商的参数,其余类似;02H 为 JOIN,03H 为 BRIDGE,04H 为 NEST,05H 为 REQ,06H 为 FINAL,07H 为拆除虚电路的 DISCONNECT 命令等。经过对 IPSEec 数据封装字段格式的扩充,则可以将匿名通道中的建立信令数据和传输的数据都能进行有效的保护。通过这种格式定义,在 FA 与 R2 物理链路上传输的数据封装格式如下,其中‖表示数据拼接符。

$$IP(FA,R2) \parallel AH_{K1}(IP(R2,R4) \parallel ESP_{K5}(IP(R4,R6) \parallel ESP_{K6}(IP(R,HA) \parallel ESP_{K7}(data))))$$

在建立匿名通道协议的过程中,匿名通道上的路由器自动生成路由表,以指示对相应的数据包处理操作。以 R4 为例,对来自 vc2 的 IP 数据包,R4 先进行 AH 协议的认证和完整性检查,然后进行 ESP 解密操作,获取下一跳地址,再根据下一跳地址进行 AH 封装操作;对来自 vc3 的反向 IP 包,R4 先进行 AH 协议的认证和完整性检查,然后进行 ESP 加密封装操作,再进行 AH 的认证和完整性封装。

7.3.4　协议分析

WLAN 匿名方案利用 IPSec 的 ESP 和 AH 协议,可以达到较好的安全性。在抗攻击性方面,匿名方案受到的主要攻击有:联合攻击、重放攻击、泛洪攻击、代码攻击、顺序攻击和消息量攻击。以图 7 - 9 为例,设 R2 和 R6 被攻击者所控制,实施联合攻击,R2 在解密链路 $LE_{FA\text{-}R2}$ 后得到的数据 $K_5(K_6(K_7(\text{data})))$,而 R6 解密链路 $LE_{R4\text{-}R6}$ 和嵌套后得到的数据 $K_7(\text{data})$,由于 R2 和 R6 不知道密钥 K_5 和 K_7,因此无法判断 $K_5(K_6(K_7(\text{data})))$ 和 $K_7(\text{data})$ 是否是同一数据包,故实施窃听非常困难。同理,若相邻节点串通联合实施流量分析攻击,设 R2 和 R4 串通,R2 在解密链路 $LE_{FA\text{-}R2}$ 后看到的数据 $K_5(K_6(K_7(\text{data})))$,R4 在解密链路 $LE_{R2\text{-}R4}$ 后看到的数据 $K_6(K_7(\text{data}))$,尽管攻击者通过 R4 掌握的 K_5 密钥,知道 $K_5(K_6(K_7(\text{data})))$ 和 $K_6(K_7(\text{data}))$ 是同一消息,知道数据是要传给 R6,由于不知道密钥 K_6 和 K_7,因此也无法推知具体的收发双方信息,并且这种结果对 R6 而言并未增加任何信息量。它们联合的结果仅知道此数据包是经 FA-R2-R4-R6,并不知道 R6 的下一跳,也不知道要传给谁,因此这种 WLAN 匿名体系是安全的。一般来说,只要 FA 与 HA 链路上的路由器 Ri 没有全部被控制,则匿名体系仍然是安全的。并且对 MN 发往 S1 的数据包在 MN 发往 FA 之前进行 ESP + HA 封装,降低了对 FA 的信任依赖,即使 FA 被控制,FA 只能知道 MN 要通过 HA 访问家乡服务器网络,但不知道具体是家乡哪一个服务器。因此匿名方案可以较好地满足无线 IP 网络的需要,且具有抗联合攻击的能力。针对重放攻击、泛洪攻击和代码攻击,由于 IPSec 协议中的序列号是不允许重复的,且配合 SPI(安全参数索引)、AH 的认证和完整性保护功能,可以有效地阻止这三种类型的攻击。由于攻击者可以通过对流入和流出路由器的数据包实施顺序攻击和消息量攻击,这就要求每个路由器具有数据填充和混淆功能,使攻击者监测路由器的流入和流出数据包时,看到的包大小是相同的,且流入与流出之间没有直接关系,这要求路由器进行 IPSec 操作时加上包填充和混淆功能。

现有匿名技术普遍采用降低效率换取系统的匿名效果,WLAN 匿名方案在实现时进行了很好地优化。若在 IPv4 环境下不考虑字节填充,每嵌套一次 ESP 操作,增加 10 个字节,每进行一次 AH 操作,增加 12 个字节。设 FA 与 HA 之间的匿名链路上有 n 个路由器节点,则需要 n 次 ESP 和 $n+1$ 次 AH 操作,数据包中的 AH 操作是交替进行的,任何时刻只有一个 AH 操作进行完整性保护,所以数据包增加字节数最大是 $10n + 12$。在同样的路由器数中,洋葱路由技术中增加的字节数 $28n$,因此本方案在效率上优于洋葱路由技术。当中间经过的路由器不超过 32 时[22],本方案增加的字节数是 22 ~ 332 字节。

7.4　基于联合熵的多属性匿名度量模型

根据 ISO15408—2[23] 对匿名性的定义,匿名系统不仅要保护用户的身份信息,还需兼顾伪名(Pseudonymity)、无连接(Unlinkability)、无观测(Unobservability)等属性。在 ISO15408—2 的基础上 APES[24] 认为匿名度量应考虑应用系统的角色,匿名度量应与匿名属性联系起来,并且定义了定性的匿名描述模型:role x is < type, degree > towards role y。APES 认为要理解不同系统的匿名性,至少需要考虑五个属性,即识别性(Identifiable)、连接性(Linkable)、跟踪性(Traceable)、条件性(Conditional)、持久性(Durable)等。这里的识别性、连接性和跟踪性分别与ISO15408—2 中伪名、无连接性和无观测性相一致。从属性分类上看,APES 中的识别性、连接性和跟踪性是从技术层面上对匿名进行描述,而条件性和持久性则是从系统管理上衡量匿名系统。因此在技术上 APES 与 ISO15408—2 对匿名的衡量是一致的,但不足之处是这些研究都是只对匿名进行定性描述。这种多参数的定性描述缺乏对匿名系统的整体度量,因而无法对不同的匿名系统和匿名方案进行比较,且匿名系统的匿名程度变化也难以直观表示。

文献[25]在识别性下度量系统的匿名性,没有解决不同匿名系统之间匿名效果的比较问题。文献[26]对文献[25]进行了优化,实现了两个匿名系统间的匿名程度比较,但也只是在单属性下进行研究。匿名具有一定的模糊性,匿名度量在技术上应从系统的识别性、连接性、跟踪性三个方面进行度量,在假设识别性、连接性和跟踪性的量化结果都已知的前提下,结合熵与不确定性关系理论,这里提出基于联合熵的匿名度量模型,将系统的匿名度定义为

$$d(A) = -\frac{1}{n\ln c}\sum_{j=1}^{n}\sum_{h=1}^{c}(\mu_{hj}\ln\mu_{hj})$$

联合熵模型的显著特点是从多个属性的角度综合度量系统的匿名度,这种定量计算结果不仅可以进行匿名度量,且计算结果也容易进行匿名分级。仿真结果表明联合熵模型具有离散化的优点,可以作为匿名等级评价指标。

7.4.1　模型方案

依据模糊集合理论,设匿名等级域为 $D = \{d_1, d_2, \cdots, d_c\}$,匿名等级划分标准中属性 i 的取值论域为 $\Omega_i = \{\omega_{i1}, \omega_{i2}, \cdots, \omega_{ic}\}$, $i = 1, 2, \cdots, m$。由于匿名评价各个指标的单位不一定相同,为此需将各指标进行无量纲处理,使各个指标具有可比性。设 ω_h 为评价标准的无量纲特征值,其中 $h = 1, 2, \cdots, c$。设 X 为匿名系统 n 个结点评价指标构成的集合,每个结点有 m 个评价指标,则匿名等级评价指标特征值矩阵为

$$X = \begin{bmatrix} x_{11} & x_{12} & \cdots & x_{1n} \\ x_{21} & x_{22} & \cdots & x_{2n} \\ \vdots & \vdots & \vdots & \vdots \\ x_{m1} & x_{m2} & \cdots & x_{mn} \end{bmatrix} = (x_{ij}) \qquad (7-1)$$

其中, x_{ij} 表示结点 j 指标 i 的特征值; $j = 1, 2, \cdots, n$。

m 项指标按 c 级匿名标准评价,则指标标准矩阵为

$$\Omega_{m \times c} = \begin{bmatrix} \omega_{11} & \omega_{12} & \cdots & \omega_{1c} \\ \omega_{21} & \omega_{22} & \cdots & \omega_{2c} \\ \vdots & \vdots & \vdots & \vdots \\ \omega_{m1} & \omega_{m2} & \cdots & \omega_{mc} \end{bmatrix} = (\omega_{ih}) \qquad (7-2)$$

其中,ω_{ih} 表示指标 i 的 h 级标准值,$h = 1, 2, \cdots, c$。

匿名等级分为 c 个等级,设 c 越小匿名等级越高,则匿名评价标准的相对隶属度为

$$s_{ih} = \begin{cases} 1 & \omega_{ih} = \omega_{ic} \\ \dfrac{\omega_{ic} - \omega_{ih}}{|\omega_{ic} - \omega_{i1}|} & \omega_{ic} > \omega_{ih} > \omega_{i1} \text{ 或 } \omega_{ic} < \omega_{ih} < \omega_{i1} \\ 0 & \omega_{ih} = \omega_{i1} \end{cases} \qquad (7-3)$$

指标的相对隶属度公式为

$$r_{ij} = \begin{cases} 1 & x_{ij} \geqslant \omega_{ic} \text{ 或 } x_{ij} \leqslant \omega_{ic} \\ \dfrac{\omega_{ic} - x_{ij}}{|\omega_{ic} - \omega_{i1}|} & \omega_{ic} > \omega_{ih} > \omega_{i1} \text{ 或 } \omega_{ic} < \omega_{ih} < \omega_{i1} \\ 0 & x_{ij} \leqslant \omega_{i1} \text{ 或 } x_{ij} \geqslant \omega_{i1} \end{cases} \qquad (7-4)$$

由式（7-1）和式（7-4）可得匿名评价指标的相对隶属度矩阵 $R_{m \times n} = (r_{ij})_{m \times n}$,由式（7-2）和式（7-3）可得匿名评价标准的相对隶属度矩阵 $S_{m \times c} = (s_{ih})_{m \times c}$。

设结点 j 以相对隶属度 μ_{hj} 隶属于 h 级匿名等级标准,则结点相对隶属度矩阵为

$$U_{c \times n} = \begin{bmatrix} \mu_{11} & \mu_{12} & \cdots & \mu_{1n} \\ \mu_{21} & \mu_{22} & \cdots & \mu_{2n} \\ \vdots & \vdots & \vdots & \vdots \\ \mu_{c1} & \mu_{c2} & \cdots & \mu_{cn} \end{bmatrix} = (\mu_{hj}) \qquad \sum_{h=1}^{c} \mu_{hj} = 1 \;\; \forall j 0 \leqslant \mu_{hj} \leqslant 1 \qquad (7-5)$$

显然,满足约束式（7-5）的模糊分级矩阵有无穷多个。匿名系统评价的目的在于根据 $R_{m \times n}$ 和 $S_{m \times c}$ 确定出最优分级矩阵。

由于攻击者对匿名系统进行流量分析等攻击具有随机性,且匿名度量分级本身具有模糊性,u_{hj} 的确定具有不确定性,系统匿名性本身具有模糊性,系统的匿名性评价指标无量纲特征值的确定具有随机性。因此为了描述这种不确定性,可将 u_{hj} 理解为第 j 个结点属于 h 级匿名度的"概率",这样不确定性可以用熵来表示。设系统匿名状态分为 c 级,系统的联合熵和匿名度定义为

$$H = -\sum_{j=1}^{n} \sum_{h=1}^{c} (\mu_{hj} \ln \mu_{hj}), \qquad d(A) = \frac{H}{n \ln c} \qquad (7-6)$$

其中,H 表示联合熵,$d(A)$ 表示系统的匿名度。

设结点 m 个指标的权重向量为

$$W = (w_1, w_2, \cdots, w_m), \qquad \sum_{i=1}^{m} w_i = 1 \qquad (7-7)$$

为了确定合理的 u_{hj}，根据广义距离概念，结点 j 与匿名等级 h 的差异用加权广义距离表示为

$$d_{hj} = \left[\sum_{i=1}^{m} (w_i \mid s_{ih} - r_{ij} \mid)^p \right]^{1/p} \qquad (7-8)$$

式中 p 为距离参数，$p=1$ 为海明距离，$p=2$ 为欧氏距离。

匿名系统评价的目的就是要确定一个合理的分级，使匿名系统整体的匿名度与标准匿名定义之间的加权广义距离之和最小，即

$$\min_{\mu_{hj}} D = \sum_{j=1}^{n} \sum_{h=1}^{c} \mu_{hj} \sum_{i=1}^{m} (w_i \mid s_{ih} - r_{ij} \mid) \qquad (7-9)$$

其中 $\sum_{h=1}^{c} \mu_{hj} = 1, \forall j 0 \leqslant \mu_{hj} \leqslant 1$

为了消除模糊性造成的不确定性，根据 Jaynes 最大熵原理，这一分配应使联合熵极大，即

$$\max_{\mu_{hj}} d(A) = \sum_{j=1}^{n} \sum_{h=1}^{c} (-\mu_{hj} \ln \mu_{hj}), \qquad \sum_{h=1}^{c} \mu_{hj} = 1 \quad \forall j 0 \leqslant \mu_{hj} \leqslant 1 \quad (7-10)$$

因此，求最优分级问题是一个双目标优化问题。为解此问题，构造复合目标优化问题

$$\min_{\mu_{hj}} \sum_{j=1}^{n} \sum_{h=1}^{c} \mu_{hj} \sum_{i=1}^{m} (w_i \mid s_{ih} - r_{ij} \mid) + \frac{1}{B} \sum_{j=1}^{n} \sum_{h=1}^{c} (-\mu_{hj} \ln \mu_{hj}) \qquad (7-11)$$

其中 $\sum_{h=1}^{c} \mu_{hj} = 1, \forall j 0 \leqslant \mu_{hj} \leqslant 1, j = 1, 2, \cdots, n$ $\qquad (7-12)$

这里的正参数 B 是对两个目标进行平衡，构造问题式（7-11）和限制条件式（7-12）的拉格朗日函数

$$L(\mu_j, \lambda) = \sum_{j=1}^{n} \sum_{h=1}^{c} \mu_{hj} \sum_{i=1}^{m} (w_i \mid s_{ih} - r_{ij} \mid) + \frac{1}{B} \sum_{j=1}^{n} \sum_{h=1}^{c} (-\mu_{hj} \ln \mu_{hj}) +$$
$$\lambda \left| \sum_{h=1}^{c} \mu_{hj} - 1 \right| \qquad (7-13)$$

其中，λ 为拉格朗日乘数。分别对式（7-13）中变量 λ、u_{hj} 求偏导数并令偏导数等于 0，得到

$$\frac{\partial L}{\partial \lambda} = \sum_{h=1}^{c} \mu_{hj} - 1 = 0$$

$$\frac{\partial L}{\partial \mu_{hj}} = \sum_{i=1}^{m} (w_i \mid s_{ih} - r_{ij} \mid) - \frac{1}{B} (\ln \mu_{hj} + 1) + \lambda = 0 \qquad (7-14)$$

由式（7-14）可得

$$\mu_{hj} = \exp\left(B\sum_{i=1}^{m}(w_i\,|\,s_{ih} - r_{ij}\,|) + B\lambda - 1\right)$$

$$\exp(B\lambda - 1) = 1\bigg/\sum_{h=1}^{c}\exp\left(B\sum_{i=1}^{m}(w_i\,|\,s_{ih} - r_{ij}\,|)\right) \quad\quad (7-15)$$

则

$$\mu_{hj} = \exp\left(B\sum_{i=1}^{m}(w_i\,|\,s_{ih} - r_{ij}\,|)\right)\bigg/\sum_{h=1}^{c}\exp\left(B\sum_{i=1}^{m}(w_i\,|\,s_{ih} - r_{ij}\,|)\right)$$

$$(7-16)$$

式（7-16）便是熵极大化匿名评价模型。其中参数 B 的计算如下：设匿名评价指标体系由 m 个子指标组成，令第 l 个指标的匿名等级隶属度向量所表达的匿名等级范围用集合 $\{h_{\min}^{(l)} \sim h_{\max}^{(l)}\}$ 表示，通过指标相对隶属度 r_{ij} 与评价标准相对隶属度 s_{ih} 相比较，求出的第 l 个子指标体系的最低和最高匿名等级分别为 $d_{\min}^{(l)}$ 和 $d_{\max}^{(l)}$，用集合表示为 $\{d_{\min}^{(l)} \sim d_{\max}^{(l)}\}$，那么必然存在 $\{d_{\min}^{(l)} \sim d_{\max}^{(l)}\} = \{h_{\min}^{(l)} \sim h_{\max}^{(l)}\}$。由于各个评价指标均进行无量纲处理，且各个指标的评价标准相同，则式（7-16）有如下的边界条件：

$$\mu_{hj} = 1, x_{ij} = \omega_h, i = 1, 2, \cdots, m \quad\quad (7-17)$$

$$\mu_{hj} = \mu_{h+1,j} = 0.5, x_{ij} = (\omega_h + \omega_{h+1})/2, h = 1, 2, \cdots, c-1 \quad\quad (7-18)$$

$$\{d_{\min}^{(l)} \sim d_{\max}^{(l)}\} = \{h_{\min}^{(l)} \sim h_{\max}^{(l)}\} \quad\quad (7-19)$$

满足边界条件式（7-17）的 B 值，也必然满足边界条件式（7-18）。需要说明的是满足边界条件式（7-17）及式（7-18）的 B 值可能有很多，但它存在 $inf(B)$。当 $B \geqslant inf(B)$ 时，随着 B 值的增加，联合熵逐渐减小，但两者均存在极值或拐点。通常 B 取 $inf(B)$ 或拐点时，要满足条件式（7-19）。将上述边界条件代入式（7-19）即可求出 $inf(B)$。所以，平衡参数 B 的确定不具有主观任意性。这种确定方法只确定一个 B 值，它是从系统整体角度入手来求解平衡参数 B 的大小。

7.4.2　模型分析

1. 权重向量 W

在模糊系统理论中，权重向量 W 的确定通常是由专家评判后得出。但在本节的联合熵匿名模型中，匿名评价标准矩阵中已包含了专家意见成份，因此本模型的权重向量 W 可以从归一化后的匿名评价标准相对隶属度矩阵 $S_{m \times c}$ 中得出。定义

$$e_i = -\frac{1}{\ln c}\sum_{h=1}^{c} s_{ih} \ln s_{ih}$$

其中 $s_{ih}(h = 1, 2, \cdots, c)$ 越接近相等，熵值越大，表明该匿名属性 M_i 对匿名度量的不确定性越大。当 $s_{ih} = 1/c$ 时，$e_i = 1$，且 $0 \leqslant e_i \leqslant 1$。当 $e_i = 1$ 时，说明该匿名属性 M_i 对匿名度量的贡献最小，故定义 $w_i = 1 - e_i$，对 w_i 归一化后得到的匿名属性 M_i 权重为

$$w_i = \frac{1}{m - E}(1 - e_i)$$

其中,$E = \sum_{i=1}^{m} e_i, 0 \leqslant w_i \leqslant 1; \sum_{i=1}^{m} w_i = 1$。

2. 平衡参数 B

以文献[25]的分析数据为例,设攻击者在控制了 5 个结点的情况下,给出了一组测量数据,并用匿名度量模型进行仿真测试。其中匿名等级标准矩阵可以由专家制订(见表 7 - 2),当表 7 - 2 确定后,则相应的权重向量 $W = [0.3851, 0.2965, 0.3184]$。表 7 - 3 为采样矩阵,节点数 $n = 15$。

表 7 - 2　匿名等级标准矩阵 $\Omega_{3 \times 5}$

评价指标	d1	d2	d3	d4	d5
识别性	0	0.01	0.1	0.7	1
连接性	0	0.1	0.4	0.8	1
跟踪性	0	0.01	0.3	0.6	1

表 7 - 3　参数矩阵 $X_{3 \times 15}$

评价指标	v0	v1	v2	v3	v4	v5	v6	v7	v8	v9	v10	v11	v12	v13	v14
识别性	1/12	1/12	0.3	0	1/12	0	1/12	0	1/12	0	0.2	0	1/12	0	0
连接性	1/8	1/8	1/8	0	1/8	0	1/8	0	1/8	0	1/8	0	1/8	0	0
跟踪性	1/12	1/12	0.3	0	1/12	0	1/12	0	1/12	0	0.2	0	1/12	0	0

基于以上数据对不同常数项 B 的取值进行了仿真,仿真结果如图 7 - 13 所示。

从图 7 - 13 的仿真结果可以看出,随着 B 的增大,匿名度也呈下降趋势,但下降过程存在一个拐点,说明系统模型存在一个最佳 B,这体现了模型分析与理论分析相一致。从图中可以看出拐点位于 2 ~ 4 之间,本例采用拐点 B = 3 时得出匿名系统的匿名度为 $d(A) = 0.7, 0.5 < d(A) < 1 - 1/15 = 0.933 3333$。因此,可以得出匿名系统的匿名度为 d3 级。

3. 模型比较

当 $w = (1, 0, 0)$,矩阵 X 除识别性外的其它属性值为 0,联合熵模型退化为文献[25]的模型,匿名度为

$$d(A) = -\frac{1}{n \ln c} \sum_{j=1}^{n} \sum_{h=1}^{c} (\mu_{hj} \ln \mu_{hj})$$

$$\mu_{hj} = \exp[|B(s_{1h} - r_{1j})|] / \sum_{h=1}^{c} \exp[|B(s_{1h} - r_{1j})|]$$

下面以文献[25]中的例 3 为例对 Shannon 熵模型与联合熵模型进行比较。根据文献[25],Crowds 系统最大熵为

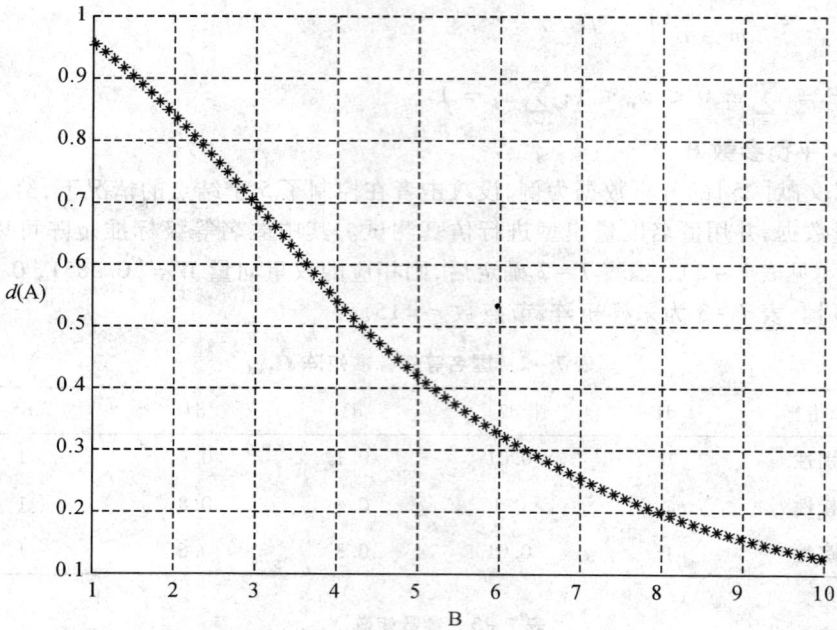

图 7 - 13　不同 B 下的仿真结果

$$H(S) = \frac{N - p_f(N - C - 1)}{N} \log_2 \frac{N}{N - p_f(N - C - 1)} +$$

$$p_f \frac{N - C - 1}{N} \log_2 \frac{N}{p_f}$$

设两个模型的仿真数据如表 7 - 4 所示,其中节点数 $n = 7$。

表 7 - 4　属性矩阵 $X_{3 \times 7}$

评价指标	v1	v2	v3	v4	v5	v6	v7
识别性	0	0	pf	0	$(1 - pf)/3$	$(1 - pf)/3$	$(1 - pf)/3$
连接性	0.2	0.1	0.2	0.2	0.1	0.1	0.1
跟踪性	0	0	0.25	0	0.25	0.25	0.25

多参数的联合熵匿名模型与单参数的 Shannon 熵模型仿真结果如图 7 - 14 所示,通过仿真结果可以看出,两模型度量结果的变化趋势相同,联合熵模型与 Shannon 熵模型在 $pf < 0.35$ 时,差距不明显,当 $pf > 0.35$ 后,两模型在度量同一个示例时差距便比较明显,并且联合熵模型最大值与最小值之差也比较明显。这种匿名度变化有利于系统匿名分级,说明联合熵模型在匿名度量方面不仅兼容且优于 Shannon 模型。

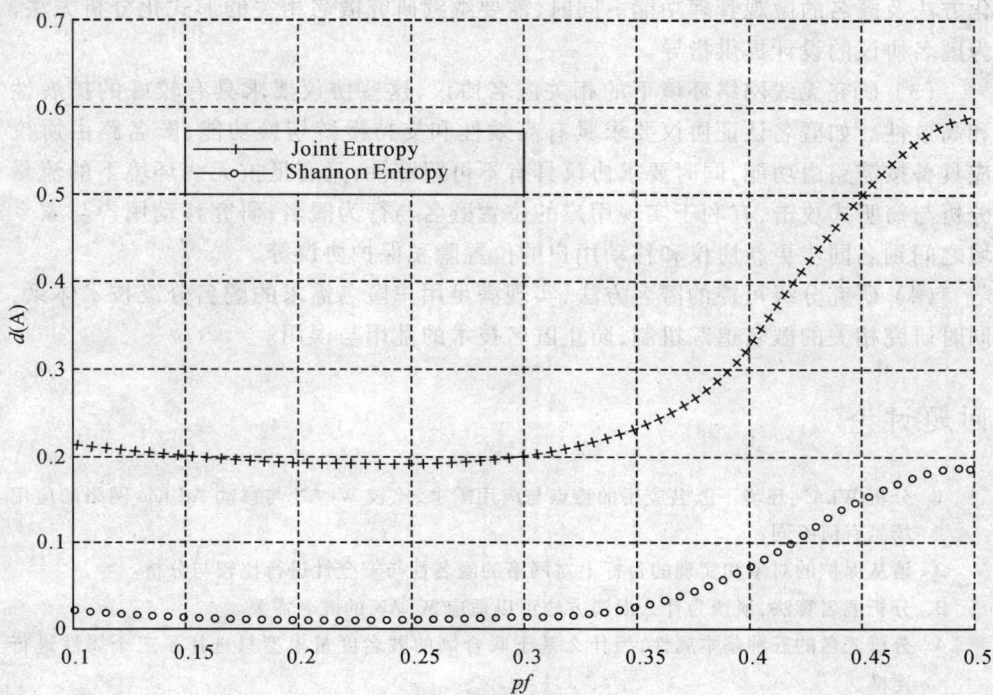

图 7 – 14 Shannon 熵和联合熵的仿真结果

7.5 研究展望

匿名性是信息隐藏的一个重要分支,WLAN 下的匿名性目标是要平衡信息服务的真实性与隐私性之间的矛盾。移动信息的真实性要求用户信息能够更加容易和准确地被提取,可以向用户提供更好的服务和进行更加有效的管理,而匿名性要求用户的敏感信息不被发现,或者尽量少的泄露。即从服务提供的质量上说,需要更精准的个人信息作为基础;而从信息服务使用者来说,要求泄露尽量少的个人信息的同时可以使用高质量的信息服务。因此,WLAN 下的匿名性要求在信息的暴露和隐私信息的保护之间取得平衡。使用户在暴露最少量的敏感信息的情况下,能够得到最可信的匿名性信息服务。因此,未来的 WLAN 匿名协议应重点从以下四个方面进行研究:

(1) 研究无线移动环境下的匿名应用特征,比较不同应用下匿名需求的共性与差异性,确定匿名需求的关键性技术,为设计高效、安全、可信的匿名协议提供相应的技术基础。

(2) 研究适合于无线移动自组织网络环境下的匿名认证模型。目前的匿名研究成果中还没有一个比较成熟的、精确的、定量化的描述模型,需要研究匿名的量化方法及匿名的微观管理功能。同时,需要继续研究匿名相关的形式化分析方法,为匿名协议的设计提供指导。

(3) 研究无线网络环境下的相关匿名协议,这些协议要求具有较好的扩展性和高效性。如匿名认证协议要求具有高效性和支持漫游切换功能;匿名路由协议应具备按需路由功能,同时要求协议具有不可跟踪性,具有抵抗无线环境下的流量分析与窃听式攻击,有利于实现用户的位置匿名与行为匿名;研究移动用户与家乡域之间别名同步更新协议和移动用户的位置隐私保护协议等。

(4) 研究分级可控的匿名方法,实现满足用户匿名需求的匿名分级技术体系,同时研究相关的匿名追踪机制,防止匿名技术的乱用与误用。

问题讨论

1. 分析 WLAN 环境下匿名应用的特点与应用需求,比较 WLAN 与移动 Ad hoc 网络的应用场景有何不同?
2. 请从保护的对象和实现的目标上对网络的匿名性与安全性进行比较与分析。
3. 分析匿名算法,谈谈为什么混淆方法可以适应 WLAN 的匿名需要。
4. 分析匿名的五种基本属性,为什么基于联合熵的匿名度量模型只选择了三个属性进行建模?

参考文献

[1] Seys S, Diaz C, Win B D et al. Anonymity and Privacy of Electronic Services, Deliverable 2-Requirements Study of Different Applications[EB/OL]. (2001 – 11 – 21). https://www. cosic. esat. kuleuven. be/apes/docs/d2_final. pdf.

[2] Pfitzmann A, Waidner M. Networks without User Observability[J]. Computers &Security, 1987, 6(2): 158 – 166.

[3] Chaum D. The Dining Cryptographers Problem: Unconditional Sender and Recipient Untraceability [J]. Journal of Cryptology, 1988,1(1): 65 – 75.

[4] Anonymizer. The Free Haven Project[EB/OL]. (2004 – 12 – 01). http://www. freehaven. net/related-comm. htmlJHJanonymizer.

[5] Reiter K, Rubin D. Crowds: Anonymity for Web Transactions[J]. ACM Transactions on Information and System Security, 1998,1(1): 66 – 92

[6] Chaum D. Untraceable Electronic mail, Return Addresses, and Digital pseudonyms[J]. Communications of the ACM, 1981,24(2):84 – 88.

[7] Jiang S, Vaidya N. A Dynamic Mix Method for Wireless Ad Hoc Networks: Proceedings of IEEE Military Communication Conference (Milcom), Communications for Network-Centric Operations: Creating the Information Force[C]. IEEE Press, 2001: 873 – 877.

[8] Dingledine R, Serjantov A, Syverson P. Blending Different Latency Traffic with Alpha-Mixing:

Proceedings of the Sixth Workshop on Privacy Enhancing Technologies （PET 2006）［C］. Cambridge, UK, Springer 2006, LNCS 4258: 245 – 257.

[9] Cottrel L. Mixmaster & Remailer Attacks［EB/OL］. （2002 – 02 – 02）. http://web. inf. tu-dresden. de/ ~ hf2/anon/mixmaster/remailer-essay. html.

[10] Danezis G, Sassaman L. Heartbeat Traffic to Counter （n – 1） Attacks: Proceedings of the Workshop on Privacy in the Electronic Society［C］. ACM Press, 2003:89 – 93.

[11] Kesdogan D, Egner J, Buschkes R. Stop-and-go MIXes Providing probabilistic anonymity in an open system: Proceedings of Information Hiding Workshop［C］. Springer-Verlag, 1998, LNCS 1525:83 – 98.

[12] Goldschlag D M, Reed M G, Syverson P F. Hiding Routing Information: Proceeding of the first Information Hiding［C］. Springer Verlag, 1996, LNCS 1174:137 – 150.

[13] Reed M G, Syverson P F. Anonymous Connections and Onion Routing［J］. IEEE Journal on Selected Areas in Communication-Special Issue on Copyright and Privacy Protection, 1998, 16 （4）:482 – 494.

[14] Rennhard M, Rafaeli S, Mathy L et al. An Architecture for an Anonymity Network: Proceedings of 10th IEEE International Workshop on Enabling Technologies: Infrastructure for Collaborative Enterprises［C］. Cambridge, MA, USA, 2001: 165 – 170.

[15] Song R G, Korba L. Anonymous Internet Communication based on IPSec: Proceedings of the International Federation for Information Processing （IFIP）［C］. World Computer Congress, Montreal Quebec, Canada, 2002, Vol. 220:199 – 214.

[16] Brown K, Singh S. M-TCP:TCP for mobile cellular networks［J］. ACM Computer Communication Review, 1997,27(5):19 ~ 43.

[17] 赵福祥,王育民,王常杰. 可靠洋葱路由方案的设计与实现［J］. 计算机学报,2001, 24 （5）:463 – 467.

[18] 吴振强,杨波. 追踪洋葱包的高级标记方案与实现［J］. 通信学报,2002,23(5):96 – 102.

[19] 吴振强,杨波. 洋葱路由包的封装技术研究［J］. 计算机工程与应用, 2002, 38 （20）: 150 – 153.

[20] 吴振强,杨波. 基于葱头路由技术和 MPLS 的隐匿通信模型［J］. 西安电子科技大学学报, 2002, 29(4): 513 – 517.

[21] 吴振强,马建峰. 基于 IPsec 的宽带无线 IP 网络匿名方案［J］. 计算机应用,2005, 33(1): 168 – 172.

[22] Robert C, Mark C. Dynamic server selection using dynamic path characterization in wide-area networks: Proceedings of the 1997 IEEE INFOCOM Conference［C］. Kobe, Japan, April 1997, Vol. 3:1014 – 1021.

[23] ISO/IEC 15408 – 2. Information technology-Security techniques-Evaluation criteria for IT security, Part 2: Security functional requirements［S］. 1999.

[24] Stefaan S, Claudia D. APES:Anonymity and Privacy in Electronic Service［EB/OL］. （2001 – 04 – 19）. https://www. cosic. esat. kuleuven. ac. be/apes/.

[25] Guan Y,Fu X, Bettati R et al. An Optimal Strategy for Anonymous Communication Protocols: Proceedings of the 22th International Conference on Distributed Computing Systems［C］. IEEE

Computer Society Washington, DC, USA, 2002: 257 – 266.

[26] 吴振强,马建峰.基于条件熵匿名模型的优化.第八届中国密码学学术会议论文集[C].北京:科学出版社,2004, 390 – 397.

第 8 章　自适应性安全策略

　　计算机网络的迅速发展和广泛应用,对信息安全特别是网络安全带来了新的挑战。传统的静态安全模型和单一的安全手段已不能适应复杂的网络结构和多变的入侵方式所带来的困扰,需要从安全体系结构层面上对安全的适应性进行研究。本章在对 WLAN 的自适应性安全策略进行需求分析的基础上,提出了 WLAN 自适应安全体系结构框架,并在此框架下重点对自适应安全策略管理模块和安全智能推理模块进行了研究,提出了基于策略的 WLAN 安全管理框架及其实现流程。在安全推理与安全策略的自适应决策方面,给出了利用证据理论进行 WLAN 安全态势评估的推理方法以及利用层次分析法实现 WLAN 自适应安全策略的决策过程。

8.1　自适应安全策略概述

　　随着 Internet/Intranet 技术的迅速发展和广泛应用,信息系统的安全特别是网络系统的安全成为人们日益关注的问题。面对信息安全,特别是网络安全面临的大量问题,很多学者在安全模型到具体的安全技术等方面都做了大量工作。信息安全模型是对系统工作的高层次说明,它用精确语言来描述信息系统的安全策略,为安全策略与其实现机制的关联提供了一种框架。但是这些模型和安全技术往往只能解决信息安全的某一方面或某几方面的问题,同时,网络入侵的方式也在不断变化,并呈现出以下新特点:

　　(1) 没有地域和时间的限制,跨越国界的攻击就如同在现场一样方便。

　　(2) 通过网络的攻击往往混杂在大量正常的网络活动之间,隐蔽性强。

　　(3) 入侵手段更加隐蔽和复杂。

　　网络安全是一种动态的安全,安全技术与入侵手段这对矛盾是辨证统一的,螺旋式前进是信息安全发展的永恒规律:网络安全是一个与时间相关的动态演变过程:在一定时期和一定安全策略下,网络处于安全状态;随着时间的推进和网络内外部环境的变化,信息系统的安全状态会发生改变,原有的安全策略不再适应新的条件。要求安全模型不仅能保障信息系统的基本安全需求,而且能够依据信息系统的当前安全状态作出自我调整,反映动态变化的安全需求。

在目前的无线网络安全体系结构中,为了保护网络资源不被外部节点非法入侵,传统网络使用的防火墙技术是在网络边缘保护内部资源免受攻击。传统防火墙使用集中式静态配置访问控制策略,当移动节点漫游到外地网络后,所有移动节点都需通过防火墙和代理支持透明移动,这样会造成以下几种安全缺陷:

（1）窃取　入侵者侵入到移动节点的通信连接中截获数据包,窃听通信信息,这种攻击在 WLAN 环境中特别有效。

（2）冒充　入侵者通过修改自己的地址信息,冒充移动节点,获取本地网络防火墙和代理的信任,实现非法资源请求。

（3）拒绝服务　入侵者通过各种网络安全漏洞,试图让本地网络防火墙和代理不断地对入侵者进行安全认证,从而耗尽计算资源,无法为合法用户提供正常服务。

在无线网络环境下,为了更好地提供无线网络接入服务,通常是采用每个接入点配置一个相应的安全策略,这种分布式的安全策略管理将会导致企业内部网络在安全策略上的不一致性,且防火墙的安全策略与入侵检测系统之间的安全策略缺乏相应的联动机制,导致了网络安全管理与维护的复杂度迅速上升。目前WLAN 管理面临的挑战有:

（1）WLAN 是一个开放的传输介质,无法阻止通信流量的主动和被动窃听。

（2）已经安装的无线网络设备存在安全威胁,如目前大量安装的 IEEE 802.11a/b/g,其安全机制 WPA 存在安全漏洞。

（3）新安全协议 TKIP 和 IEEE 802.11i 的安全效果有待时间的检验;WLAN 设备的迁移导致内部网络面临着非授权接入的威胁。

（4）随着无线网络规范的扩大,基于手工静态配置安全策略的传统方式面临着策略的一致性和时效性等安全管理难题,需要配置一个统一的、兼容有线和无线的安全策略强制实施机制。

鉴于网络中存在的安全策略问题,IETF 成立了一个策略框架工作组[1],制订了策略模型 RFC3060、接入策略框架 RFC2753、策略信息库 RFC4011 等系列规范,目标是设计一个在动态环境下自适应的自动管理多层网络安全策略,如对一个网络,需要能实现对合法的用户提供接入服务,而对非法的接入进行拒绝;能用简单的安全策略描述语言对接入应用与网络服务进行说明;需要设置网络监控与调节层,使其在网络发生改变时进行报告,同时对策略的更新与调整通过策略引擎进行完成。动态安全策略的状态转换如图 8 - 1 所示。

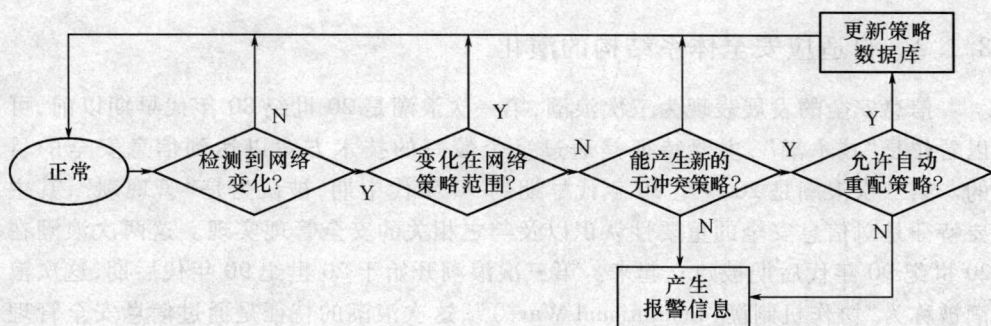

图 8 - 1　动态安全策略状态转换图

8.1.1　自适应安全概念

自适应网络安全研究始于 1998 年美国亚特兰大网络产品展示会上互连网安全系统公司(Internet Security Systems,ISS)发起成立的自适应网络安全联盟(Adaptive Network Security Alliance,ANSA)[2]。ISS 把自适应网络安全定义为自动化、集成化的企业信息保护系统,要求所有接入网络的信息安全产品之间能进行信息交互与信息共享,对安全威胁能动态响应。在这一理念的指导下,信息安全界出现了一系列的动态安全研究方法和安全技术,比较典型的有:自愈式系统(Self-healing System)[3]、弹性安全体系结构(Resiliency Security Architecture)[4]、自适应性安全体系结构生存周期(Adaptive Security Architecture Lifecycle)[5]、自适应安全基础设施(Adaptive Security Infrastructure)[6]、自适应安全索引(Adaptive Security Index)[7]、复杂自适应系统(Complex Adaptive Systems)[8]。自适应安全的相关技术涉及自适应安全理论、自适应安全协议、自适应安全的组件实现技术、自适应安全策略、自适应安全语义描述语言、自适应性安全度量、自适应性安全推理,以及自适应安全体系结构自身的可生存性、演化和应用等。然而,一系列的自适应安全技术是建立在一个基本的反馈基础之上进行讨论的,根据文献[9],将系统分为自适应系统与自调节系统,调节是参数,是性能的调整,而自适应是结构上的调整,一般将自调节的系统或技术称为自适应性系统,也可以将这种研究定位于自适应研究的初级阶段。

自适应安全(Adaptive Security,AS)是一项集安全、管理、自动控制于一体的复杂性系统工程,必须从体系结构的层面进行抽象性、系统性的研究,尤其是要从自适应安全体系结构(Adaptive Security Architecture,ASA)角度进行研究,ASA 是针对传统安全系统设计时内置的静态安全机制无法预测和处理未来安全需求而提出的,这些安全需求包括物理参数、安全威胁、攻击、安全策略和任务目标等的综合性安全解决方案。

8.1.2 自适应安全体系结构的演化

信息安全的发展表现为三次浪潮,第一次浪潮是 20 世纪 80 年代早期以前,可以看作是"技术潮",主要特征是通过一个较好的技术方案以达到信息安全的目的。第二次浪潮是 20 世纪 80 年代早期到 90 年代中期,被认为是"管理潮",其主要特征是对信息安全的重要性认识以及与之相关的安全管理实现。这两次浪潮在 20 世纪 90 年代后期被建立起来。第三次浪潮开始于 20 世纪 90 年代后期,这次浪潮被称为"协作机制潮(Institutional Wave)",这次浪潮的特征是通过信息安全管理的最佳实现或代码编制等研究,出现了国际性的信息安全认证、信息安全合作的环境以及动态或连续的信息测量技术等。

随着安全攻击技术的发展,网络安全体系结构也在不断地发展与完善,安全体系结构模型大体经历了三个阶段,即要塞式、航空港式和点对点式。

1. 要塞式安全模型

要塞式安全模型的前提是依赖于信任关系为基础,它假设在要塞外的任何人都是受到怀疑的,即不可信;而内部所有人则是可信的。如果一个外部的用户进入到系统的内部,则他几乎可以做任何他想做的事。在无边界环境下,信任成为一个极其复杂的概念,与外界的一个未知用户建立信任关系是极其困难的,尤其是这些用户实行自主管理。在无边界网络中任何人都可以是一个不太了解的内部人员,尤其是总是存在大量不可信的内部人员。要塞式模型与最弱的访问控制组件相比具有一定的相对安全性。如果一个可信的内部人员滥用他或她的权限,或者是入侵者在安全边界上发现了一个可利用的漏洞,则整个系统将会受到威胁。

第一代安全体系结构就是这种城墙式防御体系结构。主要是通过终端的防病毒系统、网络边界的防火墙和内网的 IDS 各自独立实现。随着安全攻击技术的多样化,出现联合攻击行为,且多种攻击技术的综合运用,出现了一些新的攻击方式,如网络钓鱼等,迫使防火墙与 IDS 出现了联合防御的技术体系,即出现了防火墙与入侵检测系统的联动式结构。

2. 航空港式安全模型

航空港式安全模型也称为"多层防御"安全模型,是借鉴目前机场的管理环境而提出的一种安全模型。由于机场具有两个重要特征:首先,内部人员和外部人员没有差别,不论是机场管理人员、安检人员或乘客,任何人员进入都必须经过相同的安全检查程序;其次,安全有许多逻辑层次,人员从机场安全检查的入口处开始,根据他们各自进入的不同航空区域就可以鉴别其身份。在这些区域的安全检查通常是通过不同的安全代理来实现的,这样可以消除合谋攻击行为。因此,机场安全机制实际上是采用了一个有效的多层防御体系。

基于多个区域(层)的航空港安全模型具有鲁棒性、灵活性和区域性,这个逻辑性的安全检测"门"可以通过多个相互重叠的技术来实现,根据个体的角色和其想进入的区域来实现认证、鉴别和访问控制。这样,即使一个区域被攻破,剩下的系统仍将是安全的,其结果是将一个要塞变成一系列要塞。

在无线网络不断增多的情况下,无边界网络将逐步成为主流网络,网络管理者必须面对持续变化的"外部"访问角色与组织机构的变化。在这种环境下,通过防火墙保护的传统企业安全边界必须与外部某些物理区域共享一些信息或其它内容。对企业网络而言,内部和外部环境的边界变得不存在,这对提供安全服务而言就引起了新的身份和接入管理基础设施的问题,即产生了虚拟企业网 VEN(Virtual Enterprise Network)。基于航空港安全模型的 VEN 选择了传统集中式安全区域的思想,提供了鲁棒的"多层防御",这样即使攻击者从外面的一层进入到内部一层,但其它层的保护机制还可以提供信息资源的保护功能。这种机制是利用现有基础设施构建模型,但目标是分布式边界。VEN 定义了四个逻辑层:① 资源层 该层位于客户机、服务器、应用或数据,它是最内层。② 控制层 该层是一个新的层次,在传统的安全模型中是不存在的。这一层是执行安全策略控制任务层,通常位于认证服务器中。③ 边界层 该层包括防火墙、代理、网关等,目的是在 Intranet 与 Internet 等安全区域间提供物理与虚拟边界。④ 外部边界延伸层 这是最外层,是由边界之外物理地域的安全服务资源或使用的技术组成的。

基于航空港式安全模型的防御体系结构有 CISCO 的自防御网络、Symatec 的主动安全基础架构、IBM Tivoli 软件组提出的集成化安全体系结构等。

3. 点对点安全模型

在未来高度网络化的空间里,安全模型是点对点的动态信任。这种模型要求网络中任何用户与其它用户间具有点对点的认证与信任。该模型通过多个可以相互叠加或者可以选择的技术,假设参与活动事务的各方都可以向其它相关方提供自己身份的鉴别与认证信息,以证明其参与事务活动的正确性。这种模型比较符合目前拥有智能无线设备的移动用户。

现有的安全体系结构主要以防御为主,缺乏有效的安全追踪与反击能力。安全体系结构主要存在四方面的问题:① 安全技术是以攻击特征匹配的被动防御方式为主。传统的防火墙、防病毒和入侵检测系统是以匹配攻击特征作为防御的依据,只能防已知的攻击,无法防御未知攻击,随着时间的推移和攻击种类的增加,导致攻击特征库呈现爆炸性增长。② 无线网络的出现,原有的网络防御边界逐渐消失,导致防火墙和 IDS 难以有效地部署。③ 安全防御体系分布不尽合理,重视服务器和网络设施的安全加固,忽略了对数量庞大的终端实施有效的保护。④ 安全防御体系缺乏有效的灵活性和弹性,适应性差,不能根据安全技术的变化进行适应性调整。

在目前的"网络为王"时代,世界各国都重视网络基础设施的建设,但是随着网络基础设施的日趋完善,网络服务逐渐成熟,人们已经开始考虑网络增值服务的问题。这是因为传统的基本服务,如电子邮件和网络浏览已成为一种既定的事实,而在此环境下成长的新应用正在提出新的需求,如动态网络安全和基于安全体系结构的电子商务等。在"服务为王"的新技术时代,网络安全的指标是动态的。好的网络安全体系应该是一种自适应安全体系,而不是现有的固定安全体系。

8.1.3 动态安全策略框架

为了达到设计的模块化,建立一个具有良好模块化结构的体系结构是非常有意义的。这是因为安全体系结构是模型在系统中的解释框架,好的体系结构有利于形式化安全策略模型的设计与分析。

安全体系结构要支持多安全策略,真实的安全环境具有两个特征。其一是安全威胁的多样性,如特洛伊木马、病毒、蠕虫、拒绝服务攻击、缓冲区溢出、越权访问等,它们可能威胁信息的机密性、完整性和可用性,因此要求系统能够支持安全策略的多样性,满足多种安全目标。其二是安全环境的动态变化性,一种是周期性变化,如公司下班前和下班后的安全策略是不同的;另一种是环境的突然性变化,如发生了黑客入侵事件、火灾、地震、战争等,系统必须能及时响应环境的变化,将适应新环境的安全策略立即有效地实施,这就要求在同一系统中支持多种安全策略机制,尤其是 1993 年美国国防部在 TAFIM(Technical Architecture for Information Management)计划中推出的新的安全体系结构 DGSA(DoD Goal Security Architecture)[10],DGSA 强调对多种安全策略的支持,促使多安全策略的支持技术成为近几年的研究热点。然而,在支持多安全策略的体系结构中,一些本质的问题还没有得到解决,如合成策略的安全性问题,文献[11]用事例表明,一般的安全性(如无干涉性)往往是一个不可合成的性质,因此,两个安全策略合成后的安全性是需要加以证明的。

Internet 的发展,增加了计算环境的多样性,运行在不同计算环境下的各种应用有着不同的安全需求,遵循着不同的安全策略。为了既获得良好的安全性,又能满足日益广泛和复杂的需求,人们对安全策略的研究逐渐深入,概括来说,该过程可划分为如下三个阶段:

(1) 支持单一安全策略。早期的系统多采用了单一的安全策略来提供强制存取控制(MAC)。例如,Multics 系统采用 BLP 模型来实现多级安全策略(MLS)。其它安全模型还有 Biba、Clark-Wilson、DTE(Domain and Type Enforcement)、RBAC。

(2) 支持多安全策略。单一策略已不足以满足安全需求的增强和策略交互的需要,例如 BLP 模型不能对数据和程序的完整性、职责隔离和最小特权提供很好的支持。系统需要多安全策略的支持框架(Framework For Multi-Policies,FFMP)以支持策略的多样性,例如同时支持 MLS、TE 和 RBAC.

(3) 支持动态多安全策略。在支持策略多样性的基础上支持策略的动态性,目前的研究处于此阶段。

在当今的分布式环境中,为了安全策略的广泛适用,任何安全方案必须是灵活的,可以根据实际需要动态变化,我们把这种性质称为可变通性。如何使操作系统提供灵活可变的安全机制,是当前研究中的一个热点和难点,因为这种可变通性要求控制访问权限的增长、加强细致的访问权限、支持对以前授予的访问权限的撤销,而以前的安全系统在这三方面明显不足。在此基础上,人们已经提出了 GFAC 体系、FAM 体系、RBAC 模型体系、Flask 体系、DTE 体系等都具有支持动态安全策略机制。

1. GFAC 框架

GFAC(Generalized Framework for Access Control)[12] 研究项目由 Marshall Abrams 领导,于 20 世纪 90 年代前期完成。它提供了一个用于表达和支持多安全策略的框架,其主要目标是使得描述、形式化和分析各种访问控制策略更容易;使用户可以从系统开发者提供的多个安全策略支持模块中选择几个进行配置,得到需要的安全策略,并且可以确保安全策略得到正确的实施;对于所支持的每个安全策略,都能证明满足了策略的原始定义。

GFAC 本质是规则集模型化方法(Rule-Set Modeling Approach),它将所有的访问控制安全策略看作是通过属性来表达的安全规则的集合。各安全策略由以下三个基本元素组成:

(1)权威(Authority) 一个定义安全策略的授权实体,负责确认相关的安全信息并给受控资源的属性赋值;

(2)属性(Attribute) 包括主体和客体的安全信息,例如安全等级、客体类型、进程域,系统用它来做访问控制决策。

(3)规则(Rules) 属性和访问控制决策所需的安全信息之间的形式化表达式的集合,它反映了由规则所定义的安全策略。

该安全框架由四部分组成:访问控制决策(Access Control Decision Facilities, ADF)、访问控制实施(Access Control Enforcement Facilities, AEF)、访问控制信息库(Access Control Information, ACI)和访问控制规则(Access Control Regulation, ACR)。AEF 截获主体对客体的访问,向 ADF 发出访问控制决策请求,然后根据返回的结果执行拒绝或允许访问操作。ADF 根据具体的访问控制策略,做出安全决策,这个过程需要访问存储在 ACI 中的主体和客体的安全属性和 ACR 中的主客体间的访问控制规则。GFAC 访问控制框架如图 8 – 2 所示。

具体访问过程为:

(1)主体向 AEF 提出访问请求(如请求系统调用,读一个客体)。

(2)AEF 收到访问控制请求后,将提出请求的主体属性和要求被访问的客体属性连同访问模式一起提交给 ADF,等待后者做出策略判断。

(3)ADF 访问 ACI 和 ACR,获取相关的安全属性和规则信息,并做出策略判断。

(4)如果允许此次访问,则向 AEF 发送允许的回答并且设置相应的安全属

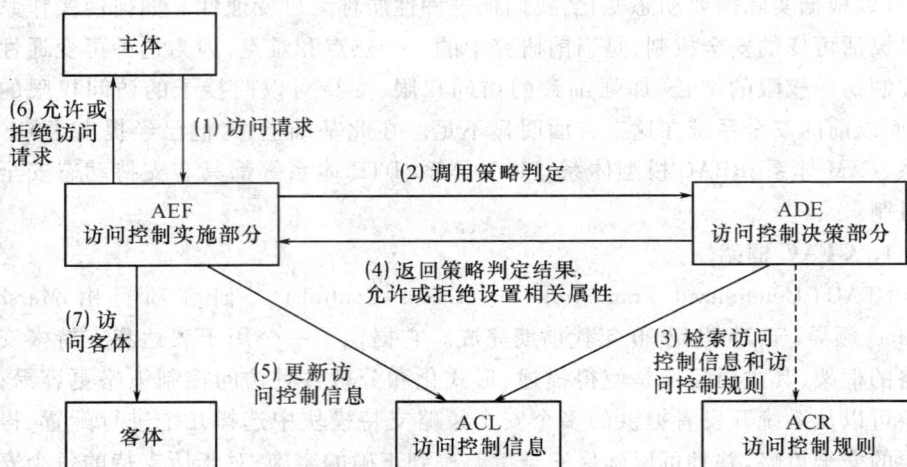

图 8 - 2　GFAC 访问控制框架

性,否则返回拒绝访问的回答。

（5）AEF 根据 ADF 返回的信息,更新 ACI 中的主客体安全属性。

（6）AEF 根据 ADF 返回的信息,向提出请求的主体返回访问请求的答复。

（7）如果允许访问,则 AEF 实施主体对客体的访问。

RSBAC(Rule Set Based Access Control,基于规则的访问控制)项目是 GFAC 框架在 Linux 环境中的一个典型应用,该项目主要是由德国汉堡大学研发,它可以基于多个模块提供灵活的访问控制,每个模块对应一种安全机制,提供一个安全函数供 ADF 调用。RSBAC 中所有与安全相关的系统调用都扩展了安全实施代码,这些代码调用中央决策设施,由其通过已激活的各安全模块所提供的函数调用相应的模块,形成综合的策略判断,然后由系统调用来实施其决定。目前 RSBAC 已经实现的安全模块包括 MAC(Mandatory Access Control)、AUTH(Authentication)、ACL(Access Control List),PM(Private Model)、REG(Module Registration)等。通过 REG 模块,用户可以根据自己的需要开发模块,然后提供相应的函数供中央决策设施调用该模块。安全属性是进行访问控制判断的一个重要依据,它们被放在一个被完全保护的目录中,需要通过特定的系统调用才能进行访问。增加额外的安全属性,可以通过 PM 模块。

国内方面,中国科学院软件研究所开发的红旗安全操作系统 RFSOS 是 GFAC 框架的一个典型应用。同时,在 ADF 接口中可以方便地添加其它的访问控制规则,或者根据用户的需要制定新的访问策略,如基于角色的访问控制策略(RBAC)、基于表示的访问控制策略(IBAC)等。

GFAC 的最大优点在于将访问控制的决策与实施分割开来,使得访问控制的实施与具体的安全策略无关,这样,当面对具体环境或者新的安全需求时,可以相应地增加或者修改安全策略,而不影响策略的实施部分。该框架既可以加入强制访问控制策略,又可以加入自主访问控制策略。该体系框架的不足之处主要表现为:支持多级安全策略在实现上比较困难,尤其是支持了多级安全策略之后系统效率降低。这主要是因为系统支持多级安全策略时,ADF 进行策略判断需要多次访问 ACI 和 ACR。

2. FAM 框架

文献[13]提出了基于策略描述语言的多安全策略支持框架,该框架定义了一个灵活授权管理器(Flexible Authorization Manager, FAM),用于在同一个系统中实施多个安全策略。FAM 由两部分组成,授权语言(Authorization Language)和授权请求处理器(Authorization Request Processor)。授权语言用以描述授权和授权策略,授权请求处理器依据 SSO(System Security officer)描述的安全策略对用户的请求进行判决。

授权语言可以描述授权和授权策略,授权包括肯定授权(Positive Authorization)和否定授权(Negative Authorization),并且引入授权起源(Authorization Derivation)、冲突解决(Conflict Resolution)和裁决策略(Decision Strategies)等概念。依据组织安全策略的需要,不同的用户、用户组、客体和角色可以实施不同的授权策略。

SSO 可以使用授权语言描述用户或用户组可以访问的客体,也可以通过选择保存授权库(Authorization Library)中的授权策略,描述哪些安全策略可以应用到哪种客体,使用授权语言得到的结果是一个 FAM 程序。图 8-3 给出了 FAM 框架的整体结构。

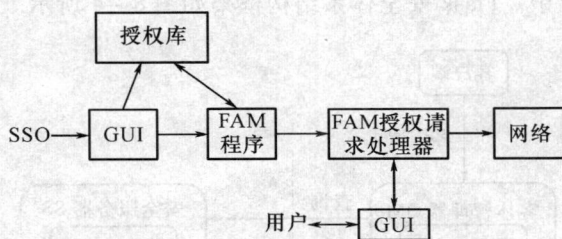

图 8-3 FAM 框架

当用户请求访问客体时,FAM 授权请求处理器将访问请求提交给相应的 FAM 程序,FAM 程序是由 SSO 利用 GUI 工具编写,如果 FAM 程序返回许可,则允许访问,否则就拒绝访问。

FAM 框架的优点是利用授权语言可以描述多个安全策略,并在同一个系统中实施。其缺点在于安全策略是用语言进行硬编码,无法反映主客体和安全策略在系统执行中的动态变化。

3. RBAC 模型框架

文献[14]中讨论了如何利用 RBAC 模型来实施强制访问控制和自主访问控制

策略。在此之前,文献[15,16]也讨论了如何利用角色机制实施强制访问控制和自主访问控制策略。

RBAC 模型可以支持多安全策略的原因是其安全策略的中立特性。与其它安全模型不同的是 RBAC 本身没有隐含地支持任何安全策略,而 BLP 模型本身就隐含支持保密性安全策略。RBAC 模型实质是一种安全策略的描述方法,系统实施的安全策略是对 RBAC 访问控制机制配置的结果,所以通过适应的配置,可以使 RBAC 支持多种安全策略。

4. FLASK 框架

传统的强制访问控制策略要求在访问控制模块之外有特殊的可信主体,缺乏对主体和主体所执行代码相互关系的密切控制;传统的引用监视器只能在局部范围内起监控作用,不能灵活地支持多种安全策略和策略的动态改变。为了克服 MAC(Mandatory Access Control) 机制的局限性,美国的 NSA(National Security Agency)在 SCC(Secure Computing Corporation)的帮助下开始研究新的方法,研制出了强大、灵活的安全体系结构。接着 NSA 和 SCC 与犹他州大学 Flux 研究小组协作,把研制出的安全体系结构移植到以 DTOS(Distributed Trusted Operating System)安全体系结构为基础 的 Fluke 操作系统上,形成了能很好支持动态安全策略的 Flask(Flux Advanced Security Kernel)[17] 安全体系结构。Flask 的主要设计目标在于作为强制访问控制的通用性框架,提供对多种安全策略的动态支持,以满足日益多样化的安全需求。Flask 安全体系框架定义了一种混合的安全性策略,由类型实施(TE)、基于角色的访问控制(RBAC)和可选的多级别安全性(MLS)组成,广泛用于军事安全性中。Flask 安全体系结构框架如图 8 - 4 所示。

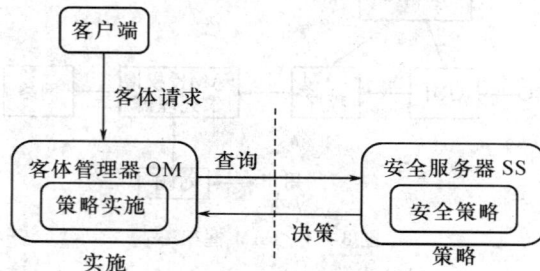

图 8 - 4　Flask 安全体系结构框架

Flask 由客体管理器(Object Manger,OM)和安全服务器(Security Server,SS)组成,主要优点是将策略实施与策略决策分开,OM 负责策略实施,SS 负责策略决策。Flask 描述了 OM 和 SS 内部组成和它们的交互功能。

OM 包括三个基本部分:(1)为客户端提供访问决策、标记决策和多实例化决策的接口。(2)提供一个访问向量缓冲器(Access Vector Cache,AVC),暂时缓存访问决策结果,以提高系统效率。(3)提供接收和处理安全策略变动通知的能力。

SS 主要由 SID/SC 映射库和策略逻辑两部分组成。SID/SC 映射库用来维护主客体安全标识(Security Identifier,SID)与安全上下文(Security Context,SC)之间的映射关系。策略逻辑包括策略决策代码和策略库,策略库中保存主客体 SC 对和许可访问向量之间的对应关系。

当 OM 接收到一个客户请求时,首先查询 AVC,如果没有适当的缓存结果,将通过内部的决策接口向 SS 提交查询。SS 根据策略逻辑作出安全决策,返回给 OM,同时更新 AVC。

Flask 的主要目标是提供安全策略的动态调整,体现在以下几个方面:

(1) Flask 的策略与实施分离的机制,为控制访问权限的增长提供了良好的支持。任何访问决策以及其它安全相关的标记决策和多实例化决策都是由安全服务器依照安全策略数据库统一作出的。

(2) 如何实现细致的访问控制是与安全策略的控制粒度和策略实施的具体控制点相关联的。Flask 原型系统中绑定了四个子安全策略:多级安全、类型实施、基于标识的访问控制和基于角色的访问控制。Flask 为系统中的各种客体定义了详细的访问需求权限,包括进程、文件、目录、文件系统、IPC、SOCKET 和各种设备等。

(3) 策略变化可能和访问控制决策的执行产生交叉,系统会面临根据废弃的策略执行访问权限的危险。撤销以前授予的访问权限的最大困难在于,许可权一旦被授予,有在全系统中移动的倾向,例如 Linux 中的打开文件描述符,功能、页表的访问权限,打开的 IPC 连接等。Flask 提出了策略原子性概念,并且提供了相应的策略吊销机制来支持对访问权限的撤销。它定义了一个合理的协议使得对象管理器和安全服务器能够协调处理,从而实现系统级策略的有效原子性。

5. 动态安全策略框架的比较

表 8-1 对上述多安全策略支持框架主要从策略多样性的支持、策略动态性的支持、效率和环境的适应性四个方面进行了比较。其中,对策略的动态性支持是指在系统运行中,框架能够及时将策略的细微变化反映到访问控制过程中;对环境的适应性是指系统的运行中,能够随着环境的变化大幅度调整安全策略,并及时反映到控制过程中。

表 8-1 安全策略框架的比较

安全策略框架	支持策略多样性	支持策略的动态特性	效率	适应环境变化
GFAC 框架	好,框架是开放式,支持多种策略	部分支持,策略的变化可以反映到安全属性的变化,但没有引入安全属性及时撤消机制	低,加入的安全策略越多,效率越低	无法适应

续表

安全 策略框架	支持策略 多样性	支持策略的 动态特性	效　率	适应环 境变化
FAM 框架	好,FAM 的授权语言可以描述多种安全策略	无法支持,访问策略是用 FAM 语言编写的,由 FAM 程序执行的不可变代码	一般	无法适应
配置 RBAC 模型支持多安全策略	适合于支持强制访问控制策略,支持自主访问控制策略需要较多角色	与 RBAC 的实现机制有关	一般	无法适应
FLASK 框架	难以支持自主访问控制策略	可以支持,安全属性及时撤消机制不完善	较高	无法适应

8.2　WLAN 自适应安全策略框架

无线局域网的移动特性,要求安全策略框架能够适应环境的变化,但现有的安全策略框架都无法满足移动性的要求。下面对无线局域网的安全需要进行分析,提出了自适应的安全策略框架和基于策略的安全管理框架。

8.2.1　需求分析

在 WLAN 安全体系结构中,为了保护网络资源不被外部节点非法入侵,传统网络使用防火墙技术在网络边缘保护内部资源免受攻击。传统防火墙使用集中式静态配置访问控制策略,当移动节点漫游到外地网络后,所有移动节点都需通过防火墙和代理支持其透明移动,这样会造成以下几种安全缺陷:

① 窃取　入侵者侵入到移动节点的通信连接中截获数据包,窃听通信信息,这种攻击在 WLAN 环境中特别有效;

② 冒充　入侵者通过修改自己的地址信息,冒充移动节点获取本地网络防火墙和代理的信任,实现非法资源请求;

③ 拒绝服务　入侵者通过各种网络安全漏洞,试图让本地网络防火墙和代理不断地对入侵者进行安全认证,从而耗尽计算资源,无法为合法用户提供正常服务。

因此,使用集中式安全策略容易导致防火墙和代理成为主要攻击目标,一旦防火墙和代理失效,整个网络将立即瘫痪。

另一方面,随着无线网络规模的扩大,一旦某一个网络节点发现了攻击,但安全策略的静态配置方式无法迅速地将这一新的攻击特征加入到网络攻击特征中,导致攻击防范的滞后现象,严重威胁到无线网络的扩展与应用。因此,必须从安全策略的管理入手,提高 WLAN 的抗攻击能力。

8.2.2 自适应体系结构框架

由于集中式安全策略存在缺陷,要求无线网络信息安全必须采用分布式安全策略,现有的分布式安全策略中难以实现动态安全与自适应性,需要从模型上进行改进,以实现动态自适应安全策略,解决移动终端与外地接入点之间的安全策略动态协调、全局一致性和快速策略更新等问题。

本节根据 WLAN 自适应性安全的现状,依据适应性控制系统的功能模型,提出了 WLAN 自适应安全体系结构框架,如图 8-5 所示。

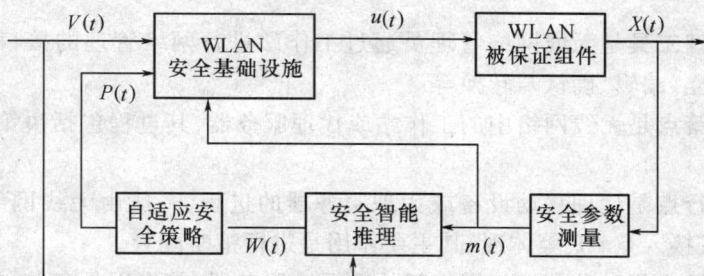

图 8-5 WLAN 自适应安全体系结构框架

在图 8-5 中,WLAN 的安全体系结构是一个可以动态调整安全策略、安全强度与安全防御等级的体系结构框架,其中主要有安全基础设施、安全参数测量、安全智能推理与自适应安全策略等安全模块。根据反馈控制理论,各个模块间的关系描述如下:$V(t)$ 表示系统事先不知道的输入,相当于进入无线 IP 网络安全基础设施的数据,自适应无线 IP 网络安全体系结构的目的就是要使被保护的对象状态 $X(t)$ 能对 $V(t)$ 产生满意的响应。被保护对象的输入 $u(t)$ 是经过安全基础设施检查后通过的信息流,输出 $X(t)$ 由参数测量部件进行测量,并进行相应的量化处理,将测量结果 $m(t)$ 与输入 $V(t)$ 相比较,根据比较结果对安全基础设施进行适应性调整,并根据 $V(t)$、$m(t)$ 和系统以前的状态对网络输入进行安全智能推理,形成 WLAN 系统的安全向量 $W(t)$,自适应性安全算法将 $W(t)$ 映射成一个加权平均值,通过安全策略算法生成自适应性安全策略 $P(t)$,更新无线 IP 网络安全基础设施的安全策略库,实现系统的自适应性。

8.2.3 基于策略的安全管理框架

动态自适应网络安全模型的设计思想是以网络入侵为参照,将安全管理看作一个动态的过程,安全策略应适应网络入侵的动态性。动态自适应网络安全管理模型通过不断地监视网络、发现威胁和弱点来实行安全防护措施,给用户一个循环反馈以便及时作出有效的安全策略和响应。从概念上讲,动态自适应安全模型由下列过程循环构成:安全分析与配置、实时监测、报警响应、审计评估。这里需要特别强调的有两点:一是模型中每一个子过程都有可能反馈,这是因为在每一过程的检验和确认阶段都可能发现问题,只有不断反馈才能达到理想状况;二是模型的整个过程不断循环,形成一个螺旋链式结构。

在 WLAN 自适应安全体系结构框架中,自适应安全策略组件是一个关键性组件,随着 WLAN 规模的扩大,需要保持整个网络策略的一致性和安全防护的实时性。为解决这一问题,这里在基于策略的网络管理(Policy Based Network Management,PBNM)技术的基础上,提出了解决 WLAN 安全策略框架。

PBNM 的典型管理流程框架如图 8 - 6 所示。

其中:

策略管理工具是无线网络管理员通过工作站进行网络管理的接口,其过程包括策略的建立、编辑、确认与转换等。

策略决策点是无线网络中的工作站或代理服务器,其过程包括决策、转换与配置等。

策略执行点是代理移动设备或代理服务器的进程,一般由无线网络中的路由器、防火墙或接入点 AP 等体现,其主要作用是进行策略配置。

策略数据库是一种基于规则管理的数据库服务器,其作用是存储、搜索与恢复策略规则。

图 8 - 6　PBNM 的典型管理流程框架

将 PBNM 的管理框架应用到 WLAN 的策略管理时,这里提出了基于策略管理的 WLAN 逻辑框架,如图 8 - 7 所示。该框架是一个分层的策略管理模式,其中策略可以理解为一个自治系统安全管理员通过控制台的策略描述语言设定的、整个无线网络统一的、全局型的安全管理策略,该安全策略经过确认后,转换成策略管理系统可以理解的响应规则。或者是策略引擎根据无线网络拓扑结构的变化情况,对相应的策略规则进行相应的调整,并及时的调整相应的响应规则;策略引擎的另一个作用是根据策略规则的变化,触发无线策略域控制器,对无线网络中的所有策略执行点进行策略更新。逻辑框架中,无线策略域控制器是针对移动无线网络的规模扩展与配置快速更新的需要而提出的,考虑到采用集中式的策略数据库在可变网络下可能成为一个瓶颈,以及各个不同无线 BSS 的子网络可能开放不同的安全服务,因此在无线策略域控制器中可以根据全局的安全策略与本地的安全策略进行一致性处理后,将具体的配置下发到具体的策略执行点。策略执行点也可以完成安全策略的收集工作,它是通过全局策略适配器实现的,其功能是收集并转发无线网络主机连接状态的抽象快照给策略引擎,如无线接入点的连接情况抽象快照;策略执行点的另一个作用是在策略引擎无法解决策略冲突的情况下,恢复AP 出厂时的低级安全策略。

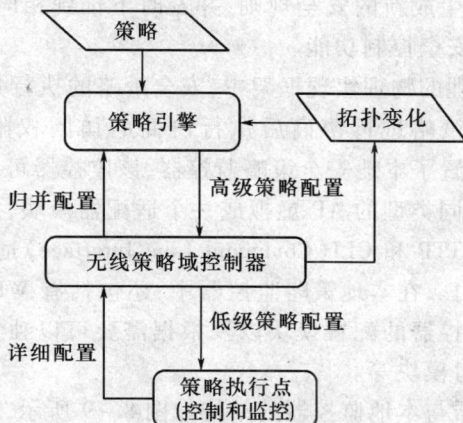

图 8-7 基于策略管理的 WLAN 逻辑框架

WLAN 策略管理的物理实现框架如图 8-8 所示,其中物理实现是按照 WLAN 是由 ESS 和 BSS 两类进行设定的,一般是在一个 ESS 内设置一个无线策略域控制

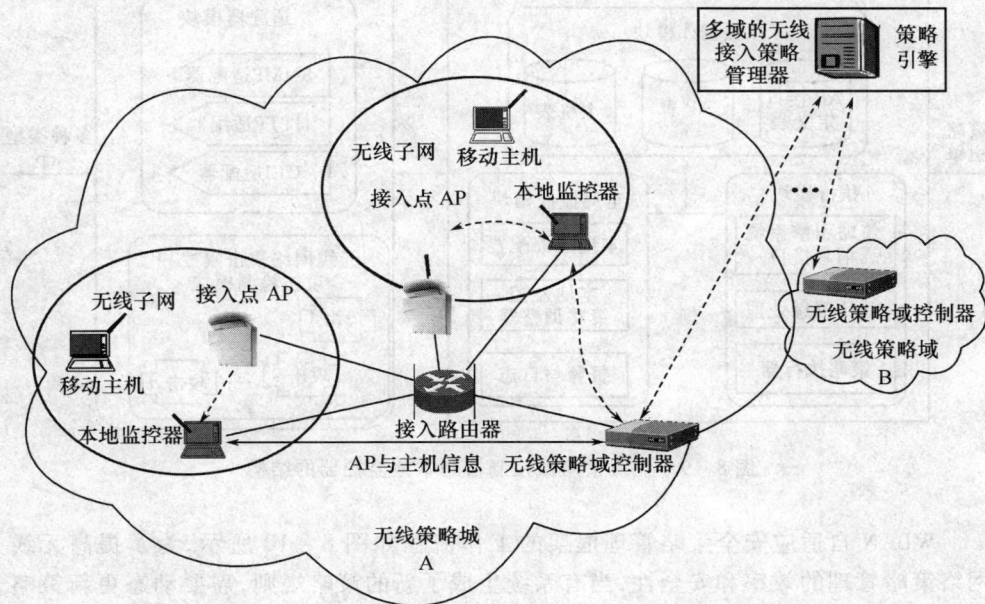

图 8-8 策略管理物理实现框架

器,而一个 BSS 相当于一个无线子网,该 BSS 内除了可以设置一个 AP 之外,还可以设置一个相对固定的或者是在不同的 BSS 内移动的节点,称为本地监控器,实现安全策略的监控与网络的安全性的自适应反馈,无线策略域控制器将所有收集到的网络变化与反馈信息经过归并后,上传到多域的无线接入策略管理器,通过对无线网络的分析与推理,生成新的安全规则,并及时下推到相应的安全策略执行点,实现 WLAN 的自适应安全控制功能。

在 WLAN 策略管理的物理实现框架中,安全策略的执行是按照 WLAN 的安全策略与本地自治安全策略进行协商后执行协商的访问权限。为了实时地监控 WLAN 的攻击行为,设置了本地安全策略监控器,该监控器可以采用无线接入适配器的虚拟化技术,将不同类型的 AP 虚拟成一个适配器模块,并加入无线接入服务的适配器,如 SNMP、HTTP 和 CLI(Command Line Interface)适配器,以提高本地策略适配器的自适应能力。在本地策略监控器中,还包括有 WLAN 攻击嗅探和攻击检测模块、本地安全监控器的配置模块以及根据需要可以独立阻止一些主机的接入活动的人工管理接口模块等。

无线策略域控制器与本地监控器的结构如图 8 - 9 所示,其中攻击检测模块应该可以检测拒绝服务 DoS、伪造接入点 AP、中间人攻击、战争驾驶攻击等基本攻击行为。

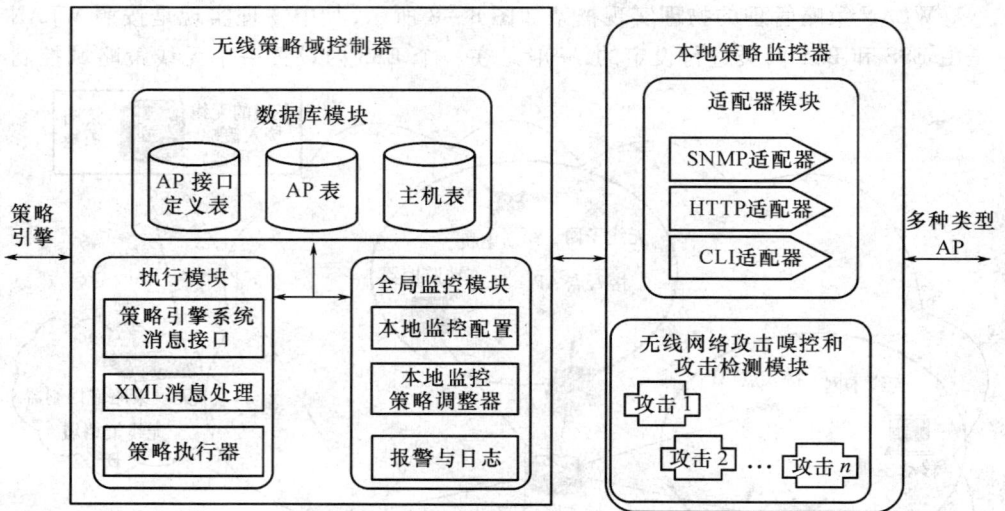

图 8 - 9   无线策略域控制器与本地监控器的结构

WLAN 自适应安全策略管理框架的工作流程如图 8 - 10 所示,为了提高无线网络策略管理的效率和安全性,当有系统生成了新的策略规则,需要动态更新策略时,首先是策略引擎将全局安全策略发布给不同的无线策略域控制器,域策略控制器根据全局策略与本地策略进行一致性协调后,生成具体的本地安全策略规则,并将适合无线子网 BSS 的本地策略与配置信息发布给本地监控器,以便对无线子网实施有效的监控与控制。如图 8-10 中的第①和第②步。若本地监控器检测到无线网络中某一个移动主机存在恶意的攻击行为,则迅速将这一情况上报给无线策略域控制器,将这种攻击行为的特征、攻击主机的物理信息等在数据库模块的主机表中进行记录,并根据攻击特征进行相应的防护策略更新,将更新后的安全策略发布给本地监控器,由本地监控器对无线接入点 AP 进行策略更新,如图 8-10 中的第③和第④步。同时,无线策略域控制器发布对移动主机的隔离,将由此引起拓扑结构的变化与更新的策略向策略引擎报告,以利于全网对该主机或新的攻击行为的防范,同时对全局的安全策略进行同步。

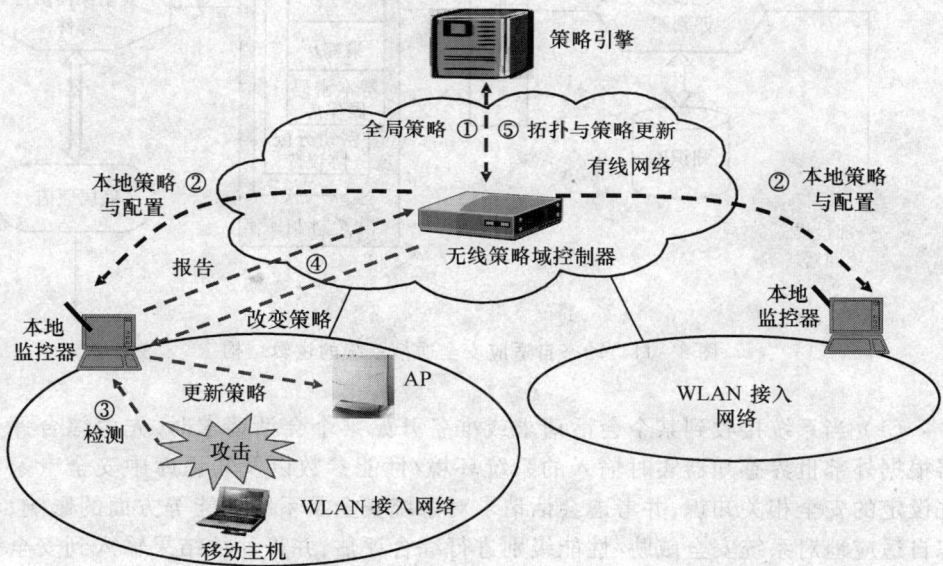

图 8-10　WLAN 自适应安全策略管理框架的工作流程

8.3　WLAN 自适应安全通信系统模型与设计

针对无线局域网自适应的安全策略框架,下面提出了一种适用于无线局域网的动态自适应安全通信系统模型,并对模型中的安全态势评估器部分进行了重点分析与设计。

8.3.1　系统模型

图 8-11 是动态自适应安全通信系统的逻辑结构图。它由以下几个部分组成:外部世界感知器、知识库、系统安全态势综合评判器、安全策略决策器、安全机

制/策略库、安全操作执行部件、顶层通信部件和底层通信部件构成。其基本运行
过程如下：

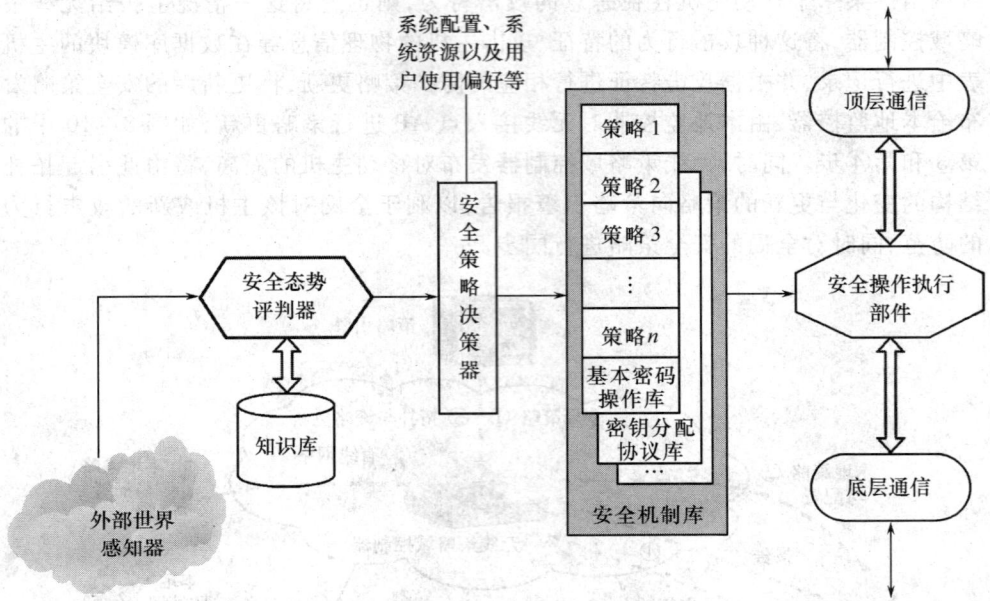

图 8 – 11　动态自适应安全通信系统的逻辑结构

（1）当系统接收到某个会话请求或准备开始某个会话请求时，先由综合评判
器根据外部世界感知器实时输入的系统环境/性能参数以及知识库中安全专家预
先设定的安全相关知识，并考虑会话请求对系统安全及系统性能等方面的影响，动
态自适应地对系统安全威胁/性能级别进行综合评估，并将评估结果输入到安全策
略决策器。

（2）安全策略决策器根据输入的系统当前安全态势评估以及系统当前配置和
用户偏好等情况，进行综合决策，根据判决结果决定是否调整系统当前安全状态，
如需要则向安全机制库发出指示。

（3）安全机制库则根据安全策略决策器的当前判定信息，将相应的安全策略
应用于本次会话过程中。

（4）安全操作执行部件根据安全机制库中所选择的相应安全机制对当前会话
过程进行安全控制，自适应地对顶层通信部件送来的会话消息进行相应的认证、密
钥建立、加密、授权等安全操作。

下面分别介绍各个部件的细节：

外部环境感知器：由对外部世界的感应部件组成，通过系统态势综合评判器搜
集外部世界模型的变化信息，以使评判结果具有更强的适应性。在图 8 – 11 的模
型中，感知器监控三种类型的参数，分别是本地资源参数、网络资源参数和会话级

参数。其中本地资源参数主要指能够反映本地资源使用情况的参数,主要包括本地 CPU 的使用情况(包括用户处理时间、系统处理时间和空闲等)、本地物理内存和虚拟内存的使用情况、本地当前可用交换空间的大小、本地当前未使用的内存的大小、I/O 的使用情况等;网络资源参数指反映网络活动情况的参数,包括一段时间内会话个数和会话状态、数据包发送和接收的个数、一段时间内会话时间的平均值、会话类型(外部、内部)、会话使用的协议和端口等;会话级参数指那些反映会话使用计算机情况的参数,其信息收集根据会话 ID 号进行分类标号,以反映出各个会话的行为,主要参数包括会话类型、会话启动/终止时间和源/目的方、会话持续时间等。

知识库:知识库中存放的是安全专家的知识,例如,在一段时间访问同一个端口的连接数量很多,那么服务拒绝攻击的可能性很大;在一段时间内登录失败的次数很多,那么入侵的可能性较大。知识库中知识的规则设定决定着评判器的评判能力,但由于网络入侵的复杂性,知识库中存放的信息往往是不完整的和不精确的,具有某种程度的不确定性及模糊性,甚至有可能是矛盾的。

安全态势评判器:系统安全风险综合评判的实现部件。它不断获取外部环境感知器输入的系统当前环境参数,通过知识库中具有不确定性的知识模型进行不确定性推理,进行综合评估,得到关于系统当前面临的安全威胁的定量结论。

安全策略决策器:系统当前会话所应选用的安全策略/机制的决策部件。它能够根据系统当前安全态势及系统资源状态和系统配置变化、用户使用偏好等定性与定量信息进行决策,对安全通信系统的当前安全策略进行自适应调节,使得安全通信系统能够动态适应当前的系统状况。

安全机制/策略库:安全机制库实现由安全策略决策器当前决策到会话当前所采用安全机制之间的映射。它将安全策略决策器当前决策映射到具体实施的安全策略机制(认证机制、密钥分配方法、加密算法等)中,具体实现对会话过程的直接控制。在图 8 – 11 的设计中,为了增强系统的自适应性和容忍入侵的能力,在安全机制库中放置了多种密码方法,例如对于加密算法而言,系统中可配置 RC2、AES、XTEA、Blowfish、DES、IDEA 等,再如对于密钥管理机制而言,可能有 Diffie-Hellman 密钥协商方法、基于 Kerberos 的密钥分配方法等。

安全操作执行部件:安全操作执行部件是安全通信系统中实施安全通信的关键部件。它具体实施会话消息的加密等安全操作,可有效防止对所截获会话信息进行非法解读/篡改等,保证通信系统中消息的安全传送。为了实现对会话消息的加密,安全操作执行部件必须具有两种功能;一是用于生成和维护会话加/解密密钥的密钥管理功能;二是用于实现机密性服务的加/解密功能和实现完整性及非否认的 Hash 功能和签名功能。当某个会话开始启动时,安全操作执行部件根据安全机制库中为该次会话所选择的密钥生成方式生成相应的会话及签名等密钥材料;随后在接收到顶层/底层通信部件送来的一个消息时,它首先根据消息所属的会话

ID,找出针对该次会话的密钥,然后进行相应加/解密、签名/签名验证等操作;所生成的密文/明文消息则送交底层/顶层通信部件。

顶层通信部件:它是与上层应用程序进行交互的接口,向应用程序提供统一的自适应安全通信方式。它将上层应用程序准备送出的通信数据信息分解成安全操作执行部件能够进行处理的消息单元并送交安全操作执行部件进行处理加密及签名等安全保护,或将安全操作执行部件送来的明文信息合并归并成上层应用应用程序能够处理的数据形式。

底层通信部件:类似于网络接口部件,它向安全操作执行部件送交通信对等方发来的消息单元密文,或将安全操作执行部件生成的密文消息单元通过网络发送给通信对等方。

8.3.2　基于证据理论的安全推理方法

从数字化的角度可以将 WLAN 的安全态势综合评估分为定性评估和定量评估,其中定性评估是指对评估对象运用归纳与演绎、分析与综合等方法来对 WLAN 系统安全相关的各种因素及其属性进行分析处理;定量评估是用数字来描述系统的安全状况,一般根据系统各项因素的量值进行计算,但并不是所有的因素都可以用数字来表示的,而且各项因素之间的关系也难比较,同一因素在不同的量纲中的值也不一样。为了实现动态自适应地对 WLAN 安全系统进行控制,需要通过对运行的网络进行监视、搜集攻击信息、信息处理、数据统计和分析来评估系统的安全性。然而在评估时,系统中各个不同部件的检测结果提供的信息往往是不完整的和不精确的,具有某种程度的不确定性及模糊性,甚至有可能是矛盾的,而系统不得不依据这些不确定性信息进行推理,以达到系统安全态势评估的目的。D－S 证据理论正是对这种不确定推理,以得到关于 WLAN 安全态势的定量结论的一种重要方法。

1. D－S 证据理论简介

证据理论是 Dempster 于 1967 年研究统计问题时首先提出的[18],他给出了上、下概率的概念及其合成规则,第一次明确给出了不满足可加性的概率,建立了命题和集合之间的一一对应关系,把命题不确定问题转化为集合不确定问题;后来他的学生 Shafer 把它推广到更加一般的情形并使之系统化、理论化,形成了一种不确定性推理理论[19,20],即 Dempster-Shafer 理论(简称 D－S 理论或 D－S 证据理论)。D－S 证据理论把证据的信任函数和概率的上下值相联系,提供了一种构造不确定推理模型的一般框架,能够满足比概率论更弱的公理系统,不仅可以类似 Bayes 推理的方式来结合先验信息,而且能够处理像语言一样的模糊概念证据。在对目标的辩识中,证据理论更侧重于对目标集合的分析。

D－S 证据理论中最基本的概念是所建立的辨识框架,记作 Θ。辨识框架定义为一个互不相容事件的完备集合。这里,Θ 表示对某些问题的可能答案的一个集合,但其中只有一个是正确的。Bayes 推理是对 Θ 中的元素进行运算,而 D – S 证据理论是对 2^Θ 中的元素进行运算。在概率论中,把一个事件 A 以外的事情,均看作 $\overline{A}$,D – S 证据理论对它进行了修正,它不采用事件 – 概率的概念,而是引入了命题 – 信任度的概念,认为对命题 A 的信任度和对命题 $\overline{A}$ 的信任度之和可以小于 1。

定义 8 – 1　设 Θ 是辨识框架,Θ 的幂集构成了命题集合,如果集函数 $m:2^\Theta \to [0,1]$ 满足 $m(\phi) = 0$ 和 $\sum\limits_{A \subseteq \Theta} m(A) = 1$,则称 m 为 Θ 上的基本概率赋值函数;$\forall A \subseteq \Theta,m(A)$ 称为 A 的基本概率赋值数。

定义 8 – 2　设函数 $Bel:2^\Theta \to [0,1]$ 且满足

$$\forall A \subseteq \Theta : Bel(A) = \sum_{B \subseteq A} m(B)$$

则称函数 Bel 为信任函数或下限函数,表示了对命题 A 的全部信任程度。

由定义 2 可知,$Bel(\phi) = 0,Bel(\Theta) = 1$。

定义 8 – 3　设函数 $Pl:2^\Theta \to [0,1]$ 且满足

$$\forall A \subseteq \Theta : Pl(A) = 1 - Bel(\overline{A})$$

则称函数 Pl 为似真函数,称 $Pl(A)$ 为命题 A 的似真度。

由定义 3 可知,$\forall A \subseteq \Theta : Pl(A) = \sum\limits_{A \cap B \ne \phi} m(B)$。它与信任函数传递的是同样的信息。当证据拒绝 A 时,$Pl(A)$ 等于 0;当没有证据反对 A 时,$Pl(A)$ 等于 1。因此有 $Bel(A) \le Pl(A)$。

定义 8 – 4　m 为基本概率赋值函数:(1) 如果 $m(A) > 0$,则称 A 为 Bel 的焦元;(2) 信任函数 Bel 的所有焦元联合称为核。

定义 8 – 5　设 Bel_1 和 Bel_2 是同一辨识框架 Θ 上的两个信任函数,具有基本概率分配函数 m_1 和 m_2 以及核 $\{A_1, A_2, \cdots, A_k\}$ 和 $\{B_1, B_2, \cdots, B_k\}$,且设

$$\sum_{i,j:A_i \cap B_j = \phi} m_1(A_i) m_2(B_j) < 1$$

则对于所有基本概率分配的非空集 A,由下式定义的 $m:2^\Theta \to [0,1]$ 可以计算这两个证据共同作用产生的基本概率分配函数。合成后的信任函数称为 Bel_1 和 Bel_2 的正交和,记为 $Bel_1 \oplus Bel_2$。

$$\forall A \subseteq \Theta : \quad m(A) = \frac{\sum\limits_{i,j:A_i \cap B_j = A} m_1(A_i) m_2(B_j)}{1 - \sum\limits_{i,j:A_i \cap B_j = \phi} m_1(A_i) m_2(B_j)} \qquad (8 – 1)$$

对于多个信任函数的合成,设 $Bel_1, Bel_2, \cdots, Bel_n$ 是同一个辨识框架 Θ 上的信任函数,$m_1, m_2, \cdots, m_n$ 分别是其对应的基本概率分配函数,如果 $Bel_1 \oplus Bel_2 \oplus \cdots \oplus Bel_n$ 存在且基本概率分配函数为 m,则

$$\forall A \subseteq \Theta : \quad m(A) = \frac{\sum\limits_{i: \cap A_i = A} \prod\limits_{1 \le i \le n} m_i(A_i)}{1 - \sum\limits_{i: \cap A_i = \phi} \prod\limits_{1 \le i \le n} m_i(A_i)} \qquad (8 – 2)$$

从式(8-1)和(8-2)可以看出,多个证据的结合与次序无关,多个证据可以用两个证据结合的计算方法递推得到。

2. D-S证据理论在WLAN安全态势评估的应用

对于WLAN系统安全态势评估的多监控器数据融合来说,其过程如下:首先确定态势评估的识别框架,考虑各种可能的结果,列出所有可能的命题,这里的命题就是对于当前态势的所有可能的判断。监控器就是各个本地监控器或检测代理,各监控器把观测数据从观测空间变换到证据空间,对每一个命题或每个监控器所给出的"粗糙"的评估结果分配一个证据,即对每一种评估结果分配一个概率赋值,产生对命题的基本可信度分配,即对态势判断的度量,然后将该度量结果传送到证据合成模块。各个无线子网的本地监控器或代理检测到的关于警报对象的属性融合就是首先根据D-S证据理论中的Dempster的组合规则计算各个命题组合后的概率赋值和相应的信任度区间,对各本地监控器提供的证据进行分析,按照判决准则进行推理,计算综合概率赋值和信任度区间,最后根据计算结果和决策规则进行相应决策,判断出WLAN当前的安全态势。在此过程中,随着检测的不断进行,证据的不断增加,在识别框架上又可以产生新的基本可信度分配,通过与以前的基本可信度分配的合成,又可以作出新的决策。

图8-12给出了基于D-S证据理论的WLAN安全态势评估模型。图中,假定对于当前态势的判断有 m 个命题: $A_1, A_2, \cdots, A_m$,提供证据的本地监控器/检测代理有 n 个, $m_1(A_j), \cdots, (j=1, 2, \cdots, m)$ 为 n 个监控器对命题 A_j 的基本可信度分配, $m(A_j)$ 为经过Dempster合成法则得到的联合的基本可信度分配。

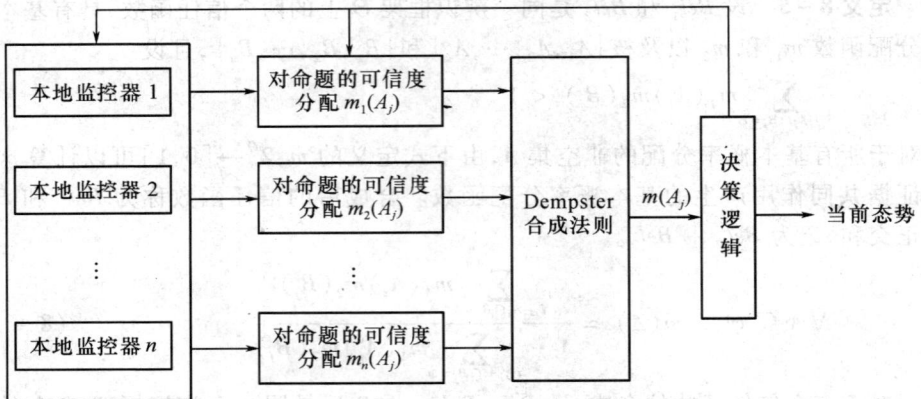

图8-12　基于D-S证据理论的WLAN安全态势评估模型

在本地监控器数据融合中,每收到一个本地监控器的警报信息,就进行一次基本可信度分配,利用Dempster合成法则,可以得到基于所有监控器提供的证据联合的基本可信度分配。由于多个证据合成的计算可以由两个证据的合成递推得到,所以融合结构采用由两个证据合成的计算递推结构。

在得到联合的基本可信度分配之后,计算出相应的信度函数和似然函数,按照决策逻辑,对当前的态势作出评估。在实现时可以根据情况不断加新的证据,包括与更多的监控器提供的证据相融合以及与监控器提供的更多证据相融合,从而作出更加准确的决策。

8.3.3　基于层次分析法的自适应安全策略决策方法

在自适应安全系统中进行自适应策略重配置时,往往要考虑多种因数,在决策前,需要从各种可行的方案中选出一个最佳方案,这就需要对这些诸多因数进行比较。而这些因数的重要性往往难以准确地量化,故一般的数学方法难于解决这类问题。层次分析法为这类问题的决策提供了一种定性与定量相结合的简便、实用的方法。

层次分析法正是一种处理难于完全用定量方法分析复杂问题的有效手段。它可将复杂问题分解成若干层次,在比原问题简单得多的层次上逐步分析;可以将人的主观判断用数量形式表达和处理;也可以提示人们对某类问题的主观判断前后有矛盾。层次分析法(Analytic Hierarchy Process,AHP)是对一些较为复杂、较为模糊的问题作出决策的简易方法,它特别适用于那些难于完全定量分析的问题。AHP是美国运筹学家T. L. Saaty教授于20世纪70年代初期提出的一种简便、灵活而又实用的多准则决策方法。

1. 层次分析法简介

AHP思想的正式提出,是以Saaty于1977年举行的第一届国际数学建模会议上发表的"无结构决策问题的建模——层次分析法"[21]为标志。自此,AHP开始引起人们的注意,并且应用到各个领域。1980年Saaty出版了关于AHP的专著[22],全面系统地论述AHP的原理、应用和数学基础。

在WLAN安全策略的重配置过程中,面临的常常是一个由相互关联、相互制约的众多因素构成的复杂而往往缺少定量数据的系统。层次分析法为这类问题的决策和排序提供了一种新的、简洁而实用的建模方法。

应用AHP分析决策问题时,首先要把问题条理化、层次化,构造出一个有层次的结构模型:

(1)最高层　只有一个元素,一般它是分析问题的预定目标或理想结果,因此也称为目标层。

(2)中间层　包含了为实现目标所涉及的中间环节,可以由若干个层次组成,包括所需考虑的准则、子准则,因此也称为准则层。

(3)最底层　包括了为实现目标可供选择的各种措施、决策方案等,因此也称为措施层或方案层。

递阶层次结构中的层次数与问题的复杂程度及需要分析的详尽程度有关,一般地层次数不受限制。层次结构反映了因素之间的关系,但准则层中的各准则在目标衡量中所占的比重并不一定相同,在决策者的心目中,它们各占有一定的比例。

在确定影响某因素的诸因子在该因素中所占的比重时,遇到的主要困难是这些比重常常不易定量化。此外,当影响某因素的因子较多时,直接考虑各因子对该因素有多大程度的影响时,常常会因考虑不周全、顾此失彼而使决策者提出与他实际认为的重要性程度不相一致的数据,甚至有可能提出一组隐含矛盾的数据。假设需要比较 n 个因子 $X = \{x_1, \cdots, x_n\}$ 对某因素 Z 的影响大小,怎样比较才能提供可信的数据呢?Saaty 等人建议可以采取对因子进行两两比较建立成对比较矩阵的办法。即每次取两个因子 x_i 和 x_j,以 a_{ij} 表示 x_i 和 x_j 对 Z 的影响大小之比,全部比较结果用矩阵 $A = (a_{ij})_{n \times n}$ 表示,称 A 为 $Z - X$ 之间的成对比较判断矩阵(简称判断矩阵)。容易看出,若 x_i 与 x_j 对 Z 的影响之比为 a_{ij},则 x_j 与 x_i 对 Z 的影响之比应为 $a_{ji} = 1/a_{ij}$。

关于如何确定 a_{ij} 的值,Saaty 等建议引用数字 $1 \sim 9$ 及其倒数作为标度。Saaty 等人还用实验方法比较了在各种不同标度下人们判断结果的正确性,实验结果也表明,采用 $1 \sim 9$ 标度最为合适。表 $8 - 2$ 列出了 $1 \sim 9$ 标度的含义。

表 8 − 2　1 ~ 9 标度的含义

标　度	含　义
1	表示两个因素相比,具有相同重要性
3	表示两个因素相比,前者比后者稍重要
5	表示两个因素相比,前者比后者明显重要
7	表示两个因素相比,前者比后者强烈重要
9	表示两个因素相比,前者比后者极端重要
2,4,6,8	表示上述相邻判断的中间值
倒数	若因素 i 与因素 j 的重要性之比为 a_{ij},则因素 j 与因素 i 重要性之比为 $a_{ji} = 1/a_{ij}$

判断矩阵 A 对应于最大特征值 λ_{max} 的特征向量 W,经归一化后即为同一层次相应因素对于上一层次某因素相对重要性的排序权值,这一过程称为层次单排序。

上述构造成对比较判断矩阵的办法虽能减少其它因素的干扰,较客观地反映出一对因子影响力的差别。但综合全部比较结果时,其中难免包含一定程度的非一致性。如果比较结果是前后完全一致的,则矩阵 A 的元素还应当满足:

$$a_{ij}a_{jk} = a_{ik}, \qquad \forall i, j, k = 1, 2, \cdots, n$$

可以由 λ_{max} 是否等于 n 来检验判断矩阵 A 是否为一致矩阵。由于特征根连续地依赖于 a_{ij},故 λ_{max} 比 n 大得越多,A 的非一致性程度也就越严重,λ_{max} 对应的标准化特征向量也就越不能真实地反映出 $X = \{x_1, \cdots, x_n\}$ 在对因素 Z 的影响中所占的比重。因此,对决策者提供的判断矩阵有必要作一次一致性检验,以决定是否能接受它。

对判断矩阵的一致性检验的步骤如下:

(1)计算一致性指标 CI

$$CI = \frac{\lambda_{\max} - n}{n - 1}$$

(2)查找相应的平均随机一致性指标 RI。对 $n = 1, \cdots, 9$,Saaty 给出了 RI 的值,见表 8 - 3。

表 8 - 3 平均随机一致性指标 RI

n	1	2	3	4	5	6	7	8	9
RI	0	0	0.58	0.90	1.12	1.24	1.32	1.41	1.45

RI 的值是这样得到的,用随机方法构造 500 个样本矩阵:随机地从 1 ~ 9 及其倒数中抽取数字构造正互反矩阵,求得最大特征根的平均值 $\lambda'_{\max}$,并定义

$$RI = \frac{\lambda'_{\max} - n}{n - 1}$$

(3)计算一致性比例 CR

$$CR = \frac{CI}{RI}$$

当 $CR < 0.10$ 时,认为判断矩阵的一致性是可以接受的,否则应对判断矩阵作适当修正。

上面得到的是一组元素对其上一层中某元素的权重向量。我们最终要得到各元素,特别是最低层中各方案对于目标的排序权重,从而进行方案选择。总排序权重要自上而下地将单准则下的权重进行合成。

设上一层次(A 层)包含 $A_1, \cdots, A_m$ 共 m 个因素,它们的层次总排序权重分别为 $a_1, \cdots, a_m$。又设其后的下一层次(B 层)包含 n 个因素 $B_1, \cdots, B_n$,它们关于 A_j 的层次单排序权重分别为 $b_{1j}, \cdots, b_{nj}$(当 B_i 与 A_j 无关联时,$b_{ij} = 0$)。现求 B 层中各因素关于总目标的权重,即求 B 层各因素的层次总排序权重 $b_1, \cdots, b_n$,计算按下表所示方式进行,即

$$b_i = \sum_{j=1}^{m} b_{ij} a_j \qquad i = 1, \cdots, n$$

合成总排序见表 8 - 4。

对层次总排序也需作一致性检验,检验仍像层次总排序那样由高层到低层逐层进行。这是因为虽然各层次均已经过层次单排序的一致性检验,各成对比较判断矩阵都已具有较为满意的一致性。但当综合考察时,各层次的非一致性仍有可能积累起来,引起最终分析结果较严重的非一致性。

第 8 章　自适应性安全策略

表 8 - 4　合成总排序

层 A	A_1	A_2	...	A_m	B 层总排序权值
层 B	a_1	a_2	...	a_m	
B_1	b_{11}	b_{12}	...	b_{1m}	$\sum\limits_{j=1}^{m} b_{1j}a_j$
B_2	B_{21}	B_{22}	...	B_{2m}	$\sum\limits_{j=1}^{m} b_{1j}a_j$
...	...	...	...	...	...
B_n	b_{n1}	b_{n2}	...	b_{nm}	$\sum\limits_{j=1}^{m} b_{1j}a_j$

　　设 B 层中与 A_j 相关的因素的成对比较判断矩阵在单排序中经一致性检验,求得单排序一致性指标为 $CI(j)$,$(j=1,\cdots,m)$,相应的平均随机一致性指标为 $RI(j)$($CI(j)$、$RI(j)$ 已在层次单排序时求得),则 B 层总排序随机一致性比例为

$$CR = \sum_{j=1}^{m} CI(j)a_j \Big/ \sum_{j=1}^{m} RI(j)a_j$$

　　当 $CR < 0.10$ 时,认为层次总排序结果具有较满意的一致性并接受该分析结果。

2. AHP 在 WLAN 自适应安全策略决策中的应用

　　WLAN 自适应安全策略系统的决策包括加/解密算法、密钥协商方法、签名方案等,考虑到 WLAN 自适应安全策略系统运行于无线环境,安全策略的选择要在系统当前安全态势的情况下,考虑各种密码算法的安全性和性能、用户的通信能力、受限的带宽、有限的电池能量等因素。为了简单起见,应用分析时仅考虑当前系统中加/解密算法的性能、系统安全性和受限的电池能量这几个因素,其中可选的密码算法有三个,分别是 RC2、XTEA 和 AES。

　　对这个问题采用层次分析法进行分析,图 8 - 13 所示为层次分析结构的 AHP

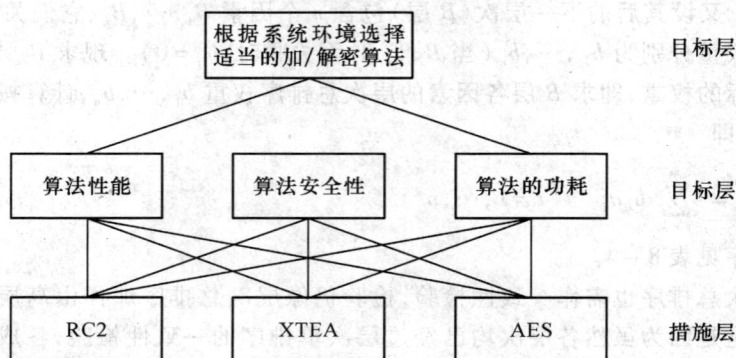

图 8 - 13　算法选择的 AHP 模型

模型。整个层次分析结构分三层。最高层即问题分析的总目的：根据系统环境选择适当的加/解密算法；中间层即为各种算法方案所应考虑的准则：算法性能、算法安全性和算法的功耗；最低层即为所考虑的三种算法：RC2、XTEA 和 AES。建立层次分析结构后，问题分析即归结为各种算法的使用对总目标考虑的优先次序问题。

用 P、S、E 分别表示算法性能、安全性和功耗，设系统当前安全态势评估所得结果认为系统当前面临较大安全威胁，且威胁根源主要是来自远程的非授权访问，因此提供尽量高的安全性是系统的首要选择；由于使用的是电池供电的移动设备，因此功耗是安全性之后需要重点考虑的对象；而相对于前两个因素，性能因素则是所考虑的三个属性中最不重要的一个。这样按照上述分析，对这三个因素中两两之间的相对标度进行比较，可确定判断矩阵，具体参数值如表 8 - 5 所示。

表 8 - 5　算法性能、安全性和功耗之间的相对标度表

因　素	P	S	E
算法性能 P	1	1/5	1/3
安全性 S	5	1	3
功耗 E	3	1/3	1

正规化后的判断矩阵为

$$\begin{bmatrix} 0.111 & 0.130 \\ 0.556 & 0.652 \\ 0.333 & 0.217 \end{bmatrix}$$

将正规化后的判断矩阵按行相加可得

$$\overline{W} = [0.317, 1.900, 0.781]^T$$

将 $\overline{W}$ 正规化可得特征向量

$$W = [0.106, 0.634, 0.261]^T$$

由

$$\begin{bmatrix} 1 & 1/5 & 1/3 \\ 5 & 1 & 3 \\ 3 & 1/3 & 1 \end{bmatrix} [0.106, 0.634, 0.261]^T = [0.320, 1.941, 0.785]^T$$

可得判断矩阵的最大特征根

$$\lambda_{max} = \sum_{i=1}^{n} \frac{(AW)_i}{nW_i} = \frac{0.320}{3 \times 0.106} + \frac{1.941}{3 \times 0.634} + \frac{0.785}{3 \times 0.261} = 3.036$$

下面进行一致性检验，首先根据

$$CI = \frac{\lambda_{max} - n}{n - 1} = \frac{3.036 - 3}{3 - 1} = 0.018$$

通过查找相应的平均随机一致性指标 RI 可知 $n = 3$ 时 $RI = 0.58$。因此，随机一致性比率

$$CR = \frac{CI}{RI} = \frac{0.018}{0.58} = 0.031 < 0.10$$

具有满意的一致性。

说明:在分析中所使用的密码算法性能及功耗等性能参数均来源于文献[23]中对 HP iPAQ 4150 PDA 硬件平台上,RC2、XTEA 和 AES 这三种密码算法对长度为 1M 的文件进行加/解操作的性能分析和测试结果,其测试包括从延迟、吞吐量以及吞吐量/能耗比值等几个方面,相关数据见表 8-6 和表 8-7。

表 8-6 分组密码算法运行参数

分组密码算法	密钥长度/位	分组长度/位	圈 数
RC2	40	64	18
XTEA	128	64	64
AES	256	128	14

表 8-7 分组密码算法运行性能参数

算 法	加/解密延迟/ (μs/B)	加/解密吞吐量 /(KB/s)	加密时的吞吐量/ 能耗比/(MB/J)
RC2	1.51	648	2.480
XTEA	3.30	296	1.057
AES	9.99	98	0.368

根据上述性能参数,我们可以给出三个判断矩阵 $C_1 - P$、$C_2 - E$ 和 $C_3 - S$,分别表示在性能、功耗和安全强度等方面各个密码算法之间的相对可用性比值:

$C_1 - P$

	RC2	XTEA	AES
RC2	1	3	9
XTEA	1/3	1	3
AES	1/9	1/3	1

$C_2 - E$

	RC2	XTEA	AES
RC2	1	5	9
XTEA	1/5	1	5
AES	1/9	1/5	1

$C_3 - S$

	RC2	XTEA	AES
RC2	1	5	1
XTEA	1/5	1	1/5
AES	1	5	1

将这三个矩阵正规化后可得

$$C_1 - P = \begin{bmatrix} 0.692 & 0.692 & 0.692 \\ 0.231 & 0.231 & 0.231 \\ 0.077 & 0.077 & 0.077 \end{bmatrix} \quad C_2 - E = \begin{bmatrix} 0.763 & 0.806 & 0.600 \\ 0.153 & 0.161 & 0.333 \\ 0.085 & 0.032 & 0.067 \end{bmatrix}$$

$$C_3 - S = \begin{bmatrix} 0.455 & 0.455 & 0.455 \\ 0.090 & 0.090 & 0.090 \\ 0.455 & 0.455 & 0.455 \end{bmatrix}$$

其特征向量分别为 $[0.692, 0.231, 0.077]^T$、$[0.723, 0.216, 0.061]^T$ 和 $[0.455, 0.090, 0.455]^T$。

根据公式

$$\lambda_{max} = \sum_{i=1}^{n} \frac{(AW)_i}{nW_i}$$

可算出三个判断矩阵的最大特征根均为 3.036。

根据

$$CI = \frac{\lambda_{max} - n}{n - 1}$$

可算出三个矩阵的一致性指标均为 0.018。

根据 $n = 3$ 时的平均随机一致性指标 $RI = 0.58$ 可以算出其随机一致性比率均为

$$CR = \frac{CI}{RI} = \frac{0.018}{0.58} = 0.031 < 0.10$$

因此都具有满意的一致性。

在当前安全态势以及资源(这里仅考虑电能)情况下,可选的算法层次总排序计算见表 8 - 8。

表 8 - 8　算法层次总排序

层次算法	性能	安全性	能耗	算法层次总排序
	0.106	0.634	0.261	
RC2	0.692	0.723	0.455	0.651
XTEA	0.231	0.216	0.090	0.185
AES	0.077	0.061	0.455	0.164

层次总排序一致性检验如下:

总一致性指标为

$$\sum_{i=1}^{3} C_i CI_i = 0.106 \times 0.018 + 0.634 \times 0.018 + 0.261 \times 0.018 = 0.018$$

总的平均随机一致性指标

$$\sum_{i=1}^{3} C_i RI = (0.106 + 0.634 + 0.261) \times 0.58 = 0.58$$

由

$$\frac{0.018}{0.58} = 0.031 < 0.10$$

可知,总排序也具有满意的一致性。

　　因此对于在该安全态势以及电能的情况环境下的自适应算法选择的总目标,所考虑的三种算法的相对优先排序为:RC2 为 0.651;其次是 XTEA,为 0.185;优先度最低的是 AES,为 0.164。

8.4　研究展望

　　自适应网络安全联盟成立以来,便受到业界和理论界的极大关注。由于这一技术是受业界需求驱动而产生的,目前仍缺乏严密的理论基础与技术指导,因此,自适应安全联盟也就成为了一个松散的技术联盟,并未推出有效的技术标准与规范建议。与该联盟相反的是,业界一些大的公司与学术研究团体对此给予了极大的关注和热情,目前已经提出了一系列的技术方案与学术研究领域,如 SUN 的自适应体系结构白皮书(Adaptable Architecture:Best Practices for Meeting Dynamic IT Requirements)、HP 的自适应网络体系结构(Adaptive Network Architecture,ANA)、IBM 的集成化安全体系结构(Integrated Security Architecture)等。

　　自适应安全技术涉及自适应安全理论、自适应安全协议、自适应安全的组件实现技术、自适应安全策略、自适应安全语义描述语言、自适应性安全度量、自适应性安全推理,以及自适应安全体系结构自身的可生存性、演化和应用等。因此,本章的研究只是参数的自适应,属于自适应研究的初级阶段,未来 WLAN 的自适应安全策略应重点从以下三个方面进行研究:

　　(1) 研究动态自适应安全模型。模块涉及策略的一致性判定、策略冲突与消解、多策略的访问控制、安全态势的动态评估与推理、安全策略的形式化规范表示和合成方法等。如全局安全策略和局部安全策略的并存与协调技术,在单个安全域内可能存在多种域内访问控制技术,对本地资源的访问通常由本地的安全策略和机制来决定和实施,为满足跨域访问对每个本地资源进行修改是不现实的。

　　(2) 研究自适应安全构件的重构理论与实现方法。安全系统是由安全模块的组合而成,如何确保安全模块组合后的系统是自适应安全,并确保系统在不中断服务的前提下实现安全服务功能的变化与调整,以实现安全体系结构的自适应。目前的相关研究领域有自愈(Self-Healing)、自配置(self-configuring)、自组织(self-organizing)、自优化(Self-Optimizing)、自适应(Self-Adaptive)、自保护(Self-Protecting)等相关技术,并提出了自主计算(Autonomic Computing)的概念。

　　(3) 研究移动计算环境下自适应策略的安全控制。已有的研究工作主要集中在基于数字证书或基于群组策略的身份鉴别方面,如 SPKI 可用于身份鉴别和授权控制,但是仅支持简单的委托授权;在 PGP 中,某个实体的可信需要有一个或多个可信实体的认可。两者都存在密钥分发问题且无法处理灵活的和可伸缩的访问控制。

问题讨论

1. 请谈谈 WLAN 中自适应安全的重要性与意义?
2. 请分析并比较四种自适应安全模型的优缺点。
3. 请谈谈为什么现有的自适应安全框架都无法满足 WLAN 的安全需求?
4. 请设计一个 WLAN 自适应安全策略管理框架的具体实现方案。

参考文献

[1] Policy Framework. IETF Policy Framework Working Group [EB/OL]. (2004 – 06 – 07). http://www. ietf. org/html. charters/OLD/ policy – charter. html.

[2] ANSA. Industry Leaders Team to Advance Adaptive Network Security [EB/OL]. (1998 – 10 – 21). http://www. thefreelibrary. com/Industry + Leaders + Team + to + Advance + Adaptive + Network + Security – a053107137.

[3] Eric M D, André V D, Richard N T et al. Towards Architecture-based Self-Healing Systems: Proceedings of the First Workshop on Self-healing [C]. New York, ACM Press, 2002: 21 – 26.

[4] BurtK. Security for Web Information Systems: Towards Compromise-Resilient Architectures [EB/OL]. (2005 – 11 – 21). http://www. rsa. com/rsalabs/staff/bios/bkaliski/ publications/other/kaliski-resilience-wise – 2005. ppt.

[5] GITA. Adaptive Security Architecture [EB/OL]. (2003 – 08 – 18). http://www. azgita. gov/ enterprise_architecture/NEW/Security_Arch/.

[6] Shnitko A. Practical and Theoretical Issues on Adaptive Security: Proceedings of the Workshop on Logical Foundations of an Adaptive Security Infrastructure (WOLFASI) [C]. Turku, Finland, 2004, http://www. aero. org/wolfasi/.

[7] Capgemini. Integrated Security Infrastructure [EB/OL]. Global Security Practice, 2004, http://www. capgemini. com/ services/technology/security/securityindex/.

[8] Kuiper H. Complex Adaptive Systems Research [EB/OL]. [2003 – 03 – 18]. http://www. casresearch. com/.

[9] Weinberg G M. 系统化思维导论(银年纪念版) [M]. 张佐,万起光,董菁 译. 北京:清华大学出版社,2003.

[10] Defense Information Systems Agency. Technical Architecture Framework for Information Management [R]. Vol 6: Department of Defense Goal Security Architecture, 1996.

[11] McCullough D. Noninterference and the Composability of Security Properties: Proceedings of the Symposium on Security and Privacy [C]. IEEE Computer Society Press, 1988: 177 – 186.

[12] Abrams M D, Heaney J, King O et al. Generalized Framework for Access Control: Toward ProtoTyping the Orgcon Policy: Proceedings of the 14th NIST-NCSC [C]. NIST-National Computer Security Conference,1991:257 – 266.

[13] Jajodia S, Samarati P, Subrahmanian V S et al. A Unified Framework for Enforcing Multiple Access Control Policies: Proceedings of the 1997 ACM Internationa SIGMOD Conference [C]. Tucson, AZ, May 1997:474 – 485.

[14] Osborn S, Sandhu R, Munawer Q. Configuring Role-based Access Control to Enforce Mandatory and Discretionary Access Control Policies [J]. ACM Transactions on Information and System Security, 2000,3(2), 85 – 106.

[15] Sandhu R, Coyne E J, Feinstein H L et al. Role-Based Access Control Models [J]. IEEE Computer, 1996,29(2):38 – 47

[16] Nyanchama M, Osborn S. The Role Graph Model and Conflict of Interest [J]. ACM Transactions on Information and System Security,1999,2(1):3 – 33.

[17] Spencer R, Smalley S, Loscocco P et al. The Flask Security Architecture: System Support for Diverse Security Policies: Proceedings of the 8th USENIX Security Symposium [C]. Berkeley, CA: USENIX Press, 1999:123 – 139.

[18] Dempster A P. A Generalization of Bayesian Inference [J]. Journal of the Royal Statistical Society, 1968,Vol 30:205 – 247.

[19] Glenn S. A Mathematical Theory of Evidence [M]. Princeton, N. J: Princeton University Press, 1976.

[20] Glenn S. Perspectives on the Theory and Practice of Belief Functions [J]. Internationl Journal of Approximate Reasoning, 1990,Vol 4:323 – 362.

[21] Saaty T L. Modeling Unstructured Decision Problems: A Theory of Analytical Hierarchies [J]. Mathematics and Computers in Simulation,1978,20(3):147 – 157.

[22] Saaty T L. The Analytic Hierarchy Process [M]. New York, McGraw-Hill,1980.

[23] Hager C et al. Performance and Energy Efficiency of Block Ciphers in Personal Digital Assistants: Proceedings of the 3rd Annual IEEE International Conference on Pervasive Computing and Comunications [C]. PerCom2005, March 2005 :127 – 136.

第9章 安全性能评估方法

WLAN 安全体系结构的防御效果可以通过安全服务质量进行评估,安全服务质量的高低由安全服务质量参数(Quality of Security Service, QoSS)来表示。制约安全系统为用户提供高质量安全服务的主要因素在于安全服务的成本,包括安全对其它 QoS 指标的影响。用户对安全服务质量的满意程度涉及用户的安全需求以及用户的期望安全服务值与依据安全信息系统的 QoSS 计算出实际安全服务值的比较。本章针对 WLAN 攻击的随机性和模糊性,提出基于熵权系数的模糊综合评判法,该方法从概率的角度对 WLAN 进行威胁量化评估研究。这种方法消除了评估所带来的主观性,使评估结果更加客观和真实。

9.1 安全服务视图模型

在大型计算机时代,信息系统安全保护的对象主要是设在专用机房内的主机和数据,因此它主要是面向单机和数据的。20 世纪 80 年代进入了微机和局域网时代,于是信息系统安全保护的对象从专用机房内扩展到分散的办公桌面,由于它的用户/网络结构比较简单,所以其安全主要依靠技术保护措施和制定人人必须遵守的规定。这个时代信息系统的安全是面向网管和规章制度,"人"在其中处于被动地位。20 世纪 90 年代以后进入了互联网时代,信息系统朝着分布式、多平台、充分集成的方向发展,分布式信息系统成为最流行的处理模式。"人"与信息系统的关系发生了质的变化。人、网、环境相结合,形成了一个复杂的巨系统。其中,"人"以资源使用者的身份出现,是信息系统(特别是分布式信息系统)的主体,处于主导地位,而系统的资源(包括、通信网络、数据、信息内容等)则是客体,它是为主体即"人"服务的。与此相适应,分布式信息系统安全中的主体也是"人",而且主要是使用系统资源的"用户",设置安全系统的目的主要是保证用户对资源的控制。如果说面向数据的安全概念是保密性、完整性和可用性,那么面向"用户"的安全概念还应该包括认证、授权、访问控制和抗否认性等方面的内容。而这些正是分布式信息系统安全体系结构中需要包含的安全服务功能。由于用户在分布式信息系统安全中所处的主导地位,所以安全系统提供的安全服务也应该是面向用户的,是为了使用户能够安全地使用系统资源而设立的。它应该能够充分地满足用户的安全需求,其服务形式也应该尽可能符合用户的意愿。

　　然而在当前的大部分安全系统中,用户依然处于被动的地位,他们从安全系统那得到的往往是诸多的安全要求和限制,而不是服务。用户也会因此不愿意启动甚至绕过安全措施,从而可能造成重大的安全漏洞。在现实中就经常会出现这样的情况,用户希望保护自己在分布式信息系统中数据和应用的安全,但由于专业知识的限制,用户往往无法提出较为明确的安全需求。安全系统的开发人员也只能依靠自己的想像来实现一些安全功能,而用户要么将它们视为对正常工作的拖累而不予执行,要么不满意他们的设计而要求开发人员不断地修改。

　　为了改变这一局面,如何在安全系统的开发与设计过程中充分发挥用户的主动作用,而在安全体系结构设计中建立一个清晰的用户级视图(即安全服务视图),正是一个以用户为中心,更加符合用户安全心理的设计。它并没有描述各种安全服务及其安全机制的实施细节,这些对用户来说并不重要,它展示给用户的主要是用户最关心的内容,即安全组件在安全系统中扮演某种角色时的外在表现,也就是安全系统展现出来的外部属性。这样即可以方便用户进一步确定自己对安全的实际需求,也可以使安全系统的开发人员找到系统实现与安全需求之间的差距,并以此为依据来确定安全系统的改进方向。而且,由于安全服务视图的建立提高了用户在安全系统开发与设计过程中的参与程度,用户也会因此积极地使用安全系统提供的各种服务。

　　另一方面,安全服务视图又与安全组织管理视图和安全技术视图密切相关,并为它的构建提供了依据和指导。因此,安全服务视图作为直接面向用户和应用的安全体系结构视图,搭建了从安全需求到系统实现之间的桥梁,实现了从抽象化的安全需求到具体实现机制的转换。

9.1.1　服务分类

　　安全服务是安全系统各功能部件提供的安全功能的总和,它为分布式信息系统及其信息提供了一定程度的安全保障,并最大限度地满足了用户及其应用特定的安全需求。

　　ISO 7498 – 2 定义了五组安全服务[1]:对等实体认证(Peer Entity Authentication)服务、数据保密(Confidentiality)服务、数据完整性(Integrity)服务、访问控制(Access Control)服务和不可否认性(Non-repudiation)服务。在此基础上,IATF(Information Assurance Technical Framework)[2]进一步总结归纳出了与之相类似但不完全相同的五种主要的安全服务:访问控制服务、数据保密服务、数据完整性服务、可用性(Availability)服务和不可否认性服务。不管 ISO 还是 IATF 定义的安全服务,它们都是有层次的,即上面所述的安全服务又包含了一些子安全服务,例如访问控制服务包括用户身份的标识和识别(I&A)、授权(Authorization)、访问控制的决策(Access Control Decision)、访问控制的实施(Enforcement);数据保密服务还包括数据保护(Data Protection)服务、数据隔离(Data Separation)服务和通信数据流保护(Traffic Flow Protection)服务等。一些文献也给出了许多安全服务的分类方法,所不同的只是划分的角度,用户和系统开发人员可以根据实际情况需要来选择安全服务的分类方式。而且随着安全理论和安全技术的进一步发展,安全服务体系中将会出现更多新的服务类型。

根据安全服务调用中各服务之间的支持关系,将安全服务按抽象程度由高到低划分成 N 个层次,安全服务的层次模型如图 9-1 所示。其中,层次越低,对应的安全需求抽象度越高级;而层次越高,对应的安全服务越具体,抽象程度越低。低层次的安全服务为高层次的安全服务需求提供了综合性的、抽象化的安全保障机制,而高层安全服务组成了对应于用户基本安全需求(例如对密钥恢复服务)的安全服务。在具体的操作中,由于特定的基本安全服务往往支持的是多个抽象与综合后的高级安全服务,例如加密服务是许多高级服务的支持机制,从而使得各个安全服务之间存在着紧密的联系。

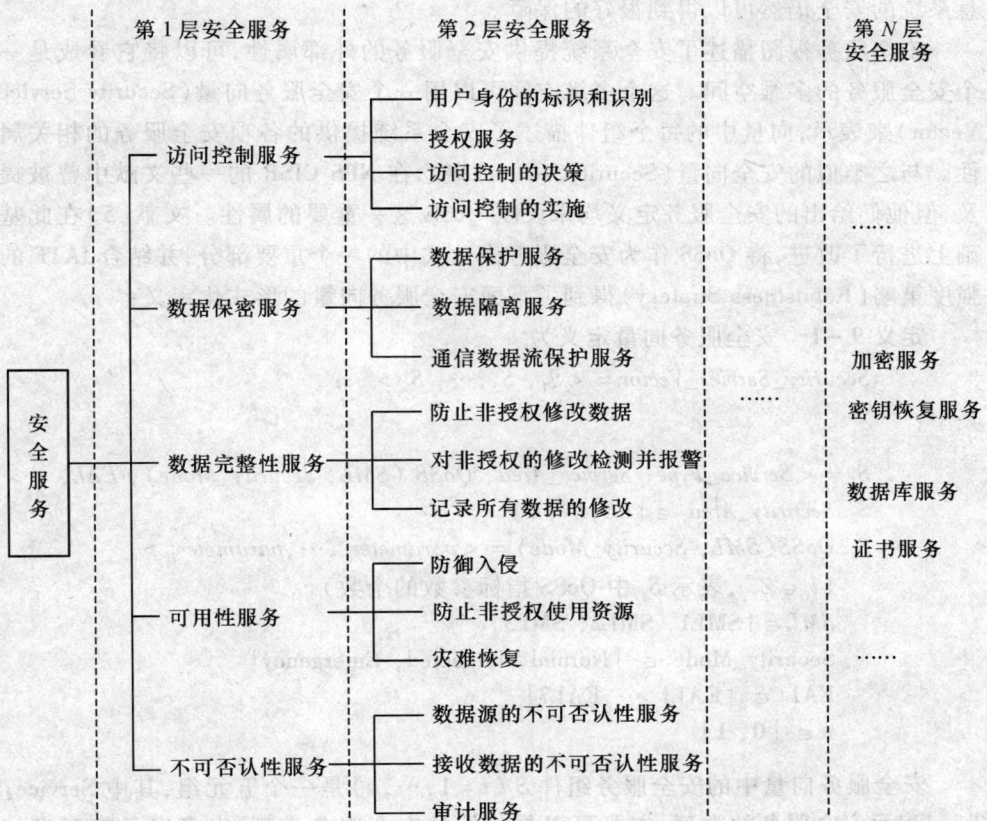

图 9-1　安全服务的层次模型

9.1.2   QoSS 安全服务视图

安全作为系统服务质量（QOS）中的一部分，已经被大多数人所接受。安全服务质量（Quality of Security Service QoSS）就是将安全系统提供的安全功能作为响应用户安全请求的"服务"来进行管理，从而可以定量地评价安全服务的"效果"。文献[3]中还将 QoSS 作为一种评价信息保障程度的定量化指标。目前，美国海军研究生院的信息安全保障研究中心（NPS CISR）已经对资源管理系统（RMS）涉及的QoSS 问题进行了较为深入的研究[4,5]，它以 QoSS 为中心，包括了可变安全、安全机制的强度级别（Strength of Mechanism Level，SML）和自适应安全策略等方面的内容。以该模型为基础，下面进一步给出安全机制的选择方法、安全服务成本和用户对安全服务满意程度的计算方法。

不同的应用环境对安全服务的需求是不同的。目前，还没有一种安全服务可以解决所有的安全问题，但是只要精心选择和合理搭配现有的安全服务，分布式信息系统的安全仍然可以得到很好的保障。

安全服务视图描述了安全系统提供安全服务的外部属性，可以将它看成是一个安全服务的多维空间。这个多维空间可以用一个安全服务向量（Security Service Vector）来表示，向量中的每个组件描述了安全系统提供的各项安全服务的相关属性。与之类似的安全向量（Security Vector）概念在 NPS CISR 的一些文献中曾被提及，但他们给出的安全服务定义均未反映 QoSS 这一重要的属性。文献[5]在此基础上进行了改进，将 QoSS 作为安全服务表达式中的一个重要部分，并结合 IATF 的强度策略（Robustness Strategy）得到了下面安全服务向量的形式化定义：

定义 9-1   安全服务向量定义为

$$Security\_Service\_Vector = <S_1, S_2, \cdots, S_n>$$

其中：

$S_i = <Service\_Type, Service\_Area, QoSS(SML, Security\_Mode), EAL, w>$

$S_i.Security\_Area \in \{ES, IN, W\}$

$S_i.QoSS(SML, Security\_Mode) = <parameter_1, \cdots, parameter_{l_i}>$

  （$l_i \in Z^+$，表示 S_i 中 QoSS 指标参数的个数）

$SML \in \{SML1, SML2, SML3\}$

$Security\_Mode \in \{Normal, Impacted, Emergency\}$

$EAL \in \{EAL1, \cdots, EAL7\}$

$w \in [0, 1]$

安全服务向量中的安全服务组件 $S_i(i = 1, \cdots, n)$ 是一个五元组，其中 Service_Type 表示安全服务的类型，它既可以是传统的安全服务类型，也可以是新开发的安全服务类型。Service_Area 表示的是安全服务作用的区域，它的取值是 ES（终端系统）、IN（中间转接节点）和 W（链路）中的一个选项。安全服务的区域不同，实现安全服务的安全机制也会有所差异。$QoSS(SML, Security\_Mode)$是反映安全服务质量 QoSS 的参数数组,它是安全机制强度级别 SML 和安全状态 $Security\_Mode$ 的函数。EAL(Evaluation Assurance Level)是指安全服务功能的可信度,这里暂时用 CC(Common Criteria,即 ISO/IEC15408:1999)[6]标准中定义的安全保障级别来表示,它的取值范围是 EAL1 ~ EAL7,安全系统的开发人员也可以根据实际情况给出相应的定义。w 是一个相对的权值,反映的是不同安全服务的重要度或优先级,它可以被用来计算用户对安全服务的满意程度,或在获取资源出现冲突时,用它来判断哪个服务优先占用资源。

安全服务组件是可以有层次的,如同安全服务中又包含了一些子安全服务一样。一个安全服务组件 S_i 可以由子服务组件 $S_{i1}, S_{i2}, \cdots, S_{imi}(m_i \in Z^+)$ 组成,S_{ij} 的定义与 S_i 类似,其相关属性值由 S_i 决定。所有安全服务组件的子服务组件重新组合起来又可以得到一个子安全服务的向量,即 $Sub\_Security\_Service\_Vector = < S_{ij} | S_{ij} \in \{S_{i1}, S_{i2}, \cdots, S_{imi}\}, i \in [l, n] >$,它与 $Security\_Service\_Vector$ 分别表示安全服务的不同层次。此外,在实际应用中各种安全服务之间往往不是完全独立的,一个特定的底层服务可以支持多个高层安全服务,所以可能出现这种情况:

$$\exists i, j \quad s.t \{S_{i1}, S_{i2}, \cdots, S_{im_i}\} \cap \{S_{j1}, S_{j2}, \cdots, S_{jm_j}\} \neq \Phi$$

安全服务向量既可以被用来表示用户对安全服务的需求,又可以表示安全系统实际实现的安全服务。当它用来表示用户的安全需求时,$QoSS(SML, Security\_Mode)$表示的是用户期望得到的安全服务质量;否则 $QoSS(SML, Security\_Mode)$表示的是系统实现的(即用户实际得到的)服务质量。它们之间的差距叫做服务质量差距,由此可以计算出用户对安全服务质量的满意程度,具体的计算公式见 9.1.2 小节。

1. 安全服务质量

安全服务质量(QoSS)反映了安全系统满足用户安全服务需求的能力,它的指标参数由体现服务实现情况的安全参数来表示,例如:数据保密服务的 QoSS 参数可能包括底层加密算法的强度和加密密钥的有效长度;数据完整性服务的 QoSS 参数可能包括信息报文验证的比例和冗余数据的比例等。

(1)可变安全

当安全服务向量表示用户安全需求的时候,QoSS 参数可以是常量,也可以是变量。前者表明用户对该安全服务的质量要求是固定的,安全系统别无选择。这种方式显得较为单一而且不实用。当参数以变量的形式出现时,参数值可以在用户定义的一个范围内浮动,这表明用户在给定了最低安全级别的同时,希望得到更好的安全服务。这种方式采用的就是"可变安全(Variant Security)"的思想,它在没有损害系统安全策略的同时,潜在地为用户提供了更加灵活的安全服务。

为什么安全系统不能直接满足用户最高的安全需求呢? 实际上制约安全系统提供最高质量安全服务的主要原因在于安全服务的成本,其中包括安全对其它 QoS 指标的影响。例如对于信息报文的验证比例来说,如果接收方要求视频流中报文的验证比例为 70% ~ 100% ,则当系统负载不高的情况下,报文的验证比例可以达到 100%。否则安全系统将在满足接收方最小安全需求(70%)的前提下,根据实际情况调整报文的验证比例,以减轻报文验证对视频流处理效率的影响。对于安全服务的成本问题,将在后续的 9.1.2 小节进行详细的讨论。

在同样的情况下,安全系统提供的所有安全服务也可以被设定成一个可选择的范围,即可以根据用户的安全需求和成本限制来决定是否调用某项安全服务,这个范围至少有两个选择:调用或不调用。

可变安全虽然为用户提供了很大的灵活性,但同时也增加了用户的负担。面对诸多参数值的选择,用户往往不知所措。正如定义 9 - 1 所示,各个 QoSS 参数同时又是 SML 和 Security_Mode 的二元函数。所以对于某一种安全服务,不需要罗列所有参数的组合,只需要安全系统根据收集到的系统状态信息来确定当前的 Security_Mode 值,用户再根据被保护信息的价值和系统面临的安全威胁来设定希望实现的 SML 值(IATF 给出了它们之间的对应关系),便可得到一个与之对应的详细的 QoSS 参数值组合。

(2) 安全机制的强度级别(SML)

安全服务与安全机制有着密切的关系,安全服务体现了安全系统的功能,而安全机制则是实现安全服务的具体方法和技术。一种安全服务可通过一种或几种不同的安全机制来实现,同样,同一个安全机制有时也可用于实现不同的安全服务。安全服务的质量是由其实现机制的强度来决定的,而安全机制的强度级别(Strength of Mechanism Level, SML)则是衡量这种强度的标准之一,IATF 中将它定义为破坏该安全机制所需要付出的努力或成本。它反映了某一安全机制单独或与其它机制组合起来支持一个或多个安全服务的能力。

在当前的发展阶段,IATF 的强度策略主要基于需要保护信息的价值和系统所处的特定(静态)威胁环境,处理单个安全服务和安全机制的强度级别。如 IATF 所述,作为一个通用的安全机制/措施评价策略,强度策略并不是一个完整的安全解决方案,它没有指定特定的安全产品,也没有讨论安全解决方案的整体强度,但它定义了安全机制相对的强度级别,为安全服务和安全机制的选择提供了指导。

为了各自应用的需要,许多用户往往会有保护信息的需求。强度策略根据信息安全受到破坏后可能造成的影响,将信息的价值定义成五个级别:

V1:违反信息保护策略的负面影响和后果是可以忽略的。

V2:违反信息保护策略会对组织的安全、经济状况、基础设施造成负面影响或造成较小的破坏。

V3:违反信息保护策略会对组织的安全、经济状况、基础设施造成一定的破坏。

V4:违反信息保护策略会对组织的安全、经济状况、基础设施造成严重的破坏。

V5:违反信息保护策略会对组织的安全、经济状况、基础设施造成毁灭性的破坏。

　　确定了需要保护信息的价值之后,还需要确定信息所处的威胁环境,其中需要考虑的因素包括:访问的级别、风险容许值、专家意见和对手可获得的资源等。下面列出七种级别的安全威胁:

　　T1:疏忽或意外事件(例如电源线被无意中绊开)。

　　T2:占有少量资源,愿意冒少许风险的、被动的、不经意的对手(例如侦听)。

　　T3:占有少量资源但愿意冒很大风险的对手(例如不熟练的黑客)。

　　T4:占有中等规模的资源,愿意冒少许风险的、富有经验的对手(例如有组织的犯罪、富有经验的黑客、跨国公司等)。

　　T5:占有中等规模的资源,愿意冒很大风险的、富有经验的对手(例如国际恐怖分子)。

　　T6:占有丰富的资源,愿意冒少许风险的、经验异常丰富的对手(例如资金雄厚的国家实验室、跨国公司、国家等)。

　　T7:占有丰富的资源,愿意冒极大风险的、经验异常丰富的对手(例如处于危机时刻的国家)。

　　针对上述这些级别的信息价值和安全威胁,强度策略定义了三个级别的安全机制强度:

　　SML 1:基本的安全强度或良好的商业实践。它被用来保护价值不高的数据,可以抵御简单的安全威胁(例如个人试探性的攻击或误操作等)。

　　SML2:中等的安全强度。它被用来保护中等价值的数据,可以抵御强大的安全威胁(例如黑客有组织的攻击等)。

　　SML3:高级别的安全强度。它被用来保护价值很高的数据,可以抵御来自国家实验室或国家专门机构的安全威胁。

　　表 9-1 列出了在信息价值和安全威胁的级别被确定之后,IATF 推荐实现安全服务的最小 SML 和安全保障级别(EAL)。其中,EAL 是用来刻画安全服务功能可信度的尺度,CC 标准中评测 EAL 的依据是安全系统针对该项安全服务在配置管理、发行与操作、开发、指南文档、生命周期支持、测试和脆弱性评估等方面采取的措施。

表 9-1　SML、EAL 与信息价值、安全威胁级别的对应关系

信息价值	安全威胁						
	T1	T2	T3	T4	T5	T6	T7
V1	SML 1 EAL 1	SML 1 EAL 1	SML 1 EAL 1	SML 1 EAL 2	SML 1 EAL 2	SML 1 EAL 2	SML 1 EAL 2
V2	SML 1 EAL 1	SML 1 EAL 1	SML 1 EAL 1	SML 2 EAL 2	SML 2 EAL 2	SML 2 EAL 3	SML 2 EAL 3
V3	SML 1 EAL 1	SML 1 EAL 2	SML 1 EAL 2	SML 2 EAL 3	SML 2 EAL 3	SML 2 EAL 4	SML 2 EAL 4

续表

信息 价值	安 全 威 胁						
	T1	T2	T3	T4	T5	T6	T7
V4	SML 2 EAL 1	SML 2 EAL 2	SML 2 EAL 3	SML 3 EAL 4	SML 3 EAL 5	SML 3 EAL 5	SML 3 EAL 6
V5	SML 2 EAL 2	SML 2 EAL 3	SML 3 EAL 4	SML 3 EAL 5	SML 3 EAL 6	SML 3 EAL 6	SML 3 EAL 7

　　EAL 1:功能性测试级,证明被评测的对象 TOE(Target of Evaluation)与功能规格一致。

　　EAL2:结构性测试级,证明 TOE 与系统层次设计概念一致。

　　EAL3:工程方法上的测试及校验级,证明 TOE 在设计上采用了积极的、安全的工程方法。

　　EAL4:工程方法上的方法设计、测试和评审级,证明 TOE 采用了基于良好开发过程的安全工程方法。

　　EAL5:半形式化设计和测试级,证明 TOE 采用了基于严格的过程安全工程方法并适度应用了专家安全工程技术。

　　EAL6:半形式化地验证设计和测试级,证明 TOE 通过将安全工程技术应用到严格的开发环境中来,达到消除大风险保护高价值资产。

　　EAL7:形式化地验证设计和测试级,证明 TOE 所有安全功能经得起全面的形式化分析。

　　当使用合适的能力成熟度模型(CMM),例如 SSE-CMM(Systems Security Engineering Capability Maturity Model)模型中 EAL1 – 3 建议使用能力级别 2,EAL4 – 7 建议使用能力级别 3。

　　SML 概念的引入为用户提供了一个对安全保障的简单抽象。在其它变量(例如 *Security_Mode*)的值均已确定的情况下,用户只需要设定安全服务的 SML,便可以得到一个与之对应的具体实现机制的参数组合。以信息报文的验证比例为例,SML 对 QoSS 参数取值范围的影响如图 9 – 2 所示。在 SML1 条件下,需要保证的认证比例为 10% ~ 60%;而 SML2 的认证比例需要升高到(60% ~ 90%);在 SML3 条件下,认证比例必须很高以保证高度的安全(90% ~ 100%),因而没有太多的

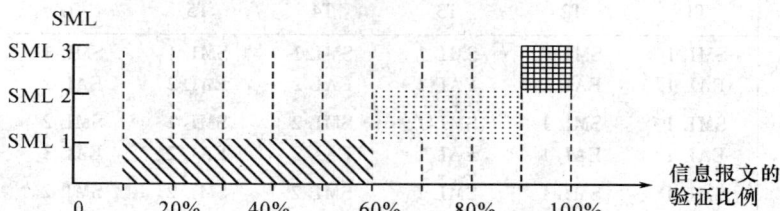

图 9 – 2　SML 对 QoSS 参数取值范围的影响

选择。

除了抽象的安全机制强度级别外,还可以为安全机制强度设定具体的数字量度。文献[4]给出的分类体系以一种编号的形式向用户指明了每个安全机制的强度,并给出了预测特定子系统或子网络整体安全强度的数值。然而,这些度量指标还需要进一步地完善和标准化,并同时明确这些指标代表的实际含义。

(3)自适应的安全策略

IATF 强度策略中的安全威胁环境是固定的(即静态的),因而没有考虑到环境变化的影响。然而在不同情况下,用户需要安全保障的程度可能是不同的。例如,一个公司的内部网络发现了来自 Internet 的攻击时,系统将会希望得到更高级别的安全保护;或者当一个 Internet 服务提供商同时接收到大量的服务请求而达到"拥挤(Impact)"状态时,将会削减一些可选的安全服务以提高效率;紧急情况下,军队指挥员可能选择放弃一些安全措施以迅速地传递重要的信息。这些情况都需要安全系统能够对环境的变化迅速作出反应,实现自适应的安全策略。为了实现安全策略的动态性和自适应性,QoSS 参数的影响因子中增加了安全状态 Security_Mode 这一要素,在不同安全状态下 QoSS 参数的取值事先定义在安全服务组件中,以供安全环境发生变化时使用。

下面给出了三种安全状态:正常(Normal)、拥挤(Impact)和紧急(Emergency)。在不同状态下,QoSS 参数的取值范围可能不同,但可以重叠,而且参数值也可以是不连续的(例如,取值范围是离散值的集合,这些值以一个固定的步长递增)。安全状态对 QoSS 参数的影响有两种形式,以信息报文的验证比例为例,假设当前的 SML 设定为 SML1。在第一种形式中正常状态下可以接收的认证比例为 20% ~ 60%;在拥挤状态下,认证比例需要降低(20% ~ 30%);但在紧急状态下(例如检测到入侵行为),认证比例直接设置为最高上限(60%),从而没有太多的选择,如图 9 - 3 所示。另一种形式如图 9 - 4 所示,在紧急状态下(例如军事设施遭受物理攻击,需要迅速传输战况或转移数据),为了尽快地完成任务,信息报文的验证比例必须很低,从而同拥挤状态设置的一样(20% ~ 30%);而在正常模式下,往往可以提供更高级别的安全(40% ~ 60%)。另外,由于拥挤和紧急状态下情况较为特殊,必要时它们的 QoSS 参数值可以突破 SML 的限制。例如在第一种情况下,紧急状态的认证比例可以超过 60%;第二种情况下,紧急状态的认证比例可以低于 20%,甚至降为 0%;而拥挤状态的参数设置与第二种情况的紧急状态相类似。这就需

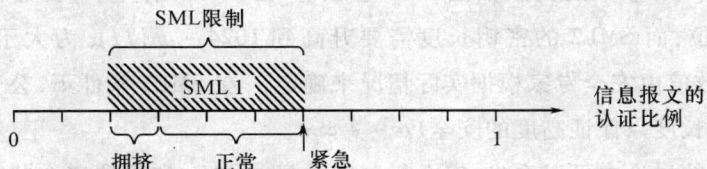

图 9 - 3 安全状态对 QoSS 参数取值范围的影响(1)

要对具体问题进行具体分析。

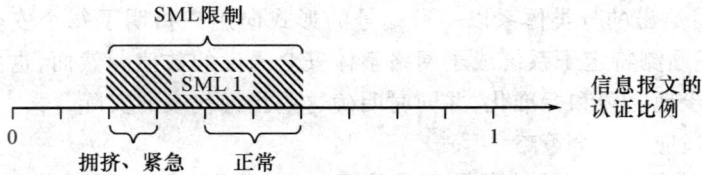

图 9 - 4　安全状态对 QoSS 参数取值范围的影响(2)

当然,用户也可以选择安全服务质量不受安全状态的影响,即 $S_i.\ QoSS\ (SML,\ Normal) = S_i.\ QoSS\ (SML,\ Impacted) = S_i.\ QoSS\ (SML,\ Emergency)$。除了上面给出的三种安全状态外,在实际操作中用户和安全系统开发人员还可以根据分布式信息系统的实际情况来定义系统的安全状态。

2. 安全机制的选择

实现安全服务可以借助的安全机制类型有很多。OSI 7498 - 2 定义了八种安全机制:加密机制、数字签名机制、访问控制机制、数据完整性机制、认证交换机制、业务流填充机制、路由控制机制和公证机制,并给出了每一类安全服务与各种安全机制的对应关系。

在 ISO 的基础上,IATF 将安全机制的类型进行了扩充,并将它们划分为不同的等级。其定义的八种高层安全机制(即安全管理机制、保密机制、完整性机制、可用性机制、I&A 机制、访问控制机制、责任机制和不可否认性机制)由若干个低层的安全机制来实现,例如访问控制机制的底层实现机制包括反篡改、强制型访问控制、自主型访问控制、证书和人员安全等机制。

IATF 针对上述八种高层的安全机制给出了各种 SML 条件下低层实现机制的安全参数设置。这些参数的值多为固定值。为了实现"可变安全"的思想,将 QoSS 参数映射到一个可接收的范围内,可以将 IATF 给出的这些参数值作为在给定 SML 条件下参数的下限,而其上限为比它高一级的 SML 条件下的下限值。SML3 条件下,QoSS 参数的上限值依照实际情况而定。以保密机制中的有效公开密钥长度为例,SML 同 QoSS 参数的关系如图 9 - 5 所示。在 SML1 条件下,公开密钥长度为 512 ~ 1024 位;而 SML2 的密钥长度需要升高到 1024 ~ μ 位(μ 为大于 1024 的整数,其具体数值由安全专家根据实际情况来确定);在 SML3 条件下,公开密钥必须达到足够的长度以保证高度的安全($\mu \sim +\infty$)。

从上面的讨论中可以看出,安全机制的选择与 SML 和系统安全状态有关。除此之外,在异构的网络环境下,安全服务实施的区域也是决定安全机制选择的因素

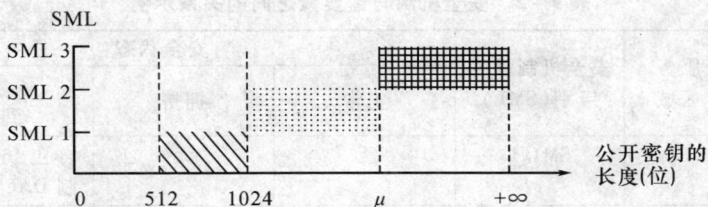

图 9 - 5　IATF 定义的参数值向可变范围转换示例

之一。正如定义 9 - 1 所示,每个安全服务对应一个实施服务的区域。这些服务区域可能存在网络部件上的差异(例如本地终端和网络上的转接节点),也可能是所处的网络层次不同(例如应用层和网络层等)。这里采用文献[7]中的分类方法,根据安全服务保障的网络功能部件来划分服务区域,即参数 $Security\_Area$ 的取值范围为 $\{ES, IN, W\}$,其中 ES 表示的是终端系统(例如客户端或服务器系统);IN 表示的是中间转接节点(例如路由器或转换器);W 表示的是通信链路(例如链接不同系统和节点的线路)。同样的安全服务在不同的区域内采用的安全机制是不同的;在终端系统和中间转接节点实现的安全机制主要保护节点或系统中的资源(例如数据和应用程序);而在通信链路上实现的安全机制主要保护物理上传输的数据。

　　除了上面给出划分安全服务区域的方法之外,用户和安全系统开发人员还可以根据系统的实际情况来进行分类。例如在某种应用实例中,安全服务区域可以分为综合管控中心、信息处理应用中心、卫星地面站、用户终端和通信网络等。

　　安全机制的选择最初只是技术上的问题,但它的结果决定了为系统提供的安全保障措施是否充足和恰当。综合起来,影响安全机制选择的因素主要包括安全服务的类型、实施安全服务的区域、对安全机制强度的要求和系统所处的安全状态。表 9 - 2 给出了安全机制与诸要素之间的关系示例,其中给出的参数值是可变安全范围内的下限。

　　表 9 - 2 同时也是抽象化的用户安全服务需求和具体的安全机制调用之间转换矩阵的雏形。当安全系统无法满足用户安全需求的安全机制或资源时,安全系统将需要与用户协商以修改其服务请求,或直接采用默认的转换。

　　然而每个安全服务在用户要求的级别上可能还有多个安全机制的组合与之对应,这时安全机制的成本(最终反映在安全服务的成本上)将成为决定安全机制选择的重要因素之一。用户可以根据实际情况的需要,确定可接受的安全服务成本,安全系统由此决定选择何种安全机制的组合。

表 9 – 2　安全机制与诸要素之间的关系示例

安全服务	服务区域	安全机制强度级别（SML）	安全状态		
			正常	拥挤	紧急（检测到攻击）
访问控制服务	ES	SML 1	无	无	自主访问控制机制 DAC
		SML 2	自主访问控制机制 DAC	无	强制访问控制机制 MAC
		SML 3	强制访问控制机制 MAC	自主访问控制机制 DAC	强制访问控制机制 MAC
数据保密服务	SML	SML 1	无	无	56 位的对称密钥加密
		SML 2	56 位的对称密钥加密	无	128 位的对称密钥加密
		SML 3	128 位的对称密钥加密	56 位的对称密钥加密	256 位的对称密钥加密

3. 安全服务成本

由于限制用户获取最高级别安全服务的原因是安全服务的成本。安全服务的成本可以由货币的形式（例如无限制带宽但按流量收费）或影响性能的形式（例如，为了获得高质量的安全服务，处理的时间将会很长）来表示。当服务的成本非常高（例如缓慢的响应速度）的时候，用户往往会退而求其次，选择较低级别的安全服务。

为了便于计算，用安全服务消耗的资源来表示安全服务的成本，它可以进一步转化为货币形式或服务对性能的影响程度。这些资源包括：CPU 时间，内存和带宽（此外，磁盘空间等其它可消耗资源可以进一步加入到成本框架中）。安全服务对这些资源的消耗可能是暂时的也可能是持久的，由此可以将其划分为启动型花费和持续型花费两种类型。例如通信数据流保护服务中，采用 Twofish 对称密钥加密算法，在启动时需要额外的处理以初始化 S-boxes。这是在安全服务建立阶段的一次性花费，所以属于启动型花费。另一方面，通信数据流保护服务在带宽上的花费是持续型花费，因为其加密算法往往需要在每个报文中添加额外的字节。

安全服务成本的总框架模型表示为：

$$\bigcup_{i=1}^{n} f_{ij}(S_i \cdot QoSS(SML, SM))$$

$$\bigcup_{i=1}^{n} g_{ij}(S_i \cdot QoSS(SML, SM))$$

其中 SM 代表安全模型，成本表达式 f 表示启动型 QoSS 参数的函数，g 表示持续型 QoSS 参数的函数。例如加密服务的成本用 $f_{11}(S_1 . QoSS(SML, Security\_Mode)) = a_1 \times Encryption\_Key\_Len + b_1$ 表示，其中 a_1 和 b_1 是常数，$Encryption\_Key\_Len$ 表示加

密密钥的长度。f 和 g 的函数形式与实现服务的安全机制有关。当安全服务的实现机制是唯一的时候,f 和 g 的函数形式是固定的,这时用这些机制消耗的资源将作为安全服务固有的成本而被用户所接受。但如果安全机制是可选的,则安全服务的成本也就是可变的。例如某项安全服务如果采用实现组合 1,则 f 和 g 为线性函数;而采用组合时,f 和 g 为二次函数。这时就需要参照用户对性能成本的要求来选择安全服务的实现机制。在计算成本时,以 CPU 时间的花费以及时钟脉冲(或脉冲/报文)为计算单位,内存花费以 B 为单位,带宽花费以 B(或 B/报文)为单位。在其它的计算方法中,这些花费的度量也可以是无量纲的,统一用一种度量单位来表示。但这需要对度量单位的语义进行严密的形式化描述。

4. 安全用户满意程度计算

服务质量的差距是判断用户是否满意安全服务质量的主要依据。将用户实际得到的服务质量与其对服务质量的期望相比较:当得到的超出期望时,安全服务被认为具有特别质量,信息系统将得到较为充分的安全保障;当得到的没有达到期望时,安全服务是没有满足用户需求的,注定会给用户带来某种程度的损失;当期望的与得到的一致时,质量是令人满意的。上述判断方法如图 9-6 所示,其中符号" > "、" < "、" = "可以相应地理解为质量上的"比……好"、"比……差"、"相等"。

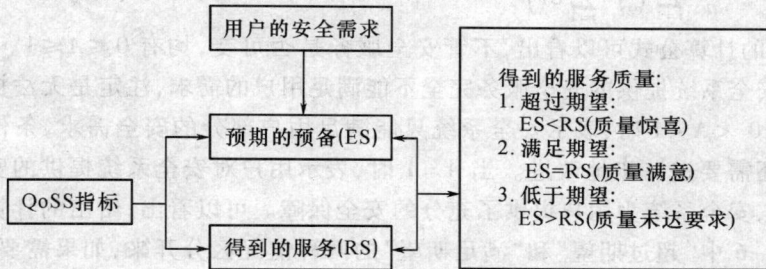

图 9-6 用户对安全服务质量的满意程度

综上所述,整个安全服务视图可以看成是一个用安全服务向量表示的多维空间。所以这里用 $< ES_1, \cdots, ES_n >$ 表示用户期望得到的安全服务;用 $< RS_1, \cdots, RS_n >$ 表示安全系统提供的(即用户得到的)安全服务。

当用户期望得到的安全服务的 QoSS 指标参数为常量时,设

$$p_{ij}^{ES} = ES_i \cdot QoSS(SML, Security\_Mode) \cdot parameter_j ;$$

$$p_{ij}^{RS} = RS_i \cdot QoSS(SML, Security\_Mode) \cdot parameter_j ;$$

$$g_i = \begin{cases} 1, & if \quad \forall j \in \{1, \cdots, l_i\}, p_{ij}^{ES} \leqslant p_{ij}^{RS} \\ 0, & otherwise \end{cases}$$

其中,$i = 1, \cdots, n; j = 1, \cdots, l_i$。则用户对整个安全系统提供安全服务的满意程度 A 的计算公式为:

$$A = \frac{1}{n} \sum_{i=1}^{n} g_i$$

当用户期望得到的安全服务的 QoSS 指标参数为一个可选择的范围时,该范围的下限(记为 $\min\_p_{ij}^{ES}$)是安全系统在条件允许的情况下必须满足的,而该范围的上限(记为 $\max\_p_{ij}^{ES}$)。往往又是用户最希望得到的安全服务质量(但它可能受到安全服务成本的影响)。设

$$g_{ij} = \begin{cases} 1 & \max\_p_{ij}^{ES} \leqslant p_{ij}^{RS} \\ (p_{ij}^{RS} - \min\_p_{ij}^{ES} + \alpha)/(\max\_p_{ij}^{ES} - \min\_p_{ij}^{ES} + \alpha) & \min\_p_{ij}^{ES} \leqslant p_{ij}^{RS} < \max\_p_{ij}^{ES} \\ 0 & \text{其它} \end{cases}$$

其中 a 为可选范围内递增的步长, $i = 1, \cdots, n$; $j = 1, \cdots, l_i$。例如用户设定的信息报文验证比例的范围是 70% ~ 100%,每次递增的步长为 10%(即该参数可能的取值为 70%、80%、90%、100%),若安全系统实现的信息报文验证比例为 90%,则 $g_{ij} = (0.9 - 0.7 + 0.1)/(1 - 0.7 + 0.1) = 3/4 = 0.75$。

计算出每个 g_{ij} 后,用户对整个安全系统提供的安全服务满意程度 A 的计算公式为:

$$A = \frac{1}{n} \sum_{i=1}^{n} \left(\frac{1}{l_i} \sum_{j=1}^{l_i} g_{ij} \right)$$

由 A 的计算公式可以看出,不管安全服务是否可变,均有 $0 \leqslant A \leqslant 1$。当 $A = 0$ 时,表示安全系统提供的安全服务完全不能满足用户的需求,注定是无法被用户接受的。当 $0 < A < 1$ 时,表示安全系统只能满足用户部分的安全需求,条件允许的情况下,还需要进一步地改进。当 $A = 1$ 时,表示用户对安全系统提供的安全服务是满意的,安全系统为用户提供了充分的安全保障。可以看出,给出的计算方法没有将图 9-6 中"超过期望"和"满足期望"的两种情况区分开来,如果需要的话,可以通过改进 A 的计算公式来体现这两种情况的不同。

此外,上面给出 A 的计算公式只是一种融合所有安全服务的 QoSS 参数值的方法。其实不同安全服务的重要程度是不一样的,所以在安全服务向量中为每个组件 S_i 赋予了一个相对的权值 w($0 \leqslant w_i \leqslant 1$)。例如一些应用系统从"和平"时期转换到"战争"状态时,数据保密服务的重要性将会凸现出来,从而将被赋予一个更高的权值。因此,A 的计算公式将变为

$$A = \frac{1}{n} \sum_{i=1}^{n} \left(\frac{S_i w_i}{l_i} \sum_{j=1}^{l_i} g_{ij} \right)$$

这个是用户对安全服务质量满意程度的计算公式,除此之外,用户对其它 QoS 的满意程度也是可以计算出来的。但由于安全往往会对系统性能造成负面影响,所以 A 与其它 QoS 的满意程度往往成反比关系,即系统在满足用户安全需求的同时往往会降低他们对其它 QoS 的满意程度。这是一个需要权衡的问题,应该在系统设计和管理过程中进行协调。

9.1.3 安全服务视图描述

描述一个复杂的分布式信息系统的安全体系结构是一个困难和耗时的事情。最理想的情况是,整个安全体系结构像一张平面图,这张图清晰而又直观地描述了安全系统的结构和功能,既易于理解又便于交流。但事实上,仅通过一张图来描述整个安全体系结构几乎是不可能的。现实世界中分布式信息系统的安全体系结构涉及许多方面的内容,例如安全系统为用户提供的安全服务及相应的安全机制、安全系统的组织结构及相应的管理策略、安全技术标准和接口约定等。用一个简单的二维图并不能完全反映出复杂多维的安全体系结构所需要表现的所有信息,而且过分地强调某一个方面的安全体系结构的描述也无法进行全面、客观的系统分析和设计。

有一些文献试图从不同的角度来描述安全体系结构,如文献[8]中的 SABSA 模型将网络的安全体系结构划分为上下文层(Contextual Layer)、概念层(Conceptual Layer)、逻辑层(Logical Layer)、物理层(Physical Layer)、组件层(Component Layer)和操作层(Operational Layer)六个不同的体系结构层次。文献[9]在系统需求定义的初期,采用信息系统体系结构的 Zachman 模型,从消费者、拥有者、设计者、制造者和工作人员不同的视角对安全策略进行建模。文献[10]中 JSIMS(the Joint Simulation System)的安全体系结构由抽象视图(Abstract view)、逻辑视图(Logical view)、软件视图(Software view)、物理视图(Physical vievr)和组织视图(Organizational view)结合起来描述,以达到从不同的视角感知和理解安全体系结构的目的。

从上述这些模型的研究和应用来看,采用多视图的结构来描述安全体系结构是一个非常有效的方法,它可以控制并降低安全体系结构的复杂度,清楚地划分不同人员的兴趣集,使他们能够以此为一个相互理解的基础,对安全体系结构形成一个统一的认识。然而,现有的这些多视图结构模型大部分是从其它系统的体系结构框架中直接引入的,并没有充分地反映安全自身的特点,也不便于采用现有的安全标准(例如 CC、SSE-CMM、ISO17799 和 ISO13335)来指导安全体系结构的构建和评价。此外,这些模型也均未给出安全视图建立的理论基础,从而没有形成一套完整的理论体系。文献[11]在前人的基础上,给出了安全体系结构视图的形式化定义,再根据安全体系结构自身的特点和被关注的热点,定义了一个三视图的框架模型,明确给出了各个视图的定义及它们之间的相互关系。

安全服务视图展示给用户的是安全系统提供安全服务的外部属性。由于分布式信息系统结构成分复杂,对于不同的部件或资产,安全系统提供的服务是不相同的,所以安全服务视图的结构可能异常复杂,这样既不便于用户了解安全系统的功能状况,也不便于用户对自己或其他用户所提需求整体情况的准确把握。为了在安全体系结构设计中建立一个清晰的用户级视图,文献[11]设计了两种描述工具:安全服务目录(Security Service Catalogue)和安全服务组件描述(Security Service Module Description),前者描述了安全服务视图的组成部件和它们之间的相互关系,后者描述了各安全服务组件的属性和相应的约束。

1. 安全体系结构视图形式化定义

1992 年 Perry 和 Wolfe 在比较了建筑、计算机硬件和网络的体系结构之后,提出了一个三元组的软件体系结构模型。该模型经过 Boehm 修改后,可以得到下面的一个三元组结构[12,13]。

$$Software\ architecture\ =\ <Elements,\ Forms,\ Rationale/Constraints>$$

其中,*Elements* 为体系结构的组成部件,*Forms* 为组成部件的属性和关系,*Rationale/Constraints* 为选择 *Elements* 和 *Forms* 的原则及约束。

这一模型在软件体系结构的研究领域得到了普遍的认同。虽然,该模型针对的是软件体系结构,但模型中的三个要素对于其它的系统结构来说同样也是非常重要的。ITF(Integration Task Force)中的 IAP(Integrated Architectures Panel)扩展了 IEEE610.12A - 1990[14] 的定义后,便将体系结构定义为"各组成部分,它们之间的相互关系以及制约它们设计和随时间演进的原则和指导方针",其中的"组成部分"、"相互关系"以及"原则和指导方针"与软件体系结构模型中的三要素没有本质上的差别。可以说,体系结构的组成元素、它们之间的关系以及对它们的约束都是设计和描述分布式信息系统安全体系结构的必备内容。

另一方面,"人"在安全体系结构中扮演着非常重要的角色,从安全体系结构的设计、实现到相应安全系统的使用都需要人的直接参与,而且几乎所有的安全过程都离不开人的支持。所以在分布式信息系统的安全体系结构中不可避免地需要加上"人"这一要素。

综合考虑上面所述的要素,可以得到如下定义:

定义 9 - 2　四元组 $SA =< People,\ Components,\ Relationships,\ Rationale/Constraints >$ 称为分布式信息系统的安全体系结构。

其中:

People 是与分布式信息系统中安全密切相关的所有人员的集合,他们在安全体系结构中扮演着不同的角色(*Role*),发挥着不同的作用。

Components 是组成安全体系结构的基本部件的集合,即 $Components = \{c_1, c_2, \cdots, c_l\}$,$c_i(i \in \{1, \cdots, l\})$ 自身的属性决定了它的使用原则。

Relationships 描述了组成部件之间以及与相关人员之间关系的集合,这些关系以某种特定的方式将各个部件连接成一个统一的整体。

Rationale/Constraints 是指对人员、组成部件及其相互关系的约束和使用原则。

事实上,*People* 原先是可以作为组成部件放在 *Components* 中的,这里把他独立出来,说明他在分布式信息系统安全体系结构中的重要地位。

需要注意的是,安全体系结构并不是静止不动的,特别是对于分布式信息系统来说,随着时间的演化和环境的改变,安全体系结构及其内部诸要素也需要进行不断的调整。文献[14]中提出的"随时间演进"的概念正说明了这个问题。因此在安全体系结构设计中都需要充分考虑时间因素。

由于分布式信息系统的安全体系结构往往非常复杂,仅从一个角度出发,很难全面地把握其内容,所以需要采用多视图的结构来对其进行描述。将多维度的安全体系结构投影到一个平面上就可以得到一个视图,每个视图只集中地描述安全体系结构的一个方面,而忽略其它方面的内容。有时,视图与视图之间会产生轻微的重叠,从而使得某一视图中的某个内容可能同时是另一个视图的一个组成部分。但只要保持重叠部分的一致性,就不会影响视图的表现能力和正确性。下面给出安全视图的形式化定义:

定义 9-3 四元组 $V_i = < People_i, Component_i, Relationship_i, Rationale/Constraints_i >$ 称为分布式信息系统的安全体系结构视图,它满足条件:

(1)

$$People_i \subseteq People$$
$$Components_i \subseteq Components$$
$$Relationships_i \subseteq Relationships$$
$$Rationale/Constraints_i \subseteq Rationale/Constraints \ i \in \{1, \cdots, n\}$$

(2)

$$\bigcup_{i=1}^{n} V_i = \{\bigcup_{i=1}^{n} People_i, \bigcup_{i=1}^{n} Componets_i, \bigcup_{i=1}^{n} Relationships_i, \bigcup_{i=1}^{n} Rationale/Constraints_i\}$$
$$= SA$$

条件(1)要求每个视图都是安全体系结构的子集。条件(2)表明所有视图组成的集合必须能够全面地描述整个安全体系结构。然而,形式化证明视图集合的完备性是非常困难的,即使是在软件体系结构和 C4ISR 体系结构的研究中也没有能够完成这项工作。为了说明提出的三视图框架的合理性和完备性,下面将从定性的角度对其进行适当的讨论。

划分安全体系结构视图的方法有很多,既可以根据逻辑层次来进行划分,也可以根据物理区域来进行划分,文献[11]介绍了几种研究人员采用的方法,每种方法各有优缺点,但它们均不是唯一的方法,合理性和实用性是安全体系结构视图划分方法的重点。参照这一原则,总结划分视图的依据主要有两个。

(1) 主动角色的兴趣集

从前面的讨论可以看出,"人"在安全体系结构中占有非常重要的地位,他们扮演着不同的角色,而其中大部分的角色对分布式信息系统的安全产生积极的影响,这些角色称为主动角色(Active Role),他们对安全体系结构的正确理解和认识是开发和维护安全系统的关键。例如"用户"根据自身的任务和应用的要求对安全系统的功能和性能提出了这样或那样的安全需求,而这些安全需求正是安全系统设计和开发的重要依据;"安全技术人员"按照安全系统的设计要求和现有的技术标准规范来实现各种安全功能,为"用户"提供必要的安全服务;"安全管理人员"通过有效的控管措施将各种安全功能整合起来,以实现"用户"要求的安全保障级别等。

　　然而,各种主动角色审视和理解安全体系结构的视角往往是不同的,如若不加区分,势必造成他们之间理解和交流的困难。因此需要有不同的体系结构视图来反映各主动角色特定的兴趣集,再根据各个视图之间的关联关系,便可以得到一个完整的安全体系结构。

　　定义 9 - 4　主动角色的集合 *RoleSet* 和安全体系结构视图之间的映射关系 £ 定义为

$$£ :RoleSet\rightarrow\{V_i|i=1,2,\cdots,n\}$$

其中 $\bigcup\limits_{i=1}^{n} V_i = SA$。

　　根据主动角色的兴趣集来划分视图时需要解决的一个最重要问题就是 *RoleSet* 中应该包含哪些主动角色。角色太少,所得到的视图则不具有代表性,也无法反映大多数人所关心的内容;角色太多,所得到视图的数量就会很多,视图之间的重叠也会很大。因此应该选择最具有典型代表性的主动角色来组成划分视图的角色集,并结合其它的划分依据,将关系最为密切的元素包含在同一个视图内,不同视图之间的重叠尽可能地少。

　　(2) 安全研究领域的结构特点

　　随着对信息系统安全研究的不断深入,人们逐渐认识到解决信息系统的安全问题仅仅依靠单一的技术或产品是远远不够的,它是一项涉及安全技术、管理、政策法规和决策等诸多因素的复杂系统工程。

　　安全视图的划分应该尽可能地反映安全自身的特点,而关于信息安全的组成问题,一些文献阐述了各自不同但相近的观点。文献[15]中将信息安全划分为技术(Technology)和过程(Processes)两部分,其中技术是指在 IT 安全中所有"可见"的部分,例如防止恶意程序破坏而设置的安全控制;过程是指信息安全管理中的所有操作。

　　另一方面,安全视图的划分应该便于采用现有的安全标准来指导安全体系结构的构建和评价,而目前国际上通行的与信息系统安全相关的标准大致可分成三类:

　　① 安全产品(系统)的功能性评价标准,例如 TCSEC、ITSEC 和 CC/ISO15408 等,它们主要是通过对最终产品(系统)的功能进行严格的分析和测试来建立信任度指标。

　　② 信息安全管理标准,例如 BS7799/ISO17799、ISO13335 和 SSE-CMM,它们主要为信息系统如何有效地实施安全管理和安全工程过程管理提供了建议和指南。

　　③ 特定的安全技术标准,例如对称密钥加密标准 DES、3DES、IDEA、AES、安全电子邮件标准 S-MIME 和安全电子交易标准 SET 等,它们都是经过一个自发的选

择过程后被普遍采用的特定技术领域的算法和协议。

从上面的这些分类可以看出,安全研究领域中涉及的问题是多方面的,其中安全技术和安全管理是两个最主要的分支,同时也是安全系统设计与开发过程中必须考虑的重点问题。通过对这些问题的反映,也就形成了分布式信息系统安全体系结构视图划分的另一个依据。

综合考虑以上两个主要划分依据,可给出一个三维视图安全体系结构框架。该框架分别描述了分布式信息系统中具有代表性的三种主动角色(用户、安全管理人员、安全技术人员)的兴趣集,如图 9 - 7 所示;同时包含了安全系统设计与开发过程中必须考虑的重点内容,安全系统提供的安全功能(安全技术的高层体现),安全系统的组织结构、管理方式以及相应的支撑技术和标准规范。由此得到的三个安全体系结构视图分别是:安全服务视图、安全组织管理视图和安全技术视图。在此基础上,安全体系结构的描述和设计将主要围绕这三个视图来完成,并随着时间和环境的改变而相应地做出调整。这三个视图仍然不可避免地存在一些重合的地方,但它们各自在安全体系结构描述中的侧重点是非常明确的。

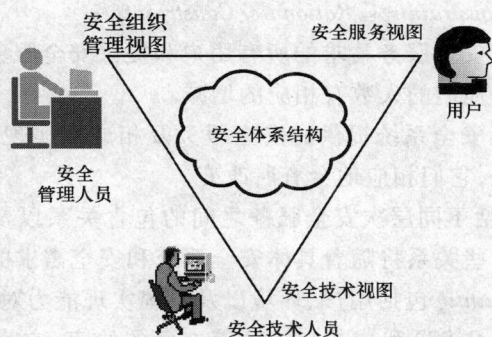

图 9 - 7 三维视图安全体系结构框架

2. 安全服务视图形式化定义

安全服务是由安全系统各功能部件提供的安全功能的总和,它为分布式信息系统及其信息提供了某种程度的安全保障,并最大限度地满足了用户及其应用特定的安全需求。

安全服务视图,又可称为用户视图,它描述了安全系统为用户及其应用提供安全服务的外部属性,包括功能界面、并发特征、质量指标等方面的内容。其中,功能界面描述了安全系统对外提供的各种安全服务的基本语义,包括从安全系统外部引用某种安全服务时调用者必须提供的参数类型、被引用服务完成后返回的正常结果的类型或失败信息的编码;并发特征描述了安全系统对外提供的各种安全服务的行为方式,规定了从安全系统外部引用某种安全服务时调用者和被调用的服务之间是否需要同步执行;质量指标描述了安全系统对外提供的各种服务在语义和行为方面的约束和限制（比如性能等），同时也描述了安全系统适应某些变化的能力（比如可移植性、可迁移性等）。

安全系统提供的安全服务之间、安全服务与安全机制之间存在一定的相关性。一方面，安全服务是有层次的，一些上层的安全服务又包含了一些子安全服务，例如数据保密服务还包括数据保护服务、数据隔离服务和通信数据流保护服务等。另一方面，安全服务是通过安全机制实现的，一个安全服务可能有多个安全机制的组合，而一种安全机制也可能为多种安全服务所用。这些关系将安全服务视图的各个组成部件联系成了一个统一的整体。

定义 9 – 5　四元组 *Security_Sevice_View* =< *People*$_s$, *Components*$_s$, *Relationships*$_s$, *Rationale/Constraint*$_s$ > 称为分布式信息系统的安全服务视图。

其中：

　　People$_s$ ⊆ *People*

　　Components$_s$ ⊆ *Components*

　　Relationships$_s$ ⊆ *Relationships*

　　Rationale/Constraints$_s$ ⊆ *Rationale/Constraints*

People$_s$ 包括提出安全服务请求的所有用户和提供安全服务的所有安全工作人员，随着时间的推进，他们的人数有相应的增减。

Components$_s$ 包括安全系统提供的安全服务及相应的实现机制，随着用户需求的变化和系统的扩充，它们相应地会有所改变。

Relationships$_s$ 包括不同层次安全服务之间的包含关系以及安全服务和安全机制之间的支持关系这些关系将随着具体安全系统和安全需求的不同而不同。

Rationale/Constraints$_s$ 包括用户、环境以及系统实现能力对安全服务属性，例如功能、安全服务质量（QoSS）和成本（Cost）等方面的约束，它直接影响到安全服务及其实现机制的选择。

通过安全服务视图，可以实现用户抽象化的安全需求到具体实现机制的转换，而且根据安全系统的实现结果，可以计算出用户对安全系统提供安全服务的满意程度。

3. 安全服务目录

为了满足用户及其应用的安全需求，分布式信息系统的安全体系结构设计中包含了需要在安全系统中实现的安全服务和安全机制。这些服务和机制的种类以及它们之间的相互关系，在安全服务视图中可以用安全服务目录来进行描述。根据适用范围来划分，安全服务目录可分为：针对特定用户或用户组的局部范围内的安全服务目录和整个安全系统范围内的安全服务目录。显然后者是由前者组合而成，这两种类型的目录展示给用户的分别是局部或全局的安全服务配置情况。

安全服务目录描述方法的 BNF（Backus-Naur Form）语法为：

　　SecuSer_Catalogue∷= *Service_Type* | *Mechanism_Type* [, *Sub_ServiceSet* |

$Sub\_MechanismSet$]

$Sub\_ServiceSet ::= Service\_Type$ [$,Service\_Type$]*

$Sub\_MechanismSet ::= Mechanism\_Type$ [$,Mechanism\_Type$]*

其中：

$Service\_Type$ 代表安全服务类型；

$Mechanism\_Type$ 代表实现安全服务的安全机制类型；

$Sub\_ServiceSet$ 代表安全服务中包含的子安全服务的集合；

$Sub\_MechanismSet$ 代表实现安全服务或高层安全机制的底层安全机制的集合。

为了清晰地描述各组成部件之间的相互关系，安全服务目录一般采用树型的结构，其中根节点给出了安全服务目录的名称和适用范围，中间节点和叶节点分别表示相应的安全服务和安全机制，节点之间的连线表示不同层次的安全服务之间、不同层次的安全机制之间或安全服务和安全机制之间的支持关系。显然，安全体系结构设计越接近系统实现，安全服务目录中描述的服务或机制就越详细，相应树型结构的层次也就越多，用户可以根据自己的需要来选择安全服务目录的显示层数。

9.2 基于熵权系数的 WLAN 安全威胁量化模型

考虑到用户对安全服务质量的满意程度涉及根据用户的安全需求计算用户的期望安全服务值（ES）与根据安全信息系统的 QoSS 计算出的实际安全服务值（RS）进行的比较，并对安全服务系统进行动态观测与分析。以 WLAN 为例，对其受的安全威胁进行量化研究，并给出了一个量化方案。

由于，WLAN 的安全性受到研究机构、企业和用户的广泛关注，目前的安全解决方案只从局部应用方面进行安全加固，不同的安全解决方案之间缺乏统一的安全度量标准，现有的网络风险分析并未考虑 WLAN 特殊情况。文献[16]提出了移动 IP 网络的风险评价参数，结合风险评价参数对 WLAN 不同链路的安全进行分析，但仅在不同的攻击方式上进行，对企业来说无法对其 WLAN 从量上进行安全分析，同时加固后的 WLAN 安全强度到底有多大的改进，也无法从量上进行衡量。

目前国内外关于风险评估的方法有许多种，可分为决策树分析方法[17]、层次分析法（AHP）[18]、模糊综合评判方法[19]，考虑到风险因素的不确定性，采用模糊综合评判法占有很重要的地位。以往的模糊评判方法中各因素的权值计算往往采用专家评定法或由专家对各因素两两比较构造判断矩阵，再采用 AHP 法求得。无论哪种方法，都反映了专家的意向，评价结果具有较大的主观随意性。此外，以往的风险评估分析方法（如决策树分析法、AHP、模糊评判方法等）只考虑攻击等几个有限的指标，且许多指标的设立不适合无线 IP 网络，没有考虑无线环境的特殊需求。利用模糊综合评判法对 WLAN 安全进行风险评估，对风险因素权重的确定，不是单凭主观评判,而是采用熵权系数法进行客观计算。该方法可以方便、快速地求出 WLAN 系统的风险度,可以客观地评价 WLAN 系统的风险程度,分析结果符合 WLAN 实际。

9.2.1 风险参数描述

1. 风险评判标准

通过对 WLAN 的安全风险分析,下面给出评判 WLAN 的安全风险评价指标:

(1) C1 设备要求(价格和可利用性)

硬件或者软件也需要了解威胁的情况,一般从下面两个因素进行衡量安全风险,根据 WLAN 中安全威胁的程度,设安全风险由高到低依次是 R1 - R5。

- 代价 获取发动攻击所需设备系统的代价

R1:免费

R2: < ￥100 000

R3:￥100 000 < ￥10 000 000

R4: > ￥10 000 000

R5:不论花多大代价都难以获得

- 可用性 指攻击设备系统使用的难易程度

R1:在全球可供使用

R3:可用性受限制(如本地可用或可用性有具体要求或限制在某个组织内)

R4:不可用

(2) C2 知识要求

指发动攻击所需的知识水平。

R1:没有特殊的知识要求

R3:需要有几年的学习

R4:需要许多年的学习

(3) C3 时间要求(包括攻击准备时间和实施攻击时间)

这是衡量发动攻击所需的时间量,涉及如下两类时间。

- 攻击准备时间

R1:要求准备攻击需几个小时

R2:要求准备攻击需几天

R3:要求准备攻击需几星期

R4:要求准备攻击需几年

- 实施攻击时间

R1:完成攻击需几秒钟

R2:完成攻击需几小时

R3:完成攻击需几天

R4:完成攻击需几年

（4）C4 位置要求

指发动攻击是否需要建立新的移动设施。

R2:攻击从任何地点进行

R3:攻击从特定的位置上实施

R4:攻击仅可从被保护的位置处实施

（5）C5 时间窗口要求（时间周期数,时间长度）

这是指在一天/月/年中要成功实施攻击有多少个可以利用的时间周期以及发动一个成功攻击所需的时间周期长度。

- 时间周期数

R2:一小时内有多个时间周期

R3:一小时内不到一个时间周期

R4:一天只有一个时间周期

- 时间周期长度

R2:攻击所需的时间周期长度是一分钟或几分钟

R3:攻击所需的时间周期长度是几秒钟

R4:攻击所需的时间周期长度不到 1 秒钟

（6）C6 可能影响的目标数

这是指一次攻击可能影响网络节点或者服务的数量。

R2:一次攻击能影响一个或者大量的网络节点

R3:一次攻击能影响少量的网络节点

R4:一次攻击对网络服务或网络节点没有造成严重的后续影响

（7）C7 系统恢复时间

这里主要是指从技术角度看,被攻击的系统停止服务后会造成多大的后果。

R1:系统永远不能恢复

R2:系统在几天之后恢复

R3:系统在几个小时之后恢复

R4:系统在 5 分钟左右恢复

R5:系统在 5 分钟之内恢复

（8）C8 检测攻击的难度

根据检测一个攻击的难度分。

R2:不可能检测（如窃听攻击）

R3:攻击需要网络监控设施才能发现

R4:攻击者进行窜改可以立即发现

（9）C9 识别攻击者的难度

根据追查攻击者的难易程度分。

R2:攻击十分复杂,追查需要使用大量的资源

R3:识别攻击者只需要使用少量的资源

R4:识别攻击者可以使用自动化的工具软件

(10) C10 存取权限的要求

这里是指攻击者要发动攻击,需要何种程度的使用权限(如管理员、普通用户等)。

R2:普遍用户或匿名用户都能进行攻击

R3:具有身份标识权限的用户才能发动攻击

R4:只有特权用户的权限才能发动攻击

2. 风险等级

针对上述十种安全风险评判依据,定义了五级安全等级,它们依次是:

R1　　QoSS 最高

R2　　QoSS 高

R3　　QoSS 中等

R4　　QoSS 低

R5　　QoSS 最低

根据 WLAN 中可能存在的安全威胁,五级安全划分与文献[16]定义的五级安全服务程度(D1,D2,D3,D4,D5) =(安全服务最高,安全服务高,安全服务中等,安全服务低,安全服务最低)相一致。

通过对 WLAN 的安全服务分析,对十种评判 WLAN 的安全服务考核指标描述如下:

(C1,C2,C3,C4,C5,C6,C7,C8,C9,C10) =(设备要求(价格和可用性),知识要求,时间要求(包括攻击准备时间和实施攻击时间),位置要求,时间窗口要求(时间周期数,时间长度),可能影响的目标数,系统恢复时间,检测攻击的难度,识别攻击者的难度,存取权限的要求)。

3. 威胁的符号表示

为了描述安全服务评估中的威胁情况,给出无线 IP 网络中的节点和链路的关系图如图 9 - 8 所示。图中定义的威胁表示如下:MN 表示移动节点,CN 表示通信节点,HA 表示家乡代理,FA 表示外部代理。安全服务评估的依据是 C1 到 C10 的安全服务评判因素;E1 到 E4 表示在相应的链路 1 ~ 4 上存在窃听相关的安全威胁,如 E1 表示在链路 1 上存在窃听威胁;S1 到 S4 表示在相应的链路 1 ~ 4 上存在会话劫持相关的安全威胁,如 S3 表示在链路 3 上存在会话劫持威胁;SP-MN、SP-CN、SP-FA、SP-HA 分别表示在 MN、CN、FA、HA 相应的节点上存在欺骗威胁;DF-MN、DF-CN、DF-FA、DF-HA 分别表示在 MN、CN、FA、HA 相应节点上存在拒绝服务或泛洪式攻击威胁。

在定义威胁符号、安全服务评判依据、安全服务程度等基础上,可以对无线网

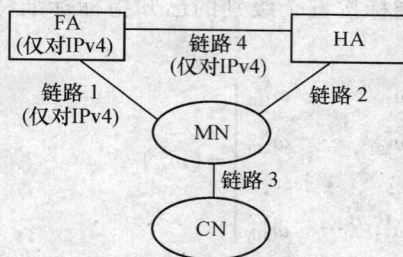

图 9 - 8 无线 IP 网络中的节点和链路

络中存在的安全服务进行描述,这里安全服务涉及窃听威胁、会话劫持、DoS/泛洪式攻击和欺骗攻击。

9.2.2 安全风险评估模型

基于熵权系数的 WLAN 安全服务评估方法由数据预处理、安全服务评价流程和安全服务系数确定三个部分组成。

1. 数据预处理

下面以窃听威胁为例,设其相关的威胁程度用表 9 - 3 表示。

表 9 - 3 窃听威胁(X)

	C1	C2	C3	C4	C5	C6	C7	C8	C9	C10
E1	R1	R3	R2	R2	R2	n/a	R5	R2	R2	R2
E2	R1	R3	R2	R5	R2	n/a	R5	R2	R3	R2
E3	R1	R3	R2	R2,R5	R2	n/a	R5	R2	R3	R2
E4	R1	R3	R2	R2	R2	n/a	R5	R2	R2	R2

根据模糊集合理论,矩阵计算的原理及过程如下:

无线网络有四条链路,十个安全服务考核指标特征值表示链路的特征。各个安全服务考核指标的单位不一定相同,需将各指标进行无量纲处理,以便使各个指标具有可比性。设 ω_h 为评价标准的无量纲特征值,其中 $h = 1,2,\cdots,5$。则样本集的评价指标特征矩阵为

$$X^k = \begin{bmatrix} x_{11}^k & x_{12}^k & \cdots & x_{110}^k \\ x_{21}^k & x_{22}^k & \cdots & x_{210}^k \\ \vdots & \vdots & \vdots & \vdots \\ x_{41}^k & x_{42}^k & \cdots & x_{410}^k \end{bmatrix} = (x_{ij}^k) \qquad (9-1)$$

式中 x_{ij}^k 是链路 i 在攻击方式 k 下指标 j 的特征值; $i = 1,\cdots,4, j = 1,\cdots,10, k = 1, \cdots,4$。

若样本集依据十项指标按五个级别的已知指标标准特征值进行识别,则指标标准矩阵为

$$\boldsymbol{\Omega}_{5\times10}^{k}=\begin{bmatrix} \omega_{11}^{k} & \omega_{12}^{k} & \cdots & \omega_{110}^{k} \\ \omega_{21}^{k} & \omega_{22}^{k} & \cdots & \omega_{210}^{k} \\ \vdots & \vdots & & \vdots \\ \omega_{51}^{k} & \omega_{52}^{k} & \cdots & \omega_{510}^{k} \end{bmatrix}=(\omega_{hj}^{k}) \tag{9-2}$$

式中 ω_{hj}^{k} 是在攻击 k 下安全服务考核指标的 h 级标准值, $h=1,2,\cdots,5$。安全等级分为五个等级,设 h 越小安全服务等级越高,则安全服务评价标准的相对隶属度为

$$S_{hj}^{k}=\begin{cases} 1 & \omega_{hj}^{k}=\omega_{gj}^{k} \\ \dfrac{\omega_{gj}^{k}-\omega_{ij}^{k}}{\omega_{gj}^{k}-\omega_{1j}^{k}} & \omega_{gj}^{k}>\omega_{hj}^{k}>\omega_{1j}^{k} \text{或} \omega_{gj}^{k}<\omega_{hj}^{k}<\omega_{1j}^{k} \\ 0 & \omega_{hj}^{k}=\omega_{1j}^{k} \end{cases} \tag{9-3}$$

安全服务因素的相对隶属度公式为

$$r_{hj}^{k}=\begin{cases} 1 & x_{ij}^{k}\geqslant\omega_{gj}^{k} \text{或} x_{ij}^{k}\leqslant\omega_{gj}^{k} \\ \dfrac{\omega_{gj}^{k}-x_{ij}^{k}}{\omega_{gj}^{k}-\omega_{1j}^{k}} & \omega_{gj}^{k}>\omega_{hj}^{k}>\omega_{1j}^{k} \text{或} \omega_{gj}^{k}<\omega_{hj}^{k}<\omega_{1j}^{k} \\ 0 & x_{ij}^{k}\leqslant\omega_{1j}^{k} \text{或} x_{ij}^{k}\geqslant\omega_{1j}^{k} \end{cases} \tag{9-4}$$

由式 (9-1) 和式 (9-4) 可得安全服务评估矩阵的相对隶属度矩阵

$$R_{4\times10}^{k}=\begin{bmatrix} r_{11}^{k} & r_{12}^{k} & \cdots & r_{110}^{k} \\ r_{21}^{k} & r_{22}^{k} & \cdots & r_{210}^{k} \\ \vdots & \vdots & \vdots & \vdots \\ r_{41}^{k} & r_{42}^{k} & \cdots & r_{410}^{k} \end{bmatrix}=(r_{ij}^{k}) \tag{9-5}$$

由式 (9-2) 或 (9-3) 可得安全服务评价标准的相对隶属度矩阵

$$S_{5\times10}^{k}=\begin{bmatrix} S_{11}^{k} & S_{12}^{k} & \cdots & S_{110}^{k} \\ S_{21}^{k} & S_{22}^{k} & \cdots & S_{210}^{k} \\ \vdots & \vdots & \vdots & \vdots \\ S_{51}^{k} & S_{52}^{k} & \cdots & S_{510}^{k} \end{bmatrix}=(S_{hj}^{k}) \tag{9-6}$$

设结点 j 以相对隶属度 μ_{ij}^{k} 隶属于 h 级安全等级,则结点相对隶属度矩阵为

$$\mu_{5\times4}^{k}=\begin{bmatrix} \mu_{11}^{k} & \mu_{12}^{k} & \cdots & \mu_{14}^{k} \\ \mu_{21}^{k} & \mu_{22}^{k} & \cdots & \mu_{24}^{k} \\ \vdots & \vdots & & \vdots \\ \mu_{51}^{k} & \mu_{51}^{k} & \cdots & \mu_{54}^{k} \end{bmatrix}=(\mu_{hj}^{k}),\quad \sum_{h=1}^{5}\mu_{hj}^{k}=1 \quad \forall j 0\leqslant\mu_{hj}^{k}\leqslant1 \tag{9-7}$$

在表 9 – 3 中,四条链路的十个安全服务评估参数的安全服务程度是不同的,用户可以根据不同的业务以及对各种不同攻击方式的关注程度和相应链路上的安全威胁设立不同的权重。对窃听、会话劫持、DoS 与泛洪攻击、欺骗攻击分别进行计算,依据 $C1 \sim C10$ 中安全服务指标的权重向量 $C = (c1, c2, c3, c4, c5, c6, c7, c8, c9, c10)$,其中 c_1 表示安全服务指标 $C1$ 所对应的权值。根据每一种攻击,分别计算 $R^k C^T$,然后进行归一化得出如表 9 – 4 所示的新矩阵。

表 9 – 4   相对隶属度矩阵(R)

	窃听	会话劫持	DoS 与泛洪	欺骗
链路 1 的威胁	r11	r12	r13	r14
链路 2 的威胁	r21	r22	r23	r24
链路 3 的威胁	r31	r32	r33	r34
链路 4 的威胁	r41	r42	r43	r44

其中,$R = \sum_{k=1}^{4} r_{ij}^{k} c_i^{T}$。其中,$i$ 表示链路 i 的威胁,k 为威胁类型,j 表示安全服务评估因素。

于是,BWIP 安全服务评估分析变成对上述矩阵的分析,用户可以根据不同的业务以及对各种不同的攻击方式的关注程度和相应链路上的安全威胁,设立不同的权重,一般对上式矩阵都是采取专家估计法,由专家参照评判集对因素集中的各因素进行评价,给出各因素的量化值。而在此,隶属矩阵由 $R^k C^T$ 计算,然后对得到的 $R^k C^T$ 矩阵进行模糊方式计算得出。

2. 模糊综合评判流程

(1)构造威胁因素集 $U = \{u_1, u_2, u_3, u_4\}$;威胁因素分别为"$u_1$:窃听威胁"、"$u_2$:会话劫持"、"$u_3$:DoS/泛洪式攻击"、"$u_4$:欺骗攻击"。

(2)构造链路评判集 $V = \{v_1, v_2, v_3, v_4\}$。其中 v_1 表示"在链路 1 上的威胁"、v_2 表示"在链路 2 上的威胁"、v_3 表示"在链路 3 上的威胁"、v_4 表示"在链路 4 上的威胁"。

(3)建立隶属度矩阵 R

一般的隶属矩阵都是由专家组根据经验给出的,这样做带有明显的主观性。这里采取模糊方式计算得出。

(4)安全服务发生概率 P 的计算

在计算安全服务威胁发生的可能时,各威胁相应的权向量为 $A = (a_1, a_2, \cdots, a_4)$,对评判集 V,各威胁赋予相应的权重,得到指标权向量 $B = \{b_1, b_2, \cdots, b_4\}$。则安全服务事件发生的概率为

$$P = AR B^T \tag{9-8}$$

可以把安全服务分为五类,一般认为 $P \in (0,0.2)$ 为最低安全服务系统,$P \in (0.2,0.4)$ 为低安全服务系统,$P \in (0.4,0.6)$ 为一般安全服务系统,$P \in (0.6,0.8)$ 为高安全服务系统,$P \in (0.8,1.0)$ 为最高安全服务系统。

3. 熵权系数的确定

专家评判的各因素隶属度矩阵。如果某个因素 U_i,对评判集中各指标的支持 r_{ij} 的差距越大,则该因素在综合评价中所起的作用越大;如果某个威胁的各指标支持度全部相等,即专家的评定结果太分散,凝聚力差,则对该因素的评定在综合评价中几乎不起作用。由熵的极值性可知,P_i 越接近相等,熵值越大,威胁因素对系统安全服务评估的不确定性就越大。因此,可根据各威胁因素对评判集中各指标的支持度 r_{ij},利用信息熵计算各指标的权重。威胁因素 U_i 的相对重要性可由熵来度量:

$$H_i = - \sum_{j=1}^{4} r_{ij} Ln r_{ij} \qquad (9-9)$$

式中,$r_{ij}(j = 1,2,\cdots,4)$ 越接近相等,熵值越大,威胁因素 U_i 对系统安全服务评估的不确定性越大。当 $r_{ij}(j = 1,2,\cdots,4)$ 取值相等时,熵最大,为 $H_{max} = \ln 4$,用 H_{max} 对式(9-9)进行归一化处理,就得到衡量安全服务因素 U_i 的相对重要性的熵值

$$e_i = \frac{1}{Ln 4} \sum_{j=1}^{4} r_{ij} \ln r_{ij} \qquad (9-10)$$

当 $r_{ij}(j = 1,2,\cdots,4)$ 取值相等时,熵 e_i 最大为 1。所以 e_i 的值满足 $0 \leqslant e_i \leqslant 1$。由于熵最大时,此安全服务因素对系统安全服务评估的贡献最小,所以确定安全服务因 U_i 的权值为:$\Phi_i = 1 - e_i$,对 Φ_i 进行归一化得,安全服务因素 U_i 的权值为:

$$a_i = \frac{1}{n - E}(1 - e_i) \qquad (9-11)$$

其中,$E = \sum_{i=1}^{n} e_i$,a_i 满足:$0 \leqslant a_i \leqslant 1$;$\sum_{i=1}^{n} a_i = 1$。

9.2.3　模型分析

1. 实例分析

以图 9-8 所示的宽带无线网络为例进行实例分析。先识别该网络中主要的威胁因素集 U,然后构造威胁因素集 U 的评判集 V,对出现的 4 个表格进行量化,然后通过计算(9-9),归一化后得出隶属矩阵 R,见表 9-5。

接下来计算各安全服务因素的熵权系数。这种客观计算可以减少专家评价权重的主观影响。由公式(9-10)计算 e_i 向量为(0.9962,0.9975,0.9978,0.9911),由公式(11)计算出各个安全服务因素的权向量

表 9 – 5　隶属度矩阵 R

	v_1	v_2	v_3	v_4
u_1	0.2799	0.2274	0.2711	0.2216
u_2	0.2515	0.2242	0.2818	0.2424
u_3	0.2219	0.2494	0.2768	0.2519
u_4	0.2659	0.2161	0.3075	0.2105

$$A = (a_1, a_2, a_3, a_4) = \{0.2201, 0.1425, 0.1257, 0.5116\}$$

下面求评判集中各个指标向量 B。确定评判集中威胁 v_1, v_2, v_3, v_4 的权重依次为 1/5,3/10,1/5,3/10,即指标向量 $B = (1/5, 3/10, 1/5, 3/10)$。

按照式(9 – 8)计算安全服务发生的概率为

$$P = \{0.2201, 0.1425, 0.1257, 0.5116\} \times \begin{Bmatrix} 0.2799 & 0.2274 & 0.2711 & 0.2216 \\ 0.2515 & 0.2242 & 0.2818 & 0.2424 \\ 0.2219 & 0.2494 & 0.2768 & 0.2519 \\ 0.2659 & 0.2161 & 0.3075 & 0.2105 \end{Bmatrix}$$

$$\times \begin{Bmatrix} 1/5 \\ 3/10 \\ 1/5 \\ 3/10 \end{Bmatrix} = 0.2447$$

该网络的安全服务度在(0.2,0.4)之间,属于低安全服务,比较安全。

由决策树的方法计算安全服务发生的概率为 0.2477。

由层次分析法计算分析得出十种威胁的权值(0.1475,0.0679,0.1681,0.0929,0.1104, 0.0720,0.0602,0.0858,0.0838,0.1108)。

改变输入的参数,比较决策树方法和基于熵权系数的综合评判法,图 9 – 9 所示为两种模型的仿真比较。从图中可以看出,随着一条链路会话劫持安全服务的增大,决策树方法和熵权系数的综合评判法的安全服务程度都有上升的趋势,而模糊综合评价法比决策树的方法曲线上升更快,区分度更强。

2. 模型比较

目前国内外安全服务评估的模型主要有决策树分析模型、层次分析模型、模糊综合评价模型,它们与模糊综合评价模型的比较见表 9 – 6。

决策树方法采用概率安全服务分析方法建立安全服务评估模型,概率安全服务分析通过对可能造成攻击的各种因素进行分析,从而确定系统遭到攻击原因的各种可能组合方式及发生概率,以计算系统遭到攻击的概率。

AHP 权重确定的主观性比较大,没有除掉冗余信息,导致分析结论偏差较大。

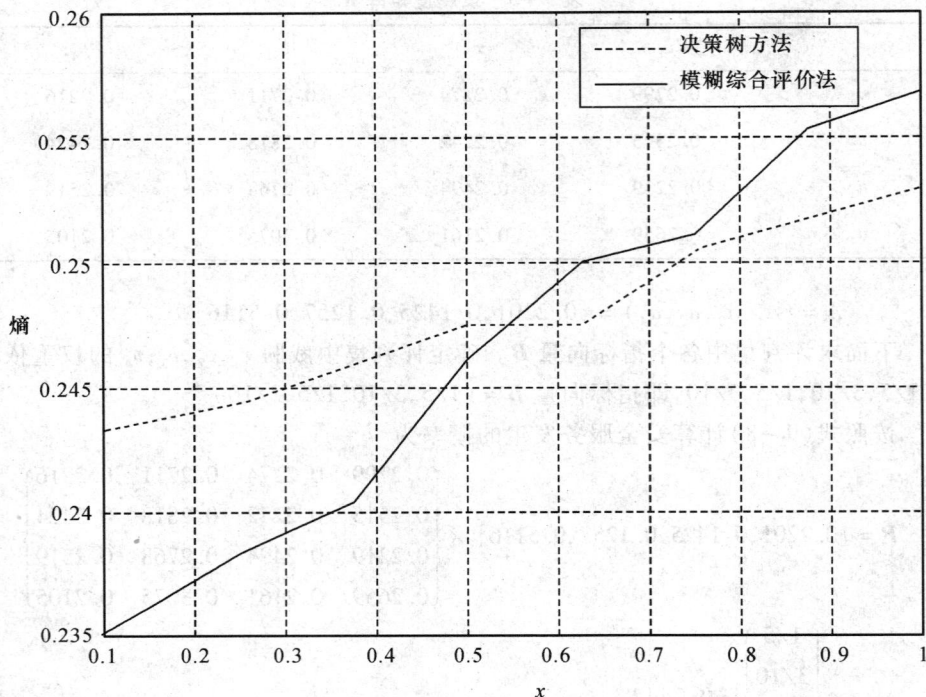

图 9-9　两种模型的仿真比较

表 9-6　不同模型的比较

	决策树 分析模型	层次分析 模型(AHP)	模糊综合评价模型
优点	将决定网络安 全服务的因素 联合起来,确定 安全服务概率	克服了依靠评 价或决策者的 定性分析和逻 辑判断	比较复杂的、模糊性强的网络故障问题用精确 的数学转换方法来解决,从而获得较精确的结 果,可以快速有效地分析出无线网络的安全服 务情况
缺点	仅是对系统安 全的一个估算	缺乏定量分析 依据来进行系 统评价与决策	如果某个因素的各指标支持度全部相等,即专 家的评定结果太分散,凝聚力差,则对该因素 的评定在综合评价中几乎不起作用

　　采用模糊综合评判法占有很重要的地位。它将比较复杂、模糊性强的网络分析问题用精确的数学转换方法来解决,从而获得较精确的结果。以往的模型只是对网络安全服务进行定性分析,没有进行评估。而采用模糊综合评判法采取定量的计算,可以快速有效地分析出无线网络的安全服务情况。

　　基于熵权系数的 WLAN 模糊安全服务评估方法具有以下优点:① 计算简单,可信度比较高,比较客观公正地反映了实际情况,可以作为评价无线网络安全的可靠依据。② 将熵函数加入目标函数中,既消除了随机性的影响,又从数学上获得了直接求 r_{ij} 的公式,方便对安全服务进行量的评估。③ 该方法的思想、原理可以根据问题的需要进行推广,可以利用到其它系统中。④ 该方法具有一般性、通用性,故评估因素、评估方式、评估等级等均可以根据研究问题的对象和需要换成不同的内容和含义。

然而,模糊综合评判法也存在不足之处,要正确判定无线网络安全服务度,还要探索其它方法加以补充,下一步的研究目标是结合业务进行分析,如果专家对各安全服务因素凭经验有主观判定权值设为 W_i,则可以将主观评定和客观判定相结合,得到综合权值 σ_i:

$$\sigma_i = a_i W_i \Big/ \sum_{i=1}^{n} a_i W_i$$

如果没有主观判定,则可以由 a_i 直接作为各因素权重。采用模糊数学模型进行安全服务评估。

9.3 研究展望

安全作为系统服务质量的一部分,已经被多数用户所接受。安全服务质量是将安全系统提供的安全功能作为响应用户安全请求的"服务"来进行管理,从而可以定量地评价安全服务的"效果"。安全服务是由安全系统各功能部件提供的安全功能的总和,它为信息系统提供了一定程度的安全保障,并最大限度地满足用户特定的安全需求。安全生产实践表明安全是相对的,没有绝对安全的系统。用户对安全服务质量的满意程度和安全服务的成本是评价 QoSS 的两个重要量化指标,未来 WLAN 的安全体系结构性能评估应重点从以下四个方面进行研究:

(1) 研究实时 WLAN 安全态势的性能评估模型。该模型可以根据相应的 QoSS 参数与安全的保密性、完整性、可用性、不可否认性等进行分别度量,并经过加权综合分析,得出相应的实时安全态势评估结果,为无线入侵检测或无线入侵保护系统提供相应的服务。

(2) 研究安全服务的性能评价参数,如安全响应时间、吞吐量、差错率、利用率、可靠性、安全代价、动态自适应性调节成本等,建立移动用户期望安全服务值(ES)的量化模型和 QoSS 的控制机制,通过有效的量化计算和 QoSS 调节机制进行相应的安全自适应性调整,实现自适应安全。

(3) 研究容忍入侵或容错型体系结构的安全服务评估方法。这是安全系统提供可靠安全服务保障的需要,也是提高安全系统可用性的一种有效方法,通过对容侵或容错类系统的安全性评估研究,用定量化方法设计安全系统,为安全系统的设计提供相应的技术指导。

(4) 研究安全体系结构的性能仿真。无线网络使网络的规模和结构变得越来越复杂。无论是升级现有网络还是搭建新的网络,或是测试新的安全协议,都需要先对网络的性能进行有效而客观的评估。这些要求使得网络仿真技术已经逐渐成为网络安全规划、设计和开发中的主流技术,如通过网络仿真软件 OPNET 或 NS2 对安全系统的体系结构性能进行仿真。

问题讨论

1. 安全体系结构的性能评估中引入了用户满意程度,这种人为因素的引入对系统的分析与设计有何意义?
2. 安全服务质量参数 QoSS 评价安全系统有何现实意义? 是否还有其它的安全体系结构评价建议?
3. 安全体系结构的性能评估是以已知 QoSS 评价参数为前提,如何获取 QoSS 评价参数?
4. 请结合安全体系结构的性能评估方法与自适应安全策略,设计一个自适应的 WLAN 安全体系结构框架。

参考文献

[1]   ISO/IEC74982 - 2. Security Architecture of OSI Reference Model, Part 2 Security Architecture [S]. 1989

[2]   National Security Agency. Information Assurance Technical Framework (IATF), Version 3.1 [EB/OL]. (2002 - 09 - 01). http://www.iatf.net.

[3]   Bodeau, Deborah J. Information Assurance Assessment: Lessons-Learned and Challenges: Proceedings of the 1st Workshop on Information-Security-System Rating and Ranking [C]. ACSA,2001,http://www.acsac.org/measurement/proceedings/wisssr1-proceedings.pdf

[4]   Sypropoulou E, Agar C, Levin T E et al. IPsecModulation for Quality of Security Service: Proceedings of the International System Security Engineering Association Conference[C]. Orlando Florida, USA, 13 March 2002.

[5]   Levin T E, Irvine C E et al. Quality of Security Service: Adaptive Security. The Handbook of Information Security[M]. John Wiley & Sons, Inc. December 2005.

[6]   The International Organization for Standardization. Common Criteria for Information Technology Security Evaluation[S]. ISO/IEC 15408: 1999(E), 1999.

[7]   Wang C, Wulf W A. A Framework for Security Measurement: Proceedings of the National Information Systems Security Conference[C]. Baltimore: NIST Publisher, 1997:522 - 533.

[8]   Stephenson P. S-TRAIS: A Method for Security Requirements Engineering Using a Standards-Based Network Security Reference Model: (Electronic Proceedings) Symposium on Requirements Engineering for Information Security[C], Indianapolis, IN, USA, http://www.sreis.org/old/2001/papers/sreis018.pdf.

[9]   Henning R R. Use of the Zachman Architecture for Security Engineer: Proceeding of the 1996 National Information Systems Security Conference[C]. October 22, 1996:398 - 409,http://

csrc. nist. gov/nissc/1996/papers/NISSC96/paper044/baltppr. pdf.

[10] Richard B, Neely. Security Architecture Development and Results for a Distributed Modeling and Simulation System: Proceedings of the 15th Annual Computer Security Applications Conference[C]. IEEE Computer Society, USA, 1998: 341 – 348.

[11] 曹阳. 基于三视图框架的分布式信息系统安全体系结构研究[D]. 长沙:国防科学技术大学研究生院, 2002.

[12] Kruchten P. Architectural Blueprints-The "4 + 1" View Model of Software Architecture[J]. IEEE Software, 1995, 12 (6): 42 – 50.

[13] Perry J D, Wolf A. Foundations for the Study of Software Architecture[J]. ACM SIGSOFT Software Engineering, 1992, 17(4): 40 – 52.

[14] IEEE Std 610. 12 – 1990. IEEE Standard Glossary of Software of Engineering Terminology[S]. January 1991.

[15] Eloff M M, Solms S H. Information Security Management: A Hierarchical Framework for Various Approaches[J]. Computers&Security, 2000 (19): 243 – 256.

[16] EURESCOM Participants in Project P912-PF . Security Requirements for the Introduction of Mobility to IP[R]. 1999 – 10 – 19, http://www. eurescom. de/ ~ pub-deliverables/P900-series/P912/D1/P912D1. doc.

[17] Amenaza Technologies Ltd. Creating Secure Systems through Attack Tree Modeling[EB/OL]. (2003 – 06 – 10), http://www. amenaza. com/downloads/docs/5StepAttackTree _WP. pdf .

[18] Tah J H, Carr V. A Proposal for Construction Project Risk Assessment Using Fuzzy Logic[J]. Construction Management and Economics, 2000,18(4).

[19] 刘运通,胡江碧. 模糊评判的数学模型及其参数估计[J]. 北京工业大学学报,2001,27 (1):112 – 115.

第 10 章　安全构件组合方法

安全体系结构是由安全技术及其配置所构成的安全性集中解决方案,而安全系统是通过相应的安全构件组合而成。如何保证安全构件组合后的系统也是安全的问题已经成为信息安全研究的热点。理想函数是通用可组合安全的核心组成部分,但是目前通用可组合安全框架中定义的认证理想函数是将身份、消息和签名值绑定的方式来实现的,这种方法不能充分体现 WLAN 匿名认证的特殊需求。本章结合无线网络和通用可组合安全框架实现了基于无证书及预共享密钥的匿名身份认证理想函数,其对身份的认证采用的是将身份与 Hash 值绑定的方式实现;并且证明在标准模型下所提匿名认证机制的安全属性可以通过安全对称加密机制、安全数据签名机制以及单向无碰撞 Hash 函数的组合得到保证。

10.1　组合安全概述

协议组合安全性主要讨论当多个协议顺序或并发执行时,是否仍然保持各自及整个协议集成的安全性,即多个协议共同执行的环境下,协议之间不会影响相互的安全性。协议组合安全方法研究有多个分支,例如,Canetti 等提出的体系[1-3]证明一个协议的安全属性,首先定义在攻击者存在环境下的协议理想功能,通过给攻击者强大的攻击能力以及定义协议环境,借助交互式图灵机描述协议实体运行,如果在给定的假设能力下敌手与协议实体图灵机交互下,环境不能以优势概率区分理想功能执行协议还是实际协议模块执行协议,则该理想功能安全实现了目标协议安全定义,再通过证明现实系统(如签名系统)能够安全实现理想功能(如在适应选择明文攻击下是等价互为条件的),得出结论是现实系统安全实现了定义的安全目标。通过协议组合定理可证明各个已证明的安全协议可以安全组合。

10.1.1　可证明安全

可证明安全方法最早由 Bellare 和 Rogaway 提出。他们模型化了对认证和认证的密钥建立协议的攻击,设计了几个实体认证和认证的密钥协商协议,并证明了这些协议的正确性。其基本思想是把对协议的所谓成功攻击转化为伪随机性的失败,即可以在一个多项式时间内将伪随机函数的输出与真随机函数的输出分辨出来。最初他们只讨论了双方通信的情况,1995 年证明了三方通信(基于服务器)的情形[4],后来又扩展到其它情形。但是所有这些证明的一个特点是太长且难以理解,而且更主要的问题是证明方法的可重用性差,协议中一点小的改变就可能需要修改全部证明过程。

可证明安全性理论就是针对上述问题而提出的一种解决方案。可证明安全性是指安全方案或协议的安全性可以被"证明"[5],但用"证明"一词并不十分恰当,甚至有些误导。一般而言,可证明安全性是指这样一种"归约"方法:首先确定安全方案或协议的安全目标。例如,加密方案的安全目标是确保信息的机密性,签名方案的安全目标是确保签名的不可伪造性;然后根据敌手的能力构建一个形式的敌手模型,并且定义它对安全方案或协议的安全性"意味"着什么,对某个基于"极微本原(Atomic Primitives,指安全方案或协议的最基本组成构件或模块,例如某个基础密码算法或数学难题等)"的特定方案或协议,基于以上形式化的模型去分析它,"归约"论断是基本工具;最后指出(如果能成功),挫败方案或协议的唯一方法就是破译或解决"极微本原"。换言之,对协议的直接分析是不必要的,因为对协议的任何分析结果都是对极微本原的安全性的分析。可见,称"归约安全"也许比"可证明安全"更恰当。实际上,可证明安全性理论是在一定的敌手模型下证明了安全方案或协议能够达到特定的安全目标,因此,定义合适的安全目标、建立适当的敌手模型是讨论可证明安全性的前提条件。

10.1.2 UC 模型

通用可组合安全(Universally Composable Security, UC Security)的概念是由Ran Canetti 于 2001 年提出的计算复杂性理论模型[6]。通用可组合的安全框架主要用于描述和分析并发环境下的协议安全组合问题。并发组合是现实网络环境中的实际情况,在孤立模型中证明安全的协议在组合情况下不一定是安全的。因此,在孤立模型中证明一个协议的安全性还是不够的。通用可组合安全框架中最重要的属性是它能够确保协议在任意的和未知的多方环境中运行时仍然是安全的。该框架采用的方法是将一个协议在独立的环境中进行分析,然后利用其安全定义来确保它在组合情况下的安全。在复杂环境中,协议的安全性可以通过通用可组合定理来得到保证。通用可组合安全是更高级别的安全定义,其抽象层次远远超过其它模型,因此它的安全定义更为严格。通用可组合安全最优秀的性质就是模块化的设计思想:可以单独设计协议,只要协议满足 UC 安全,那么就可以保证与其它协议并行运行的安全。这个框架对于不同的协议采用相同的方法来处理安全的概念。

UC 安全的提出引起了密码学界的高度重视,在 2001—2005 年期间,密码学国际最高级别的美洲密码学术年会和欧洲密码学术年会每年都收录了此类文章[7-9]。目前对 UC 安全的研究主要集中在以下三点:

（1）寻找与其它研究手段的结合点，比如与 *Spi* 演算、Model Checking 等非计算性观点的结合，在这一方面已经取得了一定的进展。

（2）对 UC 模型进行优化，或者抛弃一般性，提出一些限制条件下可安全实现的 UC 模型。

（3）提出新的理想函数（Ideal Functionality），并且对其形式化，争取安全实现。

理想函数是 UC 安全框架中非常重要的安全概念，它扮演着一个不可攻陷的可信第三方的角色，能够完成协议所执行的特定功能。目前已定义了多个最基本的理想函数，如认证消息传输、安全消息传输、密钥交换、公钥加解密、签名、承诺、不经意传输等。UC 安全协议设计的困难所在和核心内容在于形式化和抽象一个完美的，并且可以安全实现的理想函数。

1. 定义及预备知识

定义 10-1　无碰撞 Hash 函数：对于密钥为 a 的 Hash 函数 $H_a:A\rightarrow\{0,1\}^n$，如果在多项式时间 $|a|$ 内，找到两个值 $x,y\in A$，且 $x\neq y$，使得 $H(x)=H(y)$ 的概率是可忽略的，则说 H_a 是无碰撞的 Hash 函数。

定义 10-2　单向 Hash 函数：对于 Hash 函数 $H:A\rightarrow\{0,1\}^n$，如果给定某个随机数 x，在多项式时间无法找到其原像 $y\in A$，使其满足 $H(y)=x$，则说 H 是单向的 Hash 函数。

定义 10-3　伪随机函数：对于函数 $R_a:A\rightarrow B$，（其中 a 为参数），如果多项式时间 $|a|$ 内的图灵机无法区分 R_a 和均匀分布函数 $f:A\rightarrow B$，则说 R_a 是伪随机函数。

定义 10-4　语义安全：对于对称加密机制 (E,D)，如果图灵机 T 在多项式时间内以某种概率随机挑选消息 m_0 和 m_1，也不能以不可忽略的优势区分 $E(m_0)$ 和 $E(m_1)$，则说对称加密机制 (E,D) 是语义安全。

定义 10-5　适应性选择密文（CCA2）安全：对于对称加密机制 $CS=(Kg,E,D)$，如果攻击者在访问加密和解密预言机（*Oracle*）的情况下，也无法区分对其挑选出来的两条信息（m_0 和 m_1）所做的加密密文（$E(m_0)$ 和 $E(m_1)$），则说对称加密机制 CS 能够安全抵抗适应性选择密文攻击（本概念是对非对称加密机制 CCA2 安全的扩展）。

定义 10-6　签名机制的有效性和选择消息安全（CMA）：对于签名机制 $SS=(Kg,Sig,Vf)$，如果对于由密钥生成算法 Kg 产生的公/私钥对（pk，sk）和任意消息 m，都能满足 $Vf_{pk}(m,Sig_{sk}(m))=1)$，则说签名机制 SS 是有效的。如果攻击者在访问签名预言机 $Sig_{sk}(m)$ 时，对任何消息而言都无法产生有效的消息——签名对的话，则说签名机制 SS 可以安全抵抗选择消息攻击，即是 CMA 安全的。

2. UC 安全框架

通用可组合安全（UC 安全）是由 Canetti 提出的用于定义密码协议安全性的框架，在该框架中，定义了一个可以提供某种服务的不可攻陷的理想函数 F、虚拟参与者 $\tilde{P}$ 以及理想攻击者 S。每个虚拟参与者之间不能直接通信，理想攻击者 S 可以在任何时间攻陷任意的虚拟参与者。与此相对应,在该框架中还定义了能够实现上述特殊服务的真实协议 π、实际参与者 P 以及真实环境下的攻击者 A。在 UC 的安全框架中,利用一个环境机 Z 来模拟协议运行的整个外部环境(包括其它并行的协议、攻击者等),Z 可以与所有的参与者($\tilde{P}$ 和 P)以及攻击者 A 和 S 直接通信,Z 不充许直接访问理想函数 F。每一个实际参与者间可以直接通信,攻击者 A 可以控制他们之间的所有通信,也就是说,A 可以读取及篡改实际参与者间传递的任何通信内容,A 也可以在任何时候攻陷任何的实际参与者。通用可组合的安全框架如图 10 – 1 所示。

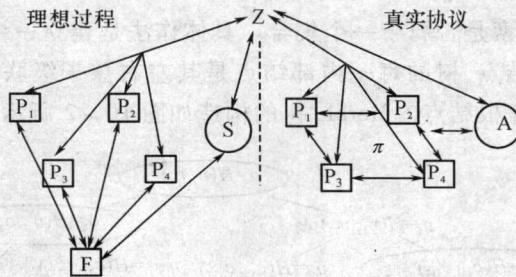

图 10 – 1　通用可组合的安全框架

定理 10 – 1　通用可组合安全（Universal Composable Security）:在 UC 的安全框架中,如果真实协议 π 可以在任何环境对于任何攻击者 A 都有与理想函数 F 同样的"行为"时,则认为这是协议的一个安全实现。具体地说:如果对于任意的攻击者 A 和环境机 Z 而言,始终存在有一个理想对手 S,使得 Z 无法区分是与虚拟参与者 $\tilde{P}$ 和 S 的交互,还是与实际参与者 P 和 A 的交互,则认为协议 π 安全的实现了理想函数 F 的功能(属性)。Canetti 等人证明了这个安全的定义具有一定的可组合性,并在此基础上开展了许多工作。

定理 10 – 2　组合理论（Composition Theorem）:UC 安全最重要的意义就在于可以利用已经设计好的子协议安全地构建一个更为复杂的协议,从而实现指定的任务,并保证相应的安全属性。通常一个复杂的系统可以分解成多个子系统,每一个子系统都可以实现某个安全任务。Canetti 将这条性质定义为组合理论。组合理论可以保证通过使用已经证明是 UC 安全的子协议来构建一个更为复杂的、满足 UC 安全的密码协议。

定理 10 – 3　混合模型（hybrid model）:为了描述上述理论以及形式化表述一个真实协议访问理想函数的多个副本(Copy)的情况(如签名),Canetti 引入了混合模型的概念。参与者除了在彼此之间发送信息外,还可以与无限数量的理想函数 F 的副本进行交互。理想函数的副本通过会话标识 SID 来区分,发送给某一副本以及从该副本发出的所有消息都对应唯一的标识 SID。

10.2 通用可组合的匿名身份认证

尽管 UC 安全理论研究中已经提出了许多实现某种安全任务的理想函数,但是对匿名性关注的相对较少,下面将基于 Merkle 树设计一个可以进行匿名身份认证的理想函数。

10.2.1 Merkle 树

定义 10-7 Merkle 树 Hash 链:Merkle 树(Merkle tree)[10] 可用于证明成员的隶属关系,即某个元素是否属于一个集合。具体作法是建立一个二进制树,其集合元素作为树的叶子结点,树的每一内部结点是其左右孩子级联后的 Hash 值,最后再以签名等方式认证根结点。Merkle 树的构造如图 10-2 所示。

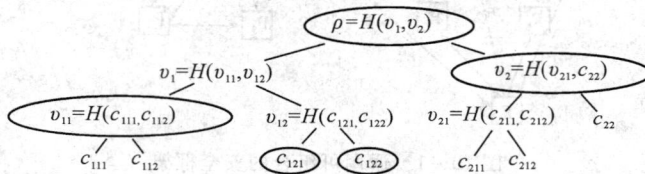

图 10-2 Merkle 树

在构造基于 Merkle 树的 Hash 链时,Hash 链表的每一单元中都包含有一个元素和一个位置标识,该标识用于表明元素应该从左侧还是右侧进行级联。根据 Merkle 树可以构造一条从 c_{121} 到根结点 ρ 的 Hash 链$(c_{121},\rho,v_2,r,v_{11},l,c_{122},r)$。

长度为 d 的 Hash 链 h 可以表示为

$$h = (v,h_0,h_1,o_1,h_2,o_2,\cdots,h_{d-1},o_{d-1})$$

其中 $o_i \in \{l,r\}$。基于无碰撞性 Hash 函数 H 的 Hash 链在满足下列条件下,我们称其为有效的:如果 $h_0 = h'_o, h'_{d-1} = v$,且

$$h'_{i-1} = \begin{cases} H(h_i \parallel h'_i) \text{ if } o_i = l \\ H(h'_i \parallel h_i) \text{ if } o_i = r \end{cases}$$

对于 $i = d-1, d-2, \cdots, 1$ 都成立,用 $isvalid(h) = 1$ 来表示。这里定义选取 Hash 链根结点的算法为 $root(h) = h_0$,选取 Hash 链叶子结点的算法为 $leaf(h) = v$,采用 Hash 函数 H 将集合 C 中的元素构建成 Merkle 树的算法为 $buildtree_H(C)$,获取 Merkle 树 T 中元素 e 的路径算法为 $getchain_T(e)$。

在建立 Merkle 树后,要想构造一条包含有不属于树中叶子结点的 Hash 链表就意味着能够找到该 Hash 函数 H 的一个碰撞,而这违背了所选 Hash 函数的无碰撞性假设,因此 Merkle 树可以用来证明成员的隶属关系。

10.2.2 认证方法

UC 框架中定义的认证理想函数 F_{AUTH} 主要是对消息的认证传输,它具有普遍意义,是安全消息传输、密钥交换和安全会话的基础模型,其定义如下。

认证消息传输理想函数 F_{AUTH}:理想化的认证传输意味着如果某个协议参与者 p_j 发送了一条消息 m 给 p_i,那么 p_i 就应该收到这条从 p_j 发送过来的消息 m,并且如果 p_j 发送了 t 次消息 m 给 p_i,那么 p_i 就只应该收到不超过 t 次从 p_j 发送来的 m。

认证消息传输理想函数 F_{AUTH} 对身份的认证采用的是将身份与消息和签名值绑定的方式来实现的,它依靠证书理想函数 F_{CERT} 和 CA 理想函数 F_{CA} 辅助实现。但是这种身份与消息和签名值的绑定没能充分体现匿名认证的特殊需求。在文献[11]中,Marten 设计了一种电子货币机制,下面是受到这个机制的启发,给出了无条件的匿名身份认证理想函数。

匿名认证机制的工作原理如下:在初始阶段,移动终端需要向认证服务器发送建立身份凭证的请求;为了实现匿名性,认证服务器采用对称加密机制加密用户的身份。移动终端利用伪随机函数产生一系列数值并将这些数值的 Hash 结果发送给认证服务器。认证服务器利用加密的用户身份以及这些 Hash 值构成移动终端对应的身份凭证。为了提高效率,这里采用 Merkle Hash 树的方式存储身份凭证,即将移动终端的身份凭证作为叶子结点插入 Merkle Hash 树中,认证服务器需要对此 Merkle Hash 树的根结点进行签名,并公布该根结点。在认证时,为了证明拥有正确的身份凭证,移动终端需要向认证器公布一定数量的 Hash 原像值以及从此凭证所在的叶子结点到根结点的路径。认证器通过验证 Hash 原像的正确性和路径的有效性,确定移动终端的身份是否可靠。

1. 理想函数模型

利用通用可组合安全框架来指导匿名身份认证理想函数 F_{Cred} 的设计,并证明它如何实现匿名认证机制的安全属性。

模型中的参与者分别用 ASU(认证服务器),$P_1, \cdots, P_m$(包括认证器)来描述。出于简化的目的,用 P_0 来标识 ASU。除了 ASU 外,任何参与者都可以执行移动终端的操作,即申请身份凭证及利用身份凭证进行认证,也可以执行认证器的操作,即验证身份凭证的真伪并判断是否允许移动终端接入。这里用 P_i 来描述参与者的身份及在协议运行中的图灵机。

模型中使用了两个安全参数 k_1 和 k_2,k_1 是对称加密机制的密钥长度,k_2 是标识认证器身份的数据串的长度。模型中使用了一个影射函数 l 将认证器的身份影射到 $[k_2]$ 空间,并且保证 $l(p_j)$ 的基数为 $k_2/2$,且 $p_i \neq p_j$ 时 $l(p_i) \neq l(p_j)$。

当移动终端 P_i 需要接入认证器 P_j 时,其计算 $l(p_j)$ 值并将秘密信息中所有与"1"对应位置的原像提供给 P_j 检验,P_j 也可以通过计算 $l(p_j)$ 来判断是否为发送给自己的认证凭证。

理想函数 F_{Cred} 的模型为:只有虚拟参与者 $\widetilde{P}$ 及理想对手 S 可以访问理想函数 F_{Cred}。环境机 Z 可以访问虚拟参与者 $\widetilde{P}$ 及理想对手 S,但不能访问理想函数 F_{Cred}。一旦虚拟参与者 $\widetilde{P}$ 被消息 x 激活,便将消息 m 以 $(\widetilde{P},m)$ 的形式转发给理想函数。理想函数发出的消息 $(\widetilde{P},m)$ 将会发送给虚拟参与者 $\widetilde{P}$ 及理想对手 S。理想对手 S:只能获悉消息的发送时间,但不能得到具体的消息内容;可以延迟发送消息,但不能改变消息的内容;可以在开始阶段攻陷任意的参与者,但不允许攻陷认证服务器。虽然可以设计一个允许攻陷认证服务器的理想函数,在这种情况下应该保证如下的安全属性:当认证服务器被攻陷时,攻击者也不能撤销已经颁发的身份凭证。但是这种设计增加了协议设计的复杂度,出于简化的目的,假设认为理想函数 F_{Cred} 中的认证服务器是不可攻陷的。

2. 理想函数处理的消息

理想函数 F_{Cred} 能够处理以下几种消息:

- *Generate Key* 生成密钥消息,用于生成 P_0、P_i 的密钥。
- *Issue Credential* 颁发身份凭证消息,为指定的移动终端颁发身份凭证。
- *Build Tree* 建立 Hash 树消息,用于建立一个新的 Merkle Hash 树。
- *Present Credential* 提供身份凭证消息,为指定的认证器 AP 提供身份凭证。
- *Verify Credential* 验证身份凭证消息,用于验证身份凭证的真伪并判断是否允许接入。
- *Reveal ID* 解密身份消息,认证服务器可以解密身份凭证中加密的用户身份。
- *Check Reuse* 检查重用消息,检查一个身份凭证是否被多次使用。

3. 理想函数中身份凭证和集合的定义

设身份凭证表示为 $c_i = (c, p_i, k, h)$,其中 c 是加密的用户身份,P_i 是用户的身份标识,k 是该身份凭证的秘密信息,长度为 k_2 位,h 是该凭证在 Merkle 树中的 Hash 链路径。身份凭证 c_i 定义为 $val_H(c_i) = c \parallel H(k_1) \parallel H(k_2) \parallel \cdots \parallel H(k_{k_2})$。

理想函数 F_{Cred} 中设有:

- 计数器 ι,初始值为 0,用于索引在阶段 i 发布的身份凭证 c_i。
- 集合 T_{signed},初始化时设为空集 ϕ,用于存储经过签名认证的 Merkle 树根结点。
- 集合 T_{prepared},初始化时设为空集 ϕ,用于存储准备使用的身份凭证。
- 身份凭证集合 $C = \cup c_i$。

4. 理想函数的构造

理想函数 F_{Cred} 中涉及对称加密机制 $CS = (Kg, E, D)$、签名机制 $SS = (Kg, Sig, V_f)$、伪随机函数簇 R 及无碰撞的单向 Hash 函数 H。假设签名机制 SS 满足 CMA 安全,理想函数 F_{Cred} 的交互过程如图 10-3 所示。

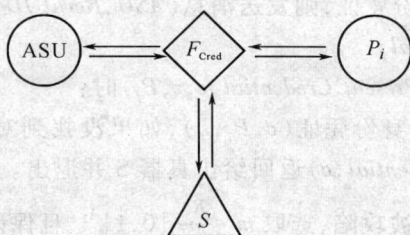

图 10-3　匿名身份认证理想函数 F_{Cred} 的交互示意

（1）*Key generation*

当接收到（P_i，*Generate Key*）消息时，执行如下操作。

① 如果 $P_i = ASU$，发送（ASU，*Generate Key*）给仿真器 S，从仿真器 S 处获得 ASU 的公钥（ASU，*Verification Key*，v）和加密密钥 key，记录（ASU，v，key）并返回消息（ASU，*Verification Key*，v）。

② 否则，如果 P_i 未被攻陷，选取一随机数 u^i 作为 P_i 的密钥，即 $u^i \xleftarrow{R} \{0, 1\}^{k_1}$，在成员列表中记录下（$P_i$，$u^i$），并返回消息（$P_i$，*Generate Key*）。

③ 否则，发送（p_i，*Generate Key*）给仿真器 S，从仿真器 S 处获得 P_i 的密钥 k，在成员列表中记录下（P_i，k），并返回消息（P_i，*Generate Key*）。

（2）*Issue credential*

当接收到（ASU，*Issue Credential*，p_i）消息时，执行如下操作。

① 验证 P_i 是否在成员列表中，如果没有，返回消息（ASU，*Not A Member*）并退出。

② 否则，发送（ASU，*Issue Credential*，p_i）给仿真器 S，获得 P_i 的加密身份 c，然后产生秘密信息 $k_j \leftarrow (U^i(c \parallel j))_{j=1}^{k_2}$，$z \leftarrow H(k)$，其中 $k = (k_1, k_2, \cdots, k_{k_2})$。将身份凭证（$c$，$P_i$，$k$，$\phi$）存储于集合 C_t 中，并返回消息（S，*New Credential*，P_i）和（P_i，*New Credential*，c，z）给仿真器 S。

（3）*Build tree*

当接收到（ASU，*Build Tree*）消息，建立 Merkle 树，$T \leftarrow buildtree_H(val_H(C_t))$，并将集合 C_t 中的身份凭证 $e = (c, P_i, k, \phi)$ 的路径修改为（c，P_i，k，$getchain_T(val_H(e))$）。发送消息（sig，$root(T)$）给仿真器 S，等待仿真器 S 返回的消息（*Signature*，$root(T)$，σ），检验有没有记录（$root(T)$，σ，0）存在，如果有，则输出一条出错消息并停止，否则，记录下（$root(T)$，σ，1），并将 $root(T)$ 存储在集合 T_{signed} 中，返回消息（ASU，*Build Tree*，T，σ）给仿真器 S，并令 $t \leftarrow t+1$。

（4）*Reveal ID*

当接收到消息（ASU，*Reval ID*，c），查找身份凭证（c，P）。如果没找到对应的身份凭证，则发送消息（ASU，*Reval ID*，c）给仿真器 S，并等待仿真器 S 返回消息（c，

ID,p)；若找到对应的身份凭证,则发送消息($ASU,Reval\ ID,c,P$)给仿真器 S。

（5）*Present Credential*

当接收到消息($P_i,Present\ Credential,c,z,P_j$)时：

① 在集合 C 中查找身份凭证(c,P_i,k),如果没找到对应的身份凭证,则将消息($P_i,Reject\ Present\ Credential,c$)返回给仿真器 S 并退出。

② 否则,如果 P_i 未被攻陷,选取 $m \xleftarrow{R} \{0,1\}^{k_2}$,且保证"1"的个数为 $k_2/2$ 个,将秘密信息 k 中与"1"对应的位构成挑战消息 $\tilde{k} \leftarrow k_m$,将($P_i,Present\ Credential,c,\tilde{k}$)消息发送给仿真器 S,并将($c,P_j,m$)存储到集合 T_{Prepared} 中。

③ 否则,发送消息($P_i,Present\ Credential,P_j$)给仿真器 S,根据仿真器 S 返回的消息 m 建立对应的挑战消息 $\tilde{k} \leftarrow k_m$,并返回消息($P_i,Present\ Credential,c,\tilde{k}$)给仿真器 S,且将($c,P_j,m$)存储到集合 T_{Prepared} 中。

（6）*Verify Credential*

当接收到消息($P_i,Verify\ Credential,c,z,\tilde{k},P_j,h',\sigma,v$)时：

① 从集合 C 中查找身份凭证(c,P_j,k,h),如果没找到对应的身份凭证,则输出($P_i,Verify\ Credential,c,P_j,invalid$)给仿真器 S 并退出。

② 否则,检查路径,如果 $h' \neq h$,则输出($P_i,Verify\ Credential,c,P_j,invalid$)给仿真器 S 并退出。

③ 否则,验证签名,发送($Verify\ root(h),\sigma,v$)给仿真器 S。当接收到消息($Verified\ root(h),\phi$)时：

A）如果有记录($root(h),\sigma,1$)存在,则令 $f=1$。

B）否则,如果签名者未被攻陷,且对于任何签名消息 σ' 而言,都找不到相应的记录($root(h),\sigma',1$),则令 $f=0$,并且记录($root(h),\sigma,0$)。

C）否则,如果有记录($root(h),\sigma,f'$)存在,令 $f=f'$。

D）否则,令 $f=\phi$,并且记录下($root(h),\sigma,\phi$)。

如果 $f=0$,则输出($P_i,Verify\ Credential,c,P_j,invalid$)给仿真器 S 并退出。

④ 否则,验证凭证的有效性：

A）如果 P_i 未被攻陷,且 $\tilde{k} \neq k_m$ 或者(c,P_j,m) $\notin T_{\text{Prepared}}$。

B）或者 P_i 被攻陷且 $H(\tilde{k}) \neq z_m$,则输出($P_i,Verify\ Credential,c,P_j,invalid$)给仿真器 S 并退出。

C）否则返回消息($P_i,Verify\ Credential,c,P_j,valid$)给仿真器 S。

（7）*Check Reuse*

当接收到消息($P_l,Check\ Reuse,c,z,\tilde{k}_1,\tilde{k}_2,h,\sigma,p_{j_1},p_{j_2}$),执行下列操作($Verify\ Credential,c,z,\tilde{k}_i,h,\sigma,p_{j_i}$),其中,$i=1,2,\cdots$。

① 如果至少一个操作返回消息($Verify\ Credential,c,P_{ji},invalid$),返回消息($P_l,$

Check Reuse, *c*, *invalid*)给仿真器 S。

② 如果 $P_{j_1} = P_{j_2}$，则返回消息(P_l, *Check Reuse*, *c*, *no*)，否则返回消息(P_l, *Check Reuse*, *c*, *yes*)给仿真器 S。

5. 理想函数的安全保证

（1）匿名身份认证理想函数 F_{Cred} 处理消息的正确性

在匿名身份认证理想函数 F_{Cred} 中，*Generate Key*、*Issue Credential*、*Build Tree*、*Present Credential* 和 *Check Reuse* 这五条消息直接处理集合中的元素，并利用 H、R、CS｜SS 等函数来产生特定格式的输出。其中，在 *Reveal ID* 操作中，因为满足 CCA2 安全的加密函数 CS 不能防止环境机 Z 产生一对有效的明密文，并利用它来区分与理想函数和真实协议的交互，所以仿真器 S 仍有必要对集合中没有的身份凭证进行身份解密操作。

Verify Credential 消息是所有消息中最常见也是最重要的消息。在验证过程中，对于由协议参与者以外的实体生成的密钥消息，或由被攻陷的参与者产生的消息，都必须根据真实协议的规则进行验证，而不能单纯的予以拒绝；否则环境机 Z 可以产生一对新签名密钥，通过用新密钥对一个根结点进行签名来判断是与理想函数还是真实协议的交互。对于被攻陷的参与者 U 也是这样，因为 U 可以将秘密信息 k 泄露给 Z，从而使 Z 不需要与协议进行交互就可以自己产生身份凭证。

在 *Verify Credential* 消息中，条件 1 保证如果该凭证不是由认证服务器颁发的，则认为它是无效的；条件 2 保证在使用正确的公钥进行验证时，当且仅当认证服务器确实对根结点作了签名，它才是有效的；条件 3 保证当使用不同的公钥验证时能得到正确的结果，基于签名算法 SS 的正确性，当 $pk = pk'$ 且根结点确实经过签名时，条件 3 总能成立；条件 4 保证必须给定正确的路径；条件 5A 保证在身份凭证持有者未被攻陷的情况下，该凭证已经准备颁发给特定的接收者 P_j；条件 5B 保证当身份凭证持有者被攻陷时，仅当给定的原像确实可以经过 Hash 函数计算出正确的数值，才能接受该身份凭证。

（2）匿名性

在理想函数 F_{Cred} 中，参与者的秘密身份消息 c 是 CS 对 0 加密的结果，因而身份凭证中并不包含参与者的任何消息。其他参与者（包括认证器）仅能知道该凭证属于哪个 Hash 树，凭证中包含的消息数量依赖于树的大小，树越大，则建立树的间隔时间越长，其他参与者能得到的消息越少。

（3）重复认证的检测

移动终端要想使用一个身份凭证通过两个认证器的认证，则必须产生两组不同的 k_i 值，因此总会以 $1 - \dfrac{1}{C_{k_2}^{k_2/2}}$ 的概率被检查出来。但是如果移动终端在同一个认证器上进行重复认证，则不能被检测出来，需要由认证器通过维护一个已通过认证列表来检测类似的行为。

（4）公平性

如果移动终端或串通的多个移动终端申请了 l 个身份凭证，但却有 $l+1$ 个身份凭证通过了验证，那么至少有一个身份凭证可以被检查出来进行了重复认证。假设与移动终端 U 交互的 Hash 树为 T，其根结点为 R。在交互过程中，U 申请了 l 个身份凭证。如果移动终端 U 以不可忽略的概率成功地通过了 $l+1$ 次身份认证，那么他不可能提供了两个同样的身份 c。对此只有两种情况，第一种是 U 提供了一个未经认证服务器颁发的身份 c，那么 U 必须将 Hash 树 T 修改为 T'，以便将结点 $(c,\langle z_i \rangle)$ 作为叶子结点插入 T' 中。既然 Hash 树的根结点没有改变，通过比较两棵树，则可找到 Hash 函数的一个碰撞。另外一种可能是 U 提供了一个树中已经存在的但是属于他人的身份 c，这就意味着 U 在给定 c 和 z_i 的条件下，可以找到 y_i，使得 $H(y_i)=z_i$，而这违背了 Hash 函数的单向无碰撞性假设。

（5）正确性

如果诚实的移动终端申请到的身份凭证总可以通过诚实的认证器的认证，则认为该认证机制是正确的。从理想函数的构造中可以看出，如果签名机制 SS 是有效的，则可以保证该认证机制的正确性。

10.2.3　有签名理想函数辅助的真实协议

在混合模型（F_{SIG}-hybrid）下构造有签名理想函数 F_{SIG} 辅助的真实协议 $\pi_{Cred}^{F_{Sig}}$。签名理想函数 F_{SIG} 通过接受 **KeyGen**、**Sign**、**Verify** 命令来执行生成密钥、消息签名及验证签名的操作。

首先根据 UC 安全理论定义有签名机制 SS 辅助的签名理想函数 F_{SIG}^{SS}。

① 当接收到 P 发来的消息（*Key Gen*，*sid*）时，利用密钥生成算法 Kg 获得公私钥对 (pk,sk)，并将消息（*Verification Key*，*sid*，*pk*）返还给 P。

② 当接收到 P 发来的消息（*Sign*，*sid*，*m*）时，利用签名算法计算签名值 $\sigma \leftarrow Sig_{sk}(m)$，将 m 存储到集合中，并将消息（*Signature*，*sid*，*m*，σ）返还给 P。

③ 当接收到 P 发来的消息（*Verify*，*sid*，*m*，σ，*pk'*）时，如果签名者未被攻陷，m 并未存储在集合中，且 $pk=pk'$，则令 $f=0$，否则令 $f=Vf_{pk'}(m,\sigma)$，并将消息（*Verify*，*sid*，*m*，*f*）返还给 P。

然后定义有签名理想函数 F_{Sig} 辅助的真实协议 $\pi_{Cred}^{F_{Sig}}$。

（1）*Key generation*

当接收到（*Generate Key*）消息时，认证服务器调用伪随机函数生成对称加密密钥 $key \xleftarrow{R} R^{k_1}$，从签名函数 F_{SIG} 处获得公钥 v，将身份凭证集合设为空集 $C \leftarrow \phi$，并返回消息（*Verification Key*，*v*）。

除认证服务器以外的其它参与者 P_i（$i>0$）执行如下操作：当接收到（*Generate Key*）消息时，P_i 调用伪随机函数生成密钥 $R^i \xleftarrow{R} R^{k_1}$，并返回消息（*Generate Key*）。

（2）*Issue credential*

当接收到（*Issue Credential*,p_i）消息时执行以下操作：

① 认证服务器加密 p_i 的身份 $c \leftarrow E_{key}(P_i)$，并发送消息（*Application Request*,c）给 p_i。

② P_i 计算秘密信息 $k_j \leftarrow (R^i(c \parallel j)_{j=1}^{k_2}, Z \leftarrow H(K))$，输出消息（*New Credential*, c,z），并将消息（*Application Response*,c,z）返还给认证服务器。

③ 认证服务器将（$c \parallel z_1 \parallel z_2 \parallel \cdots \parallel z_{k_2}$）存储到身份凭证集合 C 中。

（3）*Build tree*

当接收到（*Build Tree*）消息时，认证服务器将集合 C 中存储的身份凭证建立成 Hash 树 T，即 $T = baidtree_H(C)$，认证服务器调用签名函数 F_{Sig} 得到 Hash 树根结点 $root(T)$ 的签名值 σ，将集合 C 重新设为空集 ϕ，并返回消息（*Build Tree*,T,σ）。

（4）*Reveal ID*

当接收到（*Reveal ID*,c）消息时，认证服务器返回消息（*Reveal ID*,$c,D_{key}(c)$），其中 $D_{key}(c)$ 为用密钥 *key* 解密密文 c 的解密函数。

（5）*Present Credential*

当 P_i 接收到（*Present Credential*,c,z,P_j）消息时，计算 $k_l \leftarrow (R^i(c \parallel l))_{l=1}^{k_2}$，并验证是否 $z = H(k)$，如果验证失败，输出消息（*Reject Present Credential*,c）并退出；否则，计算挑战消息 $\tilde{k} \leftarrow k_{\ell(P_j)}$，并返回消息（*Present Credential*,$c,\tilde{k}$）。

（6）*Verify Credential*

当接收到（*Verify Credential*,$c,z,\tilde{k},P_j,h,\sigma,v$）消息时：

① P_i 验证身份凭证是否属于 Hash 树的一个叶子结点，即 $H(c,z) = leaf(h)$，并计算路径的有效性 $isvalid_H(h) = 1$。如果失败，P_i 返回（*Verify Credential*,c,P_j,*invalid*）消息并退出。

② P_i 向签名函数 F_{Sig} 发送验证签名消息（*Verify root*(h),σ,v）。如果返回 0，则 P_i 返回消息（*Verify Credential*,c,P_j,*invalid*）并退出。

③ P_i 验证该凭证是否为特定的参与者 P_j 颁发的，即 $H(\tilde{k}) = z_{\ell(P_j)}$，如果失败，$P_i$ 返回消息（（*Verify Coin*,c,P_j,*invalid*）并退出。

④ 否则 P_i 返回验证成功的消息（（*Verify Credential*,c,P_j,*valid*）。

（7）*Check Reuse*

当接收到检查重复认证的消息时：（*Check Reuse*,$c,z,\tilde{k}_1,\tilde{k}_2,h,\sigma,p_{j_1},p_{j_2}$），$P_i$ 或认证服务器分别执行操作（*Verify Credential*,$c,z,\tilde{k}_i,h,\sigma,p_{j_i}$），其中，$i = 1,2,\cdots$。

① 如果至少有一次操作返回无效的结果（*Verify Credential*,c,P_{ji},*invalid*），则返回消息（*Check Reuse*,c,*invalid*）并退出。

② 如果 $P_{j_1} = P_{j_2}$，则不认为发生了重复接入，（该检查交由 P_{j_i} 来完成），并返回消息（*Check Reuse*,c,*no*），否则返回消息（*Check Reuse*,c,*yes*）。

说明：

① 真实协议是基于签名理想函数 F_{Sig} 的辅助实现的，签名理想函数 F_{sig} 可以通过满足 CMA 安全的签名机制来实现。

② 在实际认证过程中，认证器会有很大的机率验证同一棵 Hash 树上的多个身份凭证，在这种情况下该认证器可以只进行一次根结点的签名验证，因此可以大幅度提高认证效率。

③ 本匿名身份认证机制不允许移动终端重复使用某个身份凭证进行接入认证。任何实体（认证服务器、认证器或其它移动终端）都可以检查身份凭证的重复使用情况，如果检测到身份凭证的重复使用，认证服务器可以通过解密操作获得用户的真实身份信息。此外，由于移动终端为了通过身份认证，必须公布一半的 Hash 原像值，所以要想重复使用身份凭证，他必需泄露多于一半的 Hash 原像，而利用已经泄露的 Hash 原像，其它任何实体完全可以利用此身份凭证再次通过认证。因此，如果用户企图重复使用某个身份凭证，那么他必须承担被他人冒充的风险。

10.2.4　协议实现理想函数的安全性证明

定理 10-4　根据 UC 安全的定义，对于任意对手而言，在有签名理想函数 F_{Sig} 辅助的混合模型下，协议 $\pi_{Cred}^{F_{Sig}}$ 可以安全地实现匿名身份认证理想函数 F_{Cred}。

证明：根据 UC 安全理论，对于任意的环境机 Z 而言，理想函数和真实协议是不可区分的，因此理想函数与真实协议必须具有一致的输出格式。理想函数的实现必须依赖真实协议，可以通过设计理想对手 S，在产生输出时查询理想对手 S 来实现不可区分。

设 A 是与真实协议交互的攻击者，我们可以构造一个仿真器 S，使得对于任何环境机 Z 而言，它与攻击者 A 和协议 π_{Cred} 以及仿真器 S 与理想函数 F_{Cred} 的交互都是不可区分的。

（1）仿真器 S 的构造

仿真器 S 在其内部对环境机 Z、攻击者 A 以及参与者 P_i 进行仿真；对于真实环境下的攻击者 A 攻陷的每一个参与者 P_i，理想对手 S 攻陷对应的虚拟参与者 $\tilde{P}_i$，当被攻陷的虚拟参与者 $\tilde{P}_i$ 接收到环境机 Z 发来的消息 m 后，仿真器 S 让 Z′将消息 m 发送给 P_i。当被攻陷的参与者 P_i 向环境机 Z′输出消息 m 后，S 指导被攻陷的虚拟参与者 $\tilde{P}_i$ 相应地向 Z 发送消息 m，就好像参与者 P_i 直接与环境机 Z 相连一样。仿真器 S 的定义及操作如图 10-4 所示。

（2）仿真器 S 执行的操作

① 仿真 *Key generation*

当接收到理想函数 F_{Cred} 发来的消息（*ASU*, *Generate Key*）时，将（*ASU*, *Generate*

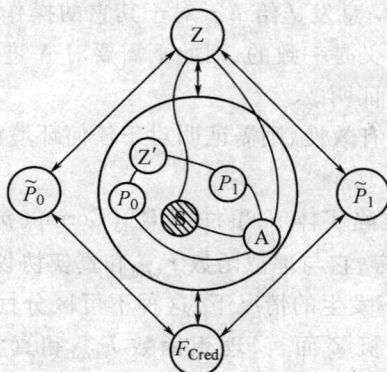

图 10-4　仿真器 S 的定义及操作

Key）消息发送给攻击者 A，获得 ASU 的公钥 v，随后为 ASU 生成加密密钥 $k \xleftarrow{R} \{0,1\}^{k_1}$，并将消息（$ASU$, $Verification\ Key$, v, $Encryption\ Key$, key）返回给 F_{Cred}。

当接收到理想函数 F_{Cred} 发来的消息（p_i, $Generate\ Key$）时，生成密钥 $k \xleftarrow{R} \{0,1\}^{k_1}$，并将消息（$p_i$, Key, k）返回给 F_{Cred}。

② 仿真 $Issue\ credential$

当接收到理想函数 F_{Cred} 发来的消息（ASU, $Issue\ Credential$, p_i）时，计算 p_i 的加密身份，即 $c \leftarrow E_{key}(0)$，并返回消息（p_i, ID, c）。

③ 仿真 $Reveal\ ID$

当接收到理想函数 F_{Cred} 发来的消息（ASU, $Reval\ ID$, c）时，解密 c 的加密身份，即 $p \leftarrow D_{sk}(c)$，并返回消息（c, ID, p），其中 $D_{sk}(c)$ 为用密钥 sk 解密密文 c 的解密函数。

④ 仿真 $Build\ tree$

当接收到理想函数 F_{Cred} 发来的消息（sig, $root(T)$）时，发送消息（$Sign$, $root(T)$）给攻击者 A，并将 A 返回来的消息（$Signature$, $root(T)$, σ）返回给理想函数 F_{Cred}。

⑤ 仿真 $Present\ Credential$

当接收到理想函数 F_{Cred} 发来的消息（P_i, $Present\ Credential$, P_j, m）时，计算 $m = l(P_j)$，并将消息（P_i, $Present\ Credential$, P_j, m）返回给理想函数 F_{Cred}。

⑥ 仿真 $Verify\ Credential$

当接收到理想函数发送来的消息（$Verify\ root(h)$, σ, v）时，将该消息以 F_{SIG} 的名义转发给攻击者 A，并将 A 的响应返回给理想函数 F_{Cred}。

仿真实体 p_i 被攻陷的情况：

当 A 攻陷一个身份凭证请求者 p_i，S 在理想过程中攻陷对应的请求者 $\widetilde{P}_i$，获得

$\tilde{P}_i$ 的秘密信息 k,并将该信息发送给 A。对于其它的操作(如 **Check Reuse**),由于理想函数和真实协议的定义是一致的,因此不需要对 A 进行仿真。

(3)仿真器 S 有效性证明

为了证明仿真器 S 的有效性,则需证明对于任何环境机 Z 而言,$F_{Cred} \approx \pi_{Cred}^{Sig}$,其中 $\approx$ 代表不可区分性。

证明过程定义一个攻陷实体 p_i 事件"**CP**"(Corrupt p_i),证明在事件 **CP** 发生的情况下,对环境机 Z 而言,它与理想函数 F_{Cred} 和真实协议 π_{Cred}^{Sig} 的交互是不可区分的;然后证明在事件 **CP** 不发生的情况下,这种不可区分性依然成立。最终得到证明结果:对于任何的环境机 Z 而言,理想函数 F_{Cred} 和真实协议 π_{Cred}^{Sig} 都是不可区分的。

引理 10 - 1　在事件 **CP** 发生的情况下,对任意的环境机 Z 而言,F_{Cred} 和 π_{Cred}^{Sig} 是不可区分的。

证明:通过比较真实协议 π_{Cred}^{Sig} 和仿真器 S 的操作,可以看出,对于被仿真的攻击者 A 而言,S 完美地模拟了真实协议的操作。因此对于任何环境机 Z 而言,在事件 **CP** 发生的情况下它与攻击者 A、协议 π_{Cred}、仿真器 S 和理想函数 F_{Cred} 的交互是不可区分的。

引理 10 - 2　在事件 **CP** 不发生的情况下,对任意的环境机 Z 而言,F_{Cred} 和 π_{Cred}^{Sig} 是不可区分的。

证明:假设存在一个环境机 Z,对于任何理想对手而言都可以区分是与理想函数还是真实协议的交互,那么对于上面描述的仿真器 S,自然也可以区分理想函数 F_{Cred} 和真实协议 π_{Cred}^{Sig}。下面构造四个过渡协议 H_1、H_2、H_3、H_4,依次证明 $F_{CA} \approx H_1 \approx H_2 \approx H_3 \approx H_4 \approx \pi_{CA}^{Sig}$,最后得到 $F_{Cred} \approx \pi_{Cred}^{Sig}$ 的结论。

设 π_0 代表理想函数 F_{Cred},π_5 代表真实协议 π_{Cred}^{Sig},π_0 与 π_5 之间存在一个多项式时间的协议链。将这条协议链分成五个子链,并假设所有的子链具有相同的长度 m(即 $\pi_0^0 \dots \pi_m^0$、$\pi_0^1 \dots \pi_m^1$、$\cdots$、$\pi_0^4 \dots \pi_m^4$,其中 $\pi_0^1 = \pi_m^0$、$\pi_0^2 = \pi_m^1$、$\pi_0^3 = \pi_m^2$、$\pi_0^5 = \pi_m^4$)。如果 Z 可以区分理想函数和真实协议,那每次必然存在一个 i,使得 Z 可以区分 π_i' 与 π_{i+1}',因此可以利用 Z 来解决已知的问题。

令 π_0^0 代表理想函数,π_m^0 代表过渡协议 H_1,π_i^0 与 π_0^0 的区别在于从颁发第 i 个身份凭证开始,c 是对身份的加密,即 $c = E_{key}(P_i)$,而不是 $c = E_{key}(0)$。

令 $\pi_0^1 = \pi_m^0$,π_m^1 代表过渡协议 H_2,π_i^1 与 π_0^1 的区别在于从第 i 个 *Generate Key* 请求开始,参与者利用伪随机函数生成密钥 k_i,而不是利用随机函数生成密钥 U_i。

令 $\pi_0^2 = \pi_m^1$,π_m^2 代表过渡协议 H_3,π_i^2 与 π_0^2 的区别在于从第 i 个 *Present Credential* 请求开始,参与者利用伪随机函数建立挑战消息而不是利用随机函数建立挑战消息。

令 π_m^3 代表过渡协议 H_4,π^3 与 π^2 的区别在于从第 i 个 *Verify Credential* 请求开

始,其响应为检查路径 h 的有效性,而不是从集合中查找身份凭证。

令 π_m^4 代表真实协议,π^4 与 π^3 的区别在于从第 i 个 *Verify Credential* 请求开始,其响应为检查是否有 $k_2/2$ 个 k_i 值能够保证 $H(k_i) = z_i$,而不是在集合 T_{Prepared} 中查找对应值。

① 证明 $\pi_0^0 \approx \pi_m^0$

假设对某个 i 而言,环境机 Z 可以区分 π_i^0 与 π_{i+1}^0,则可以利用 Z 构造一个算法 A,使得 A 可以攻破满足 CCA2 安全的加密算法 CS。设 A 可以访问加、解密 oracle f。前 i 个身份凭证的身份根据理想函数的规则来加密;在生成第 $i+1$ 个身份凭证时,假设其身份标识为 P_j,A 调用 CS 以 1/2 的概率加密 0 或 P_j;对于剩下的身份凭证,A 可以通过访问加、解密 oracle f,根据真实协议的规则来加密及解密身份凭证的身份。

在生成第 $i+1$ 个身份凭证时,如果加密的是 0,则执行的协议就是 π_i^0,如果加密的是 P_j,则执行的协议就是 π_{i+1}^0。因为 Z 可以不可忽略的概率来区分 $\pi_i^0 Z$ 和 π_{i+1}^0,所以它可以攻破 CCA2 安全的加密算法 CS。

② 证明 $\pi_0^1 \approx \pi_m^1, \pi_0^2 \approx \pi_m^2$

假设对某个 i 而言,Z 可以区分 π_i^1 与 π_{i+1}^1,则可以利用 Z 构造一个算法 A,使得 A 能够区分伪随机函数 R 和随机函数 U。这违反伪随机函数与随机函数不可区分的假设。设 A 可以调用密钥生成算法 h。$P_1, \cdots, P_i$ 等参与者按照理想函数的规则使用随机函数生成密钥,参与者 P_{i+1} 的密钥由 f 生成,其它的参与者 $P_l (l > i+1)$ 使用伪随机函数生成密钥。

如果 h 是随机函数,那么执行的协议就是 π_i^1,如果 h 是伪随机函数,那么执行的协议就是 π_{i+1}^1。如果 Z 可以不可忽略的概率 p 来区分 π_i^1 和 π_{i+1}^1 的话,那么它也可以以同样的概率区分伪随机函数和随机函数。

类似地,可以证明 π_i^2 和 π_{i+1}^2 是不可区分的。

③ 证明 $\pi_0^3 \approx \pi_m^3$

我们已经证明了 π_i^2 和 π_{i+1}^2 是不可区分的,由于 π^3 只是在 π^2 的基础上做了一定改动(即从第 i 个 *Verify Credential* 请求开始,其响应为检查路径 h 的有效性,而不是从集合中查找身份凭证),所以如果 Z 可以区分 π_i^3 和 π_{i+1}^3,则其根本原因在于 Z 可以不可忽略的概率产生一个身份凭证及对应的路径 h 满足:

- 根结点 $root(h)$ 是由 ASU 签名的。
- h 并不在 ASU 生成的 Hash 树中。

因此可以利用 Z 构造一个算法 A,使得 A 可以找到 Hash 函数 H 的一个碰撞,但这违背了 Hash 函数无碰撞性的假设。

首先构造一个与 Z 交互的 Hash 树 T,其根结点为 R。假设 Z 能以不可忽略的概率产生一个身份凭证$(c, <z_i>)$,使其能够通过路径有效性检测,且保持根结点 R 不变,那么 Z 可以利用 T 构造一棵新的 Hash 树 T',使$(c, <z_i>)$作为新树 T' 的叶子结点,通过比较两棵 Hash 树 T 和 T',便可找到 Hash 函数的一个碰撞。

④ 证明 $\pi_0^4 \approx \pi_m^4$

假设 Z 可以不可忽略的概率 p_1 来区分 π_i^4 和 π_{i+1}^4,那么它便可以提供某个 c、z 和 k_i' 满足:

(c, P_j, m) 并不存在于集合 $T_{Prepared}$ 中,或者 $k_i' \neq k_i$,但是 $H(k_i') = z_i$。

且能够通过 *Verify Credential* 操作。

对于第一种情况,由于集合 $T_{Prepared}$ 中没有 (c, P_j, m) 记录,因此还没有执行过相应的 *Present Credential* 操作,k_i 值还没有泄露。如果 Z 可以以不可忽略的概率 p_1 来区分 π_i^4 和 π_{i+1}^4,则可以利用 Z 构造一个算法 A,使得 A 可以计算出给定值 y 的 Hash 原像 $x \in H^{-1}(y)$,从而违背了 H 的单向性假设。

假设第 $(i+1)$ 个 *Verify Credential* 请求中验证的身份凭证是在第 j 个 *Issue Credential* 请求时颁发给参与者 P 的。出现这种情况的概率是 p_2,其中 p_2 是不可忽略的。A 诚实地执行协议,除了 $z_i = y$,其中 l 是 $l(P)$ 中的最小值。因为 Z 能够通过 *Verify Credential* 操作,所以必然可提供 x 满足 $H(x) = y$,因此 A 可以相应输出 x,其成功的概率至少是 $p_1 p_2$。

对于第二种情况,显然,可以构造一个算法 A,使得 A 可找到 Hash 函数的一个碰撞,但这违背了 Hash 函数 H 的无碰撞性假设。

以上依次证明了 $\pi_0^0 \approx \pi_m^0$、$\pi_0^1 \approx \pi_m^1$、$\pi_0^2 \approx \pi_m^2$、$\pi_0^3 \approx \pi_m^3$ 和 $\pi_0^4 \approx \pi_m^4$,根据过渡协议的构造,即 $\pi_0^1 = \pi_m^0$、$\pi_0^2 = \pi_m^1$、$\pi_0^3 = \pi_m^2$、$\pi_0^5 = \pi_m^4$,可以得到 $F_{Cred} \approx \pi_{Cred}^{Sig}$ 的结论。证明表明,如果 Z 能区分 $\pi_{Cred}^{F_{Sig}}$ 和 F_{Cred},则它可被用于攻破满足 CCA2 安全的加密算法 CS,或者 CMA 安全的签名算法 SS,或者可以区分伪随机函数和随机函数,或者找到 Hash 函数的一个碰撞,或者可以计算出随机数 x 的 Hash 原像。而以上这些都是公认的困难问题,导致矛盾出现的原因只能是假设 Z 有区分理想函数和真实协议的能力是错误的。

结论 10-1　如果对称加密机制是 CCA2 安全的,数据签名机制是有效的,Hash 函数是单向无碰撞的,那么真实协议 π_{Cred} 在签名理想函数 F_{Sig} 辅助的混合模型下可以安全实现无条件匿名身份认证理想函数 F_{Cred}。

通用可组合的安全框架可用于描述和分析并发环境下的协议安全问题,相对其它安全模型而言,通用可组合安全具有更严格、更高级别的安全定义。目前对 UC 安全的理论已经做了大量研究,尽管已经提出了多个实现某种安全任务的理想函数,但是还没有提出与匿名认证相关的理想函数。

UC 框架中定义的认证理想函数 F_{AUTH} 主要是对消息的认证传输,它依靠证书理想函数 F_{CERT} 和 CA 理想函数 F_{CA} 的辅助来实现,其中对身份的认证采用的是将身份与消息和签名值绑定的方式来实现的。考虑到无线环境下匿名认证的特殊需求,这是提出了无条件匿名身份认证理想函数模型 F_{Cred},其作用相当于证书理想函数 F_{CERT} 和 CA 理想函数 F_{CA} 的功能,可以实现认证理想函数 F_{AUTH},且充分体现出了匿名认证的特殊需求,其中对身份的认证采用的是将身份与特定 Hash 值绑定的方式来实现的。UC 模型最重要的性质在于模块化的设计思想,因而这里提出的匿名认证理想函数,可以作为安全模块辅助实现其它多种理想函数,如采用 DH 交换来实现密钥交换理想函数 F_{KE},也可以用于设计具有匿名性要求的安全协议。

在以上的匿名认证机制中,只有认证服务器知道移动终端的身份,认证器则无法识别出移动终端的真实身份。出于安全及效率方面的考虑,认证过程直接在移动终端和认证器之间进行,而不再涉及认证服务器。考虑到无线环境的特殊限制和移动终端设备的计算能力有限,提出的无条件匿名身份认证机制没有采用公钥证书或预共享密钥形式进行加密,而是采用对称加密原语实现,具有较高的效率和安全性,适合无线环境下使用。

10.3　研究展望

安全体系结构是由安全技术及其配置所构成的安全性集中解决方案。伴随着软件工程技术的发展,软件产业的发展道路将是走构件化和工业化的道路,信息系统是通过相关的软件构件(Software Component)进行组合实现,相应的安全机制也是通过安全构件进行组合而实现。因此,要求安全体系结构不仅要研究安全服务组件的重构、组合理论与方法,还要研究安全组件的组合方式,以保证安全构件组合后的系统安全。

组合安全性包括两个方面内容:一方面是"叠加组合",即希望通过某种方式组合协议组件以增加安全属性,例如,组合一个基本的密钥交换协议和一个认证协议,生成一个可认证的密钥交换协议;另一方面是保证"非破坏性组合",即如果两个协议组合,每个协议服务于独立的目的,则确保任何一个协议不会削弱另一个协议的安全属性。

未来的 WLAN 将是作为普适计算下的一种接入技术,因此,未来 WLAN 安全体系结构的安全构件组合方法应该突破 WLAN 的互联限制,研究更加广泛意义下的安全构件的集成方法。因此未来安全构件组合方法应重点从以下五个方面进行研究:

(1) 安全构件集成的规范性。如研究普遍适用的身份认证是否存在与可行性;如何把已经部署的各种认证系统整合为移动互联网的统一的认证系统;如何建立一种通用审计记录格式,以表示和记录移动用户使用的不同类型的资源。

(2) 安全构件集成的适应性。为适应异构、分布和动态无线网络环境的变化,安全集成体系结构应具有对安全策略和安全服务机制的适应性更新能力;管理虚拟组织的代价,例如增删用户、改变组织安全策略等,不应随着加入虚拟组织的资源提供者的数目增多而增大;资源管理的负载应该限定在可以接受的范围之内。

(3) 安全构件集成的可用性。研制安全系统的一个经验是,一个难以使用的安全系统往往会变成一个不安全系统;难以安装、管理和使用的安全系统是不可能被用户认可和采纳的,一个好的安全基础设施应提供方便的易用性。因此,需要分析和定义安全集成体系结构应包含的基本功能元素和服务接口;进而确定安全集成体系结构需要提供的构成组件以及最终适合的表现和实现形式(如分布式操作系统、中间件还是协议组)。

(4) 匿名认证理想函数如何作为基本安全组件进行安全体系结构的设计方法。如通过提升提出的匿名认证理想函数模型的抽象层次,从中抽象出一种可以颁发特定格式(如 Hash 值)身份凭证的 CA 模型,使其更具有普遍意义。

(5) 安全构件的组合预测方法。系统安全涉及的因素众多,各因素间及其同外部因素间存在着复杂的关系,单用一种预测方法无法满足预测的有效性,必须采用多种预测方法进行组合预测。组合预测改变由于预测模型选择不合理而带来的预测误差。组合预测就是将不同的预测方法进行合理组合,主要目的是综合利用各种预测方法提供的有用信息,从而有效提高预测精度。组合预测有多种不同的方法,如加权算术平均组合预测、加权几何平均组合预测、加权调和平均组合预测、加权平方和平均组合预测和非线性组合预测等,其中最常用的方法是加权平方和平均组合预测法。通过组合预测的研究,可以提高安全体系结构系统的适应性,增强系统的安全性能。

问题讨论

1. 请比较基于计算复杂性和基于逻辑的协议组合安全性分析方法,并分析两种方法的相同点与不同点。
2. 基于逻辑的协议组合安全分析方法的理论基础是什么?
3. 协议组合的安全性与协议组合的无干挠性有何区别与联系?
4. 协议组合与模块组合之间的关系是什么?
5. 安全体系结构设计的方法有哪些?安全设计的流程是什么?
6. 安全体系结构设计中的黑盒与白盒有何不同,各自的作用是什么?
7. 请谈谈安全体系结构设计中子系统、模块与构件三者之间的关系。

参考文献

[1] Canetti R. Universally Composable Security: A New Paradigm for Cryptographic Protocols: Proceedings of the 42nd IEEE Symposium on Foundations of Computer Science (FOCS)[C]. IEEE Computer Society, 2001:136–145. http://eccc.uni-trier.de/ eccc-reports/ 2001/TRO1 –016.

[2] Canetti R. Universally Composable Signature, Certification, and Authentication: Proceeding of the 17th Computer Security Foundations Workshop[C], IEEE Computer Society, June 2004: 219–233. http://eprint. iacr. org12003/239

[3]   Canetti R. Universally Composable Security: A New Paradigm for Cryptographic Protocols[EB/
       OL]. (2000 – 12 – 22), [2005 – 12 – 13], http://eprint. iacr. org/2000/067.

[4]   Bellare M, Rogaway P. Provably Secure Session Key Distribution-the Three Party Case: Procee-
       dings of the 27th ACM Symposium on the Theory of Computing[C]. New York: ACM Press,
       1995. 57 – 66.

[5]   冯登国. 可证明安全性理论与方法研究[J]. 软件学报,2005,16(10):1743 – 1756.

[6]   Canetti R, Fischlin M. Universally Composable Commitments:Proceedings of the Advances in
       Cryptology-CRYPTO 2001[C]. Springer Berlin / Heidelberg,2001, LNCS 2139:19 – 40.

[7]   Damgard I, Nielsen J B. Perfect Hiding and Perfect Binding Universally Composable Commitment
       Schemes with Constant Expansion Factor: Proceedings of the CRYPTO 2002[C]. Springer-Verlag
       London, UK,2002,LNCS 2442:581 – 596.

[8]   Mateus P, Mitchell J, Scedrov C. A Composition of Cryptographic Protocols in a Probabilistic
       Polynomial-time Process Calculus: Proceedings of the 14th International Conference on Concur-
       rency Theory[C]. Springer-Verlag,2003,LNCS 2761:327 – 349.

[9]   Prabhakaran M, Sahai A. New Notions of Security: Achieving Universal Composability Without
       Trusted Setup: Proceedings of the 36th Annual ACM Symposium on Theory of Computing(STOC'
       04)[C]. ACM press,USA, 2004:242 – 251.

[10]   Merkle R. Protocols for Public Key Cryptosystems:Proceeding of the IEEE Symposium on Secu-
       rity and Privacy[C]. IEEE Computer Society,April 1980:122 – 133.

[11]   Trolin M. A Universally Composable Scheme for Electronic Cash: Proceedings of the Progress
       in Cryptology – 2005[C]. Berlin:Springer/Heidelberg, 2005,LNCS 3797: 347 – 360.

第 11 章 可信终端体系结构

目前的 WLAN 安全技术重点对服务器和网络设备进行保护,对数量庞大的终端保护相对较弱,TCG 提出的可信平台模块为从移动终端开始防范攻击提供了一种新的研究方向。可信计算是通过在终端上绑定一个可信计算模块来保障现有终端的安全性,从终端开始建立一条可信链来保证整个系统和网络的安全。本章在对可信计算技术、可信计算框架、可信平台模块、可信移动平台介绍的基础上,重点对基于可信计算的终端安全体系结构进行了研究,指出研究的关键是支持可信计算体系结构的安全操作系统,并对基于安全内核、微内核和虚拟机的三种终端体系结构进行了比较性研究。

11.1 可信计算技术

当前以防火墙、入侵监测和病毒防范为主要构成的传统网络安全系统,是以保护服务器防止外来入侵为重点,在防外上有一定的效果,但在保护整个系统上却并非固若金汤。这是因为它不适应目前信息安全主要"威胁"源自内部的状况。而要解决内部安全威胁,就需要建立一个信息的信任传递模式。必须做到终端的可信,才能从源头解决人与程序、人与机器以及人与人之间的信息安全传递。

可信计算技术源于容错计算。从 1971 年召开第一届国际容错计算会议(Fault-Tolerant Computing Symposium),到 1975 年商业化的容错机推向市场,再到 20 世纪 90 年代软件容错概念的出现,进而发展到目前的网络容错。在此期间,安德逊(J. P. Anderson)首次提出可信系统(Trusted System)的概念[1]。早期学者对可信系统研究主要集中在硬件设备和软件的安全与可靠性。此时的可信计算实际上是一种可靠计算(Dependable Computing),与容错计算领域的研究密切相关。

1999 年 10 月,由国际几大 IT 厂商 Compaq、HP、IBM、Intel 和 Microsoft 牵头组织了可信计算平台联盟 TCPA(Trusted Computing Platform Alliance)。2000 年 12 月,美国卡内基梅隆大学与美国国家宇航总署的艾姆斯研究中心牵头,由十几家大公司和著名大学成立了高可信计算联盟,该组织致力于发展新一代安全、可信的硬件运算平台。2002 年 1 月,微软的比尔·盖茨提出高信度计算(Trustworthy Computing)概念,并在邮件中称微软公司未来的工作重点将从致力于产品的功能与特性转移到侧重于解决安全问题。2003 年 4 月,TCPA 重组为可信计算组织(Trusted Computing Group,TCG)。TCG 在 TCPA 强调安全硬件平台的基础上,进一步增加了对软件安全性的关注,旨在从跨平台和操作环境硬件组件和软件接口两方面,促进不依赖特定厂商的可信计算平台工作标准的制定。

目前可信计算研究有三个技术分支,分别是 TCG 的可信计算(Trusted Computing)[2],侧重于容错计算的可靠计算(Dependable Computing)[3] 和微软的高信度计算(Trustworthy Computing),三者之间的比较见表 11 - 1。

表 11 - 1 三种可信计算研究路线的比较

	可信计算	可靠计算	高信度计算
起始时间	20 世纪 80 年代	20 世纪 90 年代	21 世纪初
发起组织	TCG	可靠计算会议	微软公司
研究内容	基于 TPM 芯片的终端软/硬件可信性	计算机软硬件系统的容错性和可靠性	为下一代安全处理器和操作系统研发一套可信计算操作方案
安全侧重	终端软/硬件的完整性	增强系统的鲁棒性,强调系统可靠性、可用性和可维护性	系统从硬件到操作系统再到各类软件整体的安全保障
技术实现	TPM	硬/件容错系统	Longhorn 操作系统和 La-Grande 硬件技术
研究意义	提供系统从开机到最终结束的可信执行环境,具有广泛性和代表性	强调可信的可证明性	提供与厂商相关的系统完整性解决方案,有一定的局限性

TCG 的可信计算重点在于推出基于硬件安全防护的可信平台模块(Trusted Platform Module,TPM),其以加强异构计算机平台的计算环境为目标。TPM 作为一个系统级的安全芯片被集成到平台的主板上,为平台提供了可信根的功能,用可信根保证系统加电时的初始状态是可信的,之后利用 TPM 中的平台配置寄存器的功能,对系统的各个部件进行完整性度量、存储和报告,通过引入信任链的概念,保证整个系统的安全启动。TPM 还通过软件协议栈(TCG Software Stack,TSS)为应用程序提供各种安全应用接口。

可靠计算主要集中在操作系统自身安全机制和支撑它的硬件环境,并与容错计算领域研究密切相关。人们关注元件随机故障、生产过程缺陷、定时或数据不一致、随机外界干扰、环境压力等物理故障,同时关注设计错误、交互错误、恶意推理、暗藏入侵等人为故障造成系统失效的情况,如集成故障检测技术、冗余备份系统的高可用性容错计算机等。可靠计算属于早期的可信计算研究,在可靠计算中,一个数字系统的可信性是指该系统提供确实可信服务的综合能力,其衡量标准有六个属性:可靠性(Reliability)、可用性(Availability)、可测试性(Testability)、可维护性

（Maintainability）、安全性（Safety）以及保密性（Privacy）。

　　高信度计算是一种可以随时获取的可靠安全计算，它从实施、手段、目标三个角度来考虑。目标考虑最终用户的需要，提供安全性、私密性、可靠性和商务完整性的保护。手段是实现目标所要进行的商务和工程方面的考虑，包括的策略有安全开发策略、信息平等原则、可用性策略、可管理策略、准确性策略、实用性策略、可审计策略和透明性策略。微软的高信度计算涵盖了整个计算机联机系统，包含从单个计算机芯片到全球 Internet 服务的各个方面。2007 年微软基于下一代安全计算基（NGSCB）推出 Longhorn[4]安全操作系统解决方案，并联合 Intel 推出 LaGrande可信芯片技术。

11.1.1　TCG 的可信定义

　　TCG 对"可信"的定义是："一个实体在实现给定目标时，若其行为总是如同预期，则该实体是可信的"（An entity can be trusted if it always behaves in the expected manner for the intended purpose）。这个定义将可信计算和当前的安全技术分开：可信强调行为结果可预期，但并不等于行为是安全的，这是两个不同的概念。根据Intel 的密码与信息安全专家 David Grawrock 的说法，如果你知道你的电脑中有病毒，这些病毒会在什么时候发作，了解会产生什么后果，同时病毒也确实是这么运行的，那么这台电脑就是可信的。从 TCG 的定义来看，可信实际上还包含了容错计算中可靠性的概念。可靠性能保证硬件或者软件系统性能可预测。

　　可信计算的主要手段是进行身份确认，使用加密进行存储保护及使用完整性度量进行完整性保护。但是由于引入了 TPM 这样的一个嵌入到计算机平台中的嵌入式微型计算机系统，TCG 解决了许多以前不能解决的问题。TPM 实际上就是在计算机系统中加入一个可信第三方，通过可信第三方对系统的度量和约束来保证一个系统可信。

11.1.2　TCG 体系结构规范框架

　　TCG 具有明确的目标和组织架构，并且为基于 TPM 的平台使用定义了预期的场景、执行程序和预期的生产实施。这些文档并不包含标准化的内容。TCG 的文档结构如图 11 - 1 所示。

　　TCG 目标。TCG 是一个非盈利的工业标准组织，以加强异构计算机平台的计算环境安全为目标。TCG 的任务是通过平台、软件和技术的协作，定义、开发、推广一套开放的、系统的可信计算规范，提供一整套可信计算安全技术，规范硬件构建模块和通用的软件接口，设计多平台、多外设的可信计算环境。

　　TCG 应用场景。风险与资产管理，即在突发事件发生时，使个人和企业财产的损失最小；数字版权管理，即保护数字媒体不被非授权的拷贝和扩散；电子商务中有利于交易双方互相了解和建立信任关系；系统监测与应急响应中可以监测计

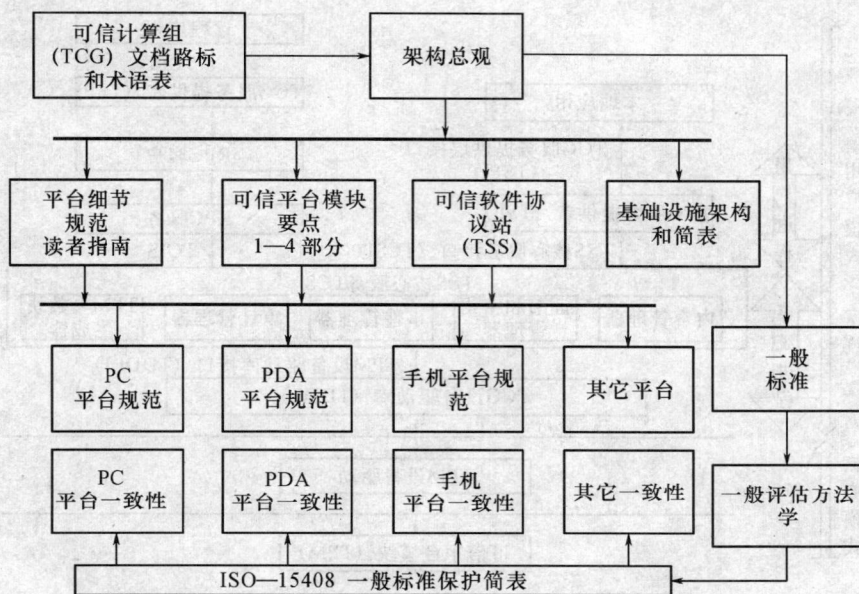

图 11-1 TCG 的文档结构

算机的安全状态,能在发生事件时作出响应。

完整性验证。涉及可信根、完整性度量、完整性存储、完整性报告可信启动(安全边界)。其中可信根有度量可信根(RTM)、存储可信根(RTS)、报告可信根(RTR)、度量可信根核心(CRTM)。完整性度量是一个过程,获得一个平台的影响可信度的特征值(Metrics),存储这些值,然后将这些值的摘要放入 PCRs 中。通过计算某个模块的摘要同期望值的比较便可以维护这个模块的完整性。完整性存储是将存储度量值存储在度量存储日志(Stored Measurement Log,SML) 中,并将其摘要存入 PCRs。此外还需要存储期望值。

TSS(TPM Support Software)是一个软件协议栈,它允许应用程序和可信移动设备 TMD(Trusted Mobile Device)中的 TPM 进行通信。它为 TPM 功能的使用提供接口,如认证(Authentication)、授权、保护存储和证明(Attestation)。它还为基于 TPM 硬件的密码服务提供接口,允许应用程序使用 TPM 来生成密钥、加密/解密、签名等。TSS 为应用程序利用 TPM 服务提供了同步访问机制。除此之外,TSS 还管理 TPM 资源,TSS 协议栈结构如图 11-2 所示。

TSS 的需求体现在以下方面:

- 给应用程序提供独立于 TPM 硬件实施的通用标准接口。
- 给应用程序提供使用 TPM 的密码操作、保护内存(Sealed Storage)和认证的接口。
- 如果 TSS 被旁路,则不能使用 TPM 可信服务。

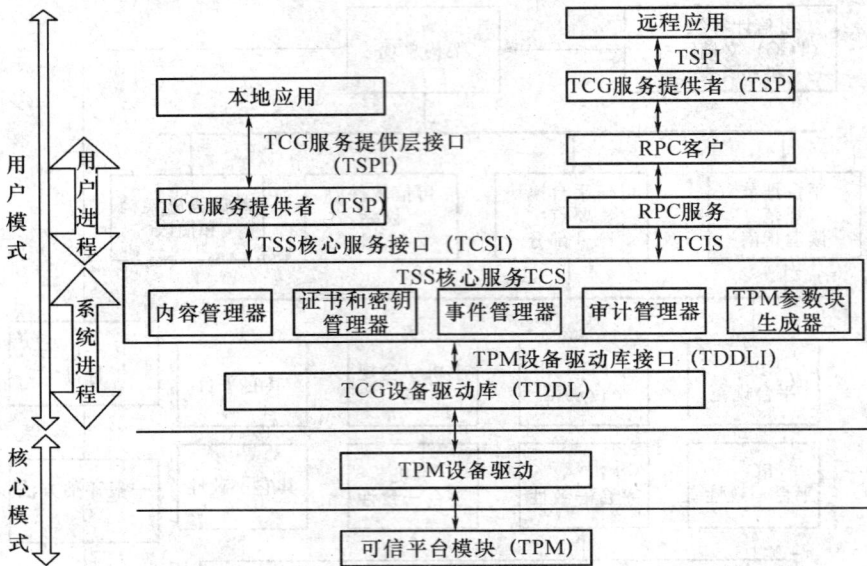

图 11－2 TSS 协议栈结构

- 以对应用程序透明的方式管理 TPM 硬件资源。
- 为 TPM 事件提供日志/审计服务。
- 除了支持基于 TPM 的密码运算外,TSS 还应提供集成工业标准密码服务提供的方法。

TPM 是由 TCG 定义的安全硬件子系统。TPM 持久地依附在平台之上,并为基于硬件的可信根提供服务。TPM 软/硬件提供的密码功能有 RNG、Hash、HMAC、非对称密钥生成、非对称加解密等。它由 160 位的平台配置寄存器组成,PCR 用来保存 SHA-1 操作的结果。TPM 至少拥有 8 个 PCR,用来在可信启动过程中记录软件完整性度量的结果。

TSS 栈由 TPM 设备驱动器、TSS 核心服务(TCS)和 TSS 服务提供者(TSP)组成。TPM 设备驱动器是由 TPM 厂商提供的硬件驱动。TSS 核心服务提供了管理密钥和证书、内容和审计管理等所用到的基础设施。应用程序通过使用 TSS 服务提供者这一层,与 TSS 核心服务通信。TSP 是栈中的最顶层部件,为应用程序提供TPM 服务。

整个体系主要可以分为三层:TPM、TSS(TPM Software Stack)和应用软件。TSS处在 TPM 之上,应用软件之下,称为可信软件栈[5],它提供了应用程序访问 TPM的接口,同时进行对 TPM 的管理。TSS 分为四层:工作在用户态的 TSP(Trusted Service Provider)、TCS(TSS Core Services)、TDDL(TPM Device Driver Library)和内核态的 TDD(TPM Device Driver)。

　　TCG 软件栈定义了两种模式——用户模式和内核模式,三个接口——TCG 服务提供者接口(TSPI)、TSS 核心服务接口(TCSI)和 TPM 设备驱动接口(TDDLI)。内核模式包括 TPM 和 TPM 的设备驱动;用户模式又分为用户进程和系统进程;用户进程指的是 TCG 服务提供者提供给外部应用程序的服务操作;系统进程指的是 TCG 设备驱动库提供的 TSS 核心服务操作。三个接口与不同层次的计算平台服务通信,其中,TDDL 接口提供了用户模式和内核模式之间的过渡,它工作在 TPM 设备和设备驱动层之上;TCS 为一组普通的平台服务提供接口,它保证了即使在一个平台上可能存在多个 TCG 服务提供者,也只展示相同的行为;TSP 为 TPM 提供一个接口,该接口作为应用程序驻扎在公共的进程地址空间。TSP 提供两种服务:上下文管理和密码使用。上下文管理考虑到应用程序和 TSP 资源的使用效率,并为此提供动态的操作;密码功能的使用则是为了充分地利用 TPM 受保护的功能。

1. TCG 服务提供层(TSP)

　　TSP 提供应用程序访问 TPM 的 C++ 界面,基于一个面向对象的底层结构,驻留在与应用程序一样的进程地址空间(都是用户进程)。授权协议在这一层通过一个同层编码的用户接口,也可通过 TCS 层的回调机制(如果调用者是远程的话)来实现。

　　TSP 提供两种服务:上下文(context)管理和密码操作。上下文管理器产生动态句柄,以便高效地使用应用程序和 TSP 资源。每个句柄提供一组相关 TCG 操作的上下文。应用程序中不同的线程可能共享一个上下文,也可能每个线程获得单独的上下文。为了充分利用 TPM 的安全功能,这层也提供了密码功能。但是内部数据加密对接口是保密的,例如报文摘要和比特流的产生功能等。

2. TCG 核心服务层(TCS)

　　TCS 提供一组标准平台服务的 API(Application Programming Interfaces)。一个 TCS 可以提供服务给多个 TSP。如果多个 TCG 服务提供者都基于同一个平台,TCS 保证他们都将得到相同的服务。TCS 提供了四个核心服务:① 上下文管理—实现到 TPM 的线程访问;② 证书和密钥的管理——存储与平台相关的证书和密钥;③ 度量事件管理——管理事件日志的写入和相应 PCR(Platform Configuration Registers)的访问;④ 参数块的产生——负责对 TPM 命令序列化、同步和处理。

3. TCG 设备驱动库(TDDL)

　　TDDL 是用户态和内核态的过渡,仅仅是一个接口而已。它不对线程与 TPM 的交互(Interaction)进行管理,也不对 TPM 命令进行序列化(Serialization)。这些是在高层的软件协议栈内完成。由于 TPM 不是多线程的,一个平台只有一个 TDDL实例(Instance),从而只允许单线程访问 TPM。TDDL 提供开放接口,使不同厂商可以自由实现 TDD 和 TPM。

11.1.3 可信计算平台的基本特征

一个可信平台要达到可信的目标,最基本的原则就是必须真实报告系统的状态,同时决不暴露密钥和尽量不表露自己的身份。这就需要三个必要的基础特征:保护能力、证明(Attestation)、完整性度量存储与报告。

1. 保护能力

保护能力是唯一被许可访问保护区域(Shielded Locations)的一组命令,而保护区域是能够安全操作敏感数据的地方(比如内存、寄存器等)。TPM 通过实现保护能力和被保护区域来保护和报告完整性度量(称为平台配置寄存器 PCRs,这种寄存器位于 TPM 内部,仅仅用来装载对模块的度量值,大小为 160 位)。除此之外,TPM 保护能力还有安全和管理功能,比如密钥管理、随机数生成、将系统状态值封印(Seal)到数据等。这些功能使得系统的状态任何时候都处于可知,同时可将系统的状态与数据绑定起来。由于 TPM 的物理防篡改性,这也就起到了保护系统敏感数据的功能。

2. 证明

证明是确认信息正确性的过程。通过这个过程,外部实体可以确认保护区域、保护能力和信任源,而本地调用则不需要证明。通过证明,可以完成网络通信中身份的认证,而且由于引入了 PCR 值,在身份认证的同时还验证了通信对象的平台环境配置。这大大提高了通信的安全性。

证明可以在不同层次进行:基于 TPM 的证明是一个提供 TPM 数据的校验的操作,这是通过使用 AIK(Attestation Identity Key)对 TPM 内部某个 PCR 值的数字签名来完成的,AIK 是通过唯一秘密私钥 EK(Endorsement Key,签注密钥)获得的,可以唯一地确认身份;针对平台的证明则是通过使用平台相关的证书或这些证书的子集来提供证据,证明平台可以被信任以作出完整性度量报告;基于平台的证明通过在 TPM 中使用 AIK 对涉及平台环境状态的 PCR 值进行数字签名,提供了平台完整性度量的证据。

3. 完整性的度量存储和报告

完整性的度量是一个过程,包括:获得一个关于平台的影响可信度的特征值(Metrics),存储这些值,然后将这些值的摘要放入 PCRs 中。通过计算某个模块的摘要同期望值的比较,则可维护这个模块的完整性。在 TCG 的体系中,所有模块(软件和硬件)都被纳入保护范围内,假如有任何模块被恶意感染,它的摘要值必然会发生改变,使我们可以知道它出现了问题,虽然还不能知道问题是什么。通过这种方式便可以保护所有已经建立 PCR 保护的模块。

另外,平台 BIOS 及所有启动和操作系统模块的摘要值都将存入特定的 PCR,在进行网络通信时,可以通过对通行方 PCRs 值的校验确定对方系统是否可信(即:是否感染了病毒,是否有木马,是否使用盗版软件,等等)。

度量必须有一个起点,这个起点必须是绝对可信的,称为度量可信根(Root of Trust for Measurement,RTM)。一次度量称为一个度量事件(Event),每个度量事件由两类数据组成:

(1)被度量的值——嵌入式数据或程序代码的特征值(Representation)。

(2)度量摘要——这些值的散列。

完整性报告则是用来证明完整性存储的过程,展示保护区域中完整性度量值的存储,依靠可信平台的鉴定能力证明存储值的正确性。TPM 本身并不知道什么是正确的值,它只是忠实地计算并把结果报告出来。这个值是否正确还需要执行度量的程序本身通过度量存储日志(Stored Measurement Log,SML)来确定。此时的完整性报告使用 AIK 签名,以验证 PCR 的值。按照"可信"的定义,完整性度量、存储、报告的基本原则是:许可平台进入任何可能状态(包括不期望的或不安全的),但是不允许平台提供虚假的状态。

除了计算的散列值存储在 PCR,还需要存储期望值。SML 保存着有关系(Related)的被度量值的序列,每个序列公用一个通用摘要。这些被度量的值附加在通用摘要之后被再次散列,通常称之为摘要的扩展。扩展保证了不会忽视这些有关系的被度量值,同时可以保证操作的顺序。SML 可能会非常大,需要存储在硬盘上,不过由于都是散列值,所以不需要 TPM 提供保护。完整性报告协议如图 11 - 3 所示。

完整性报告协议描述了对一个事件的度量进行校验的完整性报告协议的执行过程:

(1)一个远程的外界访问者(Challenger)向 TCS 发送请求,需要一个或多个 PCR 值。

(2)TCS 读取 SML 以获得度量时间的数据。

(3)TCS 发送命令到 TPM,请求获得 PCR 值。

(4)TPM 使用 AIK 对 PCR 值签名。

(5)TCS 从知识库中收集用来证明 TPM 平台的证书(AIK 证书、平台证书等)。

(6)访问者在本地校验请求,如果校验不通过,则说明存在问题,但无法获得任何关于错误的信息。

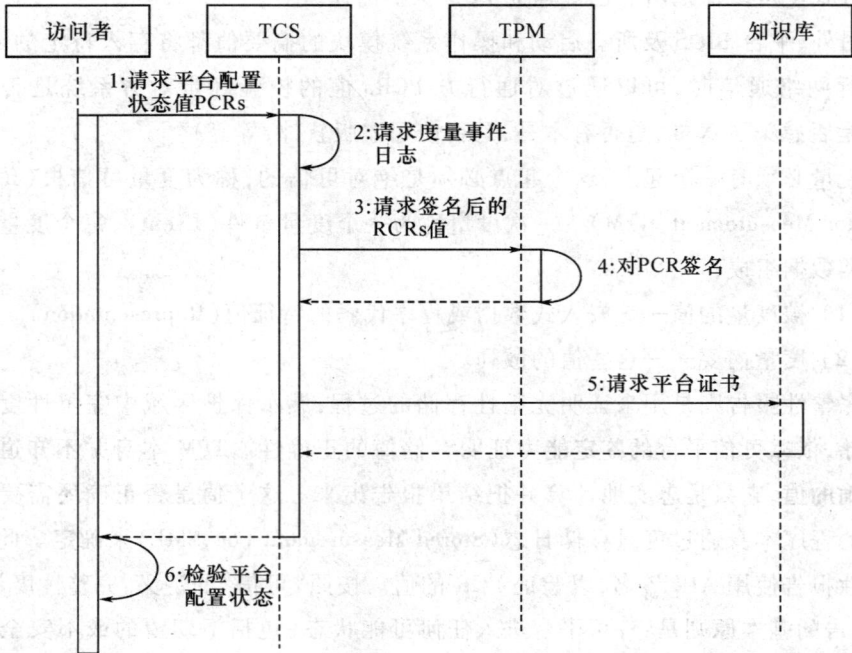

图 11 - 3 完整性报告协议

11.1.4 TMP 硬件体系结构

2004 年 Intel、IBM 和 DoCoMo 三家公司联合推出的可信移动平台 TMP,为移动无线设备定义了一个全面的端到端的安全架构。它由三部分组成:硬件体系结构、软件体系结构和协议规范。硬件体系结构描述(HWAD)和软件体系结构描述(SWAD)定义了一个可信移动设备的通用架构。

TMP 硬件体系结构主要描述了组成可信移动设备(Trusted Mobile Device,TMD)所必须的硬件部件。这里所定义的体系结构都是基于 TCPA(TCG)所做的工作,扩展并修改了 TCG 中的一些基本概念,使其适应移动设备。另外还引入了安全级别的概念。

TMP 的硬件体系架构通常由以下几部分组成:

① CPU 负责提供平台控制,运行操作系统,运行各种软件应用程序,管理用户接口、内存接口、外部设备接口,并且运用合适的协议和安全支持通信信道。硬件体系架构可以选择单 CPU,也可以选择双 CPU。双 CPU 的第一个 CPU 运行普通功能,而第二个 CPU 一般致力于支持通信信道和无线接口。

② 非易失性(Non-volatile)存储 如闪存(Flash)技术。

③ 随机存取存储器(RAM)。

④ 闪存和随机存取存储器的内存控制器。

⑤ DMA 控制器。

⑥ 中断控制器。

⑦ 时钟周期,包含一个实时时钟。

⑧ 键盘和显示控制器。

⑨ 包含无线接口(如蓝牙或 ISO 14443)的通信接口。

⑩ 混合逻辑(Miscellaneous Logic)。

除了上述设备部件外,许多移动终端设备还配备一个 SIM 接口,SIM 为用户身份和信道安全提供安全服务,同时 SIM 也可用作安全存储。

TMP 规范将安全设备分为三个等级,不同的信任等级可与那些不同需求的、信任级别不同的应用模型相联系,如表 11 - 2 所示。

表 11 - 2　设备的安全等级与安全特性的对应关系

安全特性	设备安全等级		
	1 级	2 级	3 级
TPM	软件 TPM 或等价物	硬件 TPM(子集)	集成的 TPM 或 MCM
CPU 架构	无需求	内存管理单元	硬件域隔离,可信 DMA
硬件防篡改	互锁设备	篡改证据设备	传感器设备可信 I/O
完整性和证明	最小完整性检查	完整性检查和源认证(可信根)	可信根运行时完整性检查
域隔离加强	COTS OS 隔离(用户帐户+进程)	坚实的 OS 加密存储系统	安全处理器架构软件域隔离
访问控制	自主控制	强制 + 自主控制	强制 + 自主控制
软件证书	无证书	CAPP EAL 2 或等价物(没有正式的证书)	CAPP EAL 3 或等价物
用户认证	PIN	口令	硬件加密生物度量
可信根	无	ROM 可信	ROM 可信
软件架构	无 TCB	TCB	TCB
安全存储	无	通过加密	加密和域隔离
随机数生成	软件伪随机数生成器	基于 P 随机数生成器的硬件	真正的随机数生成器
环境保护	无	接口保护	接口保护,电压和温度传感器

每个级别的主要技术部件如下：

1 级安全设备：没有硬件安全功能，最弱的软件完整性检查，封闭的系统架构——对增加新软件的能力加以限制，使用的模型具有非常有限的安全事务处理和惩罚能力；在启动时不能验证平台状态。

2 级安全设备：硬件可信平台模块作为一个子集被实施。TPM 功能集中在平台可信根和平台软件配置的度量，如 ROM 可信启动，2 级设备的一般标准，使用具有安全事务处理和安全协议的模型，通过空中接口进行软件下载，在启动时可以验证平台的状态。

3 级安全设备：硬件和软件的域隔离，TPM 必须能够为支持远程证明的协议提供平台度量，并且能够在远程实体间交换平台度量值。3 级设备的一般评价标准具有合法绑定数字签名的功能，具有在运行时保护和可信启动系统的功能，具有高价值的事务处理与企业远程访问能力。

11.1.5　TMP 软件体系结构

TMP 软件体系结构描述了利用 TMP 硬件部件功能以及提高平台安全性的软件部件。其中的一些软件部件同样与 TMP 协议规范搭起安全特性的桥梁。可信移动设备可以允许多种不同的应用程序（Java 应用程序或内部应用程序）运行。一些应用程序对可信度的要求高一些（如银行应用程序），而另一些却对可信度的要求较低（如浏览器中的活动图形）。这些应用程序使用 TMD 系统软件所提供的软件服务。这些服务的最小集，也就是说那些核心服务，如安全服务（密码服务、认证服务等）和资源管理（内存、处理器等）必须被确认是可信的。可信计算基（TCB）包含有可信部件的最小集合，包括可信启动代码（度量可信根核心）。恶意的应用程序有可能会试图更改 TCB，从而对它进行攻击。因此，TCB 需要防篡改。在安全等级 2 的设备中，TCB 的完整性由 TPM 来度量。在安全等级 3 的设备中，在可信启动后，TCB 还被硬件存储机制所保护。

在相同的 TMD 中运行的不同的应用程序可能属于不同的安全域。恶意的应用程序可能会试图攻击其它应用程序。TMD 的域隔离为这种类型的攻击提供了保护措施。同时，如果应用程序的访问控制策略允许应用程序间的数据交换，域隔离模型也需要允许有弹性的数据交换。安全数据交换由内部进程通信机制来完成。基于 TMD 的访问控制模型，根据目标领域的访问控制策略，对于特定域的访问是被允许的。

另外，TMD 软件应该提供一组安全服务，包括密码服务、加密存储服务、设备管理服务和用户认证服务。这些都是构成 TMD 软件架构的要素。应注意的是，在一个理想化的情况下，所有的部件应该有绝对平等的力量。攻击者总是试图打破系统的最弱部分。平衡每个部件的信任级别是设计安全 TMP 设备的一种低成本高效率的方法。

图 11 - 4 展示了带有 TMD 的软件参考架构。操作系统依赖设备中 TPM、RTM（Root of Trust for Measurement）、可信计算基和 CPU 的保护机制的可信。操作系统内核、相关安全服务的最小集合以及硬件共同构成了 TCB。应用程序在域内运行，域和域之间相互隔离。TCB 加强域代码保护高安全性的应用程序。这些应用程序有自己的访问控制模型和策略来保护本身的资源。OS 内部应用程序在 OS 加强域内部运行，并受操作系统所提供的访问控制策略的支配。如果应用程序用 Java 实现，则将启用 Java 的域隔离机制。

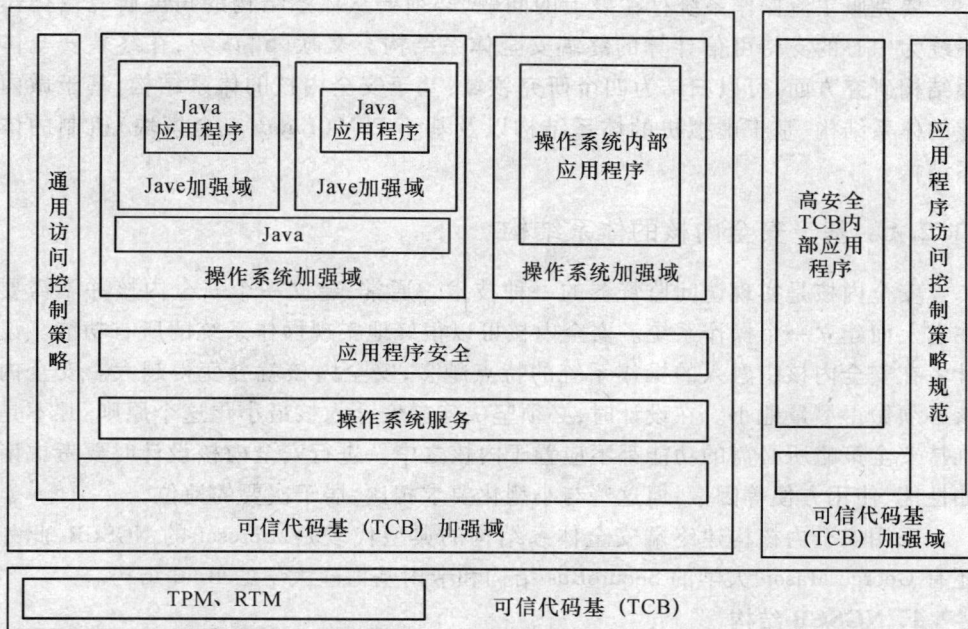

图 11 - 4 带有 TCB 的软件参考架构

11.1.6 TPM 与 TMP 之间的关系

TPM 是由产业界提出的一个完整的可信产品规范，主要是针对有线网络而设计的可信网络规范，目的是在单机可信的基础上构建可信网络。目前有许多国家在 TPM 规范的基础上，正在研究与制订各自的可信产品规范。

TMP 的目标是在 TPM 硬件平台的基础上，从应用层面提出了一个初步的移动可信应用平台框架，其目的是推动可信移动互联网的普及与应用。

11.2 基于可信计算的终端安全体系结构

TCG 提出的可信计算平台的体系结构相对简单，仅仅在硬件上引入了 TPM 模块,因此要在其提出的可信计算平台上建立完整的"可信计算环境"还需要诸多技术手段的支持,而其中的关键是操作系统的支持。当前主流操作系统,如 Windows 操作系统和类 UNIX 操作系统,在支持可信计算上主要存在以下的问题:

(1) 没有良好的进程隔离机制。

(2) 缺少强制访问控制机制。

(3) 忽视最小特权策略。

(4) 没有为输入/输出提供可信路径。

要克服主流操作系统存在以上的问题,必须要从体系结构的角度研究以操作系统为中心的支持可信计算的终端安全体系结构。文献[6]认为,在终端安全体系结构研究方面,可以归结为四个研究领域:基于安全内核的体系结构、基于微内核的体系结构、基于虚拟机的体系结构以及基于 LSM(Linux 安全模块)机制的体系结构。

11.2.1 基于安全内核的体系结构

安全内核是实现访问监督器的一种技术。通常,建立一个安全内核并不需要在它上面建立一个操作系统。安全内核可以很好地实现操作系统的所有功能。设计者在安全内核中融入的操作系统的特点越多,安全内核就会变得越大。安全内核必须做得尽量地小。在设计时,必须坚决实施安全内核最小化这个原则:凡不是维持安全策略所必需的功能都不应置于内核之中。进行安全内核设计时要考虑诸如性能、使用方便等因素,但这些与小型化要求相比,居于次要的地位。

采用安全内核构建终端安全体系结构的典型代表是 Microsoft 的 NGSCB,此外还有 George Mason 大学的 SecureBus 结构和卡内基梅隆大学的 Bind 结构。

1. NGSCB 结构

下一代安全计算基(Next-Generation Secure Computing Base, NGSCB)是 Microsoft 专有的适用于未来 Windows 操作系统的硬件与软件相结合的平台体系结构,在 NGSCB 中,可以在 PC 内部建立第二个作业环境,该环境用以保护系统免遭恶意程序代码入侵。作为保护的一部分,NGSCB 可以提供应用程序、周边硬件、内存以及内存之间的安全连接。

NGSCB 需要新硬件的支持,包括 CPU、主板、TPM 以及其它专用芯片的支持,如 Intel 的 LaGrande 技术,以提供密码、安全服务。这些新硬件的体系结构是向后兼容的,现有的操作系统和应用程序不需要改动就可在这些硬件平台上运行,但现有的应用程序若想使用 NGSCB 的安全服务则必须进行相应的改动。

NGSCB 为应用程序提供了一个受保护的操作环境(一个隔离的执行空间),在该环境中运行的程序不受主操作系统中恶意程序的任何影响,同时 NGSCB 也不会影响主操作系统中的程序。在支持 NGSCB 的计算机中,用户可以让现有的应用、服务和设备在不做任何改动的情况下运行在标准的操作系统环境中,而关键的处理操作利用 NGSCB 服务在分离的、受保护的环境中进行。NGSCB 结构所提供的四项主要功能包括：强进程隔离（Strong Process Isolation）、密封存储（Sealed Storage）、证明（Attestation）、用户安全路径（Secure Paths to the User）。图 11－5 给出了 NGSCB 体系结构的描述。

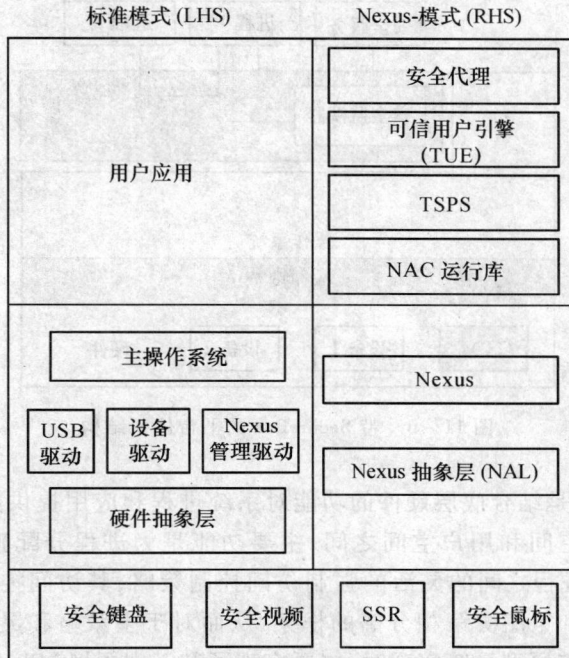

图 11－5　NGSCB 体系结构

　　NGSCB 将系统分为四个部分，横向的是用户和核心两级，纵向的是标准和 Nexus 两个模式。标准模式就是现在通用的操作系统，如果计算机中没有安装或启用 NGSCB，则整个系统就只有标准模式。在启用 NGSCB 时，Nexus 管理驱动程序将启动 Nexus 并与其中的服务进行交互。Nexus 是一个极小化的安全内核，它没有任何设备驱动及文件系统等。Nexus 管理器（NexusMgr）负责连接不安全的主操作系统（左侧）和安全的 Nexus（右侧），主要完成设备 I/O、文件系统、内存访问、用户接口等功能。Nexus 抽象层（Nexus Abstraction Layer，NAL）负责屏蔽底层硬件的差别，支持多处理器。Nexus 模式的用户级中包括 Nexus 计算代理（Nexus Computing Agents，NCA）、可信用户接口引擎（Trusted User Interface engine，TUE）、可信服务提供者（Trusted Service Providers，TSP）以及 NCA 运行库，它们都用于各种安全程序的开发。

2. SecureBus 结构

SecureBus 是 George Mason 大学 Zhang 等人提出的可信计算体系结构[7]——

带 SecureBusr 的平台体系结构如图 11 - 6 所示,该结构构建在可信计算技术硬件基础之上,SecureBus 结构在硬件上可以使用 TCG 的 TPM 和 Intel 的 LT 技术或 AMD 的 SEM 技术,并且添加了一个安全内核 SecureKernel (SK)和安全组件 SecureBus(SB)。该结构以 TPM 为可信根,然后依次把信任传递到 SK 和 SB 上。

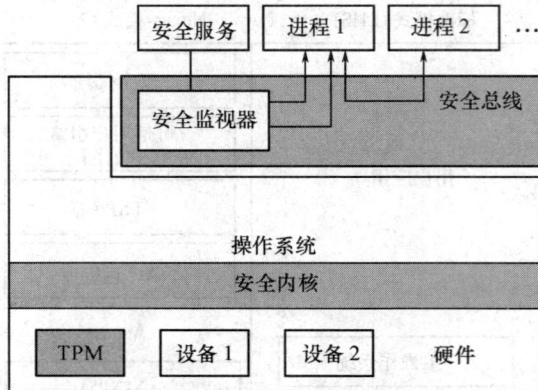

图 11 - 6　带 SecureBus 的平台体系结构

　　SK 主要功能是结合底层硬件的功能对系统进程和应用提供隔离功能。SB 位于操作系统内核空间和用户空间之间,主要功能是为进程分配独立的内存空间。此外,SB 还支持进程之间的灵活的强制访问控制策略,其访问控制结构在设计上采用了策略执行和策略决策相分离的框架,从而对于多策略和灵活策略提供了更好的支持框架。在原型系统实现时,主要实现了基于中国墙(Chinese-Wall)模型的访问控制机制。

　　该结构的主要特点是无需对原有的操作系统和应用进行修改,由于 SB 位于 SK 和上层应用之间,它对上层的应用和底层的操作系统来说都是透明的。在应用层,它为上层应用提供了和原操作系统相同的系统调用接口,从而能透明地执行真实性验证和访问控制策略。同时,由于 SB 代表受保护的应用来调用系统调用接口,从而无需要求对底层的操作系统进行修改。

　　该结构的另一个特点是能保证进程和数据的真实性。由底层硬件和 SK 所提供的隔离性质可以防止对处于运行状态的代码进行修改。但是对于保护代码的完整性是不充分的。因为攻击者可以采用对进程进行非法输入的方法来破坏完整性,所以在 SecureBus 中采用了对进程的输入和输出进行 Hash 运算的方法来解决,进程代码在加载之前被 SB 进行 Hash 运算。进程的输出数据被 SB 签名,并和进程代码和输入数据的 Hash 值连接在一起。

　　对于远程证明,基于可信根 TPM,通过构建 Hash 串来建立对于 SB 和上层应用的信任。SK 具有一个在平台初始化时由 TPM 所产生的公私密钥对,并且该公钥由 TPM 的证明身份密钥(AIK)证明。SK 也为 SB 产生一个公私钥对,其中公钥由

SK 证明,其私钥由 SB 通过 TPM 所提供的密封存储功能进行保护。SB 的公私钥对由 SB 第一次在平台上安装时产生。为了对一个正在运行的进程状态进行证明,TPM 使用自身的 AIK 密钥签署一组平台寄存器的值,SK 使用自己的私有密钥签署 SB 的完整性值,SB 签署应用代码的完整性值。后三个签名被发送到挑战方。挑战者验证所有发送来的签名和以及 AIK 的公钥证书和 SK 以及 SB 的公钥证书。如果所有证书是有效的,并且能够匹配完整性值,那么该应用就是可信的。

此外,通过从平台可信根到 SK 并到应用的可信链传递,SB 支持基于进程的证明,从而支持进程间可信的通信和协作。在单个平台上,SB 作为一个被隔离进程的可信代理来与其它的进程进行通信。而在分布式网络环境中,平台上的 SB 与另一个平台上的 SB 通过远程证明来构建可信通道。

3. Bind 结构

Bind 结构是由卡内基梅隆大学的 Elaine Shi 等人提出的,用于为安全分布式系统的细粒度证明服务[8],其主要特性包括:

(1) 执行更细粒度的证明:Bind 结构允许编程者标识一个进程,并注明需要证明的内容的开始到结束部分,而不是证明整个内存的内容,通过这个证明注释(Annotation)机制,可以简化 Hash 验证并解决软件版本升级的问题;

(2) 缩短了证明时间和使用时间之间的间隔:Bind 结构在代码内容执行之前度量代码,即对代码进行 Hash 运算,然后使用沙箱机制对代码的执行过程进行保护,当代码在沙箱中执行完毕后,把代码的度量和代码所产生的数据进行绑定,从而查明是什么代码被运行来产生该数据。

(3) 通过把对输入数据的完整性验证整合到证明中,Bind 结构提供了可传递的完整性验证;这是通过认证符(Authenticator)和一些外部机制来保证的,例如证书、语义检查和可信路径。

在 Bind 结构中,每一个平台上都装有可信硬件,包括 TCG 的 TPM 芯片和 AMD 的 SEM 处理器[9]。以 TPM 为信任根,然后通过 TCG 的安全启动和加载时间(Load-time)的证明来建立对于安全内核(SK)的信任。

Bind 结构构建于 SK 中,其为普通应用提供证明初始化(attestation_init)和证明完成(attestation_complete)两接口:

接口 1　Interface attestation_init

　　　　In(input data memory address, size of process code)

　　　　Out(success indicator)

接口 2　Interface attestation_complete

　　　　In(output data memory address)

　　　　Out (authenticator)

其具体保护实现过程如下:

首先进程被存储在一个相邻的内存区域中。进程执行时,首先调用 attestation

_init ( )来初始化证明过程,attestation_init( )的参数包括进程输入数据的内存地址和进程代码的大小。在接收到 attestation_init( )请求后,Bind 首先验证进程输入数据的认证符,该认证符声明该数据是由一个合法的进程运行真正的输入数据产生的,然后进程通过 SK 对进程代码和输入数据地址进行 Hash 计算。为了确保 Hash 计算的内容和所执行内容的一致,Bind 通过沙箱机制对执行的进程建立隔离环境。以上成功完成后,Bind 将会把控制权转交给进程,并为其标记成功标识符(success indicator)。此后直到 attestation_complete( )命令完成,该进程都能确保在一个受保护的环境中安全地执行。当进程调用 attestation_complete( )命令执行完毕后,Bind 对输出数据和进程代码计算认证标签(tag),该 tag 把输出数据和产生上面计算的输出数据的代码的 Hash 值绑定在一起。然后 Bind 解除对于该进程的保护,并把认证符返回给进程。

即使有强的隔离机制对于运行完整性的保证,然而并不能够保证:① 通信方的真实性以及应用之间的输入和输出;② 应用之间灵活的访问控制机制。而这两方面对于保证这个系统的完整性是非常重要的,而不是仅仅依赖于代码的完整性。在①中,进程需要确保所接收到的数据是真实的。在②中,即使原进程是可信的,它可能具有更低的完整性或机密性。因此需要在进程之间执行访问控制来满足系统安全管理员所定义的某些安全需求。这也是 SecureBus 和 Bind 结构给我们开发安全体系结构的一个启发。

值得注意的是,尽管 Bind 结构也使用 Hash 串来对进程以及进程的数据进行完整性检验,但是 SecureBus 和 Bind 所采用的方法是不同的。首先,在 SecureBus 结构中,进程代码以及进程的输入和输出值都包括在签名中,并且一起被发送给下一个接受进程。这不仅仅是进程代码的完整性,而实际上需要验证进程的输出是来自于进程的输入,因为在实际中验证进程真实的输出来自于真实的输入是非常必要的。而在 Bind 结构中,仅仅验证进程代码以及进程的输出,是无法保证进程的输入的真实性。其次,在 SecureBus 结构中,完整性验证是由平台上的 SB 来完成的。而这个功能对于应用来讲是透明的,然而在 Bind 结构中,出于细粒度证明的需要,完整性度量和证明是基于一个进程的关键部分,并且需要通过调用 Bind 所提供的相应的功能来完成。因此完整性验证是通过单个应用来执行完成的,这将使得安全功能对于应用来讲并不是透明的。

11.2.2　基于微内核的结构

微内核(Micro Kernel)是和单(宏)内核(Monolithic Kernel)相对的概念,在微内核中,大部分模块都是独立的进程,并在一定的特权状态下运行,各个模块通过消息传递的方式进行通信。单内核无论从结构的安全强度、对进程的隔离功能、对于安全策略支持的灵活性及扩展性方面以及对应用的支持方面都不如微内核[10],这也是选择微内核构建终端安全体系结构的一个重要原因所在。

1. EMSCB 结构

欧洲多边安全计算基(European Multilateral Secure Computing Base, EM-SCB)[11]项目是针对 Microsoft 的 NGSCB 而发起的,其目的就是提供面向开源的可信计算平台架构,解决传统计算平台中的一些安全问题。EMSCB 主要优点包括:一方面支持多边安全,即提供给用户对于恶意代码良好的保护机制,防止违反用户的安全策略;另一方面,保护内容的提供者,防止用户对策略的破坏。EMSCB 具有开放的结构,可信赖地使用 TCG 技术,低价格的可携带性以及未来的确保性等特点。EMSCB 体系结构如图 11 – 7 所示。

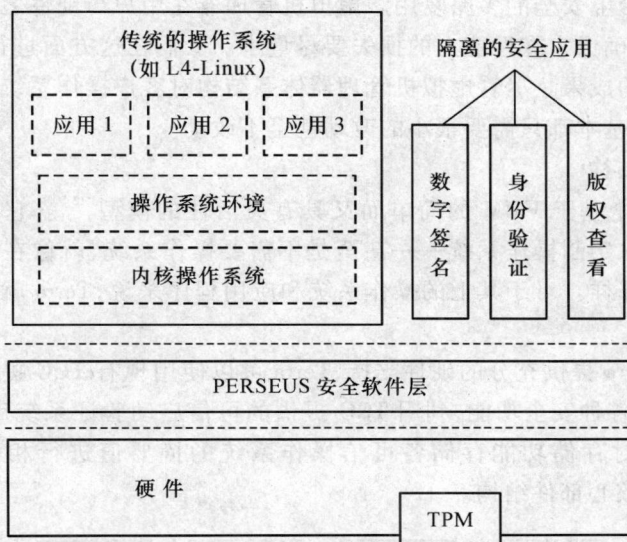

图 11 – 7 EMSCB 体系结构

EMSCB 在硬件层主要添加了 TCG 的 TPM 模块来完成远程验证底层硬件的完整性、把平台的配置和秘密信息绑定以及安全存储密码密钥等功能。在硬件层之上是基于微内核的开源安全内核 PERSEUS[12],它是一个非常小的微内核,能够控制底层的安全硬件来保护安全相关的应用和敏感的信息。PERSEUS 并没有虚拟底层的硬件接口,而是为上层应用提供了一个更为抽象的接口来对操作系统服务。在 PERSEUS 之上,是一个经过修改的通用的操作系统(例如 Linux),它是作为一个任务来执行,并受到 PERSEUS 的控制和保护。与操作系统并列的是一系列新增添的安全应用(例如数字版权管理 DRM),这些应用能够使用可信计算提供的新的特性。EMSCB 通过使用由 CPU 提供的内存保护机制和 PERSEUS 提供的安全的进程间通信机制(Inter-Process Communication, IPC),能够很好地在这些应用之间以及应用和操作系统之间实施隔离。

11.2.3 基于虚拟机的结构

微内核和虚拟机监视器(Virtual Machine Monitor,VMM)都是操作系统研究中的重要领域。在实施隔离机制方面,微内核和虚拟机都表现出色,它们有一些非常重要的特点:两者都将系统划分成隔离的,通过精确定义过的(通常来说也是严格控制的)接口进行通信的组件,而且结构上也有很多相似之处。两者的主要区别是微内核在20世纪80,90年代在学术界获得了很多关注,而虚拟机监视器的研究主要是工业领域。虚拟机监视器另外一个重要机制是硬件分享,为多个虚拟机提供在单一硬件平台上安全的多路复用。虚拟机管理器在用户与硬件之间增加一个中间层,因此需要确保它在性能上的损失要尽量小。人们在这方面进行了大量研究,也取得了很大的成果。尽管虚拟机管理器体系结构对客户操作系统所需改动的要求程度不同,但基本都只需要很小的改动甚至不改动。

1. Terra 结构

Terra 是一个基于 VMM 的简单而又具有灵活性的模型[13]。它允许开发者根据具体应用需求定制操作系统——甚至是不需要操作系统,就像在一个封闭式专用硬件平台上那样。对于其上的操作系统和应用程序来说,Terra 就是一个真实的硬件平台。

TCG 对 Terra 提供充分的硬件支持,Terra 可以使用现有 TCG 提供防篡改的硬件设备 TPM 和各种安全功能,利用 TCG 提供的可信启动验证系统启动过程;需要TCG 提供的密封存储功能存储各可信操作系统的摘要值进行相等性比较。图11-8 是Terra 核心部件结构。

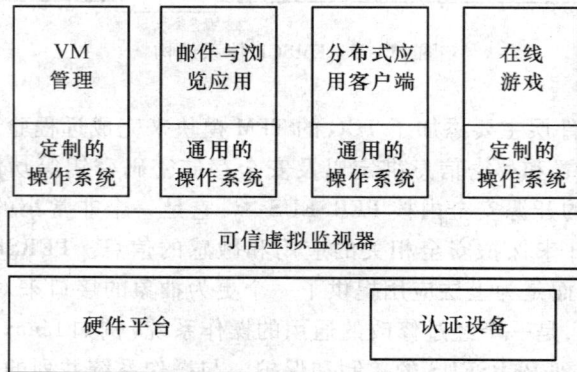

图 11-8 Terra 核心部件——TVMM 结构

Terra 的核心是可信虚拟机监视器(Trusted Virtual Machine Monitor,TVMM),它在一个高可靠性的防篡改的通用平台上向用户提供多个互相隔离的虚拟机的底层部件。TVMM 具有 VMM 的功能:隔离性、扩展性和兼容性。此外它还具有三个附加的对实现封闭式 VM 很重要的安全功能：

（1）具有安全根，平台所有者也不能破坏，以便 TVMM 为封闭式 VM 提供的保密性和独立性。

（2）TVMM 作为可信方可以对远端对象认证 VM 中运行的软件。

（3）提供用户和应用之间的可信路径。

通过 TVMM，Terra 达到了既支持面向封闭式专用计算环境的应用系统（通过封闭式 VM），又支持现有通用操作系统和应用（通过开放式 VM）的目标。

TVMM 负责保护封闭式 VM 的私密性和完整性，它通过硬件内存保护和存储加密保护手段实现了封闭式 VM 和系统其它组件的隔离，它还允许采用类似 TCG 规范中的远程证明机制向远端认证自身完整性。可信通道通过给用户提供安全的、不可绕过和不可更改的用户界面及明确的当前所使用的 VM 标识来实现，不过真正实现这个要求需要显示设备在硬件和软件上的支持，目前在原型 Terra 系统上并未实现。

Terra 没有实现完整的可信度量体系，各个虚拟机需要实现属于本虚拟机上的度量机制，而 TVMM 只能算是一个软件安全根。Terra 中对驱动程序的隔离和保护考虑得较少，因此应用需要全部信任设备驱动。另外，Terra 虚拟机之间缺少 IPC 机制，不利于做更多的扩展。更重要的是，目前 Terra 还不是开源系统，因此并非一个合适的研究平台。

与 Terra 相比，Xen VMM[14] 是由剑桥大学计算机实验室开发的一个开源项目，Xen 可以支持创建多个虚拟机，每一个虚拟机都是运行在同一个操作系统上的实例。Xen 是一款半虚拟化的（Paravirtualizing）VMM，这表明为了调用系统管理程序，要有选择地修改操作系统。但是不需要修改操作系统上运行的应用程序。

在 Xen 系统中，主域与主域之间，主域与 Xen Hypervisor 之间的接口也极为简单，而且允许设备和操作系统对接口进行扩展，同时它的设备结构出于可靠性目的使驱动程序被隔离在一个虚拟机中，低层接口具有扩展性而不必修改客户操作系统或虚拟机。

Xen 具有成熟和稳定的特性，Xen 系统上可以很方便地实现模块化（类似微内核系统）和功能扩展。此外 Xen 还具有灵活性，可以根据需要灵活配置主域的资源。客户操作系统作为虚拟机结构中的模块，它的大小也可以根据需要进行裁减。

11.2.4 基于 LSM 机制的结构

基于安全内核、微内核和虚拟机三种结构是对于原始的终端体系结构进行本质上的改变。而采用的 LSM 机制，则是对原有主流操作系统的安全增强，使其对于可信计算有很好的支持。LSM 是 Linux 安全模块（Linux Secure Module）的简称，它是 Linux 内核的一个轻量级的、通用的访问控制框架，它允许多种不同的访问控制模型作为可加载内核模块实施，用户可以根据其需求选择合适的安全模型加载

到 Linux 内核,该框架满足:

(1) 真正通用,使得采用不同的安全模型仅仅是加载不同的内核模块。

(2) 概念简单、高效,而且对内核影响小。

(3) 支持现有的 POSIX.1e 权能机制,将其作为一种可选的安全模块。

LSM 的基本思想就是在内核的数据结构中放置钩子函数(Hook Function),由钩子函数对内核对象的访问控制权限作出判断。使用 LSM 进制来构建基于可信计算的终端安全体系结构具有易用性和灵活性的特点。使用 LSM 机制实现终端安全体系结构的典型代表是由 IBM 开发的完整性度量结构 IMA, PRIMA 是对于 IMA 存在问题的一个扩展,而 TLC 中应用了 IMA。

1. Bear 结构

Bear 是 Dartmouth 大学的一个开源项目[15],其目的是希望借助 TCG 的安全硬件 TPM 解决现实系统中的安全问题。Bear 由四部分组成,包括 Enforcer 模块以及 Privacy CA、TPM-enabled LILO 和 Security Admin 应用工具,而其中的 Enforcer 模块是 Bear 中的主要部分。

Enforcer 包括一个 TPM 驱动模块和一个 LSM 访问控制实施模块。Enforcer 属于常驻内核的一部分,在具体实现时采用了 LSM 钩子方式。整个 Enforcer 的运行分为两个部分:第一部分是初始化部分,在启动时检查一个被签名的配置文件,运行另外的合适任务。第二部分是运行部分,检查在 medium-lived 配置中文件的完整性。

TPM 通过保护 PCR 来保护 Enforcer。Enforcer 则通过 LSM、OS、回绕密钥来保护短期的应用程序,通过对被签名的配置和 Security Admin 中的 Public Key 相比较,来保护长期存在的应用程序。而客户端可以根据 Enforcer 的比较情况来判断该服务是否可信。

Enforcer 的完整性校验机制将保护对象分成三种类型:"短寿命数据"(例如网页文件等),"中寿命软件"(例如 Apache 等),"长寿命组件"(例如内核、模块等)。

(1) 对"短寿命数据",将它们放到加密的本地回环设备中去;

(2) 对"中寿命软件",对于中期存在的数据,需要一种方法来使得远程用户来识别系统的安全相关配置,以及一个工具来检查是否该系统与该配置相匹配。

(3) 对"长寿命组件(内核及内核态组件)",它们都由 TPM 中的 PCR 直接验证:BIOS、OS Loader、内核、Enforcer 模块、Security Admin 的公钥。Enforcer 采用 LSM 模块的方法实现。

Security Admin 中定义了必要的安全策略用于实施安全判定。Enforcer 采取/etc/enforcer/来存储签名密钥、公钥等。在内核初始化 Enforcer 时,Enforcer 在 LSM 框架注册 hook,在启动的时间内,Enforcer 将会检查被签名的安全策略,如果该安全策略已经编译到内核中,Enforcer 将会在根文件系统被加载时,对其实施验证。在运行时,Enforcer 对所有的节点实施允许检查。Enforcer 计算节点文件的 SHA-1

值,同时将其与策略中的 SHA-1 值比较。如果该值不匹配,则根据具体的选择来进行实施,把事件记录到系统日志中,使该调用失败,系统处于 Panic 状态。

Bear 不是完全按照 TCG 规范设计的,只是部分利用了 TPM 的功能,而且没有完整的可信度量机制。虽然,Enforcer 采用了 Linux 操作系统的 LSM 机制,但 Linux 系统固有的隔离性差的问题仍然存在,在 Enforcer 基础上很难实现真正的可信计算。

2. IMA 结构

IMA(Integrity Measure Archecture)是 IBM 的 Reiner Sailer 等人开发的一个最早的、著名的基于 TCG 的可扩展的完整性度量结构[16]。IMA 在 Linux 系统(Red-hat9.0 ker-nel2.4.21)上实现,通过对系统中的可执行文件、动态加载器、内核模块以及动态库进行度量来保证系统运行时间(Runtime)的完整性。所有的度量值采用 TPM Extend 操作扩展到 TPM 的 PCR 中,同时在系统内核中维持一张有序的度量列表 ML(Measure List)。当挑战方(Challenger)需要验证证明方(Attestor)状态时,采用一个防止证明信息被重放、窜改和伪造的完整性挑战协议。该挑战协议结束时,挑战方获得了证明方的 PCR 值和 ML,然后通过 ML 计算虚拟的 PCR 值,把虚拟的 PCR 值和挑战方发送的 PCR 值进行对比,在两者一致的情况下,便可以确定该 ML 是真实未窜改的。挑战方自身需要维护一个安全数据库,用来存放正确的组件度量信息值,然后可以使用该数据库来验证证明方的状态是否可信。

IMA 实现主要包括三个主要部分:在系统中插入度量点、实际度量和对度量值的验证。其中插入度量点是实现的重点,主要采用了基于 Linux 的 LSM 钩子机制[17],主要在系统调用 insmod( )、execve( )、动态加载器和脚本解释器(perl 脚本解释器)中添加了度量函数 measure( )。

Reiner 等人的研究成果表明:该原型系统是可以扩展的,许多在 Microsoft 的 NGSCB 中实现的功能,不需要新的 CPU 模式或是对操作系统做很大的改进便可在目前的硬件和软件系统上实现,而仅仅依赖于使用 TPM。

3. PRIMA 结构

PRIMA 是由 IBM 的 Trent Jaeger 等人对 IMA 扩展的基础上提出的一个策略减弱的完整性度量结构(Policy-Reduced Integrity Measure Architecture)[18],PRIMA 是对 IMA 的一个扩展和增强,解决了在 IMA 结构中存在的加载时间(Load-time)度量问题和过度度量问题。加载时间度量问题是体系结构设计中引起研究者关注并经常被讨论的问题,它是指在代码(包括可执行文件、动态加载器、内核模块、动态库等)加载时的度量仅仅能够确保代码在被加载的时间是高完整性的,即表明能够导致代码注入型攻击的信息流已经被程序充分处理。在此环境下,高完整性程序是一个不具有已知脆弱性的程序。然而这样的程序它所依赖的数据如果被恶意地修改或者程序所依赖的数据来源于一个不可信的输入影响,那么先前的不可知的脆弱性就可能被利用。

加载时间度量,在关于哪些代码必须是可信方面会导致更为保守的保证,因为在实际当中,仅仅是那些目标应用所依赖的代码和数据需要是高完整性的。而如果像 IMA 那样,对于系统中所有程序(脚本、库)都进行度量,便会产生过度度量问题,它将会直接影响度量结构的效率。

PRIMA 是建立在许多基础性的工作之上的,通过使用一个减弱的 Clark-Wilson 模型:CW-Lite[19] 来防止低完整性的输入数据破坏应用的完整性,以及过多度量问题。与 IMA 相比,PRIMA 在完整性度量时,除了对原有的代码和静态数据的基本度量外,还需要以下的度量:

(1)MAC 策略:MAC 策略确定了系统的信息流,因此是要进行度量的;

(2)可信的主体:与目标应用相交互的可信主体的集合要被度量,远程方也必须要对这个集合中仅仅包括它信任的主体达成一致;

(3)代码—主体映射:对于所有被度量的代码,需要记录下代码和加载该代码的主体之间的映射关系。

PRIMA 的实现思路:在系统启动时,MAC 策略和可信的主体集合被度量。通过这些度量,远程方能够构建一个信息流图。远程方能够验证所有来自于可信主体(该主体在运行时间被验证运行着可信的代码)或具有经过过滤器接口过滤过的来自于非可信主体所有执行目标应用和可信应用信息。然后,度量运行时间的信息。根据信息流图,仅需要度量所需要依赖的代码。其它代码都假定为不可信的。然后还需要度量在加载代码和加载该代码主体之间的映射,从而远程方能够验证该主体执行了预期的代码。

PRIMA 仅要求附加地度量 MAC 策略和在加载时间的可信主体,以及代码和 MAC 策略主体之间的匹配问题,由于不再需要度量不可信的主体,因此可减少一部分度量值。PRIMA 结构充分体现了安全操作系统对于可信应用支持上的典型工作。

4. TLC 结构

IBM Watson 研究中心基于 Linux 2.6 内核,使用 LSM 机制和 TPM 硬件模块开发了可信 Linux 客户端 TLC(Trusted Linux Client)[20]。TLC 通过 TPM 实现引导时完整性测量,可装载内核模块 EVM(Extended Verification Module)验证运行时系统中所有文件的完整性,SLIM(Simple Linux Integrity Module)通过实施强制访问控制保护系统文件的安全性和完整性。TLC 主要使用 TPM 的封装存储功能,保护内核主密钥的安全,同时提供安全引导,保证内核(包含 EVM 模块)的完整性。TLC 中的所有文件都定义了认证扩展属性,存储文件完整性验证所需信息和其安全属性(保密级和完整级),每个文件第一次打开或执行时,EVM 检查其完整性。SLIM 根据 EVM 的完整性校验结果,实施强制访问控制,验证可信的进程可以在权限范围内进行访问。若验证为不可信进程,则 SLIM 控制该不可信进程只能访问部分资源。TLC 中扩展安全属性验证文件完整性的方法、仅限于本机内部所有文件,它无法解决网络中远程证明的问题。

11.3 研究展望

从技术角度来讲,"可信的"(Trusted)未必意味着对用户而言是"值得信赖的"(Trustworthy)。确切而言,它意味着可以充分相信其行为会更全面地遵循设计,而执行设计者和软件编写者所禁止的行为的概率很低。可信技术的拥护者宣称它将会使计算机更加安全、更加不易被病毒和恶意软件侵害,因此从最终用户角度来看也更加可靠。此外,他们还宣称可信计算将会使计算机和服务器提供比现有更强的计算机安全性。而反对者认为可信计算背后的那些公司并不那么值得信任,这项技术给系统和软件设计者过多的权利和控制;反对者还认为可信计算会潜在地迫使用户在线交互过程中失去匿名性,并强制推行一些不必要的技术。最后,可信计算还被看作版权和版权保护的另一种方式,这对于公司和其他市场的用户非常重要,同时这也引发了批评,引发了对不当审查(Censorship)的关注。不管这场争论以及可信计算最终产品的形式如何,在计算机领域拥有重大影响的公司,如 Intel 和 AMD 这样的芯片制造商和 Microsoft 这样的系统软件开发商,都已经在产品中引入可信计算技术,如:Windows Vista、Lagrande 技术、SEM 技术、GNU GPLv3 等。因此,如何在有效地解决安全、数字版权保护技术的同时,还要避免该技术带来计算机产业大公司的垄断地位,这是目前必须考虑的问题。

在基于 TPM 的终端体系结构中(除 Bear、IMA、TLC 外),尽管所使用底层的硬件和体系结构的构建方式不同,但是都把对于应用或进程的隔离作为主要实现的目标之一。在这些体系结构上,已有的隔离技术主要是通过三种方法实现的:① 通过使用强制访问控制机制对应用进行隔离,如 PRIMA 结构;② 通过使用虚拟机器的技术,如 Terra 结构和 Xen 结构;③ 通过使用底层增强的安全硬件,如 Intel 的 LT 技术或 AMD 的 SEM 技术,并且可以添加安全内核或微内核,如 NGSCB 结构、EMSCB 结构、Bind 结构和 SecuereBus 结构。

TPM 为基于可信计算的终端体系结构的构建提供了很好的启示,即体系结构设计时应该把对应用或进程的隔离作为一个关键目标。因此,未来的基于可信计算的 WLAN 终端安全体系结构应重点从以下四个方面进行研究:

(1) WLAN 相关的可信基础理论。如可信计算模型,包括可信计算的数学模型,可信计算的行为学模型等;可信性的度量理论,包括软件的动态可信性度量理论与方法;信任链理论,包括信任的传递理论、信任传递过程中的损失度量;可信软件理论,包括可信软件工程方法学,可信程序设计方法学、软件行为学等。

(2) 信息流的度量和控制。隔离只是做好可信计算的必要条件,是关键目标之一。在系统中,进程之间的通信是必然的,通过进程的隔离保证进程的安全是不充分的,还需要对于进程的输入和输出以及进程之间的信息流进行必要的度量和控制。

（3）微内核和虚拟机监视器的技术融合。在对安全体系结构研究进展的概述时,微内核和虚拟机监视器都是操作系统研究中的重要领域。微内核和虚拟机都可以实施细粒度的隔离,相对于微内核系统来说,虚拟机的优势在于虚拟机监视器在结构上更为合理,具有良好的兼容性以及性能较高。与虚拟机监视器相比,微内核结构的三个主要特性体现在系统模块之间接口定义简单精炼以利于设备和操作系统功能的扩展;相对大内核来说具有更少的核心代码,有利于进行系统安全性的验证以及组件间隔离性好;有利于提高可管理性。因此在构建实际的可信安全体系结构时,应该根据实际在两者之间作出合理的选择。

（4）研究可信操作系统的核心技术,如有效的域隔离、强制访问控制机制和最小特权。采用 LSM 框架开发终端安全体系结构具有很好的适用性和灵活性,因此被广泛地采用。但其存在的不足是,仅采用 LSM 机制通过添加安全钩子的方式无法提供应用或进程之间的隔离。通过使用现有的硬件和软件可获取 NGSCB 的保证,并且不要求新的 CPU 模式和操作系统,而仅依赖于独立的可信实体——TPM。这样的结构完成一部分保证是可能的,然而,最为重要的保证（密封存储和远程证明）是难以取得的,因为可信系统的关键组件必须被操作系统和基于硬件 CPU 的保护机制的联合使用,而仅仅依赖于增加硬件（TPM）是不可行的。在主流操作系统上仅仅通过 LSM 机制实现实际的度量是不足以支持可信计算的,有效的域隔离、强制访问控制机制和最小特权是在主流操作系统上支撑可信计算的基本需求。

问题讨论

1. 请对可信计算的发展历程进行讨论,理解可信的含义。
2. 可信与安全两个概念在应用系统中有何意义?
3. 可信 PC 与可信移动终端的不同点是什么?
4. 请分析可信移动终端的出现对 WLAN 的安全防护有何影响。
5. 为什么 TPM 和 TMP 两个平台模块配合还无法实现可信的 WLAN?
6. 请从正反两个方面讨论可信技术对未来计算机网络可能造成的影响?

参考文献

[1]　Anderson J P. Computer Security Technology Planning Study, Electronic System Divison, US Air Force System Command[R]. Tech Rep: ESD-TR-73-51, 1972.

[2]　Trusted Computing Group. TPM Main-Part 1 Design Principles[S]. (2007-06-09), Version 1.2, Level 2 Revision 103. http://www.trustedcomputinggroup.org/.

[3]　徐拾义. 可信计算系统设计和分析[M]. 北京:清华大学出版社,2006.

[4]　Microsoft. Microsoft Next-Generation Secure Computing Base-Technical FAQ [EB/OL]. (2003

－06－01）．http://www.microsoft.com/technet/archive/security/news/ngscb.mspx? mfr = true.

[5] Trusted Computing Group. TCG Software Stack (TSS) Specification[S]. Version 1. 10 Golden, August 20, 2003. http://www.trustedcomputinggroup.org/.

[6] 刘威鹏,胡俊,方艳湘 等.基于可信计算的终端安全体系结构研究与进展[J].计算机科学,2007,34(10) 257－264.

[7] Zhang X W, Covington M J, Chen S Q et al. SecureBus: Towards Application-Transparent Trusted Computing with Mandatory Access Control: Proceedings of the ASIACCS' 07 [C]. ACM, NY, USA, 2007: 117－126.

[8] Shi E, Perrig A, Van Doorn L. Bind: A fine-grained attestation service for secure distributed systems: Proceedings of IEEE Symposium on Security and Privacy [C]. IEEE Computer Society, Washington DC, USA, May 2005:154－168.

[9] AMD. AMD Platform for Trustworthy Computing[EB/OL]. [2008－03－20]. Windows Hardware Engineering Conference. http://download.microsoft.com/download/5/7/7/ 577a5684－8a83－43ae－9272－ff260a9c20e2/AMD_WinHEC-2003_whitepaper.doc.

[10] Reid J F, Caelli W J. DRM, Trusted Computing and Operating System Architecture: Proceeding of Australasian Information Security Workshop[C]. Australian Computer Society, Inc. Vol. 108:127－136.

[11] Sadeghi A R, Stuble C, Pohlmann N. European Multilateral Secure Computing Base-Open Trusted Computing for You and Me[R]. Whitepaper, 2004, http://www.emscb.com/content/pages/49414.htm.

[12] Pfitzmann B, Riordan J, Stuble C et al. The PERSEUS System Architecture [R]. IBM Research Report RZ 3335 (JHJ93381), (2004－09－01). http://citeseer.ist.psu.edu/577772.html

[13] Garfinkel T, Pfaff B, Chow J et al. Terra: A Virtual Machine-based Platform for Trusted Computing: Proceedings of the Nineteenth ACM Symposium on Operating Systems Principles[C]. ACM Press, 2003:193－206.

[14] Clark T, Deshane E D, Evanchik S et al. Xen and the Art of Repeated Research: Proceedings of the Usenix Annual Technical Conference[C]. USENIX Association, Berkeley, USA, 2004: 47－56.

[15] The Bear/Enforcer Project. Enforcer Project Homepage[EB/OL]. (2004－04－09). http://enforcer.sourceforge.net/.

[16] Reiner S, Zhang X, Trent J et al. Design and Implementation of a TCG-Based Integrity Measurement Architecture: Proceedings of the 13th Usenix Security Symposium [C]. USENIX Association Berkeley, USA, 2004, Vol 13:223－238.

[17] Wright C, Cowan C, Morris J et al. Linux Security Modules: General Security Support for the Linux kernel: Proceeding of 11th USENIX Security symposium [C]. USENIX Association, 2002, http://www.usenix.org/event/sec02/full_papers/wright/wright.pdf.

[18] Jaeger T, Sailer R, Shankar U. PRIMA: Policy-Reduced Integrity Measure Architecture: Proceedings of the ACM Symposium on Access Control Models and Technologies (SACMAT)

[C]. ACM, NY, USA. 2006:19 – 28.

[19] Shankar U, Jaeger T, Sailer R. Toward automated information-flow integrity for security-critical applications: Proceedings of the 13th Annual Network and Distributed Systems Security Symposium [C]. Internet Society, ISOC2006.

[20] Safford D, Zohar M. A trusted Linux Client [EB/OL]. IBM T. J. Watson Research Center, 2004, http://www. research. ibm. com/gsal/tcpa/tlc. pdf.

第 12 章　可信网络接入体系结构

本章在介绍 TCG 的 TNC 架构基础上,结合可信移动平台体系结构提出了一个可信移动 IP 平台(TMIP)框架,该框架可以实现可信终端与可信网络的一致性,并给出了可信移动终端和可信网络实现的逻辑结构。同时在可信接入部分提出了一种基于 TPM 芯片的移动终端接入可信网络体系结构,该结构利用 TPM 芯片的安全保护特性,在移动设备可信启动的基础上,利用第三方可信实体,完成移动终端和可信网络接入点之间的身份和可信性验证。可信网络接入点依据验证结果作出相应判断,将移动终端排除在可信网络之外,或是根据其可信的不同程度,将移动终端纳入到可信网络的不同信任域中。

12.1　可信平台到可信网络

拥有了 TPM,不仅可在各种终端系统中建立可信链,还可将可信链扩展到网络中去。要扩展可信链,需要解决的是可信的传输、身份的认证和可信的互连。

12.1.1　可信传输

传统的报文交换基于非对称加密,就是说只有一个人可以使用公钥加密。而通过使用私钥签字可以防止对报文的篡改。在传统传输中,不正确的密钥管理和终端不正确的配置都会导致安全上的风险[1]。TPM 通过提供密钥管理和配置管理(保护存储、度量和报告)来增加传输的安全性。这些特性可以同封印组合,使得终端配置更加清晰和强壮。TCG 定义了四种被保护的报文交换方式:绑定(Binding)、签名(Signing)、封印绑定(Sealed-Binding)、封印签名(Sealed-Signing)。

绑定和签名同传统方法一样,TCG 体系中最有特色的是"封印"。封印比绑定有着更进一步的安全性,封印报文就是一套由发送者定义的 PCR 值,平台 PCR 值描述了在解密之前必须存在的平台的配置值,封印帮助使用 PCR 值和不可移交的密钥去加密报文(事实上,使用对称密钥加密报文)。拥有非对称解密密钥的 TPM,只有在平台配置符合发送者规定的 PCRs 值时,才能对对称密钥进行解密,这是 TPM 的一个强有力的特性。

签名操作也可以与 PCR 值一起作为一种提高平台安全性的手段,要求平台签名时使用精确的配置信息。验证者要求签名必须包含一部分 PCRs 值。签名者在签名过程中,收集要求的 PCRs 值并把它们包含到报文中,作为计算摘要的一部分。验证者可够检查报文中的 PCR 值,作为确认签名平台在生成时的配置。

通过将 PCR 值加入到传输中,也就保证了不仅要经过身份认证,还要同时保证目标平台的环境配置也满足要求才能进行传输,这一方面可以加强安全性,同时也可进行数字版权保护。

12. 1. 2　身份认证

一般在使用身份信息来证明身份的时候,要尽可能少地暴露用户的个人隐私,这与身份认证的要求正好矛盾。而在 TCG 的体系里,这个隐私就是签注密钥 EK。由于不能使用 EK 来进行身份认证。所以,在 TCG 体系中,身份认证一般是是使用身份证明密钥 AIK,作为 EK 的别名。这种方法类似传统的解决方案,首先需要生成一个 AIK,生成过程如图 12 - 1 所示。

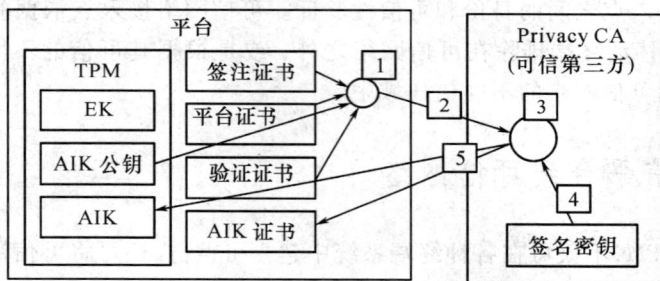

图 12 - 1　AIK 的生成

AIK 的生成过程如下:

(1)所有者使用 RSA 密钥生成模块生成一对 AIK 密钥,然后将公钥和签注证书、平台证书和验证证书打包在一起。

(2)发送一个 AIK 的请求给 Privacy -CA。

(3)可信第三方通过验证证书的有效性来验证 AIK 请求的有效性。

(4)可信第三方使用自己的签名密钥对 AIK 证书签名。

(5)将签名后的 AIK 证书返回给 TPM。

之后,我们就可以使用 AIK 和 AIK 证书来证明自己的身份,通过 AIK 进行验证的过程如图 12 - 2 所示。

(1)平台 1 所有者向平台 2 发送请求。

(2)平台 2 向平台 1 发送证明请求,同时说明需要那些 PCR 值。

(3)使用 AIK 对需要的 PCR 值签名。

(4)将签名后的 PCR 值发送给平台 2 的校验者。

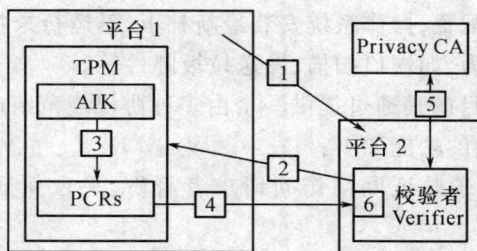

图 12-2　AIK 的使用

（5）同 PrivacyCA 一起确认平台 1 的身份,评估平台 1 的可信程度。

（6）评估平台 1 的环境配置状态。

这样便可以完成通信时的身份认证了。而且因为加入了对环境配置的评估,能够确认通信双方的状态,增强对各种恶意软件的抵御能力。

由于一个用户理论上可以有无限多个 AIK,用户在进行通信的时候,只有可信第三方知道用户的真实身份,通信对象并不知道,这样,也就减少了隐私的暴露。

尽管如此,还是暴露了 AIK 证书,而且需要可信第三方的参与,所以 TCG 还提供了一种认证方法——直接匿名认证（Direct Anonymous Attestation,DAA）[2]。直接匿名认证的基础,来自于贝尔实验室与剑桥大学在 1990 年代初所开发的零知识证明（Zero-Knowledge Proof）概念[3]。在零知识证明之中,一个人（或装置）无需披露机密,也可以证明自己确实知道这个秘密,就好象不必说出真正的密码组合就可以打开密码锁一样。根据这些想法,IBM 瑞士苏黎士研究部门的卡梅尼希等提出了直接匿名认证。使用这种方法,可以更少地暴露个人隐私。

12.1.3　可信网络连接

面对网络安全的的严峻形势,传统的防御技术已难有大的突破了,必须换一个角度来解决问题,不仅需要解决安全的传输和数据输入时的检查,还要从源头上,即从每一台连接到网络的终端开始,遏制住恶意攻击。

TCG 组织针对这个问题,专门制定了一个基于可信计算技术的网络连接规范[4]。TCG 体系的可信网络连接包括了开放的终端完整性（Integrity）架构和一套确保安全互操作（Interoperability）的标准。这套标准是用来在需要时保护一个网络,保护到什么程度完全由用户自定义。

可信网络连接,本质上就是要从终端的完整性开始建立连接。首先,需要创建一套在可信网络内部系统运行状况的策略,只有遵守网络设定的策略的终端才能访问网络,网络将隔离和定位那些不遵守策略的设备。同时,由于使用了 TPM,还可以使用 TPM 去阻挡 root kits（一种攻击脚本、经修改的系统程序或成套攻击脚本和工具,用于在一个目标系统中非法获取系统的最高控制权限）的攻击。

这些策略可以是:安装最新反病毒软件并正确地配置,经常运行全盘扫描,个人防火墙开启并正确配置,操作系统安装最新补丁,不运行未授权软件等。同时策略还可以禁止某些行为,如端口扫描、发送垃圾邮件等。

TNC 架构的主要目的是通过提供一个由多种协议规范组成的框架来实现一套多元的网络标准,提供的功能如下:

- 平台鉴别　用于验证网络访问请求者身份,平台凭证以及平台的完整性状态。

- 终端策略授权　为终端的状态建立一个可信级别,例如:确认应用程序的存在性、状态、升级情况,升级防病毒软件和 IDS 的规则库的版本,终端操作系统和应用程序的补丁级别,等等。从而使终端被给予一个可以登录网络的权限策略从而获得在一定权限控制下的网络访问权。

- 访问策略　确认终端机器以及用户的权限,并在其连接网络以前建立可信级别,平衡已存在的标准、产品及技术。

- 评估、隔离及补救　确认不符合可信策略需求的终端机能被隔离在可信网络之外,如果可能,则执行适合的补救措施。

1. TNC 的基本架构及相关实体

TNC 的基本架构如图 12 – 3 所示,主要包括三个实体、三个层次和若干个接口组件等。该架构在传统的网络接入层次上增加了两层,可实现平台间的完整性验证,从而满足可信性、完整性和安全性。

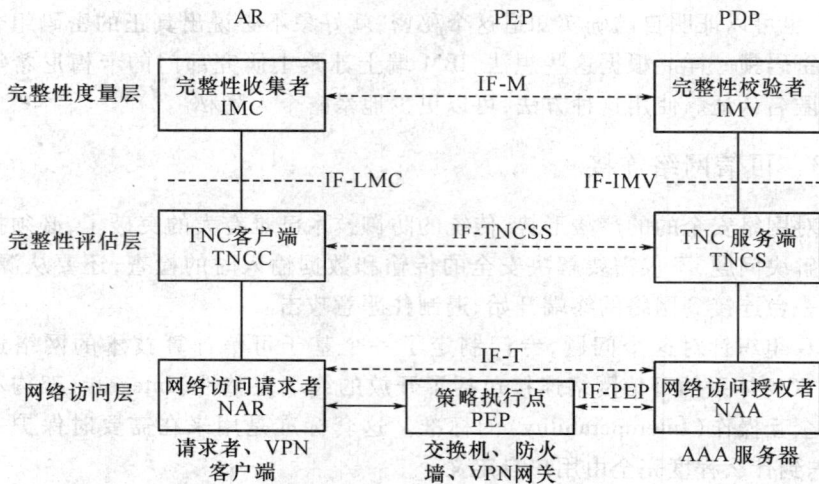

图 12 – 3　TNC 基本架构

2. 三类基本实体

请求访问者(Access Requestor,AR):功能为发出访问请求,收集平台完整性可信信息,发送给 PDP,从而建立网络连接。该实体包括:网络访问请求者(NAR)负责发出访问请求,建立网络连接。在一个 AR 上可以有几个不同的 NAR,以建立同网络的不同连接;TNC 客户端(TNCC)负责汇总来自 IMC 的完整性测量信息,同时测量和报告平台和 IMC 自身的完整性信息;完整性收集者(IMC)执行测量 AR 的完整性属性,在一个 AR 上可以有多个不同的 IMC。

策略执行者 PEP(Policy Enforcement Point):该组件控制对被保护网络的访问。PEP 咨询 PDP 来决定访问是否应该被执行。

策略决策者 PDP(Policy Decision Point):功能为根据 TNCS 的推荐和本地安全策略对 AR 的访问请求进行决策判定,判定结果为允许/禁止/隔离。该实体包括:网络访问授权(NAA)决定一个 AR 的访问请求是否被允许,NAA 可以咨询 TNCS 来决定 AR 的完整性状态是否与 NAA 的安全策略相一致,从而决定 AR 的访问请求是否被允许;TNC 服务器(TNCS)负责控制 IMV 和 IMC 之间的信息流动,汇总来自 IMV 的访问决定,并形成一个全局的访问决定传递给 NAA;完整性校验者(IMV)负责对从 IMC 接收到的关于 AR 的完整性测量值进行鉴别,并做出访问决定。

3. 三个基本层次

网络访问层(Network Access Layer):这一层用于支持传统的网络连接技术,如 IEEE 802.1X,VPN,AAA Server 等机制。在这一层里面有三个实体:NAR、PEP 和 PDP。

完整性评估层(Integrity Evaluation Layer):负责评估所有请求访问网络的实体的完整性。这一层和上层有两个重要的接口:IF-IMC(Integrity Measurement Collector Interface)[5]和 IF-IMV(Integrity Measurement Verifier Interface)[6],其中 IF-IMC 是 IMC 同 TNCC 之间的接口。该接口的主要功能是从 IMC 收集完整性测量值,并支持 IMC 同 IMV 之间的信息流动;IF-IMV 是 IMV 和 TNCS 之间的接口。该接口的主要功能是将从 IMC 得到的完整性测量值传递给 IMV,支持 IMC 同 IMV 之间的信息流动,将 IMV 所作出的访问决定传递给 TNCS。

完整性度量层(Integrity Measurement Layer):收集和校验请求访问者的完整性相关信息的组件。

4. 其它重要的接口组件

IF-TNCCS 是 TNCC 和 TNCS 之间的接口。该接口定义了一个协议,该协议传递如下的信息:从 IMC 到 IMV 的信息(如完整性测量值);从 IMV 到 IMC 的信息(如要求额外的完整性测量值);会话管理信息和一些同步信息。

IMC 和 IMV 接口(IF-M):IF-M 是 IMC 和 IMV 之间的接口。在该接口上传输的信息主要是一些与提供商相关的信息。

网络授权传输协议(IF-T):IF-T 维护在 AR 实体和 PDP 实体之间的信息传输。在这两个实体中维护该接口的组件为 N A R 和 N A A 。

策略实施点接口(IF-PEP):IF-PEP 为 PDP 和 PEP 之间的接口。该接口维护

PDP 和 PEP 之间的信息传输。通过它,PDP 可以指示 PEP 对 AR 进行某种程度的隔离,以对 AR 进行修复。当修复完成之后,方可授予 AR 访问网络的权利。

　　TNC 架构和信息的传递的一次完整的可信网络连接中的信息传输如图 12 - 4 所示。

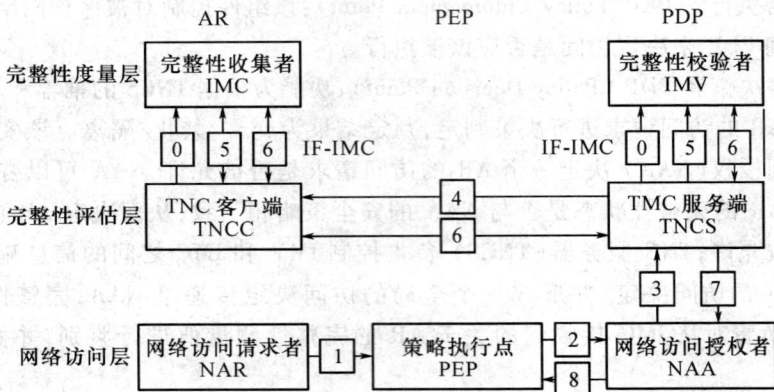

图 12 - 4　TNC 架构和信息的传递

　　在建立网络连接之前。TNC 客户端需要准备好所需要的完整性信息,交给完整性收集者(IMC)。在一个拥有 TPM 的终端中,这也就是将网络策略所需信息经散列后存入 PCRs,TPM 服务端需要预先制定完整性的要求,并交给完整性验证者(IMV)。一次连接过程为:

　　(1) 向 PEP 发起访问请求,这个策略执行者通常是防火墙或者 VPN(Virtual Private Network)网关。

　　(2) PEP 将访问请求描述发往网络访问授权者。

　　(3) 假设授权被允许了,网络访问授权者将请求发往 TNC 服务端。

　　(4) TNC 服务端开始对客户端的授权验证,比如验证 AIK。

　　(5) TNC 客户端告诉 IMC 开始了一个新的网络连接,这个网络连接需要一个完整性握手协议。IMC 通过 IF-IMC 返回所需信息。TNC 服务端将这些信息通过 IF-IMV 交给 IMV。

　　(6) 在这个过程中,TNC 客户端和 TNC 服务端需要交换一次或多次数据,直到 TNC 服务器端满意为止。

　　(7) 当 TNC 服务器完成了对客户端的完整性握手,它将发送一个推荐信(Action Recommendation)给 NAA(Network Access Authority),要求允许访问。需要注意的是,如果还有另外的安全考虑,此时 NAA 仍可阻止 NAR 的访问。

　　(8) NAA 传递访问决定给 PEP,PEP 将最终执行这个决定来控制 NAR 的访问。

　　从上术可以看出,TNC 的安全思路和传统的方法完全不同。如果把网络比作一个博物馆,每个访问者就如同到大楼里的参观者。传统的方法就如同应用各种技术(比如攻击探测等)去保护博物馆中的展品,观众参观时既可以看,也可以动手,但是由于保护技术的存在,参观者不一定能进行破坏。TNC 技术则如同在门口就规定了各种安全策略,比如安装金属探测器、禁止带刀进入、参观者必须戴安全手套等,使各种可能的破坏手段被阻挡在入口之外。TNC 技术也是通过将攻击隔离在网络之外,极大地减少了攻击的发生。从这个层面上来讲,TNC 就是用自由换取信任。

　　通过使用 TPM 之后强化的可信传输、身份认证,再加上可信网络连接的架构,将大大地限制恶意软件的传播与破坏。

12.2　基于 TPM 可信体系结构框架

　　TPM 芯片作为一个可信根,将对集中式安全保护机制产生较大影响。下面在假设无线终端、无线接入设备和无线网络传输设备都带有 TPM 的条件下,提出了一个基于 TPM 的可信传递框架。

12.2.1　可信计算模型

　　未来的可信计算模型一定是要支持分级可信,因此从可信定义入手,以 Trust-Zone 安全计算的思想,考虑到可信计算与现有计算技术的融合性,采用分区思想将可信区域应用于需要较高安全特性的便携式设备中。它包括由硬件提供代码隔离的保密环境、由软件提供基本的安全服务和其它安全环节上各部件(操作系统和普通的应用程序)间的接口,基于分区技术的可信模型初步框架如图 12-5 所示,通过一个监控模型实现两个不同可信区域间的数据交互与控制。

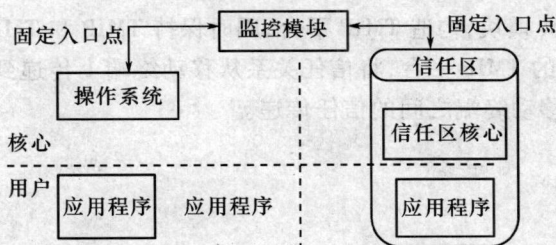

图 12-5　基于分区技术的可信模型

12.2.2　移动终端可信体系结构

　　由于 TPM 主要集中在终端设备的硬件层进行可信性研究与可信规范的设计,而 TMP 则主要集中在应用层面,如图 12-6 所示,考虑 TPM 和 TMP 两个平台未涉及可信网络与信任传递,基于 TPM 的 WLAN 可信体系结构将重点涉及无线路由交换和可信路由转发等方案,为实现这一目标,这里提出了 TMIP(Trusted Mobile IP Platform)平台概念,并设计基于 TPM 的网络层终端安全体系结构。TMIP 平台通过对现有的 IPSec 安全协议进行改进与增强,加入可信链的建立,同时加入 TMIP 管理器与相应的安全增强协议,建立无线网络层之间的信任链,实现信任传递;考虑到可信设备与现有设备的过渡与兼容,TMIP 平台兼容现有的 IP 应用平台。

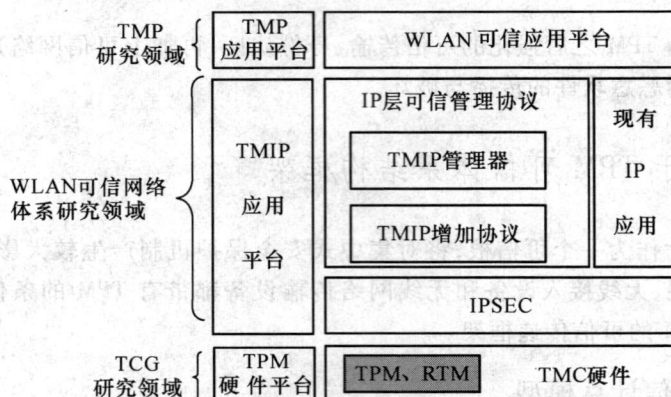

图 12-6 基于 TPM 的 WLAN 可信体系结构

12.2.3 可信网络体系结构

在保证 WLAN 安全功能完备性的同时,降低安全代价和可信管理的复杂度,提出了新型 WLAN 的信任传递体系结构管理框架,该框架如图 12-7 所示,涉及 WLAN 安全体系结构、安全路由技术等。移动终端 TMIP 的功能是承上启下,利用底层硬件中的 TPM 模块,构造 TMIP 平台,同时保持 TMIP 和 TMP 平台间安全的一致性,通过路由器的 TMIP 平台,将信任关系从移动终端 1 传递到移动终端 2,实现了 WLAN 下不同移动终端之间的信任传递。

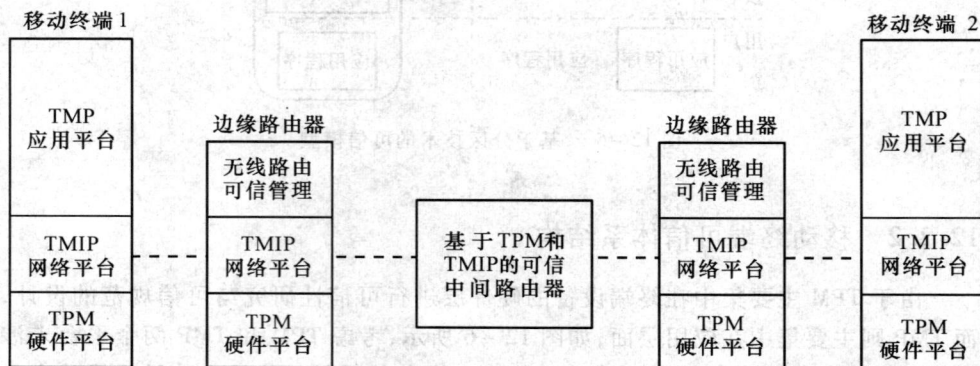

图 12-7 信任传递体系结构

12.3　移动终端接入可信网络体系结构

　　这里给出的移动终端接入可信网络体系结构是在移动终端可信的基础上,添加了可信网络的概念,并将可信网络分为不同安全级别的可信子网,不同信任程度的移动终端经过网络接入点的验证,被分配到不同的可信子网当中,执行相应的安全活动。

12.3.1　前提和假设

　　移动终端接入可信网络体系结构建立在下面几点假设上:

　　(1)移动终端、可信网络中的终端和接入点都含有 TPM 硬件芯片,可以实现设备接口和组件执行环境的保护。这里的 TPM 要作一定的修改,以适应移动设备软硬件条件的限制[7]。体系结构中的 TPM 芯片要拥有 8 个平台配置寄存器、密码引擎、单调计数器等部件,可提供加解密所需的密码算法和认证所需的数字签名算法,能保证密钥的安全存储等功能。移动设备采用双 CPU 的处理器模式,一个 CPU 用作处理应用程序,一个 CPU 用作通信处理和支持无线接口。

　　(2)存在一个可信的第三方,协助执行移动终端和接入点之间的身份认证和可信性验证,并根据验证结果提供给接入点或移动终端相应的访问控制策略。

12.3.2　接入实体

　　带有 TPM 芯片的移动终端(Mobile Device with TPM,MDT):在体系结构中,它是发出访问请求、准备接入可信网络的一方。MDT 具备三个组件:完整性度量组件、可信性评估组件和网络访问请求组件。完整性度量组件通过调用 TPM 的完整性度量功能,获取 MDT 的完整性度量值信息,并将此信息发送给可信性评估组件;可信性评估组件依据完整性度量组件提供的完整性度量值和 TPM 提供的平台凭证证书,在可信第三方的协助下与可信网络接入点进行双向的平台可信性校验,并将可信第三方的访问控制决策发送至网络访问请求组件。

　　带有 TPM 芯片的可信网络接入点(Access Point with TPM,APT):在本体系结构中,它是接收请求的一方,在可信第三方的帮助下完成对发送方请求的处理,执行相应的访问控制决策。APT 具备三个组件:完整性度量组件、可信性评估组件和网络访问控制组件。完整性度量组件和可信性评估组件的功能与 MDT 中的大致相同;网络访问控制组件则执行可信第三方所给出的访问控制策略。

　　可信管理服务器(Trusted Management Sever,TMS):在本体系结构中,它作为可信的第三方,协助 MDT 和 APT 之间的相互身份认证和可信性评估,并依据认证和评估的结果给出相应的访问控制策略。TMS 包含了三个组件：完整性校验组件、评估策略服务组件和认证服务组件。完整性校验组件接收来自评估策略服务组件的有关 MDT 和 APT 的完整性度量值信息并加以评定,然后将评估的结果返回给评估策略服务组件；评估策略服务组件充当 MDT 和 APT 双向可信性评估协议中的可信第三方,完成 MDT 和 APT 的双向平台凭证证书和平台可信性的校验,同时还收集 MDT 和 APT 的完整性度量值,并发送给完整性校验组件,接受完整性校验组件的校验结果；认证服务组件协助完成 MDT 和 APT 之间的双向身份鉴别。

可信网络(Trusted Network, TN)：可信网络中的移动节点都是经过 TMS 验证的。这里将可信网络划分为不同信任级别的三个安全域：可信安全域、受控安全域和临界安全域。可信安全域中的节点受到完全的信任,并且只能和本域中的节点进行通信,当 MDT 既通过了凭证证书的验证又通过了完整性验证时,APT 可将其放入可信安全域；受控安全域中的节点只能与本域中的节点或临界安全域中的节点通信,且访问的是受控的网络资源,当 MDT 通过了凭证证书的验证却还没有通过完整性校验时,APT 可将其放入受控安全域中；临界安全域中的节点可以与可信安全域的节点通信,也可以与受控安全域或本域的节点通信；此域中一般存放可信管理服务器、修补服务器等节点。

12.3.3　接入可信网络体系结构

这里提出的移动终端接入可信网络体系结构的核心思想是：利用 TPM 芯片的安全保护特性,在移动设备可信启动的基础上,利用第三方可信实体,完成移动终端和可信网络接入点之间的身份和可信性验证,依据验证结果,可信网络接入点作出相应判断,将移动终端排除在可信网络之外,或根据其可信的不同程度将移动终端归入可信网络的不同信任域中。

MDT、APT 和 TMS 的可信启动过程如图 12 - 8 所示。

① 由初始可信边界中的 CRTM 代码测量 BIOS 可信度量值,并将值报告给 TPM。

② 信任根将完整性度量的控制权交给 BIOS。

③ BIOS 测量操作系统加载程序的可信度量值,并将值报告给 TPM。

④ BIOS 将完整性度量的控制权交给操作系统加载程序。

⑤ 操作系统加载程序测量操作系统的可信度量值,并将值报告给 TPM。

⑥ 操作系统加载程序将完整性度量的控制权交给操作系统。以上的可信启动过程为系统级可信,下面进入应用级可信启动。

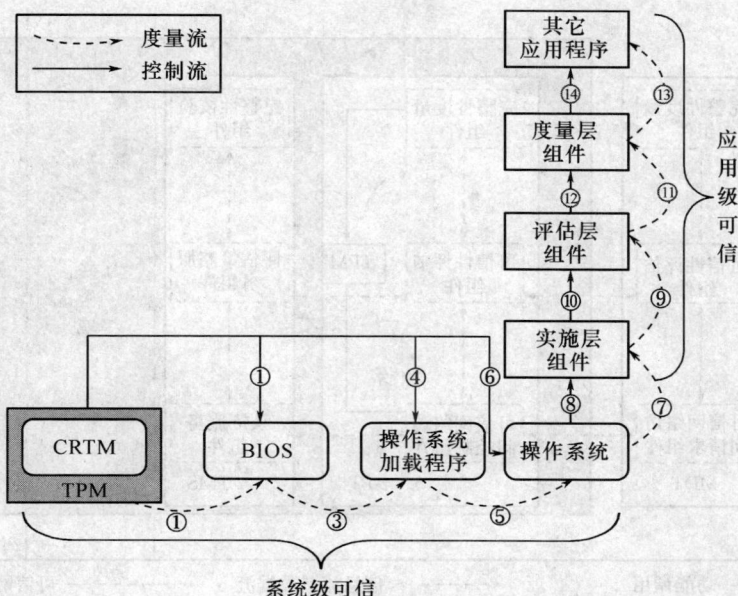

图 12 – 8   MDT、APT、TMS 可信启动过程

⑦ MDT、APT 和 TMS 中的操作系统测量实施层组件的可信度量值,并将值报告给 TPM。其中,MDT 测量可信网络访问请求组件、APT 测量可信网络访问控制组件、TMS 测量认证服务组件。

⑧ 三个实体的操作系统将完整性度量控制权交给实施层组件。

⑨ 实施层组件测量评估层组件的可信度量值,并将值报告给 TPM。其中,MDT 和 APT 中测量可信性评估组件,TMS 中测量评估策略服务组件。

⑩ 实施层组件将完整性度量控制权交给评估层组件。

⑪ 评估层组件测量度量层组件的可信度量值,并将值报告给 TPM。其中,MDT 和 APT 中测量完整性度量组件,TMS 中测量完整性校验组件。

⑫ 评估层组件将完整性度量控制权交给度量层组件。

⑬ 度量层组件再去测量其它应用程序的可信度量值,并将值报告给 TPM。

⑭ TPM 对所有部件的完整性度量值进行检查,验证各个部件的完整性,同时对 TPM 中的完整性度量序列进行检查,验证是否被非法修改过。

MDT 经过可信启动之后,可以向 APT 发送请求接入信息;APT 经过可信启动之后,可以对 MDT 的请求信息进行处理;TMS 经过可信启动之后方可对 MDT 和 APT 提供双向鉴别服务。移动终端接入可信网络体系结构如图 12 – 9 所示。

图中深色的区域代表可信网络。MDT 的可信网络访问请求组件首先向 APT

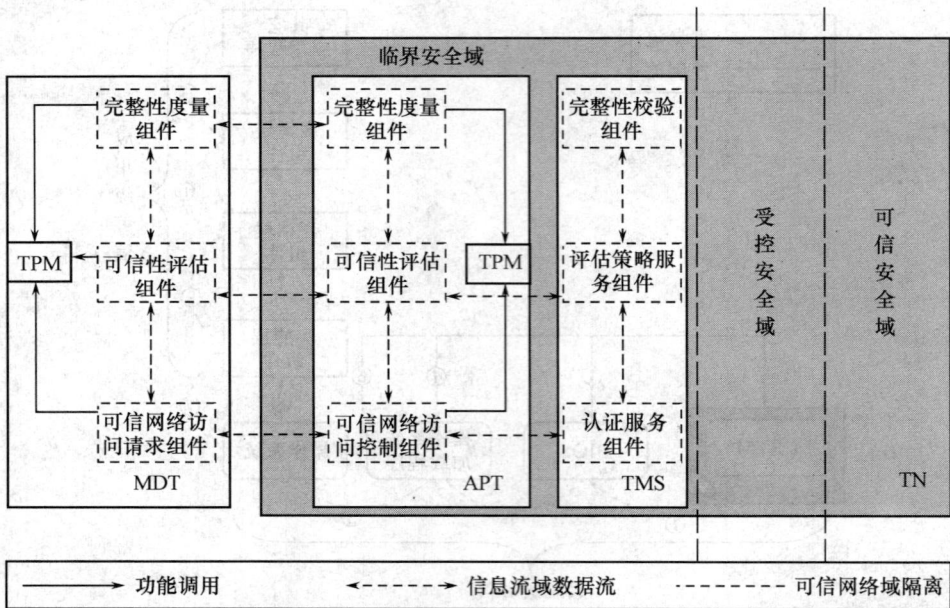

图 12-9 移动终端接入可信网络体系结构

的可信网络访问控制组件发送请求接入可信网络的消息，APT 接收到消息后告知 TMS，在 TMS 中的认证服务组件的帮助下，MDT 和 APT 完成双向身份认证。如果 MDT 的身份认证成功，则进行下一步的可信性评估；否则，TMS 将告知 APT 的可信网络访问控制组件，把 MDT 隔离在可信网络之外。可信性评估包括两个方面，一个是平台完整性的评估，一个是平台凭证的校验。MDT 和 APT 的完整性度量组件利用各自的 TPM 完整性度量、存储和报告的功能，将度量结果发送给可信性评估组件，可信性评估组件再利用所在平台的凭证证书，在 TMS 评估策略服务组件的协助下作出评估结果。如果 MDT 通过了平台凭证证书的校验但未通过完整性检查，则 TMS 的认证服务组件将告知 APT 的可信网络访问控制组件，把 MDT 归在可信网络的受控安全域中；如果 MDT 通过了平台凭证证书的校验并且通过完整性的检查，则 TMS 的认证服务组件将告知 APT 的可信网络访问控制组件，把 MDT 归在可信网络的可信安全域。

移动终端接入可信网络的具体流程如图 12-10 所示。

停止 ←失败— MDT 开机 可信启动

↓成功

MDT 向 APT 请求接入网络

↓

APT 将请求信息发送至 TMS

↓

TMS 通知 MDT 断开与当前 APT 的连接 ←APT 的身份验证失败— 在 TMS 的参与下，APT 与 MDT 相互验证身份 —MDT 的身份验证失败→ TMS 通知 APT 将 MDT 隔离在可信网络之外

↓ APT 和 MDT 通过双向身分认证

在 TMS 的参与下，APT 和 MDT 相互验证平台凭证 —APT 和 MDT 未通过双向平台凭证认证→ TMS 通知 APT 将 MDT 放入可信网络的受控安全域 → 利用修补服务器对 MDT 进行有关平台凭证修补

利用修补服务器对 MDT 进行平台完整性修补

↓ APT 和 MDT 通过双向平台凭证鉴别

TMS 通知 APT 将 MDT 放入可信网络的受控安全域 ←APT 和 MDT 未通过平台完整性的认证— 在 TMS 的参与下，APT 和 MDT 相互验证平台完整性

↓ APT 和 MDT 通过双向平台完整性的认证

TMS 通知 APT 将 MDT 放入可信网络的可信安全域

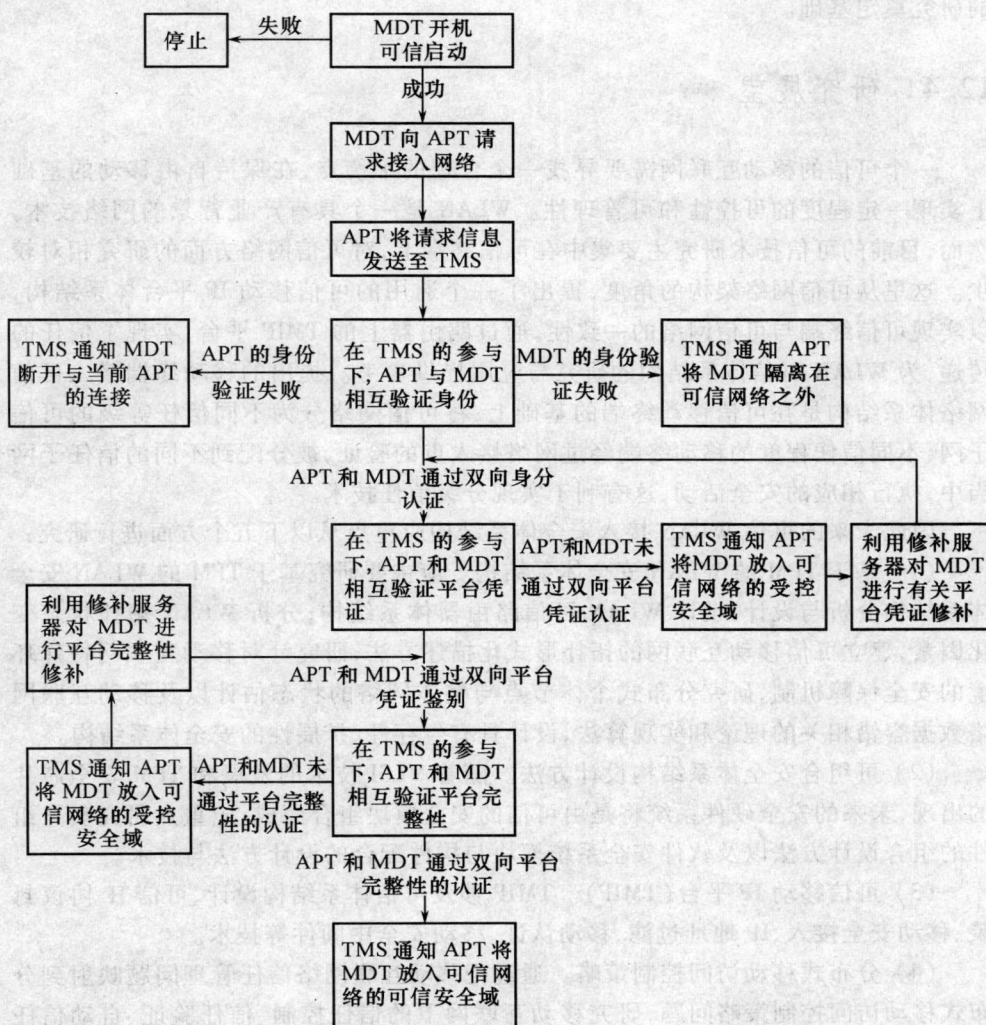

图 12-10　移动终端接入可信网络流程图

12.3.4　分析

移动终端接入可信网络体系结构具有以下特性：

（1）在 TNC 的基础上，将 TNC 的两元认证模型扩展为三元对等认证模型，在可信第三方的参与下，进行双向的身份认证与平台凭证鉴别。

（2）定义了可信网络的概念，并将可信网络分为不同的安全级别，使得连接入可信网络的设备以不同的安全级别需求来运行。

（3）给出了移动网络下可信网络接入部分的底层通用架构，为可信移动网络

的研究奠定基础。

12.4   研究展望

一个可信的移动互联网需要寻找一个合理的平衡点,在保持自由移动的基础上实现一定程度的可控性和可管理性。WLAN 是一个具有产业背景的网络技术,然而,目前的可信技术研究主要集中在可信终端上,对可信网络方面的研究相对较少。这里从可信网络架构的角度,提出了一个通用的可信移动 IP 平台体系结构,以实现可信终端与可信网络的一致性,通过路由器上的 TMIP 平台,实现了信任的传递,为 WLAN 可信体系结构的研究与应用提供参考。提出的移动终端接入可信网络体系结构是在可信移动终端的基础上,将可信网络分为不同信任等级的可信子网,不同信任程度的移动终端经过网络接入点的验证,被分配到不同的信任子网当中,执行相应的安全活动,这有利于实现分级信任技术。

因此未来的可信 WLAN 接入安全体系结构应重点从以下五个方面进行研究:

(1) 基于 TPM 的 WLAN 安全体系结构。应主要研究基于 TPM 的 WLAN 安全体系结构分析与设计,设计 WLAN 可信路由器体系结构;分析 WLAN 拓扑状态变化因素,建立可信移动互联网的拓扑形式化描述方法;研究针对移动互联网特殊环境的安全保障机制,研究分布式个体节点与整体网络的状态估计以及移动互联网络数据容错相关的理论和实现算法,设计具有生存性、扩展性的安全体系结构。

(2) 可组合安全体系结构设计方法。随着 VLSI 技术的发展和 TPM 安全芯片的出现,未来的安全硬件系统将是由可信的安全模块组合而成,应重点研究安全组件的组合设计方法以及软件安全系统模块与构件配合的设计方法与技术。

(3) 可信移动 IP 平台(TMIP)。TMIP 涉及可信体系结构设计、可信 IP 协议封装、移动安全接入、IP 地址过滤、移动认证、移动安全中间件等技术。

(4) 分布式移动访问控制策略。通过把移动互联网络信任管理问题映射到分布式移动访问控制策略问题,研究移动互联网下的信任控制、信任验证、自动信任协商等信任策略相关的理论与技术。

(5) 分级信任技术。在强调移动互联网络的信任时,也要满足部分应用的匿名性需求,这就要求可信移动管理应该具备在安全性与匿名性之间动态平衡的灵活管理机制,建立可信度量方法和分级可信实现技术。

问题讨论

1. 请谈谈 TCG 的 TNC 接入体制的优缺点。
2. TNC 接入机制是一个单节点的可信移动接入机制,若在自组织移动的情况下,该协议机制需要做何改进?
3. 根据 TNC 的可信接入机制,若有两个移动 PC 要通过基础设施进行通信,如何验证双方的信任关系?

4. TMIP 平台是一个移动互联网下的信任传递框架,若要实现这一框架,需要重点解决哪方面的问题?

5. 12.3 节中提出了一个移动终端接入可信网络的体系结构框架,若要实现该体系结构,还需要做哪些方面的工作?

参考文献

[1] Anderson R. Cryptography and Competition Policy—Issues with Trusted Computing: Proceeding of the 22nd Annual Symposium on Principles of Distributed Computing[C]. ACM Press, USA, 2003: 3 – 10.

[2] Brickell E, Camenisch J, Chen L. Direct Anonymous Attestation:Proceedings of the 11th ACM Conference on Computer and Communications Security[C]. ACM Press,2004:132 – 145.

[3] Chaum D. Zero-knowledge Undeniable Signatures: Proceedings of the Advances in Cryptology-EUROCRYPT'90[C]. Springer-Verlag, 1990, LNCS 473:458-464.

[4] Trusted Computing Group. TCG Trusted Network Connect TNC Architecture for Interoperability [S]. Specification Version 1. 2,Revision 4,21 May 2007.

[5] Trusted Computing Group. TCG Trusted Network Connect,TNC IF-IMC[S]. 2007,Specification Version 1. 2,Revision 8, http://www. trustedcomputinggroup. org/.

[6] Trusted Computing Group. TCG Trusted Network Connect TNC IF-IMV[S]. Specification Version 1. 2, Revision 8, 5 February 2007.

[7] 张焕国等. 一种新型安全计算机[J]. 武汉大学学报(理学版), 2004,50(A01):1 – 6.

索引

AM　198

Bear 结构　348

CDH 假设　196

CK 模型　196

DDH 假设　196

EMSA 认证　149

EMSCB 结构　344

FAM　251

FLASK　252

GFAC　249

HomeRF　5

IEEE 802.11　5

IEEE 802.11a　6

IEEE 802.11b　6

IEEE 802.11c　6

IEEE 802.11d　6

IEEE 802.11e　6

IEEE 802.11f　7

IEEE 802.11g　7

IEEE 802.11h　7

IEEE 802.11i　7

IEEE 802.11j　7

IEEE 802.11k　8

IEEE 802.11m　8

IEEE 802.11n　8

IEEE 802.11o　8

IEEE 802.11p　9

IEEE 802.11q　9

IEEE 802.11r　9,103

IEEE 802.11s　9,141

IEEE 802.11t　9

IEEE 802.11u　10

IEEE 802.11v　10

IEEE 802.11w　10

IEEE 802.11y　10

IEEE 802.11z　10

IKEv2　184

IMA 结构　349

KE 对手　199

MAC 地址欺骗　21

MAP　26

MP　25

MPP　26

$(n-1)$ 型攻击　219

NGSCB 结构　340

PRIMA 结构　349

SecureBus 结构　341

SEE-Mesh　139

SK 安全　200

Snow-Mesh　137

Terra 结构　346

TLC 结构　350

TNC 架构　358

UC 模型　309

VLAN　9

WAPI-XG1　82

WAPI 标准　58

WAPI 实施指南　63

WIKE　192

WLAN Mesh　136

安全策略决策　268

安全策略框架　248

安全服务成本　286

安全服务视图　275

安全服务质量　278

不可区分性　196

测试会话查询　199

层次分析法　265

点对点安全　247

丢失信息安全　200

动态混淆匿名算法　215

非密钥控制　201

非密钥泄露伪装　201

非认证链路模型 UM　196

风险参数　296

跟踪式攻击　219

航空港式安全　246

红外系统　4

缓冲区混淆法　215

会话密钥安全　200

混淆池　215

基于联合熵的多属性匿名度量模型　232

拒绝服务攻击　21

开战标记　24

可信计算　328

可信网络连接　357

可信移动平台　336

可证明安全　308

蓝牙技术　5

邻居缓存机制　119

密钥确认　200

密钥泄露伪装攻击　62

批量混淆　215

认证链路模型　198

四步 Mesh 握手　144

停走混淆　216

通用可组合安全　311

完美的前向保密性　200

未知密钥共享　201

未知密钥共享攻击　62

伪装 AP 攻击　23

无线 Mesh 接入　15

无线 Mesh 网　15

无线 Mesh 网络　25

无线密钥交换协议　192

无线以太网兼容性联盟　3

显式密钥认证　200

验证公钥　95

要塞式安全　246

已知密钥安全　200

隐式密钥认证　200

有线对等保密协议　20

语义安全　310

战争驾驶　23

证据理论　262

中间人攻击　22

自适应安全　244

自适应安全策略　243